跟我学数据结构

陈　锐　葛丽萍　编著

清华大学出版社
北京

内 容 简 介

数据结构是计算机专业的基础和核心课程。本书内容全面，语言通俗易懂，案例典型、丰富，结构清晰，重点难点突出，所有算法都有完整程序，能直接运行。本书内容包括数据结构概述、常用的 C 程序开发环境、线性表、栈、队列、串、数组、广义表、树、图、查找、排序。

本书可作为从事计算机软件开发、准备考取计算机专业研究生和参加软考的人员学习数据结构与算法的参考书，也可以作为计算机及相关专业的数据结构课程教材。

图书在版编目(CIP)数据

跟我学数据结构/陈锐，葛丽萍编著. --北京：清华大学出版社，2013
ISBN 978-7-302-33009-7

Ⅰ. ①跟… Ⅱ. ①陈… ②葛… Ⅲ. ①数据结构 Ⅳ. ①TP311.12

中国版本图书馆 CIP 数据核字(2013)第 145936 号

责任编辑：张彦青
封面设计：杨玉兰
责任校对：周剑云
责任印制：何　芊

出版发行：清华大学出版社
　　　网　　　址：http://www.tup.com.cn，http://www.wqbook.com
　　　地　　　址：北京清华大学学研大厦 A 座　　　邮　　编：100084
　　　社 总 机：010-62770175　　　　　　　　　　邮　　购：010-62786544
　　　投稿与读者服务：010-62776969，c-service@tup.tsinghua.edu.cn
　　　质 量 反 馈：010-62772015，zhiliang@tup.tsinghua.edu.cn
　　　课 件 下 载：http://www.tup.com.cn，010-62791865
印 装 者：清华大学印刷厂
经　　销：全国新华书店
开　　本：185mm×260mm　　　**印　张**：31.75　　　**字　数**：775 千字
版　　次：2013 年 9 月第 1 版　　　　　　　　　　**印　次**：2013 年 9 月第 1 次印刷
印　　数：1～3000
定　　价：58.00 元

产品编号：049947-01

前　　言

　　数据结构是计算机专业基础课，在所有计算机课程中占据举足轻重的地位，也是一门不太容易掌握的课程。但是，不要因此而气馁，本书将采用通俗的语言，教你掌握好数据结构的相关知识。

　　如果你的学习目的是将来成为一名优秀的程序员，向微软、谷歌、百度的工程师们看齐，那么你应该努力学好数据结构知识，不仅要看懂书中的程序和算法，还要完成课后的习题，并上机实践。

　　如果你的学习目的是为了考取计算机专业的研究生，数据结构作为计算机专业考研的重头戏，也是今后继续深造的必备基础，你需要认真研读这本书，真正领会每一个算法思想，做到给出任何一个题目，都能自己动手写出算法。

　　当然，如果你仅仅是为了混学分，顺利通过考试，那么也需要认真看完这本书，这本书可以作为你学习遇到困难时的参考书，方便随时查阅，可在本书中找到你需要的答案。

　　在写作本书之前，我曾写过几本关于数据结构方面的著作，得到了一些读者的厚爱，收到了热心读者的来信，他们提出了宝贵的建议。本书吸取了过去的一些经验，修订了其中的错误，努力写得更好，希望有更多的读者喜欢。本书适用于在读的计算机专业学生、准备考取计算机专业研究生的人员和从事教学科学研究的人员阅读。但如果您觉得这本书并不适合您，请将本书放回书架比较显眼的位置，我们在此表示感谢。

　　本书是一本难得的内容完整、语言通俗、案例丰富的数据结构自学图书和教材。本书致力于将数据结构这个原本抽象的东西尽可能地通俗化，让每位希望掌握数据结构知识的朋友都能尽快轻松地掌握它，因此本书在表述方面采用了通俗的语言，并选取了丰富的案例，以满足读者的需要。

　　本书全面地介绍数据结构的基本知识，通过理论和实践并重的方式，站在初学者的角度，从最基础的知识开始，由浅入深，对每一个概念都通过通俗的语言进行讲解，对每一个抽象的概念，对都拿现实生活中的例子进行类比，以方便读者理解和掌握。另外，本书案例丰富、典型，所有算法都直接利用 C 语言描述，所有程序都可以直接运行。本书内容全面，不仅详细介绍了 C 语言的基础知识，还涉及 C 语言相关的高级技术和理论知识，是一本难得的技术参考书和自学教材，主要内容包括数据结构概述、常用的程序开发环境、线性表、栈、队列、串、数组、广义表、树与二叉树、图、查找、排序。

　　通过学习本书，您会体验到学习数据结构时从未有过的简单易学，本书将帮您轻松掌握数据结构中的每一个知识点，攻克数据结构知识堡垒中的任何一个重点和难点。

1. 本书的特点

　　(1) 内容全面，讲解详细：为了方便读者学习，本书首先对数据结构课程的目标和描述方式进行介绍，并对算法使用的语言——C 语言的重点和难点进行复习。本书覆盖了数据结构中线性表、树和图的所有知识点，对于每一种数据结构，都使用所有可能的逻辑结构和存储结构进行描述，并对算法尽量采用多种实现方式，如递归和非递归、顺序存储和链式存储，从而使读者对算法的理解更加深刻。

(2) 层次清晰，结构合理：本书将数据结构分篇、章、节和小节划分知识点，将知识点细化，易于读者理解。每一个知识点单独作为一个小节，专门讲解。在知识点的讲解过程中，循序渐进，由浅入深，先引出概念，再用例子说明，然后是算法描述，最后是具体程序实现。这样的层次十分易于读者理解和消化。

(3) 结合图表，语言通俗：在每个概念提出后，都结合图表和例子以方便读者理解。在语言的叙述上，普遍采用短句子、易于理解的语言，而避免使用复杂句子和晦涩难懂的语言。通过以上方式的描述，读者可以更加容易和轻松地学习数据结构。

(4) 例子典型，深入剖析：在讲解每一个算法时，结合具体例子进行剖析。在例子的选取上，结合历年考研试题，选取的例子涵盖知识点比较全面，具有代表性。在每一章的最后或比较大的知识点后面，都给出了一个完整的程序，给出程序的同时，还对算法通过图进行具体讲解，深入分析，并在程序的最后给出运行结果。读者在学习的过程中，可以结合例子和运行结果以验证算法的正确性。

(5) 配有习题，巩固知识：从第 2 章开始，在每一章的最后，都有一个小结，对该章的知识点进行总结。为了让读者熟练编写算法，本书在每一章的最后都配有一定数量的实践题目，在学习了每一章的内容之后，可以通过这些习题试着编写算法，以巩固该章的学习内容。在本书配套的下载资料中，提供了每一个例子的程序代码和课后习题代码。

2. 本书的内容

第 1 章：如果读者刚接触数据结构，该章将从什么是数据结构讲起，介绍本书的学习目标、学习方法和学习内容，作者还将现身说法，告诉读者如何学好数据结构知识。

第 2 章：对本书的描述语言和使用工具进行介绍。该章主要介绍 C 语言的开发环境，然后复习 C 语言中的重点和难点——指针、数组、函数、递归和结构体。通过对该章内容的学习，读者在以后数据结构的学习过程中将会得心应手。

第 3 章：主要介绍线性表。首先讲解线性表的逻辑结构，然后介绍线性表的两种常用存储结构，并讲解各种链表结构，包括静态链表，在每一节均给出算法的具体应用。通过对该章内容的学习，读者将掌握顺序表和各种链表的操作。

第 4 章：主要介绍一种特殊的线性表——栈。首先介绍栈的定义，然后介绍栈的应用及栈与递归的关系、转化。通过对该章内容的学习，读者将学会栈的使用并深入理解递归和栈的知识。

第 5 章：主要介绍另一种特殊的线性表——队列。首先介绍队列的概念，然后介绍顺序队列、循环队列和链式队列，并给出各种队列的实现算法。该章在最后结合具体的例子分析队列的具体使用。

第 6 章：主要介绍另一种特殊的线性表——串。首先介绍串的概念，然后介绍串的各种存储表示，并介绍串的模式匹配算法。通过串的模式匹配可以提高求子串的效率。

第 7 章：主要介绍数组。首先介绍数组的概念，然后介绍数组(矩阵)的顺序存储、链式存储及矩阵的运算，最后介绍几种特殊的矩阵。通过对该章内容的学习，读者将掌握矩阵的一些算法操作。

第 8 章：主要介绍广义表。首先介绍广义表的概念，然后介绍广义表的两种存储方式，最后给出广义表的操作实现。

第 9 章：主要介绍一种非线性数据结构——树和二叉树。首先介绍树和二叉树的概念，然后介绍树和二叉树的存储表示、二叉树的性质、二叉树的遍历和线索化、树和森林与二叉树的转换及哈夫曼树。该章在讲解这些知识点时，均给出具体例子以增强对这些知识的理解。在该章的最后，专门给出树的具体应用。

第 10 章：主要介绍另一种非线性数据结构——图。首先介绍图的概念和存储结构，然后介绍图的遍历、最小生成树、拓扑排序、关键路径及最短路径。在讲解这些知识点时，都给出相应的算法和例子，以加强对知识点的理解。

第 11 章：主要介绍一种数据结构的常用技术——查找。查找是数据结构非数值运算中非常常用的技术，该章首先介绍查找的概念，然后介绍各种查找算法，并结合具体实例进行详细的讲解，并给出完整程序。通过对该章内容的学习，读者将掌握程序设计中非常重要的查找技术。

第 12 章：主要介绍另一种数据结构的常用技术——排序。排序是数据结构中最为常用的技术，该章首先介绍排序的相关概念，然后介绍多种排序技术，并结合实例讲解这些算法的实现，在每一节都给出完整的程序。通过对该章内容的学习，读者将掌握程序设计中最为常用的排序技术。

由于作者水平有限，书中难免存在一些不足之处，恳请读者批评指正。读者可以通过电子邮箱 nwuchenrui@126.com 与作者联系。

3. 适合的读者

本书适合下列读者阅读和学习使用：

- 大中专院校的学生。
- 准备考取计算机专业研究生的人员。
- 准备参加软考的人员。
- 软件开发人员。
- 计算机相关的科研工作者。

3. 致谢

感谢我的导师张蕾教授，她丰富的知识储备及敏锐的洞察力极大地影响了我的学习态度和认识能力，使我在职业生涯中受益，也为本书的编写奠定了良好的基础。

感谢我的家人，是因为有他们默默的付出和鼓励，我才能顺利地做好各项工作。

最后特别感谢温县教育局及所有支持我写作的朋友们！

陈　锐

目　录

第 1 章　概述

　　数据结构是计算机专业的一门基础课程，是我们以后学习计算机软件和计算机硬件的重要基础。它主要研究数据在计算机中的存储表示和对数据的处理方法。数据结构把数据划分为集合、线性表、树和图 4 种类型，而后 3 种是数据结构研究的重点。本章主要学习数据结构的基本概念、抽象数据类型及描述、算法的特性及要求。

　　通过阅读本章，您可以：

- 了解数据结构的基本概念。
- 掌握抽象数据类型的描述方法。
- 理解数据结构的逻辑结构和存储结构。
- 了解算法的特性。
- 掌握算法的描述方法及算法分析方法。

1.1　数据结构的基本概念

本节主要学习数据结构的一些基本概念和术语，主要包括数据、数据元素、数据对象、数据结构、逻辑结构、存储结构及数据类型。

1．数据

数据(Data)是描述客观事物的符号，是能被计算机识别并能输入到计算机中处理的符号集合。数据不仅包括整型、实型等数值类型，还包括字符及声音、图像、视频等非数值数据。例如，王鹏的身高是172cm，这里"王鹏"是对一个人姓名的描述数据，"172cm"是关于身高的描述数据。一张照片是图像数据，一部电影是视频数据。我们现在常见的网页包含文字、图片、声音、视频等数据。这里所说的数据必须具备两个前提：

- 可以输入到计算机中。
- 能被计算机程序处理。

无论是文字、图片、声音还是视频数据，在计算机内部，最终都以二进制形式表示。

2．数据元素

数据元素(Data Element)是组成数据的有一定意义的基本单位，在计算机中通常作为整体考虑和处理。例如，一个数据元素可以由若干个数据项组成，数据项是数据不可分割的最小单位。学生信息表包括学号、姓名、性别、籍贯、所在院系、出生日期、联系电话等数据项。这里的数据元素也称为记录。学生信息表如表1.1所示。

表1.1　学生信息表

学号	姓名	性别	籍贯	所在院系	出生日期	联系电话
201208001	赵倩	女	陕西	信息学院	1994.12	88306200
201203002	吴江	男	河南	化学系	1993.08	88306512
201201003	王平静	男	陕西	文学院	1994.11	88308256

比如，如果将人看作是数据元素的话，那么口、眼、鼻、嘴、耳、手就是数据项，姓名、年龄、性别、出生日期、联系电话等也可以看作数据项。

3．数据对象

数据对象(Data Object)是性质相同的数据元素的集合，是数据的子集。例如，正整数的数据对象是集合N={1，2，3，…}，字母字符的数据对象是集合C={'A'，'B'，'C'，…，'Z'}。

4．数据结构

结构，简单地理解就是关系，比如分子结构就是组成分子的原子之间的排列方式。在现实世界中，数据元素并不是孤立存在的，而是具有某种内在联系的，我们将这些关系称为结构。数据结构(Data Structure)是数据元素之间存在的一种或多种特定关系，也就是数据的组织形式。在计算机中，数据元素的关系也不是孤立的、无序的，而是具有内在联系的数据集合。计算机中的数据元素之间的关系是对现实世界的抽象，数据结构这门课将要详细阐述 3 种结构：表结构、层次结构和图结构。

例如，表 1.1 的学生信息表是一种表结构，如图 1.1 所示的学校组织结构图是一种层次结构，如图 1.2 所示的城市之间的交通路线图是一种图结构。

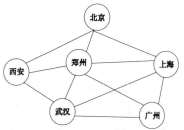

图 1.1　学校的组织结构图　　　　图 1.2　城市之间的交通路线图

5. 数据结构的逻辑结构与存储结构

数据结构的主要任务就是通过分析要描述对象的结构特征，包括逻辑结构及内在联系，也就是抽象数据类型中所要描述的数据关系，把逻辑结构表示成计算机可实现的物理结构，从而方便计算机处理。

(1) 逻辑结构

数据的逻辑结构是指在数据对象中，数据元素之间的相互关系。数据元素之间存在不同的逻辑关系，构成了以下 4 种结构类型。

① 集合。结构中的数据元素除了同属于一个集合外，数据元素之间没有其他关系。这就像我们数学中的自然数集合，集合中的所有元素都属于该集合，除此之外，没有其他特性。例如，数学中的正整数集合{12，78，56，52，20，90}，集合中的数除了属于正整数外，元素之间没有其他关系，数据结构中的集合关系就类似于数学中的集合。集合表示如图 1.3 所示。

② 线性结构。结构中的数据元素之间是一对一的关系。线性结构如图 1.4 所示。数据元素之间有一种先后的次序关系，a，b，c，d，e，f 构成一个线性表，其中，a 是 b 的前驱，b 是 a 的后继。

③ 树形结构。结构中的数据元素之间存在一种一对多的层次关系，树形结构如图 1.5 所示。这就像学校的组织结构图，学校下面是教学的院系、行政机构的部和处及一些研究所。

④ 图结构。结构中的数据元素是多对多的关系。图结构如图 1.6 所示。城市之间的交通路线图就是多对多的关系，A、B、C、D、E、F 是六个城市，城市 A 和城市 B、C、D 都存在一条直达路线，而城市 B 也和 A、D、F 存在一条直达路线，从图 1.6 中可以看出城市之间的关系是错综复杂的。

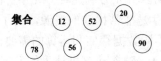

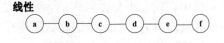

图 1.3　集合结构　　　　　　　　图 1.4　线性结构

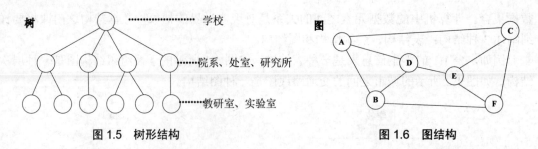

图 1.5　树形结构　　　　　　　　　　图 1.6　图结构

(2) 物理结构

物理结构(Physical Structure)也称为存储结构(Storage Structure)，指的是数据的逻辑结构在计算机中的存储形式。数据的存储结构应能正确反映数据元素之间的逻辑关系。

数据元素的存储结构形式有两种：顺序存储结构和链式存储结构。顺序存储是把数据元素存放在一块地址连续的存储单元里，其数据间的逻辑关系和物理关系是一致的。顺序存储结构如图 1.7 所示。

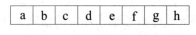

图 1.7　顺序存储结构

链式存储是把数据元素存放在任意的存储单元里，这组存储单元可以是连续的，也可以是不连续的，数据元素的存储关系并不能反映其逻辑关系，因此需要用一个指针存放数据元素的地址，通过地址就可以找到相关联数据元素的位置。链式存储结构如图 1.8 所示。

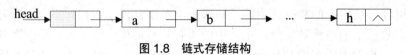

图 1.8　链式存储结构

数据的逻辑结构和物理结构是数据对象的逻辑表示和物理表示，数据结构要对建立起来的逻辑结构和物理结构进行处理，就需要建立起计算机可以运行的程序集合。

6．数据类型

数据类型(Data Type)是用来刻画一组性质相同的数据及其上的操作的总称。数据类型是按照值的不同进行划分的。在高级语言中，每个变量、常量和表达式都有各自的取值范围，该类型就说明了变量或表达式的取值范围和所能进行的操作。例如，C 语言中的字符类型所占空间是 8 位，这就是它的取值范围，在其范围内可以进行赋值运算、比较运算等。

也许读者不禁要问，当年那些设计计算机语言的牛人们为什么会用到数据类型呢？这其实就像我们买汽车，都希望功能全、排量大、性能好，但是没有钱的平民百姓考虑太贵的车不现实，为了满足各种用户需求，于是就出现了各种各样的汽车，自主品牌的相对来说便宜，合资的要贵一些，排量从 0.8L 到 6.0L，价位也从四五元万到几百万元不等。同样，在计算机中，内存不是无限大的，特别是几十年前，内存是非常稀缺的资源，为了节省资源，计算机的研究者们就考虑将数据进行分类，以满足不同数据存储和运算的需要。

在计算机刚刚诞生时，只能处理一些简单的数值信息，随着计算机技术的发展，计算机所能处理的对象已经囊括数值、字符、文字、声音、图像、视频等信息。任何信息只要经过数字化处理，都能够让计算机识别。当然，这需要对处理的信息进行抽象描述，让计算机理解。

在 C 语言中，按照取值的不同，数据类型还可以分为两类——原子类型和结构类型。

- 原子类型：即不可以再分解的基本类型，包括整型、实型、字符型等。
- 结构类型：是由若干个类型组合而成，可以再分解的。例如，整型数组是由若干整型数据组成的，结构体类型的值也是由若干个类型范围的数据构成，它们的类型都是相同的。

例如，在 C 语言中，如果有变量声明 int a, b;，则变量 a 和 b 在被赋值时不能超出 int 的取值范围，变量 a 和 b 的运算只能是 int 类型所允许的运算。

1.2　抽象数据类型

在计算机处理过程中，需要把处理的对象抽象出来，描述成计算机能理解的形式，也就是把数据信息符号化，表示成一个模型，而有时仅仅用基本的数据类型是不够的，这就需要抽象数据类型的描述。

1.2.1　抽象数据类型的定义

抽象数据类型(Abstract Data Type，ADT)是对具有某种逻辑关系的数据类型进行描述，并在该类型上进行的一组操作。抽象数据类型描述的是一组逻辑上的特性，与在计算机内部如何表示及如何实现无关。计算机中的整数数据类型是一个抽象数据类型，不同的处理器可能实现方法不同，但其逻辑特性相同，即加、减、乘、除等运算是一致的。

抽象数据类型不仅包括在计算机中已经定义了的数据类型，例如整型、浮点型等，还包括用户自己定义的数据类型，例如结构体类型、类等。

一个抽象数据类型定义了一个数据对象、数据元素之间的关系及对数据元素的操作。抽象数据类型通常是指用户定义的解决应用问题的数据模型，包括数据的定义和操作。例如，C++的类就是一个抽象数据类型，它包括用户类型的定义和在用户类型上的一组操作。

抽象数据类型体现了程序设计中的问题分解、抽象和信息隐藏特性。抽象数据类型把实际生活中的问题分解为多个规模小且容易处理的问题，然后建立起一个计算机能处理的数据模型，并把每个功能模块的实现细节作为一个独立的单元，从而将具体的实现过程隐藏起来。

这就类似于日常生活中盖房子，我们可以把盖房子分成几个小任务，一方面需要工程技术人员提供房子的设计图纸，另一方面需要建筑工人根据图纸打地基、盖房子，房子盖好以后，还需要装修工人装修，这与抽象数据类型中的问题分解类似。工程技术人员不需要了解打地基和盖房子的具体过程，装修工人也不需要知道怎么画图纸和怎样盖房子。

抽象数据类型中的信息隐藏也是如此，每一个基本操作不需要了解其他基本操作的实现过程。

1.2.2 抽象数据类型的描述

抽象数据类型常见的描述方式如下：

```
ADT 抽象数据类型名
{
    数据对象：<数据对象的定义>
    数据关系：<数据关系的定义>
    基本操作：<基本操作的定义>
} ADT 抽象数据类型名
```

为了简便和容易理解，本书用以下方式描述抽象数据类型。

抽象数据类型可分为数据集合和基本操作集合。其中，数据集合包括对数据对象和数据对象中元素之间关系的描述，基本操作集合是对数据对象的运算的描述。数据对象和数据关系的定义采用数学符号和自然语言描述，基本操作的定义格式为：

基本操作名(参数表)：初始条件和操作结果描述。

例如，一个队列的抽象数据类型描述如下。

1．数据集合

队列的数据集合为$\{a_1, a_2, \ldots, a_n\}$，每个元素的类型均为 DataType。其中，$a_1$是队头元素，$a_n$是队尾元素。入队和出队都是按照$a_1, a_2, \ldots, a_n$的先后次序进入队列和退出队列。

2．基本操作集合

队列的基本操作主要有下列几种。

(1) InitQueue(&Q)：队列的初始化操作。这就像日常生活中，火车站售票处新增加了一个售票窗口，这样就可以新增一队用来排队买票。

初始条件：队列 Q 不存在。

操作结果：构造一个空队列 Q。

(2) QueueEmpty(Q)：判断队列是否为空。这就像日常生活中，火车站售票窗口前是否还有人排队买票。

初始条件：队列 Q 已存在。

操作结果：若 Q 为空队列，返回 1；否则返回 0。

(3) EnQueue(&Q, e)：队列的插入操作。这就像日常生活中，新来买票的人要在队列的最后一样。

初始条件：队列 Q 已存在。

操作结果：插入元素 e 到队列 Q 的队尾。

(4) DeQueue(&Q, &e)：队列的删除操作。这就像买过票的排在队头的人离开队列。

初始条件：队列 Q 已存在。

操作结果：删除 Q 的队头元素，并用 e 返回其值。

(5) Gethead(Q, &e)：取队头元素操作。这就像询问排队买票的人是谁。

初始条件：队列 Q 已存在且非空。

操作结果：用 e 返回 Q 的队头元素。

(6) ClearQueue(&Q)：队列的清空操作。这就像排队买票的人全部买完了票，然后离开队列。

初始条件：队列 Q 已存在。

操作结果：将 Q 清为空队列。

📖 说明：　在抽象数据类型基本操作的描述中，参数传递可分为两种：一种是数值传递，另外一种是引用传递。前者仅仅是将数值传递给形参，而不返回结果；后者其实是把实参的地址传递给形参，实参和形参其实都是同一个变量，被调用函数通过修改该变量的值返回给调用函数，从而把结果带回。在参数传递过程中，在参数前加上&，表示引用传递，如果参数前没有&，表示数值传递。

1.3　算法的特性与算法的描述

在建立好数据类型之后，就要对这些数据类型进行操作，建立运算的集合，即程序。运算方法的好坏直接决定着计算机程序运行效率的高低。如何建立一个比较好的运算集合，是算法要研究的问题。本节主要介绍算法的定义、算法的特性、算法的描述及算法与数据结构的关系。

1.3.1　算法的定义

算法(Algorithm)是描述解决问题的方法。为了解决某个问题或某类问题，需要用计算机表示成一定的操作序列。操作序列包括了一组操作，每一个操作都完成特定的功能。如今，普遍认可的算法定义是：算法是解决特定问题求解步骤的描述，在计算机中表现为指令的有序序列，并且每条指令表示一个或多个操作。

例如，求 n 个数的和的问题，其算法描述如下。

(1) 定义一个变量存放 n 个数的和，并赋初值 0(sum=0)。

(2) 把 n 个数依次加到 sum 中(假设 n 个数存放在数组 a 中，for(i=0; i<n; i++) sum = sum + a[i])。

以上算法包括两个步骤，其中括号里的是 C 语言的描述。算法的描述可以是自然语言描述、伪代码(或称为类语言)描述、程序流程图及程序设计语言(如 C 语言)的描述。其中，自然语言描述可以是汉语或英语等文字描述；伪代码形式类似于程序设计语言形式，但是不能直接运行；程序流程图的优点是直观，但是不易直接转化为可运行的程序；程序设计语言形式是完全采用像 C、C++、Java 等语言来描述，可以直接在计算机上运行。

1.3.2　算法的特性

算法具有以下几个特性。

(1) 有穷性。有穷性指的是算法在执行有限的步骤之后自动结束，而不会出现无限循环，并且每一个步骤在可接受的时间内完成。

(2) 确定性。算法的每一步骤都具有确定的含义，不会出现二义性。算法在一定条件下只有一条执行路径，也就是相同的输入只能有一个唯一的输出结果，而不会出现输出结果的不确定性。

(3) 可行性。算法的每一步都必须是可行的，也就是说，每一步都能够通过执行有限次数完成。

(4) 输入。算法具有零个或多个输入。

(5) 输出。算法至少有一个或多个输出。输出的形式可以是打印输出，也可以是返回一个或多个值。

1.3.3　算法的描述

算法的描述是多样的，我们通过一个例子来学习各种算法的描述。

求两个正整数 m 和 n 的最大公约数。

利用自然语言描述最大公约数的算法如下：①输入正整数 m 和 n；②m 除以 n，将余数送入中间变量 r；③判断 r 是否为零。如果为零，n 即为所求最大公约数，算法结束。如果 r 不为零，则将 n 中的值送入 m，r 的值送入 n，返回执行步骤②。

因为上述算法采用自然语言描述，不具有直观性和良好的可读性。而采用程序流程图描述虽然比较直观，可读性好，但是不能直接转化为计算机程序，移植性不好。求最大公约数的程序流程如图 1.9 所示。

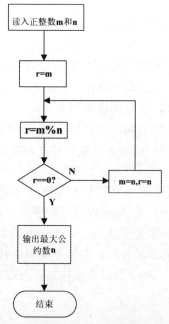

图 1.9　求最大公约数的程序流程

采用类 C 语言描述和 C 语言描述如下。

(1)　类 C 语言描述如下：

```
void dcf()              /* 求最大公约数 */
{
    scanf(m,n);         /* 输入两个正整数 */
    r = m;
    do {
        m = n;
        n = r;
        r = m%n;        /* r 表示两个数的余数 */
    } while(r);
    printf(n);          /* 输出最大公约数 */
}
```

(2)　C 语言描述如下：

```
void dcf()              /* 求最大公约数 */
{
    int m, n, r;
    printf("请输入两个正整数 m 和 n: \n");
    scanf("%d,%d", &m, &n);
    printf("dcf(%d, %d)=", m, n);
    r = m;
    do {                    /* 使用辗转相除法法求解最大公约数 */
        m = n;
        n = r;
        r = m%n;            /* r 存放两个数的余数 */
    } while(r);
    printf("%d\n", n);   /* 输出最大公约数 */
}
```

可以看出，类 C 语言的描述除了没有变量的定义，输入和输出的写法之外，与程序设计语言的描述的差别不大，类 C 语言的代码可以直接转化为能够运行的计算机程序。本书的算法完全采用 C 程序设计语言来描述。

1.4　算法分析

一个好的算法往往会带来程序运行效率高的好处，算法效率和存储空间需求是衡量算法优劣的重要依据。算法的效率需要通过算法编制的程序在计算机上的运行时间来衡量，存储空间需求通过算法在执行过程中所占用的最大存储空间来衡量。本节主要介绍算法设计的要求、算法效率评价、算法的时间复杂度及算法的空间复杂度。

1.4.1　算法设计的要求

一个好的算法应该具备以下目标。

1. 算法的正确性

算法的正确性是指算法至少应该是输入、输出和加工处理无歧义性，并能正确反映问题的需求，能够得到问题的正确答案。通常算法的正确性应包括以下 4 个层次：①算法所设计的程序没有语法错误；②算法所设计的程序对于几组输入数据能够得到满足要求的结果；③算法所设计出的程序对于特殊的输入数据能够得到满足要求的结果；④算法所设计出的程序对于一切合法的输入都能得到满足要求的结果。对于这 4 层算法正确性的含义，层次④是最困难的，一般情况下，我们把层次③作为衡量一个程序是否正确的标准。

2. 可读性

算法设计的目的首先是满足人们的阅读、理解和交流需求，其次才是计算机执行。可读性好有助于人们对算法的理解，晦涩难懂的算法往往会隐含不易被发现的错误，并且调试和修改困难。

3. 健壮性

当输入数据不合法时，算法也能做出相关处理，而不是产生异常或莫名其妙的结果。例如，计算一个三角形面积的算法，正确的输入应该是三角形的三条边的边长，如果输入字符类型数据，不应该继续计算，而应该报告输入错误，给出提示信息。

4. 高效率和低存储量

效率指的是算法的执行时间。对于同一个问题，如果有多个算法能够解决，执行时间短的算法效率高，执行时间长的效率低。存储量需求指的是算法在执行过程中需要的最大存储空间。设计算法时应尽量选择高效率和低存储量需求的算法。

1.4.2 算法效率评价

衡量一个算法在计算机上的执行时间通常有以下两种方法。

1. 事后统计方法

这种方法主要是通过设计好的测试程序和数据，利用计算机的计时器对不同算法编制好的程序比较各自的运行时间，从而确定算法效率的好坏。但是，这种方法有三个缺陷：一是必须依据算法事先编制好程序，这通常需要花费大量的时间与精力；二是时间的比较依赖计算机硬件和软件等环境因素，有时会掩盖算法本身的优劣；三是算法的测试数据设计困难，并且程序的运行时间往往还与测试数据的规模有很大的关系，效率高的算法在小的测试数据面前往往得不到体现。

2. 事前分析估算方法

这主要在计算机程序编制前，对算法依据数学中的统计方法进行估算，因为算法的程序在计算机上的运行时间取决于以下因素：

● 算法采用的策略、方法。
● 编译产生的代码质量。

- 问题的规模。
- 书写的程序语言。对于同一个算法，语言级别越高，执行效率越低。
- 机器执行指令的速度。

在以上几个因素中，算法采用不同的策略，或不同的编译系统，或不同的语言实现，或在不同的机器运行时，效率都不相同。抛开以上因素，算法效率则可以通过问题的规模来衡量。

一个算法由控制结构(顺序、分支和循环结构)和基本语句(赋值语句、声明语句和输入输出语句)构成，则算法的运行时间取决于两者执行时间的总和，所有语句的执行次数可以作为语句的执行时间的度量。语句的重复执行次数称为语句频度。

例如，斐波那契数列的算法和语句的频度如下：

```
/*算法*/                              /*每一语句的频度*/
f0 = 0;                              1
f1 = 1;                              1
printf("%d,%d", f0, f1);            1
for(i=2; i<=n; i++)                  n
{
    fn = f0 + f1;                   n-1
    printf(",%d", fn);             n-1
    f0 = f1;                        n-1
    f1 = fn;                        n-1
}
```

每一语句的最右端是对应语句的频度，即语句的执行次数。上面算法总的执行次数为 $T(n)=1+1+1+n+4(n-1)=5n-1$。

1.4.3　时间复杂度

在进行算法分析时，语句总的执行次数 $T(n)$ 是关于问题规模 n 的函数，进而分析 $T(n)$ 随 n 的变化情况并确定 $T(n)$ 的数量级。算法的时间复杂度也就是算法的时间量度，记作：

$$T(n) = O(f(n))$$

它表示随问题规模 n 的增大，算法的执行时间的增长率和 $f(n)$ 的增长率相同，称作算法的渐进时间复杂度，简称为时间复杂度。其中，$f(n)$ 是问题规模 n 的某个函数。

一般情况下，随 n 的增大 $T(n)$ 的增长较慢的算法为最优的算法。例如，在下列三个程序段中，给出原操作 $x=x+1$ 的时间复杂度分析。

(1)　x = x+1;
(2)　for(i=1; i<=n; i++)
　　　　　x = x+1;
(3)　for(i=1; i<=n; i++)
　　　　　for(j=1; j<=n; j++)
　　　　　　　x = x+1;

程序段(1)的时间复杂度为 O(1)，我们把它称为常量阶；程序段(2)的时间复杂度为 O(n)，我们把它称为线性阶；程序段(3)的时间复杂度为 $O(n^2)$，我们把它称为平方阶。

此外算法的时间复杂度还有对数阶 $O(\log_2 n)$、指数阶 $O(2^n)$ 等。

前面的斐波那契数列的时间复杂度 $T(n) = O(n)$。

常用的时间复杂度所耗费的时间从小到大依次是：

$$O(1) < O(\log_2 n) < O(n) < O(n^2) < O(n^3) < O(2^n) < O(n!) < O(n!)$$

算法的时间复杂度是衡量一个算法好坏的重要指标。一般情况下，具有指数级的时间的复杂度算法只有当 n 足够小才是可使用的算法。具有常量阶、线性阶、对数阶、平方阶和立方阶的时间复杂度算法是常用的算法。一些常用的时间复杂度频率表如表 1.2 所示。

表 1.2　常用的时间复杂度频率表

阶数 \ 大小	n	$n\log_2 n$	n^2	n^3	2^n	n!
1	1	0	1	1	2	1
2	2	2	4	8	4	2
3	3	4.76	9	27	8	6
4	4	8	16	64	16	24
5	5	11.61	25	125	32	120
6	6	15.51	36	216	64	720
7	7	19.65	49	343	128	5040
8	8	24	64	512	256	40320
9	9	28.53	81	729	512	362800
10	10	33.22	100	1000	1024	3628800

一些常见函数的增长率如图 1.10 所示。

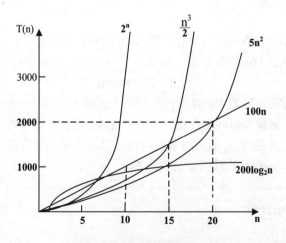

图 1.10　常见函数的增长率

一般情况下，算法的时间复杂度只需要考虑关于问题规模 n 的增长率或阶数。例如，在以下程序段中：

```
for(i=2; i<=n; i++)
    for(j=2; j<=i-1; j++)
    {
        x++;
        a[i][j] = x;
    }
```

语句 x++的执行次数关于 n 的增长率为 n^2，它是语句频度(n-1)(n-2)/2 中增长最快的项。

在有些情况下，算法的基本操作的重复执行次数还依赖于输入的数据集。例如，在以下的冒泡排序算法中：

```
void bubble(int a[], int n)
{
    int i, j, t;
    change = TRUE;
    for(i=1; i<=n-1&&change; i++)
    {
        change = FALSE;
        for(j=1; j<=n-i; j++)
            if(a[j] > a[j+1])
            {
                t = a[j];
                a[j] = a[j+1];
                a[j+1] = t;
                change = TRUE;
            }
    }
}
```

基本操作是交换相邻数组中的整数部分。当数组 a 中的初始序列从小到大有序排列时，基本操作的执行次数为 0；当数组中初始序列从大到小排列时，基本操作的执行次数为 n(n-1)/2。对这类算法的分析，一种方法是计算所有情况的平均值，这种时间复杂度计算方法称为平均时间复杂度。另外一种方法是计算最坏情况下的时间复杂度，这种方法称为最坏时间复杂度。上述冒泡排序时的平均时间复杂度和最坏时间复杂度都是 $T(n)=O(n^2)$。一般情况下，在没有特殊说明的情况下，都是指最坏时间复杂度。

1.4.4 空间复杂度

空间复杂度通过计算算法所需的存储空间来实现。算法空间复杂度的计算公式是：

$$S(n) = O(f(n))$$

其中，n 为问题的规模，f(n)为语句关于 n 的所占存储空间的函数。一般情况下，一个程序在机器上执行时，除了需要存储程序本身的指令、常数、变量和输入数据外，还需要存储对数据操作的存储单元。若输入数据所占空间只取决于问题本身，与算法无关，这样我们只需分析该算法在实现时所需的辅助单元即可。若算法执行时所需的辅助空间相对于输入数据量而言是个常数，则称此算法为原地工作，空间复杂度为 O(1)。

1.5 如何学好数据结构

在正式开始学习数据结构之前，先简要介绍一下数据结构这门课的地位，以及学好数据结构知识的方法。

1.5.1 数据结构课程的地位

数据结构是计算机理论与技术的重要基石，是计算机科学的核心课程。作为一门独立的专业基础课程，数据结构在国外是从 1968 年才开始设立的。在那之前，它的某些内容曾在其他课程，如表处理语言中有所阐述。

1968 年在美国一些大学的计算机系的教学计划中，虽然把数据结构规定为一门课程，但对课程的范围仍没有做明确规定。当时，数据结构几乎与图论，特别是与表、树的理论为同义词。随后，数据结构这个概念被扩充到包括网络、集合代数论、格、关系等方面，从而变成了现在称为离散数学的内容。

然而，由于数据必须在计算机中处理，因此，不仅考虑数据本身的数学性质，而且还必须考虑数据的存储结构，这就进一步扩大了数据结构的内容。近年来，随着数据库系统的不断发展，在数据结构课程中又增加了文件管理的内容。

1968 年，美国的 Donald.E.Knuth 开创了数据结构的最初体系，他所著的《计算机程序设计艺术》第一卷《基本算法》是第一本较系统地阐述数据的逻辑结构和存储结构及其操作的著作。

从 20 世纪 60 年代末到 70 年代初，出现了大型程序，软件也相对独立，结构化程序设计成为程序设计方法学的主要内容，人们越来越重视数据结构，认为程序设计的实质是对确定的问题选择一种好的结构，加上设计一种好的算法。从 20 世纪 70 年代中期到 80 年代初，各种版本的数据结构著作就相继出现了。

1.5.2 数据结构课程的重要性

目前在我国，数据结构已经不仅仅是计算机专业的核心课程之一和计算机考研的专业基础课程之一，也是非计算机专业的主要选修课程之一。

"数据结构"课程在计算机科学中是一门综合性的专业基础课。"数据结构"不仅仅涉及计算机硬件的研究范围，特别是编码理论、存储装置和存取方法等，还与计算机软件的研究有着更为密切的关系，无论是编译程序还是操作系统，都涉及数据元素在存储器中的分配问题。"数据结构"课程是操作系统、数据库原理、编译原理、人工智能、算法设计与分析等课程的基础，"数据结构"课程是介于数学、计算机硬件和计算机软件三者之间的一门核心课程。在计算机科学与技术领域中，"数据结构"不仅是一般程序设计(特别是非数值程序设计)的基础，而且是设计和实现编译程序、操作系统、数据库系统和大型应用程序的重要基础。

通过对数据结构知识的学习，可以很好地提高分析和解决复杂问题的能力，可以为计算机专业其他课程的学习打下良好的基础，同时也能为学生培养良好的计算机科学素养。

1.5.3　如何学好数据结构

那么，如何学好数据结构知识呢？这里从作者个人的角度，跟读者分享一下学好数据结构的一些经验。要想真正学好数据结构，必须重视以下几点。

1．学好 C 语言，打好编程基础

要想学好数据结构，必须先打好 C 语言基础，否则就谈不上学好数据结构。低年级的大学生需要掌握好 C 语言基础知识。为此，应立下一个明确的目标，例如可以报考计算机等级考试、计算机软件资格考试，或者考研，通过一次次的理论考试和上机考试，达到提高自己程序设计水平的目的。高年级学生可以做一些软件项目或者到软件公司实习，通过实战的方式提高自己的软件开发能力。

2．多看书，勤思考

只有博览群书，才能取百家之长。学习数据结构也是如此，数据结构知识理论性较强，有些概念还比较抽象，要想真正理解和掌握它，必须多看书、多思考，除了钻研教材之外，可以看一些考研辅导书，这样的书往往比较通俗，一般都是用 C 语言描述，容易理解。里面的算法看得多了，慢慢地就能掌握数据结构的相关知识。除了看一些数据结构考研辅导书外，还可以看看专门讲解算法的书，会发现其实算法和数据结构很有趣，利用算法和数据结构的知识可以编写出非常精彩的程序。

3．树立信心

作者初学数据结构时，与大家一样，有很多感到困惑的地方，特别是当时所使用的教材是严蔚敏老师的《数据结构》，对于 C 程序设计基础比较差的学生，直接看严蔚敏老师的《数据结构》肯定会比较茫然，因为里面的算法描述语言是类 C 语言，有些符号表示不是很好理解。其实这是正常的现象，一定不要气馁，只要多看些用 C 语言描述的参考书，等基础打好之后，再回过头来看严蔚敏老师的《数据结构》，就会感觉气爽了许多，领悟出过去的困惑原来是自己功力不到的缘故。

在这里还要给读者一个学习上的建议。每当接触一个新事物时，一般都会感觉学起来比较吃力，那不是自己笨的缘故，而通常是由于书中有很多自己缺乏的知识，所以一定不要着急，可以多找几本相关的书籍看看，先攻克一些概念性的问题，坚持下去，就会慢慢地掌握学习技巧。

对于"数据结构"课程的学习，要求学生不仅应具备 C 语言等高级程序设计语言的基础，而且还要掌握把复杂问题抽象成计算机能够解决的离散数学模型的能力。这需要我们在学习数据结构的过程中，努力提高自己的程序设计水平，同时养成良好的编程风格，强化自己的抽象思维能力、数据抽象能力，平时要多实践、多思考。

本书的内容设计主要分为四个部分：第一部分是基础篇，包括数据结构概述和 C 语言程序设计基础(即第 1、2 章)；第二部分是线性数据结构篇，包括线性表、栈、队列、串、数组和广义表(即第 3~8 章)；第三部分是非线性数据结构篇(即第 9、10 章)，包括树和图；第四部分是查找和排序篇(即第 11、12 章)，包括查找、内排序和外排序。

本书中的所有算法均采用 C 语言来描述，所有的程序都在 Visual C++ 6.0 下调试通过。

第 2 章　C 语言基础

　　C 程序设计语言作为本书中数据结构的算法描述语言，既具有高级语言的特点，又具有汇编语言的特点，被广泛应用于系统软件设计和应用软件设计，并且经久不衰。本章的主要目的是在学习数据结构之前，为大家扫清语言障碍，针对 C 程序设计语言中的重点和难点，如函数与递归、指针、参数传递、动态内存分配及结构体和共用体，进行详细的讲解和分析。

　　通过阅读本章，您可以：

- 掌握 Turbo C 2.0 和 Visual C++ 6.0 开发环境。
- 学会运用递归和非递归编写 C 语言程序。
- 掌握指针与变量、数组、函数结合起来的使用方法。
- 掌握传值调用和传地址调用方法。
- 掌握结构体和共用体的定义及使用。
- 掌握链表的使用。

2.1 开发环境介绍

C 程序设计语言(也常称为 C 语言)的开发环境有 LCC、Turbo C 2.0、Visual C++、Borland C++等多种，本节着重介绍 Turbo C 2.0 和 Visual C++ 6.0 开发环境。

2.1.1 Turbo C 2.0 开发环境介绍

Turbo C 2.0(Turbo C 简称为 TC)是美国 Borland 公司 1989 年推出的产品，它是集编辑、编译、链接和运行于一体的 C 语言集成开发环境。Turbo C 2.0 具有简单易学、方便、直观的特点，通过一个简单的主屏幕可以完成程序的编辑、编译和链接操作，是初学者广泛使用的开发工具。

1. 运行 Turbo C 2.0

在 Windows 下运行 Turbo C 2.0 可以通过两种方式运行：一种是直接双击 Turbo C 2.0 文件夹下的 TC.EXE 运行，另一种是切换到 DOS 命令行下，假如 Turbo C 2.0 编译程序是安装在 D:\TC 目录下的，那么通过 DOS 命令"cd tc"切换至 D:\TC 目录下，如图 2.1 所示。

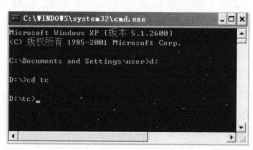

图 2.1 从命令行切换到 D:\TC 目录

然后输入"tc"，按下 Enter 键之后，屏幕上出现 Turbo C 2.0 集成开发环境主界面，如图 2.2 所示。

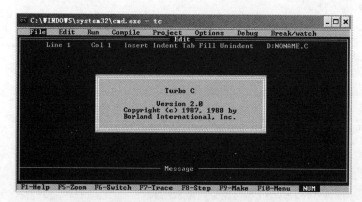

图 2.2 Turbo C 2.0 集成开发环境的主界面

从图 2.2 可以看到，Turbo C 2.0 集成开发环境最上面的主菜单包括八个菜单项：File、Edit、Run、Compile、Project、Option、Debug、Break/watch。这八个菜单项分别代表的是文件、编辑、运行、编译、工程、选项、调试、中断/查看。

2. Turbo C 2.0 环境设置

我们可通过键盘上的 F10 键激活菜单，然后通过四个方向键"↑"、"↓"、"←"、"→"对主菜单和子菜单进行选择，被选中的菜单项反相显示(默认时被选中的菜单项以黑底白字显示)。如果选中的是八个主菜单，并按 Enter 键，则会以下拉菜单的形式显示该菜单的子菜单。例如我们对 Turbo C 2.0 的运行环境进行设置，其操作步骤如下。

(1) 按下 F10 键激活 Options 菜单，并按下 Enter 键，然后按下↓方向键，激活 Directions 命令。

(2) 按下 Enter 键打开下拉菜单，激活 Include directories 命令，按下 Enter 键，打开一个对话框，把"C:\TURBOC2\INCLUDE"修改为"D:\TC\INCLUDE"。

(3) 按下 Enter 键返回上一级菜单，按下↓方向键，激活 Library directories 命令，按下 Enter 键，打开一个对话框，把"C:\TURBOC2\LIB"修改为"D:\TC\LIB"。

这样就完成了对 Turbo C2.0 运行环境的头文件和库文件的路径设置，接下来就可以编写并运行 C 语言程序了。

按照以上方法，我们对文件的输出路径进行设置并且保存修改的设置，以后使用 Turbo C 2.0 运行环境时就不需要再进行修改了。设置输出路径的步骤如下。

(1) 按下 F10 键激活 Options 菜单，并按下 Enter 键，再按下↓方向键，激活 Directions 命令。

(2) 按下 Enter 键打开下拉菜单，按照以上方法执行 Include directories → Directions → Output directory 命令，按下 Enter 键，打开一个对话框，输入"D:\TC"。

修改保存设置的步骤如下：执行 Options → Save options 菜单命令，并按下 Enter 键，打开一个对话框，直接按下 Enter 键，然后输入"Y"。

3. Turbo C 2.0 的使用

下面我们通过一个最简单的例子来学习 Turbo C 2.0 集成开发环境的使用。通过 F10 键激活菜单，并选中 Edit 菜单，按下 Enter 键，在代码编辑窗口中输入以下代码：

```
void main()
{
    printf("Hello world!\n");
}
```

然后重新按下 F10 键激活菜单，执行 Compile → Compile to OBJ 命令，对程序进行编译，然后执行 Compile → Link EXE file 命令，对程序进行链接。

这时，就可以通过 Run → Run 命令或者通过按下快捷键 Ctrl+F9 来运行程序，最后通过 Run → Use Screen 或者按下快捷键 Alt+F5 来查看运行结果，如图 2.3 所示。

此时可以按下 Esc 键返回到 Turbo C 2.0 集成开发环境。如果程序中有错误，在编译或链接时会出现错误提示信息。如图 2.4 所示是一个链接错误的提示信息。可以根据错误提示修改错误，然后重新编译、链接和运行程序。

还有其他的常见操作，如执行 File → Load 命令或 File → Pick 命令可加载存放在磁盘中的文件，执行 File → Save、File → Save as 或 File → Write to 命令可将程序保存在磁盘上，执行 File → Quit 命令或按快捷键 Alt+X 可以退出 Turbo C 2.0 集成开发环境。

图 2.3　程序运行结果

图 2.4　链接错误的提示信息

2.1.2　Visual C++ 6.0 开发环境介绍

用 Visual C++ 6.0 编写 C 语言程序，需要两个步骤：一是建立一个控制台项目；二是在该控制台项目中添加一个.C 的文件。首先需要建立一个项目，执行 File→New 命令，弹出 New 对话框，单击 Projects 标签，在项目文件中选择 "Win32 Console Application" 命令，在 Project name 文本框中输入项目名称 "演示程序"，单击 Location 文本框后面的按钮，选择保存路径为 "D:\VC 程序"，如图 2.5 所示。

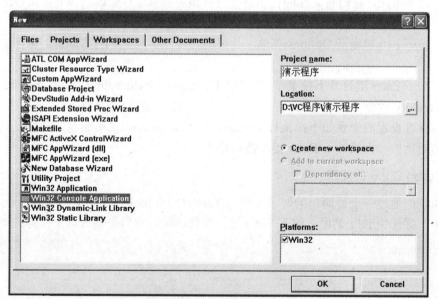

图 2.5　新建一个控制台项目

单击 OK 按钮，打开一个对话框，即新建控制台程序的第一步。这一步有四个选项，我们选择第一项 "An empty project"，就是要建立一个空的项目，如图 2.6 所示。

单击 Finish 按钮，打开一个对话框，即新建立的控制台程序信息：将建立一个空项目，项目中没有文件，并且项目路径为 "D:\VC 程序\演示程序"，如图 2.7 所示。

单击 OK 按钮，进入到控制台的项目环境中，如图 2.8 所示。

这时，我们需要在新建的控制台项目中建立一个 C 程序文件，即以 ".c" 为扩展名的文件。单击左侧的 FileView 标签，再将"演示程序 files"前的"+"展开，然后在 Source Files 结点上单击鼠标右键，选择 Add Files to Folder 命令，准备在项目中添加一个 C 程序文件，如图 2.9 所示。

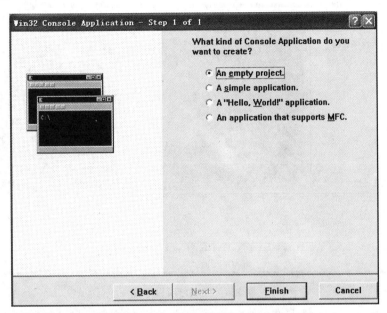

图 2.6　控制台应用程序设置第一步

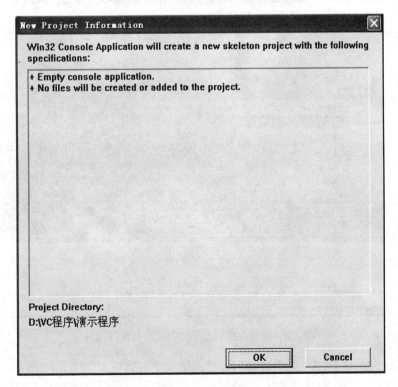

图 2.7　控制台应用程序提示信息

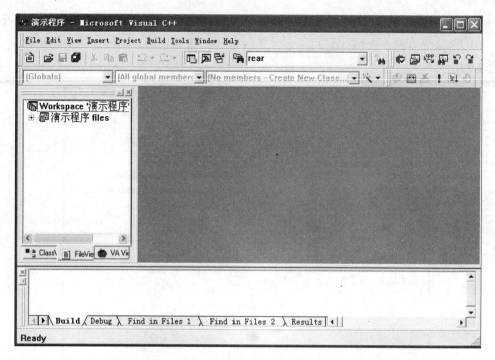

图 2.8 控制台项目环境

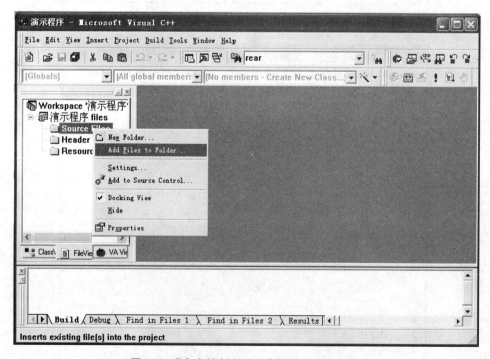

图 2.9 准备在控制台项目中添加 C 程序文件

选择 Add Files to Folder 菜单命令后，将弹出一个对话框，如图 2.10 所示。输入文件名"Hello World.c"，单击 OK 按钮，会弹出一个对话框，提示"指定的 Hello World.c 文件不存在，是否要建立一个文件？"如图 2.11 所示。

图 2.10　在控制台项目中添加一个"Hello World.c"文件

图 2.11　在控制台项目中新建一个"Hello World.c"文件

单击"是"按钮，这样就为项目建立了一个 C 程序文件，这时就可以编写我们的 C 语言程序了。所编写的 Hello World.c 程序如图 2.12 所示。

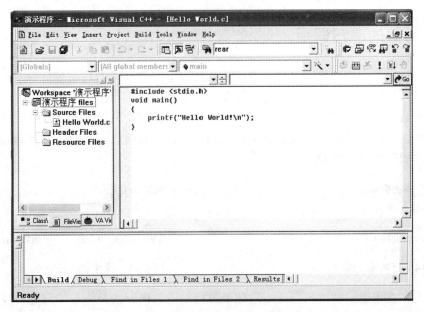

图 2.12　Hello World.c 程序

我们可以单击工具栏 ☺☐☒ ! ☐☐ 中的 ☺(编译)按钮编译程序、☐(链接)按钮链接程序、!(运行)按钮运行程序，运行结果如图 2.13 所示。

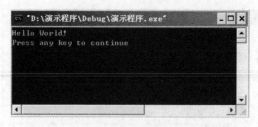

图 2.13　Hello World 程序的运行结果

以上各步骤中先建立了一个控制台项目文件，接下来在项目中建立了 C 程序文件，然后编写了 C 程序，并实现了程序的运行。可见在 Visual C++ 6.0 开发环境中调试、运行程序十分方便、快捷。

2.2　递归与非递归

一个较大的程序包含若干个具有独立功能的模块，每一个模块实现一个特定的功能，这才是良好的程序设计风格。在 C 语言中，通过函数实现模块的功能，一个 C 语言程序由一个主函数和若干个函数组成。递归是 C 语言程序设计中常见的函数调用形式，也是学习 C 语言的一个重点和难点。本节的主要学习内容包括函数调用、递归与递归调用、递归转化为非递归。

2.2.1　函数的递归调用

函数的递归调用指的是在调用一个函数的过程中，又出现了对函数自身的调用，这种函数称为递归函数。其中，递归调用分为直接递归调用和间接递归调用两种。

一个函数在函数定义体内直接调用函数自身称为直接递归调用，一个函数经过一系列的中间调用，通过其他函数间接地调用自身的行为称为间接递归调用。直接递归调用和间接递归调用如图 2.14 和 2.15 所示。

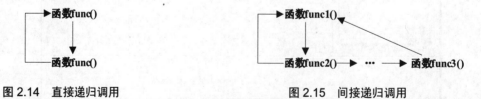

图 2.14　直接递归调用　　　　　　　　图 2.15　间接递归调用

实际上，在用递归解决问题时，递归函数只知道怎样解决最简单的问题，我们称此类问题是基本问题。

递归函数在解决基本问题时只是返回一个值，在解决比较复杂的问题时，必须与简单问题类似，可以通过简单问题的答案得到复杂问题的答案。

递归解决问题就是把原有问题变成比原有问题简单的问题，这样需要解决的问题会越来越简单、规模也越来越小，最后把问题变成了一个基本问题，基本问题的答案是已知的，基本问题解决后，比基本问题大一点的问题也将得到解决。这样逐步求解，直至原有问题得到解决。

下面我们通过一个递归的示例来分析递归调用过程。例如求 n 的阶乘 n!。n 的阶乘有如下递归定义：

$$n!=n\times(n-1)!$$

假设 n=5，则有：

$$5!=5\times4!\quad 4!=4\times3!\quad 3!=3\times2!\quad 2!=2\times1!\quad 1!=1\times0!\quad 0!=1$$

计算 5!的过程如图 2.16 所示，左半部分是递归调用过程，递归调用过程在计算出 0!=1 时停止调用；右半部分是把递归调用的值返回给调用者的过程，直到计算出 5!=120 为止。

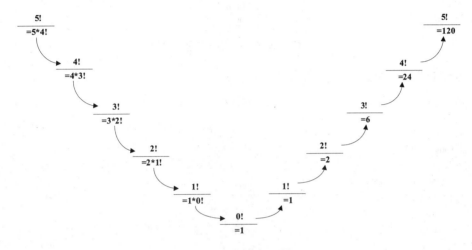

图 2.16　递归调用

这样就把求解问题 5!分解为求 5 这个基本问题和求 4!这个比较复杂的问题，接着继续把求解 4!分解为求 4 这个基本问题和求 3!这个比较复杂的问题，直到把原问题变成求解 0!=1 这个最基本的已知问题为止。

2.2.2　递归函数应用举例

下面我们通过具体的例子来分析递归函数的调用。

例 2-1 递归实现求前 n 个自然数的和。

分析：假设前 n 个自然数存放在数组 a 中，则前 n 个自然数的和为：

$$sum = a[n-1] + a[n-2] + \ldots + a[0]$$

求前 n 个自然数的和可以看成是数组 a 的第 n 个元素 a[n-1]与前 n-1 个数的和，数组 a 前 n 个元素的和可以写成如下形式：

```
sum(a,n) = a[n-1] + sum(a,n-1)
```

其实这就是一个递归的定义方式。另外还要考虑递归退出的条件，从第 n 个元素开始累加求和，当加上第一个数 a[0]之后，就要停止递归调用。

递归求和递归调用的过程如图 2.17 所示。

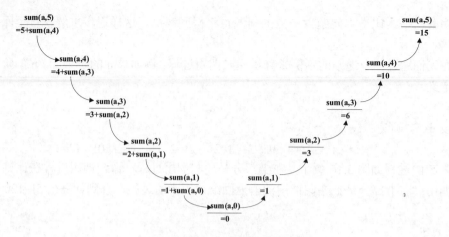

图 2.17　递归求和递归调用的过程

求 n 个自然数的和的递归函数实现如下：

```c
#include <stdio.h>                  /*包含输入和输出头文件*/
#define N 50
int sum(int a[], int n);           /*函数声明*/
void main()
{
    int i, n, a[N];
    printf("请输入一个 50 以内的自然数：");
    scanf("%d", &n);
    for(i=0; i<n; i++)             /*把前 n 个自然数存放在数组 a 中*/
        a[i] = i+1;
    printf("前%d 个自然数的和为：%d\n", n, sum(a,n));
}
int sum(int a[], int n)           /*函数实现。递归求数组 a 前 n 个数的和*/
{
    if(n <= 0)                    /*递归调用结束条件，加上 a[0]之后，退出递归调用*/
        return 0;
    else
        return a[n-1]+sum(a,n-1); /*递归求前 n 个数的和*/
}
```

程序的运行结果如图 2.18 所示。

图 2.18　递归实现求前 n 个自然数的和程序的运行结果

例 2-2 打印输出 n 的阶乘 n!。

分析：n!递归调用过程分析前面已经给出(见图 2.16)。求 n!就是要把复杂问题分解成较为简单的问题，直到分解成最简单的问题 0!=1 为止。

n!的递归函数程序实现如下:

```c
#include <stdio.h>                      /*包含输入输出头文件*/
long factorial(int n);                  /*函数声明*/
void main()
{
    int num;
    for(num=0; num<10; num++)
        printf("%d!=%ld\n", num, factorial(num));
}
long factorial(int n)    /*递归函数实现。当n=0时，递归返回；否则递归调用*/
{
    if(n == 0)
        return 1;                        /* 0!=1 是最基本问题的解 */
    else
        return n*factorial(n-1);        /* 递归调用 */
}
```

程序运行结果如图 2.19 所示。

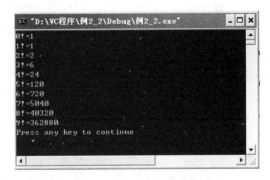

图 2.19　求 n!程序的运行结果

2.2.3　一般递归转化为非递归(使用迭代)

通过分析以递归方式实现求 n 个自然数的和的过程，我们发现可以把递归转化为非递归实现。其非递归实现的代码如下:

```c
int NonRecSum(int a[], int n)    /*以非递归方式求数组 a 前 n 个数的和*/
{
    int i, sum=0;
    for(i=0; i<n; i++)                   /*通过迭代求 n 个自然数的和*/
        sum += i;
        return sum;
}
```

迭代和递归是程序设计中常用的两种结构。任何能使用递归解决的问题都能使用迭代的方法解决。

迭代和递归的区别是:迭代使用的是循环结构，递归使用的是选择结构。使用递归能够使程序的结构更清晰，设计出的程序更简洁、程序更容易让人理解。

但是，递归也有许多不利之处，递归调用会耗费大量的时间和大量的内存。每次递归调用都会建立函数的一份拷贝，会占用大量的内存空间。迭代则不需要反复调用函数和占用额外的内存。

2.3 指　针

指针是 C 语言的灵魂，是 C 语言中的难点和重点。指针常常用在函数的参数传递和动态分配内存中。在数据结构中，指针的使用也非常频繁。指针常常与地址、变量、数组和函数联系在一起。本节主要针对人们经常容易混淆的概念(如指针变量、指针变量的引用、指针与数组、函数指针与指针函数)进行讲解，通过本节将使读者能够真正地掌握指针。

2.3.1　指针变量

指针是一种变量，也称指针变量，它的值是内存地址。一般的变量通常直接包含一个具体的值，例如整数、浮点数和字符。指针包含的是变量的地址，而变量又拥有自己的具体值。变量名直接引用了一个值，指针是间接地引用了一个值。

为了使读者能把地址和指针这两个概念区分开，我们通过如图 2.20 所示的内存区域来说明这两个概念的不同。

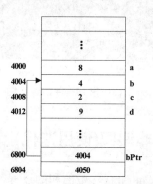

图 2.20　指针变量在内存中的示意

假设定义了 5 个变量，分别是 a、b、c、d、bPtr，其中，a、b、c、d 是整型变量，bPtr 是指针变量。变量 a 的存放地址是 4000，4001，4002 和 4003 四个内存单元，变量 b 的存放地址是 4004~4007 四个内存单元，变量 bPtr 的存放地址是 6800~6803 四个内存单元。整型变量 a、b、c、d 的内容分别是 8、4、2、9，而指针变量 bPtr 的内容是地址 4000 开始的内存地址，也就是说 bPtr 存放的是变量 b 的地址。在图 2.20 中，我们可以看到有一个箭头从地址是 6800 的位置指向了变量地址为 4004 的位置，所以我们也称指针变量 bPtr 指向了变量 b。

一个变量的地址称为该变量的"指针"。例如，在图 2.20 中，地址 4000 是变量 a 的指针。如果有一个变量用来存放另一个变量的地址，则称这个变量为指针变量。

在 C 语言中，变量在使用前都需要提前声明，例如要声明一个指针变量：

```
int *qPtr, q;
```

q 是整型变量，表示要存放一个整数类型的值；qPtr 是一个整型指针变量，表示要存放一个变量的地址，而这个变量是整数类型。qPtr 叫作一个指向整型的指针。

在声明指针变量时，"*"只是表示一个指针类型标识符，指针变量的声明也可以写成：int* qPtr。

指针变量的赋值可以在声明的时候进行，也可以在声明后赋值。例如，给一个指针变量赋值：

```
int q = 5;
int *qPtr = &q;
```

或在声明后赋值：

```
int q=5, *qPtr;
qPtr = &q;
```

这两种赋值方法都是把变量 q 的地址赋值给指针变量 qPtr。qPtr=&q 叫作指向变量 q，其中，&是取地址运算符，表示返回变量 q 的地址。指针变量 qPtr 与变量 q 的关系如图 2.21 所示。

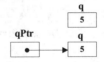

图 2.21　q 直接引用一个值和 qPtr 间接引用一个变量 q

这就像我们日常生活中，有两个抽屉 A 和 B，抽屉 A 有一把钥匙，抽屉 B 也有一把钥匙。为了方便，可以把两把钥匙都带在身上，需要取抽屉 A 中的东西时打开抽屉，也可以为了安全，把钥匙 A 放到抽屉 B 中，把抽屉 B 的钥匙带在身上，需要取抽屉 A 中的东西时，先打开抽屉 B，再取出抽屉 A 的钥匙，然后打开抽屉 A，取出需要的东西。前一种方法就相当于通过变量直接引用，后一种方法相当于通过指针间接引用。其中，抽屉 B 的钥匙相当于指针变量，抽屉 A 的钥匙相当于一般的变量。

2.3.2　指针变量的引用

指针变量和变量一样，都可以对数据进行操作，指针变量的操作主要是通过取地址运算符&和指针运算符*来实现的。例如，&a 指的是变量 a 的地址，*ptr 表示变量 ptr 所指向的内存单元存放的内容。下面我们通过例子来说明&和*运算符及指针变量的使用。

例 2-3 变量与指向该变量的指针演示程序。

分析：主要利用&和*运算符进行操作，应学会灵活运用指针和变量的&和*操作，取地址&和指针运算符*是互逆的操作。变量和指针的&和*运算实现如下：

```
#include <stdio.h>          /*包含输入输出头文件*/
void main()
{
```

```
    int q = 5;
    int *qPtr;                      /*指针变量声明*/
    qPtr = &q;                      /*指针变量指向变量 q */
    /*打印变量 q 的地址和 qPtr 的内容*/
    printf("q 的地址是: %p\nqPtr 中的内容是: %p\n", &q, qPtr);
    /*打印 q 的值和 qPtr 指向变量的内容*/
    printf("q 的值是: %d\n*qPtr 的值是: %d\n", q, *qPtr);
    /*运算符&和*是互逆的*/
    printf("&*qPtr=%p,*&qPtr=%p\n 因此有&*qPtr=*&qPtr\n", &*qPtr, *&qPtr);
}
```

程序运行结果如图 2.22 所示。

图 2.22　变量与指向该变量的指针操作程序的运行结果

其中，因为&和*作为单目运算符，结合性是从右到左，优先级别相同，所以&*qPtr 是先进行*运算，因为 qPtr 是指向变量 q 的，所以*qPtr=q，再进行&运算，&*qPtr 就是对 q取地址，即&q，q 的地址。而*&qPtr 是先进行取地址运算，即&qPtr，即 qPtr 的地址，然后进行*运算，那么*&qPtr 就是 qPtr 本身，即 q 的地址。因此，&*qPtr 和*&qPtr 是等价的。

💡 **注意**：　指针变量只能用来存放地址或指针，不能将一个整型赋值给一个指针变量。指针变量的类型应与所指向的变量的类型一样。

2.3.3　指针与数组

指针和变量的结合就有了指针变量和变量指针，那么同样，指针与数组的结合就有了数组指针和指针数组。数组指针指的是指向数组的指针，指针数组也是一组指针变量。

1. 指向数组元素的指针

指针可以指向变量，当然也可以指向数组和数组元素。数组的指针，指的是数组的首地址(起始地址)，数组元素的指针指向该数组元素的地址。

例如，我们定义两个变量，即一个整型数组和一个指针变量：

```
int a[5] = {10, 20, 30, 40, 50};
int *aPtr;
```

这里，a 就是一个数组，它包含了 5 个整型数据。变量名 a 就是数组 a 的首地址，它与&a[0]等价。如果令 aPtr=&a[0]，或者 aPtr=a，则 aPtr 也指向了数组 a 的首地址，如图 2.23所示。

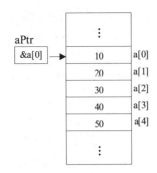

图 2.23　数组的指针与数组在内存中的情况

在定义指针变量时，也可以直接赋值，如 int *aPtr = &a[0];与以下语句等价：

```
int *aPtr;
p = &a[0];
```

指针也可以进行算术运算，但不是像整数那样的算术运算，例如 12+2=14。当指针加上一个数或者减去一个数时，并不是简单地加上或者减去其值，而是加上或者减去该整数与指针指向对象的大小的乘积。例如，对于 aPtr+=3，如果一个整数占用 4 个字节，则 aPtr=4000+4×3=4012，这里假设指针的初值是 4000。同样，指针也可以进行自增(++)运算和自减(--)运算。

也可以用一个指针变量减去另一个指针变量。例如，指向数组元素的指针 aPtr 的地址是 4008，另一个指向数组元素的指针 bPtr 的地址是 4000，则语句 a=aPtr-bPtr;是把从 aPtr 到 bPtr 的数组元素个数赋值给 a，元素个数为(4008-4000)/4=2。这里仍然假设整数占用 4 个字节。

这样，我们也可以通过指针引用数组元素：*(aPtr+2)。如果 aPtr 是指向 a[0]，即数组 a 的首地址，则 aPtr+2 就是数组 a[2]的地址，*(aPtr+2)就是 30。

注意： 指向数组的指针可以进行自增或自减运算，但是数组名不能进行自增或自减运算。这是因为数组名本质上是一个常量地址，不能改变。

例 2-4 用指针引用数组元素并打印输出。

分析： 主要考察指针与数组结合进行的运算，有指针对数组的引用及指针的加、减运算。指针及数组对元素操作的实现如下：

```
#include <stdio.h>                      /*包含输入输出头文件*/
void main()
{
    int a[5] = {10, 20, 30, 40, 50};
    int *aPtr, i;                       /*指针变量声明*/
    aPtr = &a[0];                       /*指针变量指向变量 a */
    for(i=0; i<5; i++)                  /*通过数组下标引用元素*/
        printf("a[%d]=%d\n", i, a[i]);
    for(i=0; i<5; i++)                  /*通过数组名引用元素*/
        printf("*(a+%d)=%d\n", i, *(a+i));
    for(i=0; i<5; i++)                  /*通过指针变量下标引用元素*/
        printf("aPtr[%d]=%d\n", i, aPtr[i]);
```

```
      for(aPtr=a,i=0; aPtr<a+5; aPtr++,i++)   /*通过指针变量偏移引用元素*/
          printf("*(aPtr+%d)=%d\n", i, *aPtr);
}
```

在上面的程序中，共有四个 for 循环，其中第一个 for 循环是利用数组的下标访问数组的元素，第二个 for 循环是使用数组名访问数组的元素，在 C 语言中，地址也可以像一般的变量一样进行加、减运算，但是指针的加 1 和减 1 表示的是一个元素单元。第三个 for 循环是利用指针访问数组中的元素，第四个 for 循环则是先将指针偏移，然后对该指针所指向的内容进行访问。以上四种访问方法说明 C 语言是一种非常灵活的编程语言。

程序运行结果如图 2.24 所示。

图 2.24　指针引用数组元素示例的运行结果

2. 数组指针

数组指针是指向数组的一个指针。例如：

```
int (*p)[4];
```

这表示 p 是指向拥有 4 个元素的数组的指针，数组中每个元素都为整型。这可以与我们学习过的指针对比，这里指针 p 在括号里面，这里*p 两边的括号不可以省略，p 其实是包含 4 个元素的一维数组，p 指向该一维数组的首地址，如图 2.25 所示。

p ──→ | (*p)[0] | (*p)[1] | (*p)[2] | (*p)[3] |

图 2.25　数组指针示意

如果有如下语句：

```
int a[3][4] = {{1,2,3,4}, {5,6,7,8}, {9,10,11,12}};
p = a;
```

那么，在图 2.25 中，(*p)[0]、(*p)[1]、(*p)[2]、(*p)[3]分别保存的是 4 个元素 1、2、3、4 的地址。p+1 表示将指针位置移动到下一行，p、p+1 和 p+2 分别表示指向二维数组的第一行、第二行和第三行，如图 2.26 所示。

p →	1	2	3	4
p+1 →	5	6	7	8
p+2 →	9	10	11	12

图 2.26　数组指针与二维数组的对应关系

$*(p+2)+3$ 表示数组 a 第 2 行第 3 列的元素的地址，即 &a[2][3]，$*(*(p+2)+3)$ 表示 a[2][3] 的值，即 12，其中 3 表示的是列。下面我们编程输出以上数组指针的值和数组的内容。

例 2-5 用指针引用数组元素并打印输出。

分析：主要考察数组指针与数组的关系。可以通过打印输出指针的值和数组元素，以加深对数组指针的理解。其实现代码如下：

```c
#include <stdio.h>                       /*包含输入输出头文件*/
void main()
{
    int a[3][4] = {{1,2,3,4}, {5,6,7,8}, {9,10,11,12}};
    int (*p)[4];                         /*数组指针变量声明*/
    int row, col;
    p = a;                               /*指针 p 指向数组元素为 4 的数组*/
    /*打印输出数组指针 p 指向的数组的值*/
    for(row=0; row<3; row++)
    {
        for(col=0; col<4; col++)
            printf("a[%d,%d]=%-4d", row, col, *(*(p+row)+col));
        printf("\n");
    }
    /*通过改变指针 p 修改数组 a 的行地址，改变 col 的值修改数组 a 的列地址*/
    for(p=a,row=0; p<a+3; p++,row++)
    {
        for(col=0; col<4; col++)
            printf("(*p[%d])[%d]=%p", row, col, ((*p)+col));
        printf("\n");
    }
}
```

程序运行结果如图 2.27 所示。

图 2.27　打印输出数组指针和数组元素

3. 指针数组

指针数组是一个数组，数组中的元素是指针类型的数据。也就是说，指针数组中的每一个元素都是一个指针变量。

指针数组的定义如下：

```
int *p[4];
```

由于[]运算符优先级比*高，p与[]优先结合，形成p[]数组形式，然后与*结合，表示此数组是指针类型的，每个数组元素是一个指向整型的变量。也就是说指针数组首先是一个数组，其次它保存的是指针类型的变量。

指针数组常常用于存储一些长度不同的字符串数据，因为如果把这些长短不一的字符串存放在二维数组中，就会出现一部分存储空间不能有效利用，造成浪费。例如，四个字符串在二维数组中的情况如图 2.28 所示。

C	P	r	o	g	r	a	m	m	i	n	g		L	a	n	g	u	a	g	e	\0
A	s	s	e	m	b	l	y		L	a	n	g	u	a	g	e	\0				
J	a	v	a		L	a	n	g	u	a	g	e	\0								
N	a	t	u	r	a	l		L	a	n	g	u	a	g	e	\0					

图 2.28　字符串在二维数组的情况

从图 2.28 中可以看出，通过二维数组保存字符串，必须按最长的字符串定义二维数组的列数。为了节省存储单元，我们可以采用指针数组保存字符串，假设有如下定义：

```
char *book[4] = {"C Programming Language", "Assembly Language",
  "Java Language", "Natural Language"};
```

则在指针数组保存字符串的情况如图 2.29 所示。

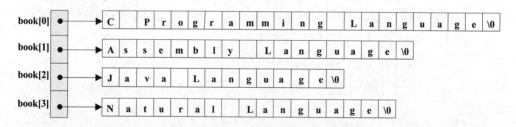

图 2.29　字符串在指针数组中的情况

下面通过一个简单的例子学习指针数组的操作。

例 2-6 用指针数组保存字符串并将字符元素打印输出。

分析：主要考察指针的应用及对指针数组的理解，book[0]、book[1]、book[2]、book[3]分别是指向各个字符串的指针，即数组保存的是各个字符串的首地址。指针数组实现如下：

```
#include <stdio.h>                      /*包含输入输出头文件*/
void main()
{
    /*指针数组定义*/
    char *book[4] = {"C Programming Language", "Assembly Language",
```

```
        "Java Language", "Natural Language"};
    int n = 4;                          /*指针数组元素的个数*/
    int row;
    char *arrayPtr;
    /*第一种方法输出：通过数组名输出*/
    printf("第一种方法输出：通过指针数组中的各个数组名输出:\n");
    for(row=0; row<n; row++)
        printf("第%d 个字符串: %s\n", row+1, book[row]);
    /*第二种方法输出：通过指向数组的指针输出*/
•   printf("第二种方法输出：通过指向各个数组的指针输出:\n");
    for(arrayPtr=book[0],row=0; row<n; arrayPtr=book[row])
    {
        printf("第%d 个字符串: %s\n", row+1, arrayPtr);
        row++;
    }
}
```

程序运行结果如图 2.30 所示。

图 2.30　字符数组输出结果

注意：　分清数组指针和指针数组。数组指针首先是一个指针，并且它是一个指向数组的指针。指针数组首先是一个数组，并且它是保存指针变量的数组。

2.3.4　函数指针与指针函数

函数指针与指针函数也是常常容易混淆的概念。与数组指针和指针数组类似，前者强调的是指针，后者强调的是函数。

1. 函数指针

指针可以指向变量、数组，也可以指向函数，函数指针就是指向函数的指针。函数名实际上是程序在内存中的起始地址。而指向函数的指针可以把地址传递给函数，也可以从函数返回给指向函数的指针。下面我们通过一个例子来说明函数指针的用法。

例 2-7　通过一个函数求两个数的和，并通过函数指针调用该函数。

分析：主要考察函数指针的调用方法。程序实现如下：

```
#include <stdio.h>                      /*包含输入输出头文件*/
int Sum(int a, int b);                  /*求和函数声明*/
void main()
```

```
{
    int a, b;
    int (*fun)(int, int);                        /*声明一个函数指针*/
    printf("请输入两个数:");
    scanf("%d,%d", &a, &b);
    /*第一种调用函数的方法: 函数名调用求和函数*/
    printf("第一种调用函数的方法: 函数名调用求和函数:\n");
    printf("%d+%d=%d\n", a, b, Sum(a,b));        /*通过函数名调用*/
    /*第二种调用函数的方法: 函数指针调用求和函数*/
    fun = Sum;                                   /*函数指针指向求和函数*/
    printf("第二种调用函数的方法: 函数指针调用求和函数:\n");
    printf("%d+%d=%d\n", a, b, (*fun)(a,b));     /*通过函数指针调用函数*/
}
int Sum(int m, int n)                            /*求和函数实现*/
{
    return m+n;
}
```

程序运行结果如图 2.31 所示。

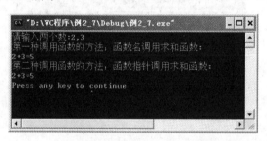

图 2.31　函数指针调用求和函数示例的运行结果

在程序中的语句 int (*fun)(int, int);是声明一个指向函数的指针变量,并且所指向的函数返回值是整型,有两个整型参数。由于*运算符的优先级比()运算符高,所以()不可以省略。语句 fun=Sum;表示函数指针 fun 指向函数 Sum, fun 和 Sum 都指向函数 Sum 的起始地址,程序在编译阶段会被翻译成一行行指令并被装入到内存区域,如图 2.32 所示。

图 2.32　函数指针在内存中的示意

其中,主函数中的语句(*fun)(a, b);是执行调用求和函数的,也可以写成 fun(a, b)的形式,因为函数本身就是一个地址。

函数指针还可以作为指针传递给其他函数。下面来看函数指针的另外一个例子。

例 2-8 函数指针作为函数参数，实现冒泡排序的升序排列和降序排列。

分析：主要考察函数指针作为函数参数的使用。程序实现如下：

```c
#include <stdio.h>              /*包含输入输出头文件*/
#define N 10                    /*定义数组元素个数*/
int Ascending(int a, int b);    /*是否进行升序排列的函数声明*/
int Descending(int a, int b);   /*是否进行降序排列的函数声明*/
void swap(int*, int*);          /*交换数据的函数声明*/
void BubbleSort(int a[], int n,
  int (*compare)(int,int));     /*声明排序函数，通过函数指针作为参数调用*/
void Display(int a[], int n);   /*输出数组元素的函数声明*/
void main()
{
    int a[N] = {12, 34, 21, 46, 89, 54, 26, 8, 6, 17};
    int flag;
    while(1)
    {
        printf("输入 1:从小到大排序.\n 请输入 2:从大到小排列.\n 输入 3:退出!\n");
        scanf("%d", &flag);
        switch(flag)
        {
        case 1:
            printf("排序前的数据为:");
            Display(a, N);
            BubbleSort(a, N, Ascending);   /*从小到大排序,将函数作为参数传递*/
            printf("从小到大排列后的数据为:");
            Display(a, N);
            break;
        case 2:
            printf("排序前的数据为:");
            Display(a, N);
            BubbleSort(a, N, Descending); /*从大到小排序,将函数作为参数传递*/
            printf("从大到小排列后的数据为:");
            Display(a, N);
            break;
        case 3:
            return; break;
        default:
            printf("输入数据不合法,请重新输入.\n"); break;
        }
    }
}
/*冒泡排序,将函数作为参数传递,判断是从小到大还是从大到小排序*/
void BubbleSort(int a[], int n, int(*compare)(int,int))
{
    int i, j;
    for(i=0; i<n; i++)
        for(j=0; j<n-1; j++)
            if((*compare)(a[j],a[j+1]))
```

```
            swap(&a[j], &a[j+1]);
}
/*交换数组的元素*/
void swap(int *a, int *b)
{
    int t;
    t = *a;
    *a = *b;
    *b = t;
}
/*判断相邻数据大小，如果前者大，升序排列需要交换*/
int Ascending(int a, int b)
{
    if(a > b)
        return 1;
    else
        return 0;
}
/*判断相邻数据大小，如果前者大，降序排列需要交换*/
int Descending(int a, int b)
{
    if(a < b)
        return 1;
    else
        return 0;
}
/*输出数组元素*/
void Display(int a[], int n)
{
    int i;
    for(i=0; i<n; i++)
        printf("%4d", a[i]);
    printf("\n");
}
```

程序运行结果如图 2.33 所示。

图 2.33　函数指针作为函数参数传递的排序程序的运行结果

其中，函数 BubbleSort(a, N, Ascending)中的参数 Asscending 是一个函数名，传递给函数定义 void BubbleSort(int a[], int n, int (*compare)(int, int))中的函数指针 compare，这样指针就指向了 Asscending。从而可以在执行语句(*compare)(a[j], a[j+1])时调用函数 Ascending(int a, int b)判断是否需要交换数组中两个相邻的元素，然后调用 swap(&a[j], &a[j+1])进行交换。

函数同样也可以作为指向函数的指针数组。假设有三个函数 f1、f2 和 f3，可以把这 3 个函数保存在一个数组中，定义一个指向函数的指针数组指向这三个函数，其定义如下：

```
void (*f[3])(int) = {f1, f2, f3};
```

这样，f[0]、f[1]、f[2]就分别指向了函数 f1、f2、f3。f 是包含三个指向函数指针的数组，函数带有一个 int 类型的参数，函数返回类型是 void。下面我们通过一个实例来说明指向函数的指针数组的用法。

例 2-9 声明一个指向函数的指针数组，并通过指针调用函数。

分析：主要考察指向函数的指针数组的使用。程序实现如下：

```c
#include <stdio.h>    /*包含输入输出头文件*/
void f1();            /*函数 f1 的声明*/
void f2();            /*函数 f2 的声明*/
void f3();            /*函数 f3 的声明*/
void main()
{
    void (*f[3])() = {f1, f2, f3};        /*指向函数的指针数组的声明*/
    int flag;
    printf("请输入一个 1,2,或者 3. 输入 0 退出.\n");
    scanf("%d", &flag);
    while(flag)
    {
        if(flag==1||flag==2||flag==3)
        {
            f[flag-1](flag-1);            /*通过函数指针调用数组中的函数*/
            printf("请输入一个 1,2,或者 3.输入 0 退出.\n");
            scanf("%d", &flag);
        }
        else
        {
            printf("请输入一个合法的数(1-3),0 退出.\n");
            scanf("%d", &flag);
        }
    }
    printf("程序退出.\n");
}
void f1()                        /*函数 f1 的定义*/
{
    printf("函数 f1 被调用！\n");
}
void f2()                        /*函数 f2 的定义*/
{
    printf("函数 f2 被调用！\n");
}
```

```
void f3()                          /*函数 f3 的定义*/
{
    printf("函数 f3 被调用！\n");
}
```

程序的运行结果如图 2.34 所示。

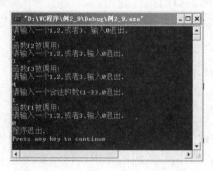

图 2.34　指针调用保存在数组中的函数的运行结果

💡 **注意：** 函数指针不能执行像 fun+1、fun++、fun--等运算。

2. 指针函数

指针函数是指函数的返回值是指针类型的函数。一个函数的返回值可以是整型、实型和字符类型，也可以是指针类型。指针函数的定义形式举例如下：

```
float* fun(int a, int b);
```

其中，**fun** 是函数名，前面的"*****"说明返回值的类型是指针类型，因为前面的类型标识是 **float**，所以返回的指针指向浮点型。该函数有两个参数，参数类型是整型。下面我们还是通过一个例子来学习指针函数的用法。

例 2-10 假设若干个学生的成绩在二维数组中存放，要求输入学生的编号，用指针函数实现其成绩的输出。

分析：主要考察指针函数的使用。学生成绩存放在二维数组中，一行存放一个学生的成绩，通过输入学生编号，返回该学生存放成绩的地址，然后利用指针访问学生的每一门课程成绩，并输出。程序实现如下：

```
#include <stdio.h>                /*包含输入和输出头文件*/
int *FindAddress(int (*ptr)[4], int n);            /*声明查找成绩行地址函数*/
void Display(int a[][4], int n, int *p);           /*声明输出成绩函数*/
void main()
{
    int row, n=4;
    int *p;
    int score[3][4] = {{76,87,85,81}, {67,61,71,60}, {81,89,82,78}};
    printf("请输入学生的编号(1 或 2 或 3).输入 0 退出程序.\n");
    scanf("%d", &row);                   /*输入要输出学生成绩的编号*/
    while(row)
    {
        if(row==1 || row==2 || row==3)
```

```
            {
                printf("第%d 个学生的成绩 4 门课的成绩是：\n", row);
                p = FindAddress(score, row-1);  /*调用指针函数*/
                Display(score, n, p);            /*调用输出成绩函数*/
                printf("请输入学生的编号(1 或 2 或 3).输入 0 退出程序.\n");
                scanf("%d", &row);
            }
            else
            {
                printf("输入不合法，重新输入(1 或 2 或 3).输入 0 退出程序.\n");
                scanf("%d", &row);
            }
        }
}
int* FindAddress(int (*ptrScore)[4], int n)
    /*查找学生成绩行地址函数的实现。通过传递的行地址找到要查找学生成绩的地址，
    并返回行地址*/
{
    int *ptr;
    ptr = *(ptrScore+n);          /*修改行地址，即找到学生的第一门课成绩的地址*/
    return ptr;
}
void Display(int a[][4], int n, int *p)
    /*输出学生成绩的实现函数。利用传递过来的指针输出每门课的成绩*/
{
    int col;
    for(col=0; col<n; col++)
        printf("%4d", *(p+col));  /*输出查找学生的每门课成绩*/
    printf("\n");
}
```

程序运行结果如图 2.35 所示。

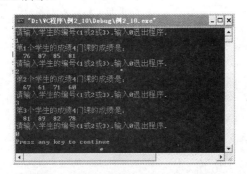

图 2.35　通过指针函数返回指针并输出成绩的程序运行结果

在程序中，主函数通过调用函数 FindAddress(score, row-1)，把二维数组的行地址传递给*FindAddress(int (*ptrScore)[4], int n)的形式参数 ptrScore，执行语句 ptr=*(ptrScore+n)，然后返回行指针 ptr，调用 Display(score, n, p)输出成绩，p+col 是改变列地址，即找到该学生成绩的每门课的位置，逐个输出每门课的成绩。

2.4 参 数 传 递

在 C 语言中，函数的参数传递的方式通常有两种：一种是传值的方式，另一种是传地址的方式。参数传递通常是我们经常遇到的情况。本节主要介绍传值调用、传地址调用。

2.4.1 传值调用

在函数调用时，一般情况下，调用函数和被调用函数之间会有参数传递。调用函数后面括号里面的参数是实际参数，被调用函数中的参数是形式参数。传值调用是建立参数的一个副本并把值传递给形式参数，在被调用函数中修改形式参数的值，并不会影响到调用函数实际参数的值。例如，编写一个求两个整数中的较大者的函数，并通过主函数调用该函数，其函数实现如下。

例 2-11 编写一个函数，求两个整数的较大者。

说明：通过传值调用的方式，把实际参数的值传递给形式参数，其实，形式参数是实际参数的一个副本(拷贝)。其程序实现如下：

```c
#include <stdio.h>              /*包含输入输出头文件*/
int Max(int x, int y);         /*求两个整数的较大者的函数声明*/
void main()
{
    int a, b, s;
    scanf("%d,%d", &a, &b);
    s = Max(a, b);             /*调用求两个数中的较大者的函数*/
    printf("两个整数%d和%d的较大者为:%d\n", a, b, s);
}
int Max(int x, int y)          /*求两个整数较大者的实现函数，并将较大值返回*/
{
    int z;
    if(x > y)
        z = x;
    else
        z = y;
    return z;
}
```

程序的输出结果如图 2.36 所示。

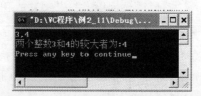

图 2.36　求两个整数的较大者的程序运行结果

假设输入两个数：3 和 4，在主函数中，将 3 和 4 分别赋值给实际参数 a 和 b，通过语句 s = Max(a, b)调用实现函数 Max(int x, int y)，将 3 和 4 分别传递给被调用函数的形式参数 x 和 y。然后求 x 和 y 中较大的一个，通过 return z 返回给主函数(即调用函数)，输出的结果为 4。

以上的函数参数传递是一种参数的单向传递，即 a 和 b 可以把值分别传递给 x 和 y，而不可以把 x 和 y 传递给 a 和 b。实际上，在内存中，实际参数和形式参数分别占用不同的内存单元，形式参数是实际参数的一个副本，实际参数和形式参数的值的改变，都不会相互受到影响，如图 2.37 所示。这就像有一张毕业证书原件，它的复印件就是个副本，复印件的丢失不会影响到证书原件的存在，证书原件的丢失也不会影响到复印件的存在。

在调用函数时，形式参数被分配存储单元，并把 3 和 4 传递给形式参数，在函数调用结束时，形式参数被分配的存储单元释放，主函数中的实际参数仍然存在，并且其值不会受到影响。在被调用函数中，如果改变形式参数的值，假设把 x 和 y 的值分别改变为 12 和 20，a 和 b 的值不会改变，如图 2.38 所示。

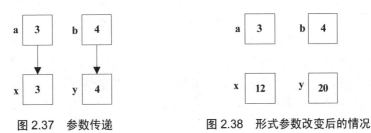

图 2.37　参数传递　　　　　　　图 2.38　形式参数改变后的情况

2.4.2　传地址调用

C 语言通过指针(地址)实现传地址调用。如果在调用函数时，需要在被调用函数中修改参数值，则需要把实际参数的地址传递给形式参数。下面我们仍然以求两个整数的较大者为例来说明参数传地址调用方式的使用及传递情况。

例 2-12　编写一个函数求两个整数的较大者和较小者，用传地址方式实现。

说明：通过传地址调用的方式，把实际参数的值传递给形式参数，通过交换实际参数的值实现。传地址调用时，在调用函数和被调用函数中，对参数的操作其实都是对同一块内存操作，实际参数和形式参数共用一块内存。其程序实现如下：

```
#include <stdio.h>          /*包含输入输出头文件*/
void Swap(int *x, int *y); /*交换两个数的函数声明*/
void main()
{
    int a, b;
    printf("请输入两个整数：\n");
    scanf("%d,%d", &a, &b);
    if(a < b)
        Swap(&a, &b);
        /*两个数中如果前者小，则交换两个值，使较大的保存在a中，较小的保存在b中*/
    printf("两个整数%d和%d的较大者为:%d,较小者为:%d\n", a, b, a, b);
}
```

```
void Swap(int *x, int *y)
 /*交换两个数，较大的一个保存在*x中，较小的一个保存在*y中*/
{
    int z;
    z = *x;
    *x = *y;
    *y = z;
}
```

程序的运行结果如图 2.39 所示。

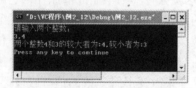

图 2.39　通过传地址实现求两个整数的较大者和较小者

在主函数中，如果 a<b，则调用 Swap(&a, &b)函数交换两个数。其中，实际参数是变量的地址，就是把地址传递给被调用函数 Swap(int *x, int *y)中的形式参数，形式参数 x 和 y 是指针变量，即指针 x 和 y 指向变量 a 和 b。这样，交换*x 和*y 就是交换 a 和 b。函数调用时，实际参数和形式参数的情况，即在函数调用前参数的情况如图 2.40 所示，调用后参数情况如图 2.41 所示，*x 和*y 交换后如图 2.42 所示，函数调用结束后如图 2.43 所示。

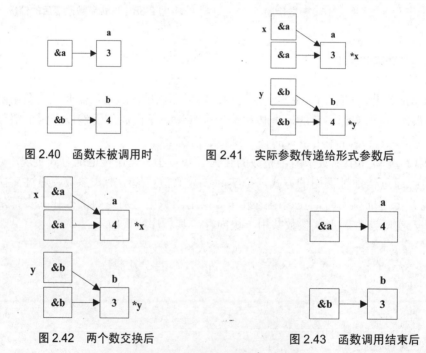

图 2.40　函数未被调用时　　图 2.41　实际参数传递给形式参数后

图 2.42　两个数交换后　　图 2.43　函数调用结束后

在传地址调用中，数组名也经常被当作参数传递。在数组名作为参数传递时，传递的是整个数组。数组名是数组的首地址，如果把数组名作为实际参数，在函数调用时，会把数组的首地址传递给形式参数。这样形式参数就可以根据数组的首地址访问整个数组并对其操作，这是因为整个数组元素的地址是连续的。下面来看数组名作为参数传递的例子。

例 2-13　把数组中的 n 个元素的值分别扩大 5 倍，要求数组名作为参数。

说明：通过把数组名作为参数传递，实际上是把数组的地址传递给形式参数。这样在被调用函数中就可以对整个数组进行操作了，将数组名作为参数传递，调用函数和被调用函数都是对占同一块内存单元的数组进行操作。其程序实现如下：

```c
#include <stdio.h>                 /*包含输入输出函数的头文件*/
#define N 10
void MulArray1(int *x, int n);  /*数组名作为参数的函数原型*/
void MulArray2(int *aPtr, int n);   /*指针作为参数的函数原型*/
void main()
{
    int a[N] = {1, 2, 3, 4, 5, 6, 7, 8, 9, 10};
    int i;
    printf("原来数组中的元素为:\n");
    for(i=0; i<N; i++) printf("%4d", a[i]);
    printf("\n");
    printf("数组元素第一次放大 5 倍后为:\n");
    MulArray1(a, N);                     /*调用数组名作为参数的函数*/
    for(i=0; i<N; i++)
        printf("%4d", a[i]);
    printf("\n");
    printf("数组元素第二次放大 5 倍后为:\n");
    MulArray2(a, N);                     /*调用指针作为参数的函数*/
    for(i=0; i<N; i++) printf("%4d", a[i]);
    printf("\n");
}
void MulArray1(int b[], int n)      /*数组名作为参数的实现函数*/
{
    int i;
    for(i=0; i<n; i++)
        b[i] = b[i]*5;
}
void MulArray2(int *aPtr, int n)    /*指针作为参数。通过指针访问每一个元素*/
{
    int i;
    for(i=0; i<n; i++)
        *(aPtr+i) = *(aPtr+i)*5;
}
```

程序运行结果如图 2.44 所示。

图 2.44　数组名和指针作为参数传递，对数组元素扩大 5 倍

在该函数中，我们以两种方式实现了函数调用：数组名作为形式参数和指针作为形式参数。在很多情况下，数组和指针效果是一样的。

在没有调用函数 MulArray1(int b[], int n)之前，数组 a 在内存中的情况如图 2.45 所示。数组元素被保存在一个连续的存储单元中，数组名 a 指向数组的第一个元素。在调用函数 MulArray1(int b[], int n)后，参数传递给数组名 b，b 也指向数组 a 的第一个元素，然后对所有元素放大 5 倍，如图 2.46 所示。调用函数 MulArray2(int *aPtr, int n)后，参数传递给指针变量 aPtr，aPtr 也指向了数组 a，并再一次把数组元素放大了 5 倍，如图 2.47 所示。

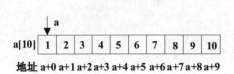

图 2.45　函数未调用前

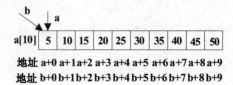

图 2.46　第一次数组元素被放大 5 倍后

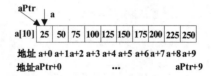

图 2.47　第二次数组元素被放大 5 倍后

在传值调用时，参数传递是单向传递，只能由实际参数传递给形式参数，而不能把形式参数反向传递给实际参数。而传地址调用对形式参数的操作就是对实际参数的操作，它们拥有同一块内存单元。

2.5　结构体与共用体

结构体和共用体(或称联合体)是自定义的数据类型，常用于处理非数值型数据，在数据结构中，使用非常广泛，如链表、队列、树等。本节主要介绍结构体、共用体及其使用。

2.5.1　结构体的定义

结构体是用其他类型构造出来的数据类型。结构体类型常常用于存储文件中的记录，如一个学生的记录可能包括学号、姓名、性别、年龄、成绩等数据项，如果仅仅用 C 语言中基本的数据类型，如整型、浮点型、字符型等，是无法进行描述的。但是学生记录的每一项是一个基本的数据类型，我们可以用基本数据类型描述其记录中的项。学生的记录可以用以下的结构体类型来描述：

```
struct student
{
    int number;
```

```
    int *name;
    char sex;
    int age;
    float score;
};
```

这样就描述了一个学生的信息。其中，struct 是关键字，表示是一个结构体类型，大括号里面是结构体的成员。struct student 是一个类型名。

定义一个结构体变量的代码如下：

```
struct student stu1;
```

stu1 就是类型为结构体 struct student 类型的变量。可以给结构体变量 stu1 的成员分别赋值，例如：

```
stu1.age = 22;
stu1.name = "Wang Chong";
stu1.number = 06001;
stu1.sex = 'm';
stu1.score = 87.0;
```

stu1 的结构如图 2.48 所示。

06001	Wang Chong	m	22	87

图 2.48　stu1 的结构

结构体变量的定义也可以在定义结构体类型的同时进行。例如：

```
struct student
{
    int number;
    int *name;
    char sex;
    int age;
    float score;
} stu1;
```

同样，也可以定义结构体数组类型。结构体变量的定义与初始化可以分开进行，也可以在定义结构体数组的时候初始化，例如：

```
struct student
{
    int number;
    char *name;
    char sex;
    int age;
    float score;
} stu[2] = {{06001, "Wang Chong", 'm', 22, 78},
            {06002, "Li Hua", 'f', 21, 87}};
```

数组中各个元素在内存中的情况如图 2.49 所示。

stu[0]	06001
	Wang Chong
	m
	22
	78
stu[1]	06002
	Li Hua
	f
	21
	87

图 2.49　结构体数组 stu 在内存中的情况

2.5.2　指向结构体的指针

指针可以指向整型、浮点型、字符型等基本类型变量，同样也可以指向结构体变量。指向结构体变量的指针的值是结构体变量的起始地址。指针可以指向结构体，也可以指向结构体数组。指向结构体的指针和指向变量及指向数组的指针的用法类似。我们通过一个例子说明指向结构体数组的指针的运用。

例 2-14 运用指向结构体数组的指针输出学生信息。

说明：指针指向结构体数组，就得到了该结构体数组的起始地址。通过该地址可以访问结构体数组中的所有成员变量。其中，指向结构体的指针的算术运算与指向数组的指针的用法类似。程序实现如下：

```c
#include <stdio.h>              /*包含输入输出头文件*/
#define N 10

/*结构体类型及变量的定义、初始化*/
struct student
{
    char *number;
    char *name;
    char sex;
    int age;
    float score;
} stu[3] = {{"06001", "Wang Chong", 'm', 22, 78.5},
            {"06002", "Li Hua", 'f', 21, 87.0},
            {"06003", "Zhang Yang", 'm', 22, 90.0}};
void main()
{
    struct student *p;
    printf("学生基本情况表:\n");
    printf("编号          姓名        性别    年龄    成绩\n");
    for(p=stu; p<stu+3; p++)      /*通过指向结构体的指针输出学生信息*/
        printf("%-8s%12s%8c%8d%6d\n",
            p->number, p->name, p->sex, p->age, p->score);
}
```

程序运行结果如图 2.50 所示。

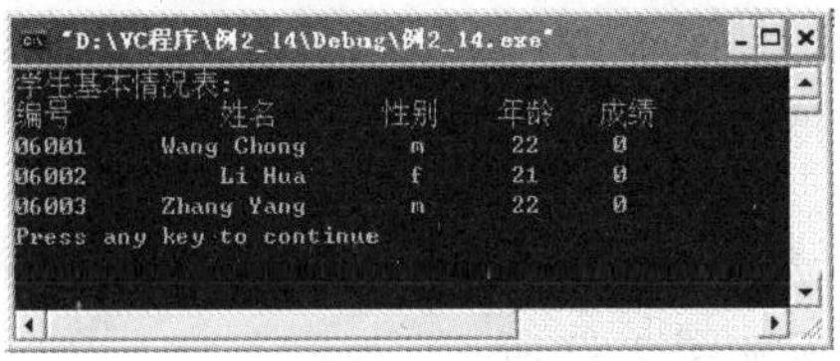

图 2.50 通过结构体指针输出学生信息

在上面的程序中，首先定义了一个指向结构体的指针变量 p，在循环体中，指针指向结构体数组 p=stu，即指针指向了结构体变量的起始地址。通过 p->number、p->name 等访问各个成员。p+1 表示数组中第二个元素 stu[1] 的起始地址。p+2 表示数组中的第三个元素的起始地址，如图 2.51 所示。

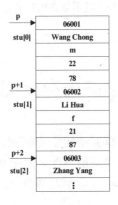

图 2.51 指向结构体数组的指针在内存中的情况

在结构体定义时，通常使用关键字 typedef 建立已经定义好的数据类型的别名。例如：

```
typedef struct student StuInfo;
```

结构体类型 student student 的别名就被定义为 StuInfo，这样 StuInfo 就成为一个结构体类型，可以利用 StuInfo 来定义结构体变量和指针变量，例如：

```
StuInfo stu[3], *p;
```

也可以利用 typedef 为基本数据类型建立别名，例如：

```
typedef int DataType;        /*这样，DataType 就跟 int 等效*/
```

使用关键字 typedef 可以使程序有更好的可移植性。

2.5.3 共用体及应用

与结构体一样，共用体也是一种派生的数据类型。但是与结构体不同的是，共用体的成员共享同一个存储空间。例如，一个共用体的定义如下：

```
union u
{
    char x;
```

```
    float y;
    double z;
};
```

共用体使用覆盖技术，成员变量相互覆盖。同一时间只能存放一个类型成员，以上共用体的定义在内存单元的情况如图 2.52 所示。

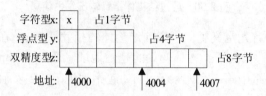

图 2.52 共用体在内存单元的情况

共用体变量的初始化不能在定义时进行，共用体也不能作为函数的参数。

2.6 动态内存分配与释放

动态内存分配与释放经常用在数据结构中的链表、树和图结构中。动态内存分配在需要时进行，不需要时即释放，不需要提前分配，就是根据实际需要而分配，因此，可以有效避免内存空间的浪费，这一点将在今后学习数据结构知识的过程中体会到。本节就来为大家介绍内存的动态分配及链表。

2.6.1 内存动态分配与释放

内存的动态分配需要使用函数 malloc、函数 free 和运算符 sizeof 来实现。函数 malloc 的原型是：

```
void* malloc(unsigned int size);
```

函数 malloc 的作用是在内存中分配一个长度为 size 的连续存储空间。函数的返回值是一个指向分配空间的起始位置的指针。如果分配空间失败，则返回 NULL。如果要为类型为 struct node 的结构体分配一块内存空间，可以使用以下语句来实现：

```
p = (struct node*)malloc(sizeof(struct node));
```

其中，sizeof(struct node)是计算结构体类型需要占用的字节数，struct node*是把函数的返回值类型 void*转换为指向结构体指针类型。如果分配成功，把该内存区域的起始地址返回给指针 p。

函数 free 的原型是：

```
void free(void *p);
```

函数 free 的作用是释放 p 指向的内存空间。如果要释放刚才申请的空间，可以使用以下语句来实现：

```
free(p);
```

💡 **注意：** 函数 malloc 和 free 一般成对使用，在使用完内存空间时，要记得用 free 将内存空间释放。使用函数 malloc 时，最好要测试是否分配成功。已经释放掉的内存不可以重新使用。

2.6.2　链表

链表是一种常用的数据结构。链表通过自引用结构体类型的指针成员指向结构体本身建立起来。"自引用结构体"包含一个指针成员，该指针指向与结构体一样的类型。例如：

```
struct node
{
    int data;
    struct node *next;
};
```

这就是一种自引用结构体类型。自引用结构体类型为 struct node，该结构体类型有两个成员：一个是整型成员 data，一个是指针成员 next。成员 next 是指向结构体为 struct node 类型的指针。以这种形式定义的结构体通过 next 指针把两个结构体变量连在一起，如图 2.53 所示。

我们把这种自引用结构体单元称为结点。结点之间通过箭头连接起来，构成一个表，称为链表。链表中指向第一结点的指针称为头指针，通过头指针，可以访问链表的每一个结点。链表的最后一个结点的指针部分用空(∧)表示。为了方便，在链表的第一个结点之前增加一个结点，称为头结点，如图 2.54 所示。

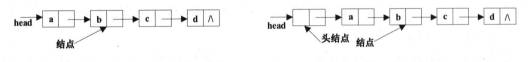

图 2.53　不带头结点的链表　　　　　　图 2.54　带头结点的链表

下面我们以链表为例，来学习动态内存分配与释放。

例 2-15 动态建立一个学生信息的链表，包括链表的创建、插入、删除和打印输出。学生信息包括姓名和成绩。

分析：本例主要考察内存的动态分配和释放，链表的创建、链表结点的插入与删除的操作。

链表的创建过程其实就是结点的插入过程。为了方便，我们在链表的第一个结点前建立一个头结点，需要使用 malloc 函数为结点分配一个存储空间，然后用头指针 head 指向该头结点，将头结点指针域置为空(NULL)，表示链表为空，并增加一个指针 pre 指向该结点，如图 2.55 所示。

接着使用 malloc 函数为第一个结点分配空间，用 p 指针指向该结点，通过键盘输入学生的姓名和成绩并将其赋值给该结点的成员变量，如图 2.56 所示。

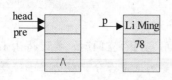

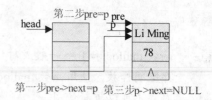

图 2.55　创建空链表并生成一个新结点　　　图 2.56　将第一个结点分三步插入到链表中

插入一个新结点分为三步。

(1) 将新结点插入到链表的末端，即 pre->next=p。

(2) 将原来链表的最后一个结点的指针 pre 指向 p，即 pre=p。

(3) 将刚才插入的新结点的指针域置为空，即 p->next=NULL。

按照以上插入结点的步骤继续插入第二个结点。生成新的结点，如图 2.57 所示，执行第一步操作如图 2.58 所示，执行第二步操作如图 2.59 所示,执行第三步操作如图 2.60 所示。

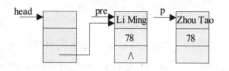

图 2.57　生成新结点　　　　　　　　　图 2.58　执行第一步操作

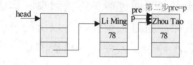

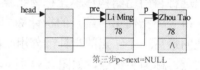

图 2.59　执行第二步操作　　　　　　　图 2.60　执行第三步操作

链表结点的删除分为如下几步。

(1) 查找到该结点的前面的结点(前驱结点),用 p 指向该结点。

(2) 用 q 指向要删除的结点，即 q=p->next。

(3) 删除结点，p->next=q->next。

(4) 释放删除结点的空间，free(q)。

假如要删除第二个结点，链表结点的删除如图 2.61 和图 2.62 所示。

图 2.61　找到要删除的结点　　　　　　图 2.62　删除结点

链表程序的实现代码如下所示：

```
/*-----------------包含头文件部分------------------*/
#include <stdio.h>
```

```c
#include <stdlib.h>
#include <malloc.h>
/*------------------结构体定义部分------------------------*/
struct Node
{
    char name[10];
    int score;
    struct Node *next;
};
typedef struct Node ListNode;
/*-------------------函数声明部分------------------------*/
ListNode* CreateList(int n);
void InsertList(ListNode *h, int i, char name[], int score, int n);
void DeleteList(ListNode *h, int i, int n);
void PrintList(ListNode *h);
/*----------------函数实现部分------------------------*/
/*----------------创建链表----------------------*/
ListNode* CreateList(int n)   /*在链表的末端插入新的结点，建立链表*/
{
    ListNode *head;
    ListNode *p, *pre;
    int i;
    head = (ListNode*)malloc(sizeof(ListNode)); /*为头结点分配内存空间*/
    head->next = NULL;
    pre = head;
    for(i=1; i<=n; i++)
    {
        printf("input name of the %d student:", i);
        p = (ListNode*)malloc(sizeof(ListNode));/*为要插入的结点分配内存空间*/
        scanf("%s", &p->name);
        printf("input score of the %d student:", i);
        scanf("%d", &p->score);
        pre->next = p;                              /*将 p 指向的新结点插入链表*/
        pre = p;
    }
    p->next = NULL;
    return head;
}
/*--------------------输出链表元素------------------*/
void PrintList(ListNode *h)
{
    ListNode *p;
    p = h->next;
    while(p)
    {
        printf("%s,%d", p->name, p->score);
        p = p->next;
        printf("\n");
    }
}
/*-------------------主函数------------------*/
```

```
void main()
{
    ListNode *h;
    int i=1, n, score;
    char name[10];
    while(i)
    {
        /*输入提示信息*/
        printf("1--建立新的链表\n");
        printf("2--添加元素\n");
        printf("3--删除元素\n");
        printf("4--输出当前表中的元素\n");
        printf("0--退出\n");
        scanf("%d", &i);
        switch(i)
        {
        case 1:
            printf("n=");                       /*输入创建链表结点的个数*/
            scanf("%d", &n);
            h = CreateList(n);                  /*创建链表*/
            printf("list elements is:\n");
            PrintList(h);                       /*输出链表元素*/
            break;
        case 2:
            printf("input the position. of insert element:");
            scanf("%d", &i);                    /*在链表的第 i 个位置插入*/
            printf("input name of the student:");
            scanf("%s", name);
            printf("input score of the student:");
            scanf("%d", &score);
            InsertList(h, i, name, score, n);   /*插入结点*/
            printf("list elements is:\n");
            PrintList(h);
            break;
        case 3:
            printf("input the position. of delete element:");
            scanf("%d", &i);
            DeleteList(h, i, n);                /*删除链表的第 i 个结点*/
            printf("list elements is:\n");
            PrintList(h);
            break;
        case 4:
            printf("list elements is:\n");
            PrintList(h);
            break;
        case 0:
            return;
            break;
        default:
            printf("ERROR!Try again!\n\n");
        }
```

```
        }
    }

/*----------------插入链表结点------------------------*/
void InsertList(ListNode *h, int i, char name[], int e, int n)
{
    ListNode *q, *p;
    int j;
    if(i<1 || i>n+1)
        printf("Error!Please input again.\n");
    else
    {
        j=0; p=h;
        while(j < i-1)
        {
            p = p->next;
            j++;
        }
        q = (ListNode*)malloc(sizeof(ListNode));/*为要插入的结点分配内存空间*/
        strcpy(q->name, name);
        q->score = e;
        q->next = p->next;   /*把新结点插入到链表中*/
        p->next = q;
    }
}

/*----------------删除链表结点------------------*/
void DeleteList(ListNode *h, int i, int n)
{
    ListNode *p, *q;
    int j;
    char name[10];
    int score;
    if(i<1 || i>n)
        printf("Error!Please input again.\n");
    else
    {
        j=0; p=h;
        while(j < i-1)
        {
            p = p->next;
            j++;
        }
        q = p->next;                        /* q 指向的结点为要删除的结点*/
        p->next = q->next;
        strcpy(name, q->name);
        score = q->score;
        free(q);                            /*释放 q 指向的结点*/
        printf("name=%s,score=%d\n", name, score);
    }
}
```

程序运行结果如图 2.63 所示。

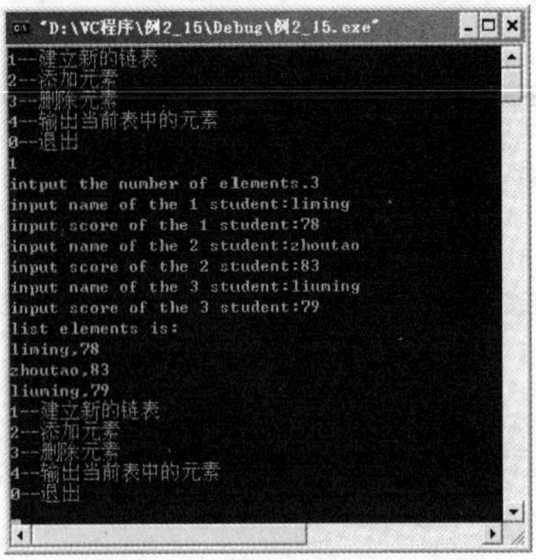

图 2.63　链表程序的运行结果

2.7　小　　结

本章主要介绍了 C 程序设计语言的基础，为今后学习数据结构做好铺垫。

本章首先介绍了目前常用的 C 语言开发环境 Turbo C 2.0 和 Visual C++ 6.0。接着围绕着 C 语言中的难点进行了介绍，并给出了例子。其中包括函数的递归，指针，参数传递，结构体，最后还介绍了链表及其操作。

函数的递归是 C 语言及算法设计中经常遇到的问题，递归可以把复杂的问题变成与原问题类似且规模小的问题加以解决，使用递归使程序的结构很清晰，更具有层次性，写成的程序简洁易懂。使用递归只需要少量的程序就可以描述解决问题时需要的重复计算过程，大大减少了程序的代码量。但任何使用递归解决的问题都能使用迭代的方法来解决。使用递归使程序的运行效率降低，开销也很大。

指针是 C 语言的精髓。指针的存在，使得 C 语言程序设计灵活、高效。指针不仅可以与变量结合起来使用，还可以与数组、函数相结合，这样使得指针更加灵活，操作起来更加方便。指针能够很方便地使用字符串，能动态分配内存，能直接对内存进行操作。但是使用指针不当，也常常会出现错误，这种错误十分隐蔽，难以发现，这就需要我们熟练、谨慎地使用指针操作，尽量避免错误。

C 语言函数的参数传递有两种：一种是传值调用，这是一种单向传递方式，只能是调用函数传递给被调用函数，而被调用函数不会传递参数给调用函数，因为实际参数和形式参数占用的是两块不同的内存单元。另一种是传地址调用，这种方式传递参数的方法，实际上是实际参数和形式参数都对同一块内存进行操作。

结构体是用户自己定义的类型。在进行非数值程序设计时，常常用到结构体。在数据结构中，结构体常用在链表、栈、队列、树、图等数据结构中。

2.8 习　　题

(1)　"回文"是正读和反读相同的字符串。例如，"232"、"XYZAZYX"等。编写函数实现判断字符串是否是回文。

> **提示：** 主要考察指针的操作。可分别从头、尾两个方向出发，start 和 end 分别指向第一个字符和最后一个字符，依次比较两个指针指向的字符是否相等，如果相等，将 start 增 1，end 减 1，继续比较下一个字符。依次类推，直到 start>end。

(2)　递归实现输出正整数和等于 n 的所有不增的正整数和式。如 n=4，程序输出为：

```
4=4
4=3+1
4=2+2
4=2+1+1
4=1+1+1+1
```

> **提示：** 主要考察数组和递归的灵活使用。引入数组 a，用来存放分解出来的和数，其中，a[k]存放第 k 步分解出来的和数。为了保证分解出来的和数构成不增的序列，要求从 n 分解出来的和数 c 不能超过 a[k-1]。如果分解出的和数等于 n，则说明完成一个和式分解，则输出该和式。如果 c<n，则说明还没有完成一个和式分解，需要递归调用函数 Rd(n-c, k+1)继续进行分解。

(3)　递归实现函数，将一个整数转化为十进制数输出。

> **提示：** 主要考察递归函数的应用。定义一个递归函数 Distribute(int n)，若 n 是两位数以上数字，则递归调用函数 Distribute(n/10)，即将除数作为参数；如果 n 小于两位数字，即转换完毕时，依次输出 n 的余数，实现将所得的余数反序输出。

(4)　约瑟夫环问题。13 个人围成一圈，从第 1 个人开始报数，报到"3"退出圈子，按顺序输出退出圈子的序号。

> **提示：** 主要考察如何设计简单的算法。可通过设置一个计数器 m 来模拟报数，报数为 m 的人从圈中删除。可利用数组或链表来实现。

(5)　将一个字符串 s1 的第 m 个以后的字符复制到另一个字符串 s2 中。

> **提示：** 主要考察字符串的基本操作。只需要从字符串 s1 中的第 m 个位置开始，将字符依次赋给 s2，赋值完毕后，需要在字符串 s2 的末尾添加一个'\0'。

第3章 线性表

　　线性结构的特点是：在非空的有限集合中，只有唯一的第一个元素和唯一的最后一个元素。第一个元素没有直接前驱元素，最后一个没有直接后继元素。其他元素都有唯一的前驱元素和唯一的后继元素。

　　线性表是一种最简单的线性结构。线性表可以用顺序存储结构和链式存储结构存储，可以在线性表的任意位置进行插入和删除操作。

　　本章主要介绍线性表的概念及运算、线性表的顺序存储、线性表的链式存储、循环链表、双向链表及链表的运用。

通过阅读本章，您可以：

- 了解线性表的概念及抽象数据类型。
- 了解线性表的顺序表示与实现。
- 了解线性表的链式表示与实现。
- 了解循环单链表的存储结构及操作。
- 了解双向链表的存储结构及操作。
- 了解静态链表的概念及操作。
- 了解一元多项式的表示与相乘运算。

3.1 线性表的概念及抽象数据类型

线性表是最简单且最常用的一种线性结构。本节主要介绍线性表的定义以及抽象数据类型。

3.1.1 线性表的定义

一个线性表(Linear List)由有限个类型相同的数据元素组成。在这有限个数据元素中，数据元素构成一个有序的序列，除了第一个元素和最后一个元素外，其他元素有唯一的前驱元素和唯一的后继元素。线性表的逻辑结构如图 3.1 所示。

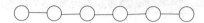

图 3.1　线性表的逻辑结构

在简单的线性表中，每个数据元素之间存在着唯一的顺序关系。例如，英文单词 Computer、System、Country 等就属于线性结构。可以把每一英文单词看成是一个线性表。表中的每一英文字母就是一个数据元素，每个数据元素之间存在着唯一的顺序关系。如 Computer 中字母 C 后面是字母 o，字母 o 后面是字母 m。

在较复杂的线性表中，一个数据元素可以由若干个数据项组成，在如图 3.2 所示的一个学校的教职工情况表中，一个数据元素由姓名、性别、出生年月、籍贯、学历、职称及任职时间 7 个数据项组成。这时，数据元素也称为**记录**。

姓名	性别	出生年月	籍贯	学历	职称	任职时间
陈冲	男	1967年10月	陕西	本科	教授	2009 年10月
朱艳丽	女	1973年5月	江苏	研究生	副教授	2012年10月
王欢	男	1978年12月	河南	研究生	讲师	2011 年11月
⋮	⋮	⋮	⋮	⋮	⋮	⋮

图 3.2　教职工情况表

综上所述，线性表是由 n 个类型相同的数据元素组成的有限序列，记为(a_1, a_2, …, a_{i-1}, a_i, a_{i+1}, …, a_n)。其中，这里的数据元素可以是原子类型，也可以是结构类型。线性表的数据元素存在着序偶关系，即具有一定的顺序。线性表中的数据元素 a_{i-1} 在 a_i 的前面，a_i 又在 a_{i+1} 的前面，a_{i-1} 被称为 a_i 的直接前驱元素，a_i 被称为 a_{i+1} 的直接前驱元素。a_i 被称为 a_{i-1} 的直接后继元素，a_{i+1} 被称为 a_i 的直接后继元素。除了第一个元素 a_1，每个元素有且仅有一个直接前驱元素，除了最后一个元素 a_n，每个元素有且只有一个直接后继元素。

例如，英文单词 Computer 中的字母 o 在字母 C 的后面，称 o 是 C 的后继元素，C 是 o 的前驱元素。字母 C 是第一元素，它只有后继元素而没有前驱元素。字母 r 是最后一个元素，它只有前驱元素而没有后继元素。单词 Computer 中的其他字母只有一个前驱元素，并且只有一个后继元素。

3.1.2　线性表的抽象数据类型

线性表的抽象数据类型包括数据对象集合和基本操作集合。其中，数据对象集合定义了线性表的数据元素及元素之间的关系，基本操作集合定义了在该数据对象上的一些基本操作。

1．数据对象集合

线性表的数据对象集合为 $\{a_1, a_2, \ldots, a_n\}$，每个元素的类型均为 DataType。其中，除了第一个元素 a_1 外，每一个元素有且只有一个直接前驱元素，除了最后一个元素 a_n 外，每一个元素有且只有一个直接后继元素。数据元素之间的关系是一对一的关系。

2．基本操作集合

线性表的基本操作主要有如下几种。

(1) InitList(&L)：线性表的初始化操作。这就像日常生活中，新生入学刚建立一个学生情况表，准备登记学生信息。

初始条件：线性表 L 不存在。

操作结果：构造一个空的线性表 L。

(2) ListEmpty(L)：判断线性表为空。这就像日常生活中，刚刚建立了学生情况表，还没有学生来登记。

初始条件：线性表 L 已存在。

操作结果：若 L 为空表，则返回 1；否则，返回 0。

(3) GetElem(L, i, &e)：获取元素。这就像日常生活中，在学生情况表中查找一个学生。

初始条件：线性表 L 已存在且 $1 \leqslant i \leqslant \text{ListLength(L)}$。

操作结果：用 e 返回 L 中的第 i 个数据元素值。

(4) LocateElem(L, e)：在线性表 L 中查找与给定值 e 相等的元素。

初始条件：线性表 L 已存在。

操作结果：如果查找成功，返回该元素在表中的序号，表示成功；否则，返回 0 表示失败。

(5) InsertList(&L, i, e)：插入线性表。这就像日常生活中，新来了一个学生报到，被登记到学生情况表中。

初始条件：线性表 L 已存在且 $1 \leqslant i \leqslant \text{ListLength(L)}+1$。

操作结果：在线性表 L 中的第 i 个位置插入新元素 e。

(6) DeleteList(&L, i, &e)：从线性表中删除。这就像学生转校，需要把该学生从学生情况表中删除。

初始条件：线性表 L 已存在。

操作结果：删除线性表 L 中的第 i 个位置元素，并用 e 返回其值。

(7) ListLength(L)：返回线性表元素个数。这就像查找学生情况表，看有多少个学生。

初始条件：线性表 L 已存在。

操作结果：返回线性表 L 的元素个数。

(8) ClearList(&L)：清空线性表。这就像学生已经毕业，不再需要保留这些学生信息，将这些学生信息全部清空。

初始条件：线性表 L 已存在。

操作结果：将 L 重置为空表。

3.2 线性表的顺序表示与实现

要想将线性表在计算机上实现，必须把其逻辑结构转化为计算机可识别的存储结构。线性表的存储结构主要有两种：顺序存储结构和链式存储结构。本节我们介绍线性表的顺序存储结构及其操作。

3.2.1 线性表的顺序存储结构

线性表的顺序存储指的是将线性表中的元素存放在一组连续的存储单元中。这样的存储方式使得线性表逻辑上相邻的元素，其在物理存储单元中也是相邻的。采用顺序存储结构的线性表称为顺序表。

假设线性表有 n 个元素，每个元素占用 m 个存储单元，如果第一个元素的存储位置记为 $LOC(a_1)$，第 i 个元素的存储位置记为 $LOC(a_i)$，第 i+1 个元素的存储位置记为 $LOC(a_{i+1})$。因为第 i 个元素与第 i+1 个元素是相邻的，因此第 i 个元素和第 i+1 个元素满足以下关系：

$$LOC(a_{i+1}) = LOC(a_i) + m$$

线性表的第 i 个元素的存储位置与第一个元素 a_1 的存储位置满足以下关系：

$$LOC(a_i) = LOC(a_1) + (i-1) \times m$$

其中，第一个元素的位置 $LOC(a_1)$ 称为起始地址或基地址。

顺序表反映了线性表中元素的逻辑关系，只要知道第一个元素的存储地址，就可以得到线性表中任何一个元素的存储地址。同样，已知任何一个元素的存储地址都可以得到其他元素的存储地址。因此，线性表中的任何一个元素都可以随机存取，线性表的顺序存储结构是一种随机存取的存储结构。

线性表的顺序存储结构如图 3.3 所示。

由于在 C 语言中，数组可以随机存取且数组中的元素占用连续的存储空间，因此，我们采用数组描述线性表的顺序存储结构。线性表的顺序存储结构描述如下：

```
#define LISTSIZE 100
typedef struct
{
    DataType list[LISTSIZE];
    int length;
} SeqList;
```

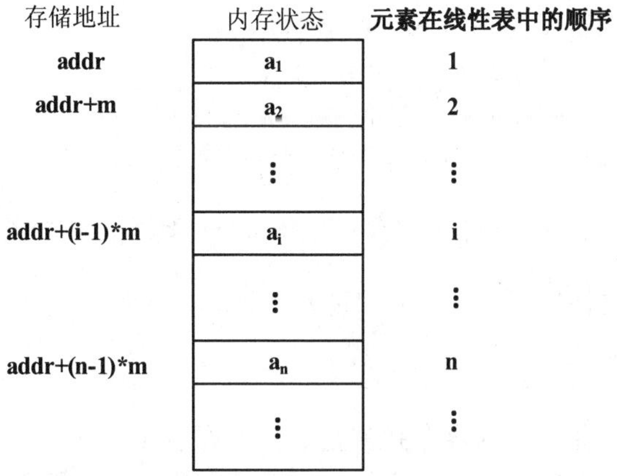

存储地址　　　　内存状态　　　元素在线性表中的顺序

图 3.3　线性表的顺序存储结构

其中，DataType 表示数据元素类型，这可根据需要来定义，可以回顾一下 C 语言中的 typedef 的相关内容。list 用于存储线性表中的数据元素，length 表示当前存储的数据元素个数。SeqList 是结构体类型名。

例如，如果要定义一个变量名为 L 的结构体，可以定义为 SeqList L。如果要定义一个指向结构体指针的变量，可以定义为 SeqList *L。

3.2.2　顺序表的基本运算

在顺序存储结构中，线性表的基本运算如下。该算法的实现保存在文件 SeqList.h 中。

(1)　顺序表的初始化操作。顺序表的初始化就是要把顺序表初始化为空的顺序表，只需要将顺序表的长度 length 置为 0 即可：

```
void InitList(SeqList *L)    /*将顺序表初始化为空*/
{
    L->length = 0;          /*把顺序表的长度置为 0 */
}
```

(2)　判断顺序表是否为空(顺序表为空的标志就是顺序表的长度 length 为 0)：

```
int ListEmpty(SeqList L)     /*判断顺序表是否为空，顺序表为空返回 1，否则返回 0 */
{
    if(L.length == 0)        /*当顺序表为空时，返回 1 */
        return 1;
    else                     /*否则返回 0 */
        return 0;
}
```

(3)　按序号查找操作。查找操作分为两种：按序号查找和按内容查找。

按序号查找就是查找顺序表 L 中的第 i 个元素，如果找到，将该元素值赋值给 e。查找第 i 个元素的值时，首先判断要查找的序号是否合法，如果合法，获得对应位置的值，并返回 1 表示查找成功，否则，返回-1，表示错误。

按序号查找操作的实现代码如下：

```
int GetElem(SeqList L, int i, DataType *e)
    /*查找顺序表中第 i 个元素。
    查找成功将该值返回给 e，并返回 1 表示成功；否则返回-1，表示失败*/
{
    if(i<1 || i>L.length)    /*在查找第 i 个元素之前，判断该序号是否合法*/
        return -1;
    *e = L.list[i-1];          /*将第 i 个元素的值赋值给 e */
    return 1;
}
```

(4) 按内容查找操作。按内容查找就是查找顺序表 L 中与给定的元素 e 相等的元素。如果找到，返回该元素在顺序表中的序号；如果没有找到与 e 相等的元素，则返回 0，表示失败。

按内容查找操作的实现代码如下：

```
int LocateElem(SeqList L, DataType e)
    /*查找顺序表中元素值为 e 的元素，
    查找成功，将对应元素的序号返回，否则返回 0，表示失败*/
{
    int i;
    for(i=0; i<L.length; i++)     /*从第一个元素开始比较*/
        if(L.list[i] == e)
            return i;
    return 0;
}
```

(5) 插入操作。

插入操作就是在顺序表 L 中的第 i 个位置插入新元素 e，使顺序表 $\{a_1, a_2, ..., a_{i-1}, a_i, ..., a_n\}$ 变为 $\{a_1, a_2, ..., a_{i-1}, e, a_i, ..., a_n\}$，顺序表的长度也由 n 变成 n+1。

在顺序表中的第 i 个位置上插入元素 e，首先要将第 i 个位置以后的元素依次向后移动一个位置，然后将元素 e 插入到第 i 个位置。移动元素时要从后往前移动元素，先移动最后一个元素，再移动倒数第二个元素，依次类推。

例如，要在顺序表{5, 7, 8, 11, 12, 32, 18, 24}的第 5 个元素之前插入一个元素 17，需要将序号为 8，7，6，5 的元素向后移动一个位置，然后在第 5 号位置插入元素 5，顺序表就变成了{5, 7, 8, 11, 17, 12, 32, 18, 24}，如图 3.4 所示。

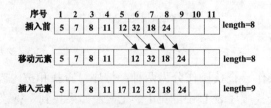

图 3.4　插入元素

插入元素之前，要判断插入的位置是否合法，顺序表是否已满；在插入元素后，要将表长增加 1。插入元素的操作实现代码如下：

```
int InsertList(SeqList *L, int i, DataType e)
  /*在顺序表的第 i 个位置插入元素 e，插入成功返回 1，
  如果插入位置不合法，返回 1，顺序表满返回 0 */
{
  int j;
  if(i<1 || i>L->list.length+1)    /*在插入元素前，判断插入位置是否合法*/
  {
    printf("插入位置 i 不合法! \n");
    return -1;
  }
  else if(L->length >= ListSize)    /*在插入元素前，判断顺序表是否已经满*/
  {
    printf("顺序表已满，不能插入元素。\n");
    return 0;
  }
  else
  {
    for(j=L->length; j>=i; j--)   /*将第 i 个位置以后的元素依次后移*/
      L->list[j] = L->list[j-1];
    L->list[i-1] = e;              /*插入元素到第 i 个位置*/
    L->length = L->length+1;       /*将顺序表长增 1 */
    return 1;
  }
}
```

在执行插入操作时，插入元素的位置 i 的合法范围应该是 $1 \leqslant i \leqslant$ L->length+1。当 i=1 时，插入位置是在第一个元素之前，对应 C 语言数组中的第 0 个元素；当 i=L->length+1 时，插入位置是最后一个元素之后，对应 C 语言数组中的最后一个元素之后的位置。当插入位置是 i=L->length+1 时，不需要移动元素；当插入位置是 i=0 时，则需要移动所有元素。

(6)　删除操作。

删除操作就是将顺序表 L 中的第 i 个位置元素删除，使顺序表 $\{a_1, a_2, ..., a_{i-1}, a_i, a_{i+1}, ..., a_n\}$ 变为 $\{a_1, a_2, ..., a_{i-1}, a_{i+1}, ..., a_n\}$，顺序表的长度也由 n 变成 n-1。

为了删除第 i 个元素，需要将第 i+1 后面的元素依次向前移动一位，将前面的元素覆盖掉。移动元素时要先将第 i+1 个元素移动到第 i 个位置，再将第 i+2 个元素移动到第 i+1 个位置，依次类推，直到最后一个元素移动到倒数第二个位置。最后将顺序表的长度减 1。

例如，如果要删除顺序表 {5，7，8，11，17，12，32，18，24} 的第 4 个元素，需要将序号为 5，6，7，8，9 的元素向前移动一个位置，并将表长减 1，如图 3.5 所示。

图 3.5　删除元素 11

在进行删除操作时，要首先判断顺序表中是否有元素，还要判断删除的序号是否合法，删除成功要将表长减 1。删除元素的实现代码如下：

```
int DeleteList(SeqList *L, int i, DataType *e)
{
    int j;
    if(L->length <= 0)
    {
        printf("顺序表已空不能进行删除!\n");
        return 0;
    }
    else if(i<1 || i>L->length)
    {
        printf("删除位置不合适!\n");
        return -1;
    }
    else
    {
        *e = L->list[i-1];
        for(j=i; j<=L->length-1; j++)
            L->list[j-1] = L->list[j];
        L->length = L->length-1;
        return 1;
    }
}
```

在执行删除操作时，删除元素的位置 i 的合法范围应该是 1≤i≤L->length。当 i=1 时，表示要删除第一个元素，对应 C 语言数组中的第 0 个元素；当 i=L->length 时，表示要删除的是最后一个元素，对应 C 语言数组中的最后一个元素。

(7) 返回顺序表的长度操作。线性表的长度就是顺序表中的元素个数，只需要返回顺序表 L 的 length 域的值。代码如下：

```
int ListLength(SeqList L)
{
    return L.length;
}
```

(8) 清空操作。顺序表的清空操作就是将顺序表中的元素删除。要删除顺序表中的所有元素，只需要将顺序表的长度置为 0 即可。代码如下：

```
void ClearList(SeqList *L)
{
    L->length = 0;
}
```

3.2.3　顺序表基本运算的算法分析

在以上顺序表的实现算法中，除了按内容查找运算、插入和删除操作外，算法的时间复杂度都为 O(1)。

在按内容查找算法中，如果要查找的元素在第一个位置，则需要比较一次；如果要查找的元素在最后一个位置，则需要比较 n 次，n 为线性表的长度。设 P_i 表示在第 i 个位置上找到与 e 相等的元素的概率，假设在任何位置上找到元素的概率相等，即 $P_i=1/n$，则查找元素需要比较的平均次数为：

$$E_{loc} = \sum_{i=1}^{n} p_i * i = \frac{1}{n}\sum_{i=1}^{n} i = \frac{n+1}{2}$$

则按内容查找的平均时间复杂度为 O(n)。

在顺序表的插入算法中，时间的耗费主要集中在移动元素上。如果要插入的元素在第一个位置，则需要移动元素的次数为 n 次；如果要插入的元素在最后一个位置，则需要移动元素次数为 1 次；如果插入位置在最后一个元素之后，即第 n+1 个位置，则需要移动次数为 0 次。设 P_i 表示在第 i 个位置上插入元素的概率，假设在任何位置上找到元素的概率相等，即 $P_i=1/(n+1)$。则在顺序表中插入操作需要移动元素的平均次数为：

$$E_{ins} = \sum_{i=1}^{n+1} p_i * (n-i+1) = \frac{1}{n+1}\sum_{i=1}^{n+1} (n-i+1) = \frac{n}{2}$$

则插入操作的平均时间复杂度为 O(n)。

在顺序表的删除算法中，时间的耗费同样在移动元素上。如果要删除的元素是第一个元素，则需要移动元素次数为 n-1 次；如果要删除的元素是最后一个，则需要移动 0 次。

设 P_i 表示删除第 i 个位置上的元素的概率，假设在任何位置上找到元素的概率相等，即 $P_i=1/n$，则在顺序表中删除操作需要移动元素的平均次数为：

$$E_{del} = \sum_{i=1}^{n} p_i * (n-i) = \frac{1}{n}\sum_{i=1}^{n} (n-i) = \frac{n-1}{2}$$

则删除操作的平均时间复杂度为 O(n)。

3.3　顺序表的应用举例

例 3-1 利用顺序表的基本运算，实现如果在顺序表 A 中出现的元素，在顺序表 B 中也出现，则将 A 中该元素删除。

分析：其实这是求两个表的差集，即 A-B。依次检查顺序表 B 中的每一元素，如果在顺序表 A 中也出现，则在 A 中删除该元素。程序的实现代码如下所示：

```
#include <stdio.h>              /*包含输入输出头文件*/
#define LISTSIZE 100
typedef int DataType;          /*定义元素类型为整型*/
/*顺序表类型定义*/
typedef struct
{
    DataType list[LISTSIZE];
    int length;
} SeqList;
#include "SeqList.h"           /*包含顺序表实现文件*/
```

```
void DelElem(SeqList *A, SeqList B);        /*删除 A 中出现 B 的元素的函数声明*/
void main()
{
    int i, j, flag;
    DataType e;
    SeqList A, B;                           /*声明顺序表 A 和 B */
    InitList(&A);                           /*初始化顺序表 A */
    InitList(&B);                           /*初始化顺序表 B */
    for(i=1; i<=10; i++)                    /*将 1~10 插入到顺序表 A 中*/
    {
        if(InsertList(&A,i,i) == 0)
        {
            printf("位置不合法");
            return;
        }
    }
    for(i=1,j=1; j<=6; i=i+2,j++)           /*插入顺序表 B 中 6 个数*/
    {
        if(InsertList(&B,j,i*2) == 0)
        {
            printf("位置不合法");
            return;
        }
    }
    printf("顺序表 A 中的元素: \n");
    for(i=1; i<=A.length; i++)              /*输出顺序表 A 中的每个元素*/
    {
        flag = GetElem(A, i, &e);           /*返回顺序表 A 中的每个元素到 e 中*/
        if(flag == 1)
            printf("%4d", e);
    }
    printf("\n");
    printf("顺序表 B 中的元素: \n");
    for(i=1; i<=B.length; i++)              /*输出顺序表 B 中的每个元素*/
    {
        flag = GetElem(B, i, &e);           /*返回顺序表 B 中的每个元素到 e 中*/
        if(flag == 1)
            printf("%4d", e);
    }
    printf("\n");
    printf("将在 A 中出现 B 的元素删除后 A 中的元素: \n");
    DelElem(&A, B);                         /*将在顺序表 A 中出现的 B 的元素删除*/
    for(i=1; i<=A.length; i++)              /*显示输出删除后 A 中所有元素*/
    {
        flag = GetElem(A, i, &e);
        if(flag == 1)
            printf("%4d", e);
    }
    printf("\n");
}
```

```
void DelElem(SeqList *A, SeqList B)        /*删除A中出现的B的元素的函数实现*/
{
    int i, flag, pos;
    DataType e;
    for(i=0; i<=B.length; i++)
    {
        flag = GetElem(B, i, &e);          /*依次把B中每个元素取出给e */
        if(flag == 1)
        {
            pos = LocateElem(*A, e);       /*在A中找与B中取出的元素e相等的元素*/
            if(pos > 0)
                DeleteList(A, pos, &e);/*如果找到该元素,将其从A中删除*/
        }
    }
}
```

程序运行结果如图 3.6 所示。

图 3.6　线性表 A-B 程序运行的结果

说明:在设计程序时,要包含头文件 SeqList.h,因为在顺序表的类型定义中包含 DataType 数据类型和数组容量 LISTSIZE,所以在类型定义之前要对这些进行宏定义。顺序表的类型定义要在#include "SeqList.h"之前。主函数之前的宏定义、类型定义和包含文件语句的次序为:

```
#define LISTSIZE 100
typedef int DataType;
typedef struct
{
    DataType list[LISTSIZE];
    int length;
} SeqList;
#include "SeqList.h"
```

例 3-2 顺序表 A 和顺序表 B 的元素都是非递减排列,利用顺序表的基本运算,将它们合并成一个顺序表 C,要求 C 也是非递减排列。例如,A=(6,11,11,23),B=(2,10,12,12,21),则 C=(2,6,10,11, 11,12,12,21,23)。

分析:顺序表 C 是一个空表,首先取出顺序表 A 和 B 中的元素,并将这两个元素比较,如果 A 中的元素 m_1 大于 B 中的元素 n_1,则将 B 中的元素 n_1 插入到 C 中,继续取出 B 中的下一个元素 n_2 与 A 中的元素 m_1 比较。如果 A 中的元素 m_1 小于或等于 B 中的元素 n_1,则将 A 中的元素 m_1 插入到 C 中,继续取出 A 中的下一个元素 m_2,与 B 中的元素 n_1 比较。依次类推，直到一个表中元素比较完毕，将另一个表中剩余的元素插入到 C 中，算法结束。

程序的实现代码如下所示：

```c
#include <stdio.h>                       /*包含输入输出头文件*/
#define LISTSIZE 100
typedef int DataType;                    /*元素类型定义为整型*/
/*顺序表类型定义*/
typedef struct
{
    DataType list[LISTSIZE];
    int length;
} SeqList;
#include "SeqList.h"                     /*包含顺序表实现文件*/
void MergeList(SeqList A, SeqList B, SeqList *C);
    /*合并顺序表 A 和 B 中元素的函数声明*/
void main()
{
    int i, flag;
    DataType a[] = {6, 11, 11, 23};
    DataType b[] = {2, 10, 12, 12, 21};
    DataType e;
    SeqList A, B, C;                     /*声明顺序表 A、B 和 C */
    InitList(&A);                        /*初始化顺序表 A */
    InitList(&B);                        /*初始化顺序表 B */
    InitList(&C);                        /*初始化顺序表 C */
    for(i=1; i<=sizeof(a)/sizeof(a[0]); i++)
      /*将数组 a 中的元素插入到顺序表 A 中*/
    {
        if(InsertList(&A,i,a[i-1]) == 0)
        {
            printf("位置不合法");
            return;
        }
    }
    for(i=1; i<=sizeof(b)/sizeof(b[0]); i++)
      /*将数组 b 中的元素插入到顺序表 B 中*/
    {
        if(InsertList(&B,i,b[i-1]) == 0)
        {
            printf("位置不合法");
            return;
        }
    }
    printf("顺序表 A 中的元素: \n");
    for(i=1; i<=A.length; i++)           /*输出顺序表 A 中的每个元素*/
    {
        flag = GetElem(A, i, &e);        /*返回顺序表 A 中的每个元素到 e 中*/
        if(flag == 1)
            printf("%4d", e);
    }
```

```
    printf("\n");
    printf("顺序表 B 中的元素：\n");
    for(i=1; i<=B.length; i++)        /*输出顺序表 B 中的每个元素*/
    {
        flag = GetElem(B, i, &e);     /*返回顺序表 B 中的每个元素到 e 中*/
        if(flag == 1)
            printf("%4d", e);
    }
    printf("\n");
    printf("将在 A 中出现 B 的元素合并后 C 中的元素：\n");
    MergeList(A, B, &C);              /*将在顺序表 A 和 B 中的元素合并*/
    for(i=1; i<=C.length; i++)        /*显示输出合并后 C 中所有的元素*/
    {
        flag = GetElem(C, i, &e);
        if(flag == 1)
            printf("%4d", e);
    }
    printf("\n");
}
void MergeList(SeqList A, SeqList B, SeqList *C)
  /*合并顺序表 A 和 B 的元素到 C 中，并保持元素非递减排序*/
{
    int i, j, k;
    DataType e1, e2;
    i=1; j=1; k=1;
    while(i<=A.length && j<=B.length)
    {
        GetElem(A, i, &e1);               /*取出顺序表 A 中的元素*/
        GetElem(B, j, &e2);               /*取出顺序表 B 中的元素*/
        if(e1 <= e2)                      /*比较顺序表 A 和顺序表 B 中的元素*/
        {
            InsertList(C, k, e1);         /*将较小的一个插入到 C 中*/
            i++;                          /*往后移动一个位置，准备比较下一个元素*/
            k++;
        }
        else
        {
            InsertList(C, k, e2);         /*将较小的一个插入到 C 中*/
            j++;                          /*往后移动一个位置，准备比较下一个元素*/
            k++;
        }
    }
    while(i <= A.length)         /*如果 A 中元素还有剩余，这时 B 中已经没有元素*/
    {
        GetElem(A, i, &e1);
        InsertList(C, k, e1);    /*将 A 中剩余的元素插入到 C 中*/
        i++;
        k++;
    }
    while(j <= B.length)         /*如果 B 中元素还有剩余，这时 A 中已经没有元素*/
    {
```

```
        GetElem(B, j, &e2);
        InsertList(C, k, e2);          /*将B中剩余元素插入到C中*/
        j++;
        k++;
    }
    C->length = A.length + B.length; /* C的表长等于A和B的表长的和*/
}
```

程序的运行结果如图 3.7 所示。

图3.7 合并A和B的程序运行结果

3.4 线性表的链式表示与实现

在顺序表中，由于逻辑上相邻的元素其物理位置也相邻，因此它有一个优点：可以随机存取顺序表中的任何一个元素。但同时顺序表也存在着缺点：插入和删除运算需要移动大量的元素，采用顺序存储必须事先分配好内存单元，而事先分配的存储单元大小不一定刚好满足需要。链式存储的线性表可以克服顺序表的以上缺点。本节就来介绍链式存储的线性表——单链表。

3.4.1 单链表的存储结构

线性表的链式存储是采用一组任意的存储单元来存放线性表的元素。这组存储单元可以是连续的，也可以是不连续的。为了表示每个元素与其直接后继的逻辑关系，除了需要存储元素本身的信息外，还需要存储指示其后继元素的地址信息。这两部分组成的存储结构，称为结点(Node)。结点包括两个域：数据域和指针域。其中数据域存放数据元素的信息，指针域存放元素的直接后继的存储地址，如图 3.8 所示。

data	next
数据域	指针域

图3.8 结点表示

通过指针域把 n 个结点按照线性表中元素的逻辑顺序链接在一起，构成了链表。由于链表中的每一个结点的指针域只有一个，这样的链表称为线性链表或者单链表。

单链表的每个结点的地址存放在其直接前驱结点的指针域中，而第一个结点没有直接前驱结点，因此需要一个头指针指向第一个结点。同时，由于表中的最后一个元素没有直接后继，需要在单链表的最后一个结点的指针域置为"空"(NULL)。

例如，线性表(Yang，Zheng，Feng，Xu，Wu，Wang，Geng)采用链式存储结构，链表的存取必须从头指针 head 开始，头指针指向链表的第一个结点，从头指针可以找到链表中的每一个元素。线性表的链式存储结构如图 3.9 所示。

存储地址	数据域	指针域
6	Xu	36
19	Feng	6
25	Yang	51
36	Wu	47
43	Geng	NULL
47	Wang	43
51	Zheng	19

头指针 head
25

图 3.9　线性表的链式存储结构

如图 3.9 所示通过结点的指针域表示线性表的逻辑关系，而不要求逻辑上相邻的元素在物理位置上相邻的存储方式，叫作链式存储。

一般情况下，我们只关心链表的逻辑顺序，而不关心链表的物理位置。通常把链表表示成通过箭头链接起来的序列，箭头表示指针域中的指针。因此，如图 3.9 所示的线性表可以表示成如图 3.10 所示的序列。

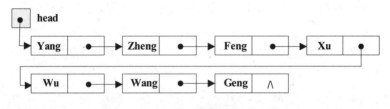

图 3.10　单链表的逻辑状态

有时为了操作上的方便，在单链表的第一个结点之前增加一个结点，称为头结点。头结点的数据域可以存放如线性表的长度等信息，头结点的指针域存放第一个结点的地址信息，指向第一个结点。头指针指向头结点，不再指向链表的第一个结点。带头结点的单链表如图 3.11 所示。

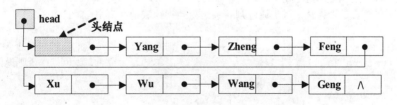

图 3.11　带头结点的单链表的逻辑状态

若带头结点的链表为空链表，则头结点的指针域为"空"，如图 3.12 所示。

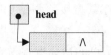

图 3.12　带头结点的单链表

单链表的存储结构用 C 语言描述如下：

```
typedef struct Node
{
   DataType data;
   struct Node *next;
} ListNode, *LinkList;
```

其中，ListNode 是链表的结点类型，LinkList 是指向链表结点的指针类型。如果有定义：

```
LinkList L;
```

则定义了一个链表，L 指向该链表的第一个结点。对于不带头结点的链表来说，如果链表为空，则有 L=NULL；对于带头结点的链表，如果链表为空，则 L->next=NULL。

3.4.2　单链表上的基本运算

单链表上的基本运算包括链表的建立、单链表的插入、单链表的删除、单链表的长度等。带头结点的单链表的运算具体实现如下(算法的实现保存在文件 LinkList.h 中)。

(1)　单链表的初始化操作。单链表的初始化就是要把单链表初始化为空的单链表，这需要为头结点分配存储单元，并将头结点的指针域置为空即可。代码如下：

```
void InitList(LinkList *head)
  /*将单链表初始化为空。动态生成一个头结点，并将头结点的指针域置为空*/
{
  if((*head=(LinkList)malloc(sizeof(ListNode))) == NULL)
    /*为头结点分配一个存储空间*/
      exit(-1);
  (*head)->next = NULL;               /*将单链表的头结点指针域置为空*/
}
```

(2)　判断单链表是否为空。判断单链表是否为空就是看单链表的头结点的指针域是否为空，即 head->next==NULL。代码如下：

```
int ListEmpty(LinkList head)
  /*判断单链表是否为空，就是通过判断头结点的指针域是否为空*/
{
   if(head->next == NULL)          /*判断单链表头结点的指针域是否为空*/
      return 1;                     /*当单链表为空时，返回1；否则返回 0 */
   else
      return 0;
}
```

(3)　按序号查找操作。按序号查找就是查找单链表中的第 i 个结点，如果找到，返回该结点的指针；否则，返回 NULL，表示失败。

　　要查找单链表中的第 i 个元素，需要从单链表的头指针 head 出发，利用结点的 next 域扫描链表的结点，并通过计数器，累计扫描过的结点个数，直到计数器为 i，就找到了第 i 个结点。按序号查找操作的实现代码如下：

```
ListNode* Get(LinkList head, int i)
 /*查找单链表中第 i 个结点。查找成功则返回该结点的指针；否则返回 NULL 表示失败*/
{
   ListNode *p;
   int j;
   if(ListEmpty(head))  /*在查找第 i 个元素之前，判断链表是否为空*/
      return NULL;
   if(i<1)              /*在查找第 i 个元素之前，判断该序号是否合法*/
      return NULL;
   j = 0;
   p = head;
   while(p->next!=NULL && j<i)
   {
      p = p->next;
      j++;
   }
   if(j == i)
      return p;         /*找到第 i 个结点，返回指针 p */
   else
      return NULL;      /*如果没有找到第 i 个元素，返回 NULL */
}
```

　　在查找元素时，要注意判断条件 p->next != NULL，保证 p 的下一个结点不为空，如果没有这个条件，就无法保证执行循环体中的 p = p->next 语句。

　　(4) 按内容查找操作。按内容查找就是查找单链表中与给定的元素 e 相等的元素，如果成功，返回该元素结点的指针，否则，返回 NULL。查找运算从单链表中的头指针开始，依次与 e 比较。按内容查找操作的实现代码如下：

```
ListNode* LocateElem(LinkList head, DataType e)
 /*查找线性表中元素值为 e 的元素，
   查找成功将对应元素的结点指针返回，否则返回 NULL，表示失败*/
{
   ListNode *p;
   p = head->next;      /*指针 p 指向第一个结点*/
   while(p)
   {
      if(p->data != e) /*找到与 e 相等的元素，返回该序号*/
          p = p->next;
      else
          break;
   }
   return p;
}
```

　　(5) 定位操作。有时，为了删除第 i 个结点，需要根据内容查找到该结点，返回该结点的序号。按内容查找并返回结点的序号的函数也称为定位函数。定位函数也是通过从单链表的头指针出发，依次访问每个结点，并将结点的值与 e 比较，如果相等，返回该序号，表示成功；如果没有与 e 值相等的元素，返回 0，表示失败。定位操作的实现代码如下：

```
int LocatePos(LinkList head, DataType e)
  /*查找线性表中元素值为 e 的元素，查找成功将对应元素的序号返回，否则返回 0，表示失败*/
{
    ListNode *p;
    int I;
    if(ListEmpty(head)) /*在查找第 i 个元素之前，判断链表是否为空*/
        return 0;
    p = head->next;      /*指针 p 指向第一个结点*/
    i = 1;
    while(p)
    {
        if(p->data == e) /*找到与 e 相等的元素，返回该序号*/
            return i;
        else
        {
            p = p->next;
            i++;
        }
    }
    if(!p)                  /*如果没有找到与 e 相等的元素，返回 0，表示失败*/
        return 0;
}
```

（6）插入操作。插入操作就是将元素 e 插入到链表中指定的位置 i，插入成功返回 1，否则返回 0；如果没有与 e 值相等的元素，返回 0，表示失败。

在单链表的第 i 个位置插入一个新元素 e，首先需要在链表中找到其直接前驱结点，即第 i-1 个结点，并由指针 pre 指向该结点，如图 3.13 所示。然后动态申请一个新的结点，由 p 指向该结点，将值 e 赋值给 p 指向结点的数据域，如图 3.14 所示。让 p 指针指向的结点的指针域指向第 i 个结点，同时修改 pre 结点的指针域，使其指向 p 指向的结点，如图 3.15 所示。这样就完成了在第 i 个位置插入结点的操作。

将新结点插入到单链表中分为两个步骤。

① 将新结点的指针域指向第 i 个结点，即 p->next = pre->next。

② 将直接前驱结点的指针域指向新结点，即 pre->next = p。

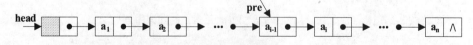

图 3.13　找到第 i 个结点的直接前驱结点

图 3.14　p 指向生成的新结点

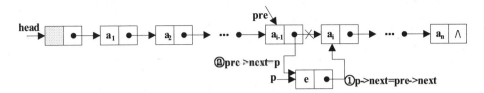

图 3.15　将新结点插入到单链表中

💡 **注意：** 插入结点的操作步骤不可以反过来。也就是说，先进行 pre->next=p 操作，后进行 p->next = pre->next 操作是错误的。

插入元素的操作实现代码如下：

```
int InsertList(LinkList head, int i, DataType e)
 /*在单链表中第 i 个位置插入一个结点，结点的元素值为 e。插入成功返回 1，失败返回 0 */
{
   ListNode *p, *pre;
    /*定义指向第 i 个元素的前驱结点指针 pre，指针 p 指向新生成的结点*/
   int j;
   pre = head;              /*指针 p 指向头结点*/
   j = 0;
   while(pre->next!=NULL && j<i-1) /*找到第 i-1 个结点，即第 i 个结点的前驱结点*/
   {
      pre = pre->next;
      j++;
   }
   if(j != i-1)                    /*如果没找到，说明插入位置错误*/
   {
      printf("插入位置错");
      return 0;
   }
   /*新生成一个结点，并将 e 赋值给该结点的数据域*/
   if((p=(ListNode*)malloc(sizeof(ListNode))) == NULL)
      exit(-1);
   p->data = e;
   /*插入结点操作*/
   p->next = pre->next;
   pre->next = p;
   return 1;
}
```

(7) 删除操作。删除操作就是将单链表中的第 i 个结点删除，并将该结点的元素赋值给 e。删除成功返回 1，否则返回 0。

　　要将单链表中的第 i 个结点删除，首先要找到第 i 个结点的直接前驱结点，即第 i-1 个结点，用指针 pre 指向该结点，然后用指针 p 指向第 i 个结点，将该结点的数据域赋值给 e，如图 3.16 所示。最后删除第 i 个结点，即 pre->next = p->next，并动态释放指针 p 指向的结点。删除过程如图 3.17 所示。

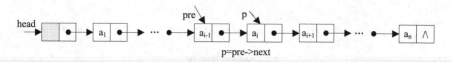

图 3.16　找到第 i-1 个结点和第 i 个结点

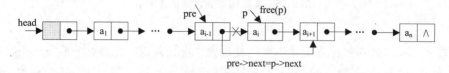

图 3.17　删除第 i 个结点

删除第 i 个结点的算法实现代码如下：

```
int DeleteList(LinkList head, int i, DataType *e)
 /*删除单链表中的第 i 个位置的结点。删除成功返回1，失败返回 0 */
{
    ListNode *pre, *p;
    int j;
    pre = head;
    j = 0;
    while(pre->next!=NULL && pre->next->next!=NULL && j<i-1)
      /*判断是否找到前驱结点*/
    {
        pre = pre->next;
        j++;
    }
    if(j != i-1)            /*如果没找到要删除的结点位置，说明删除位置错误*/
    {
        printf("删除位置错误");
        return 0;
    }
    /*指针 p 指向单链表中的第 i 个结点，并将该结点的数据域值赋值给 e */
    p = pre->next;
    *e = p->data;
    /*将前驱结点的指针域指向要删除结点的下一个结点，也就是将 p 指向的结点与单链表断开*/
    pre->next = p->next;
    free(p);               /*释放 p 指向的结点*/
    return 1;
}
```

💡 注意：　在查找第 i-1 个结点时，要注意判断条件 pre->next->next!=NULL 是保证要删除的结点，即第 i 个结点非空。如果没有此判断条件，而 pre 指针指向了单链表的最后一个结点，在执行循环后的 p=pre->next，*e=p->data 操作时，p 指针指向的就是 NULL 指针域，这样就会出现错误。

(8) 求表长操作。求表长操作就是将单链表的元素个数返回。要求单链表中的元素个数，只需要从头指针开始依次访问单链表中的每个结点并计数，直到最后一个结点。
代码如下：

```
int ListLength(LinkList head)
{
    ListNode *p;
    int count = 0;
    p = head;
    while(p->next != NULL)
    {
        p = p->next;
        count++;
    }
    return count;
}
```

(9) 销毁链表操作。单链表的结点空间是动态申请的，在程序结束时要将这些结点空间释放。单链表的结点空间可通过 free 函数释放：

```
void DestroyList(LinkList head)
{
    ListNode *p, *q;
    p = head;
    while(p != NULL)
    {
        q = p;
        p = p->next;
        free(q);
    }
}
```

3.5　单链表应用举例

例 3-3 利用单链表的基本运算，实现如果在单链表 A 中出现的元素在单链表 B 中也出现，则将 A 中该元素删除。

分析：如果把单链表看成是集合，这其实是求两个集合的差集 A-B，即所有属于集合 A 而不属于集合 B 的元素。具体实现是，对于单链表 A 中的每个元素 e，在单链表 B 中进行查找，如果在 B 中存在与 A 相同的元素，则将元素从 A 中删除。

程序实现如下所示：

```
/*包含头文件*/
#include <stdio.h>
#include <malloc.h>
#include <stdlib.h>
/*宏定义和单链表类型定义*/
typedef int DataType;
typedef struct Node
```

```
{
    DataType data;
    struct Node *next;
} ListNode, *LinkList;
#include "LinkList.h"                    /*包含单链表实现文件*/
void DelElem(LinkList A, LinkList B);    /*删除A中出现B的元素的函数声明*/
void main()
{
    int i;
    DataType a[] = {2, 3, 6, 7, 9, 14, 56, 45, 65, 67};
    DataType b[] = {3, 4, 7, 11, 34, 54, 45, 67};
    LinkList A, B;                       /*声明单链表A和B */
    ListNode *p;
    InitList(&A);                        /*初始化单链表A */
    InitList(&B);                        /*初始化单链表B */
    for(i=1; i<=sizeof(a)/sizeof(a[0]); i++)
      /*将数组a中的元素插入到单链表A中*/
    {
        if(InsertList(A,i,a[i-1]) == 0)
        {
            printf("位置不合法");
            return;
        }
    }
    for(i=1; i<=sizeof(b)/sizeof(b[0]); i++)
      /*将数组b中元素插入单链表B中*/
    {
        if(InsertList(B,i,b[i-1]) == 0)
        {
            printf("位置不合法");
            return;
        }
    }
    printf("单链表A中的元素有%d个: \n", ListLength(A));
    for(i=1; i<=ListLength(A); i++)  /*输出单链表A中的每个元素*/
    {
        p = Get(A, i);               /*返回单链表A中的每个结点的指针*/
        if(p)
            printf("%4d", p->data);  /*输出单链表A中的每个元素*/
    }
    printf("\n");
    printf("单链表B中的元素有%d个: \n", ListLength(B));
    for(i=1; i<=ListLength(B); i++)
    {
        p = Get(B, i);               /*返回单链表B中的每个结点的指针*/
        if(p)
            printf("%4d", p->data);  /*输出单链表B中的每个元素*/
    }
    printf("\n");
    DelElem(A, B);                   /*将在单链表A中出现的B的元素删除，即A-B*/
```

```
        printf(
          "将在 A 中出现 B 的元素删除后(A-B),现在 A 中的元素还有%d 个:\n",ListLength(A));
        for(i=1; i<=ListLength(A); i++)
        {
            p = Get(A, i);                  /*返回单链表 A 中每个结点的指针*/
            if(p)
                printf("%4d", p->data);     /*显示输出删除后 A 中所有的元素*/
        }
        printf("\n");
}
void DelElem(LinkList A, LinkList B)        /*删除 A 中出现 B 的元素的函数实现*/
{
    int i, pos;
    DataType e;
    ListNode *p;
    /*在单链表 B 中,取出每个元素与单链表 A 中的元素比较,
      如果相等,则删除 A 中元素对应的结点*/
    for(i=1; i<=ListLength(B); i++)
    {
        p = Get(B, i);                      /*取出 B 中的每个结点,将指针返回给 p */
        if(p)
        {
            pos = LocatePos(A, p->data); /*比较 B 中的元素是否与 A 中的元素相等*/
            if(pos > 0)
                DeleteList(A, pos, &e);    /*如果相等,将其从 A 中删除*/
        }
    }
}
```

程序的运行结果如图 3.18 所示。

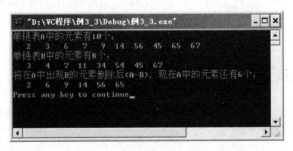

图 3.18　程序运行结果

对于算法 A-B,即在函数 DelElem 中,通过语句 p = Get(B, i)依次取出单链表 B 中的元素,然后利用语句 pos = LocatePos(A, p->data)将该元素与 A 中的元素相比较,如果相等,调用函数 DeleteList(A, pos, &e)将 A 中元素对应的结点删除。

在该算法中,假设单链表 A 的长度为 m,单链表 B 的长度为 n,依次取出 B 中的元素与 A 中的每一个元素比较,时间复杂度为 $O(m \times n)$。

上面的算法是根据单链表的基本运算实现,也可以不用单链表的基本运算,该算法描述如下:

```
void DelElem2(LinkList A, LinkList B)  /*删除 A 中出现 B 的元素的函数实现*/
{
   ListNode *pre, *p, *q, *r;
   pre = A;
   p = A->next;
   /*在单链表 B 中，取出每个元素与单链表 A 中的元素比较，
     如果相等，则删除 A 中元素对应的结点*/
   while(p != NULL)
   {
       q = B->next;      /*从 B 的第一个结点的元素开始与 A 中的结点的元素比较*/
       while(q!=NULL && q->data!=p->data)
          q = q->next;
       if(q != NULL)     /*如果在 B 中存在与 A 中元素相等的结点*/
       {
          r = p;         /*指针 r 指向要删除的结点*/
          pre->next = p->next;
              /*将前驱结点的指针指向 p 的后继结点，即将 p 指向的结点与链表断开*/
          p = r->next;  /*将 p 指向 A 中下一个待比较的结点*/
          free(r);       /*释放结点 r */
       }
       else              /*如果在 B 中不存在与 A 中元素相等的结点*/
       {
          pre = p;       /*将 pre 指向刚比较过的结点*/
          p = p->next;  /*指针 p 指向下一个待比较的结点*/
       }
   }
}
```

上面算法中，在单链表 A 中，利用指针 p 指向单链表 A 中与单链表 B 中要比较的结点，pre 指向 p 的前驱结点。在单链表 B 中，利用指针 q 指向 B 中的第一个结点，依次与 A 中 p 指向的结点的元素比较，如图 3.19 所示。

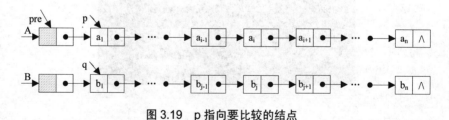

图 3.19　p 指向要比较的结点

如果当前 A 中要比较的是元素 a_i，指针 p 指向 a_i 所在结点，在 B 中，如果 q 指向的结点元素 $b_j=a_i$，则指针 q 停止向前比较，利用指针 r 指向要删除的结点 p，前驱结点指针 pre 指向 p 的后继结点，使 p 指向的结点与链表断开，即 r=p, pre->next = p->next，如图 3.20 所示。

然后，p 指向链表 A 中下一个要比较的结点，最后释放 r 指向的结点，如图 3.21 所示。

算法 DelElem2 的时间复杂度也是 $O(m \times n)$。可以直接替换程序中的 DelElem，运行结果与例 3-3 一样。

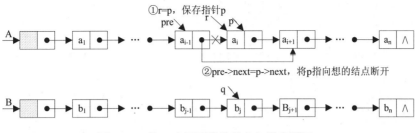

图 3.20　将 A 中要删除的结点与链表断开

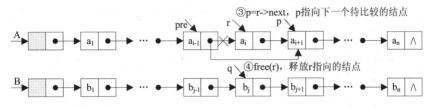

图 3.21　p 指向下一个要比较的结点，同时释放 r 指向的结点

例 3-4 存在两个单链表 A 和 B，其中的元素都是非递减排列，编写算法归并单链表 A 和 B，得到单链表 C，C 的元素的值按照非递减排列。要求表 C 利用原来表 A 和 B 的结点空间，不申请额外空间。

分析：利用 A 和 B 的原有空间建立新表 C，通过依次比较单链表 A 和 B 的结点元素，改变 A 和 B 的 next 域，将所有 A 和 B 的元素按照非递减顺序连接在一起即可。程序的实现代码如下所示：

```c
/*包含头文件*/
#include <stdio.h>
#include <malloc.h>
#include <stdlib.h>
/*宏定义和单链表类型定义*/
#define ListSize 100
typedef int DataType;
typedef struct Node
{
    DataType data;
    struct Node *next;
} ListNode, *LinkList;
#include "LinkList.h"                  /*包含单链表实现文件*/
void MergeList(LinkList A, LinkList B, LinkList *C);
  /*将单链表 A 和 B 的元素合并到 C 中的函数声明*/
void main()
{
    int i;
    DataType a[] = {6,7,9,14,37,45,65,67};
    DataType b[] = {3,7,11,34,45,89};
    LinkList A, B, C;                   /*声明单链表 A 和 B */
    ListNode *p;
    InitList(&A);                       /*初始化单链表 A */
    InitList(&B);                       /*初始化单链表 B */
```

```
    for(i=1; i<=sizeof(a)/sizeof(a[0]); i++)
       /*将数组 a 中的元素插入到单链表 A 中*/
    {
        if(InsertList(A,i,a[i-1]) == 0)
        {
            printf("位置不合法");
            return;
        }
    }
    for(i=1; i<=sizeof(b)/sizeof(b[0]); i++)  /*将数组 b 中的元素插入单链表 B 中*/
    {
        if(InsertList(B,i,b[i-1]) == 0)
        {
            printf("位置不合法");
            return;
        }
    }
    printf("单链表 A 中的元素有%d 个：\n", ListLength(A));
    for(i=1; i<=ListLength(A); i++) /*输出单链表 A 中的每个元素*/
    {
        p = Get(A, i);                      /*返回单链表 A 中的每个结点的指针*/
        if(p)
            printf("%4d", p->data);     /*输出单链表 A 中的每个元素*/
    }
    printf("\n");
    printf("单链表 B 中的元素有%d 个：\n", ListLength(B));
    for(i=1; i<=ListLength(B); i++)
    {
        p = Get(B, i);                      /*返回单链表 B 中的每个结点的指针*/
        if(p)
            printf("%4d", p->data);     /*输出单链表 B 中的每个元素*/
    }
    printf("\n");
    MergeList(A, B, &C);                 /*将单链表 A 和 B 中的元素合并到 C 中*/
    printf("将单链表 A 和 B 的元素合并到 C 中后,C 中的元素有%d 个:\n",ListLength(C));
    for(i=1; i<=ListLength(C); i++)
    {
        p = Get(C, i);                      /*返回单链表 C 中每个结点的指针*/
        if(p)
            printf("%4d", p->data);     /*显示输出 C 中所有元素*/
    }
    printf("\n");
}
void MergeList(LinkList A, LinkList B, LinkList *C)
  /*单链表 A 和 B 中的元素非递减排列，将单链表 A 和 B 中的元素合并到 C 中,
    C 中的元素仍按照非递减排列*/
{
    ListNode *pa, *pb, *pc;             /*定义指向单链表 A,B,C 的指针*/
    pa = A->next;
```

```
    pb = B->next;
    *C = A;                 /*将单链表 A 的头结点作为 C 的头结点*/
    (*C)->next = NULL;
    pc = *C;
    /*依次将链表 A 和 B 中较小的元素存入链表 C 中*/
    while(pa && pb)
    {
        if(pa->data <= pb->data)
        {
            pc->next = pa;
            /*如果 A 中的元素小于或等于 B 中的元素，将 A 中的元素的结点作为 C 的结点*/
            pc = pa;
            pa = pa->next;
        }
        else
        {
            pc->next = pb;
            /*如果 A 中的元素大于 B 中的元素，将 B 中的元素的结点作为 C 的结点*/
            pc = pb;
            pb = pb->next;
        }
    }
    pc->next = pa ? pa : pb;     /*将剩余的结点插入 C 中*/
    free(B);                     /*释放 B 的头结点*/
}
```

程序的运行结果如图 3.22 所示。

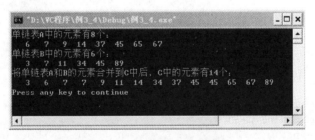

图 3.22　合并单链表运行结果

【2012 年全国考研真题】假定采用带头结点的单链表保存单词，当两个单词有相同的后缀时，则可共享相同的后缀空间，例如 "loading" 和 "being" 的存储映像如图 3.23 所示。

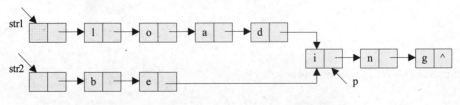

图 3.23　"loading" 和 "being" 的存储映像

设 str1 和 str2 分别指向两个单词所在单链表的头结点，链表结点结构如图 3.24 所示。

图 3.24 链表的结点结构

试设计一个时间上尽可能高效的算法，找出由 str1 和 str2 所指向的两个链表共同后缀的起始位置(图 3.23 中字符 i 所在结点的位置 p)。要求：

● 给出算法的基本思想。

● 根据设计思想，采用 C、C++或 Java 语言描述算法，关键之处给出注释。

● 说明设计算法的时间复杂度。

(1) 算法思想如下。

① 分别求出 str1 和 str2 所指向的两个链表的长度 m 和 n。

② 将两个链表表尾对齐，令指针 p 和 q 分别指向 str1 和 str2 的头结点，若 m≥n，则使 p 指向链表中的第 m−n+1 个结点；若 m<n，则使 q 指向链表中的第 n−m+1 个结点，即使指针 p 和 q 所指向的结点到链表尾部的长度相等。

③ 反复将指针 p 和 q 同步向后移动，并判断它们是否指向同一个结点(通过比较结点的地址是否相等，而不是比较结点的值)。若 p 和 q 指向同一个结点，则该结点即为所求的共同后缀的起始位置。

(2) 算法描述如下：

```
typedef struct Node
{
    char data;
    struct Node *next;
} ListNode;
ListNode* FindList(ListNode *str1, ListNode *str2)
{
    int m, n;
    ListNode *p, *q;
    m = ListLen(str1);
    n = ListLen(str2);
    for(p=str1; m>n; m--)
        p = p->next;
    for(q=str2; m<n; n--)
        q = q->next;
    while(p->next!=NULL && p->next!=q->next)
    {
        p = p->next;
        q = q->next;
    }
    return p->next;
}
int ListLen(ListNode *head)
{
    int len = 0;
    while(head->next != NULL)
    {
        len++;
```

```
        head = head->next;
    }
    return len;
}
```

(3) 算法分析。

显然，算法的时间复杂度为 O(max(m+n))，其中，m 和 n 分别是两个链表的长度。

3.6   循环单链表

循环单链表是另一种形式的单链表。本节就来介绍循环单链表的链式存储结构以及循环单链表的应用。

3.6.1   循环链表的链式存储

循环单链表是一种首尾相连的单链表。它是在单链表的基础上，将单链表的最后一个结点的指针域由 NULL 变成指向单链表的头结点或第一个结点，这样的单链表称为循环单链表。

与单链表类似，循环单链表也有带头结点结构和不带头结点结构两种。循环单链表不为空时，最后一个结点的指针域指向头结点，如图 3.25 所示。循环单链表为空时，头结点的指针域指向头结点本身，如图 3.26 所示。

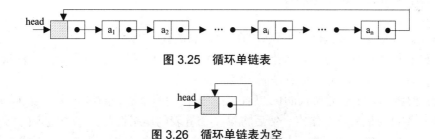

图 3.25   循环单链表

图 3.26   循环单链表为空

循环单链表的实现方法与单链表的实现方法类似，区别仅在于判断链表是否为空的条件上。带头结点的循环单链表为空的判断条件是 head->next==head。

有时为了操作上的方便，在循环单链表中只设置尾指针而不设置头指针，利用 rear 指向循环单链表的最后一个结点，如图 3.27 所示。设置尾指针可以使有些操作变得简单，要将如图 3.28 所示的尾指针分别为 LA 和 LB 的两个循环单链表合并成一个链表，只需要将一个表的表尾与另一个表的表头连接即可，如图 3.29 所示。

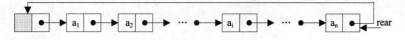

图 3.27   只设置尾指针的循环单链表

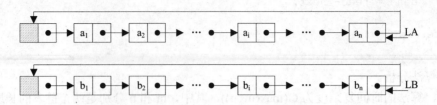

图 3.28　两个设置尾指针的循环单链表

③LB->next=LA->next，将LB的表尾与LA的表头相连

①LA->next=LB->next->next，将LA最的表尾与LB的第一个结点相连

②free(LB->next)，释放LB的表头

图 3.29　两个设置尾指针的循环单链表合并后

将两个设置尾指针的循环单链表合并只需要 3 步操作。

(1)　LA->next = LB->next->next：将 LA 的表尾与 LB 的第一个结点相连。

(2)　free(LB->next)：释放 LB 的头结点。

(3)　LB->next = LA->next：将 LB 的表尾与 LA 的表头相连。

3.6.2　循环单链表的应用

下面我们还是通过具体例子来分析循环单链表的使用吧。

例 3-5　有两个循环单链表，头指针分别是 head1 和 head2，实现算法将链表 head2 连接在 head1 之后，连接后的链表仍然是循环链表的形式。

分析：要将 head2 连接到 head1 之后，需要先找到两个链表的最后一个结点，增加一个尾指针指向各自的最后一个结点。然后将第一个链表的尾指针与第二个链表的第一个结点连接起来，第二个链表的尾指针与第一个链表的第一个结点连接起来，就形成了一个循环链表。程序代码实现如下所示：

```
/*包含头文件*/
#include <stdio.h>
#include <malloc.h>
#include <stdlib.h>
/*宏定义和单链表类型定义*/
#define ListSize 100
typedef int DataType;
typedef struct Node
{
    DataType data;
    struct Node *next;
} ListNode, *LinkList;
```

```
/*函数声明*/
LinkList CreateCycList(int n);                    /*创建一个循环单链表的函数声明*/
void DisplayCycList();                            /*显示输出循环单链表的函数声明*/
LinkList Link(LinkList head1, LinkList head2);/*将两个链表连接一起的函数声明*/
void main()
{
    LinkList h1, h2;
    int n;
    printf("创建一个循环单链表 h1：\n");
    printf("请输入元素个数：\n");
    scanf("%d", &n);
    h1 = CreateCycList(n);
    printf("创建一个循环单链表 h2：\n");
    printf("请输入元素个数：\n");
    scanf("%d", &n);
    h2 = CreateCycList(n);
    printf("输出循环单链表 h1\n");
    DisplayCycList(h1);
    printf("输出循环单链表 h2\n");
    DisplayCycList(h2);
    h1 = Link(h1, h2);
    printf("输出连接后的循环单链表 h1+h2\n");
    DisplayCycList(h1);
}
LinkList Link(LinkList head1, LinkList head2)
    /*将两个链表 head1 和 head2 连接在一起形成一个循环链表*/
{
    ListNode *p, *q;
    p = head1;
    while(p->next != head1)  /*指针 p 指向链表的最后一个结点*/
        p = p->next;
    q = head2;
    while(q->next != head2)  /*指针 q 指向链表的最后一个结点*/
        q = q->next;
    p->next = head2;         /*将第一个链表的尾端连接到第二个链表的第一个结点*/
    q->next = head1;         /*将第二个链表的尾端连接到第一个链表的第一个结点*/
    return head1;
}
LinkList CreateCycList(int n)   /*创建一个不带头结点的循环单链表*/
{
    DataType e;
    LinkList head = NULL;
    ListNode *p, *q;
    int i;
    i = 1;
    q = NULL;
    while(i <= n)
    {
        printf("请输入第%d个元素.", i);
        scanf("%d", &e);
        if(i == 1)           /*创建第一个结点*/
```

```
        {
            head = (LinkList)malloc(sizeof(ListNode));
            head->data = e;
            head->next = NULL;
            q = head;              /*指针q指向链表的最后一个结点*/
        }
        else
        {
            p = (ListNode*)malloc(sizeof(ListNode));
            p->data = e;
            p->next = NULL;
            q->next = p;           /*将新结点连接到链表中*/
            q = p;                 /* q始终指向最后一个结点 */
        }
        i++;
    }
    if(q != NULL)
        q->next = head;           /*将最后一个结点的指针指向头指针，形成一个循环链表*/
    return head;
}
void DisplayCycList(LinkList head)  /*输出循环链表的每一个元素*/
{
    ListNode *p; p=head;
    if(p == NULL)
    {
        printf("该链表是空表");
        return;
    }
    while(p->next != head)  /*如果不是最后一个结点，输出该结点*/
    {
        printf("%4d", p->data);
        p = p->next;
    }
    printf("%4d\n", p->data);  /*输出最后一个结点*/
}
```

程序运行结果如图 3.30 所示。

图 3.30　两个循环单链表合并的运行结果

例 3-6 约瑟夫问题。有 n 个人，编号为 1，2，…, n，围成一个圆圈，按照顺时针方向从编号为 k 的人从 1 开始报数，报数为 m 的人出列，他的下一个人重新开始从 1 报数，数到 m 的人出列，这样重复下去，直到所有的人都出列。编写一个算法，要求输入 n、k 和 m，按照出列的顺序输出编号。

分析：解决约瑟夫问题可以分为三个步骤。

(1) 建立一个具有 n 个结点的不带头结点的循环单链表，编号从 1 到 n，代表 n 个人。

(2) 找到第 k 个结点，即第一个开始报数的人。

(3) 编号为 k 的人从 1 开始报数，并开始计数，报到 m 的人出列，即将该结点删除。继续从下一个结点开始报数，直到最后一个结点被删除。

程序代码实现如下所示：

```c
/*包含头文件*/
#include <stdio.h>
#include <malloc.h>
#include <stdlib.h>

/*宏定义和单链表类型定义*/
#define ListSize 100
typedef int DataType;
typedef struct Node
{
    DataType data;
    struct Node *next;
} ListNode, *LinkList;

/*函数声明*/
LinkList CreateCycList(int n);  /*创建一个长度为 n 的循环单链表的函数声明*/
void Josephus(LinkList head, int n, int m, int k);
    /*在长度为 n 的循环单链表中，报数为编号为 m 的出列*/
void DisplayCycList(LinkList head);  /*输出循环单链表*/

void main()
{
    LinkList h;
    int n, k, m;
    printf("输入环中人的个数 n=");
    scanf("%d", &n);
    printf("输入开始报数的序号 k=");
    scanf("%d", &k);
    printf("报数为 m 的人出列 m=");
    scanf("%d", &m);
    h = CreateCycList(n);
    Josephus(h, n, m, k);
}
void Josephus(LinkList head, int n, int m, int k)
    /*在长度为 n 的循环单链表中，从第 k 个人开始报数，数到 m 的人出列*/
{
    ListNode *p, *q;
```

```
    int i;
    p = head;
    for(i=1; i<k; i++)          /*从第 k 个人开始报数*/
    {
        q = p;
        p = p->next;
    }
    while(p->next != p)
    {
        for(i=1; i<m; i++)      /*数到 m 的人出列*/
        {
            q = p;
            p = p->next;
        }
        q->next = p->next;      /*将 p 指向的结点删除，即报数为 m 的人出列*/
        printf("%4d", p->data);
        free(p);
        p = q->next;            /* p 指向下一个结点，重新开始报数*/
    }
    printf("%4d\n", p->data);
}
LinkList CreateCycList(int n)
{
    LinkList head = NULL;
    ListNode *s, *r;
    int i;
    for(i=1; i<=n; i++)
    {
        s = (ListNode*)malloc(sizeof(ListNode));
        s->data = i;
        s->next = NULL;
        if(head == NULL)
            head = s;
        else
            r->next = s;
        r = s;
    }
    r->next = head;
    return head;
}
```

程序运行结果如图 3.31 所示。

图 3.31　约瑟夫问题程序运行结果

3.7　双 向 链 表

单链表和循环单链表的每一个结点的指针域只有一个，要查找指针 p 指向结点的直接前驱结点，必须从 p 指针出发，顺着指针域把整个链表访问一遍，找到该结点，其时间复杂度是 O(n)。为了克服单链表的这种缺点，可以利用双向链表解决。本节就来介绍双向链表的存储结构及其操作。

3.7.1　双向链表的存储结构

双向链表是指链表中的每个结点有两个指针域：一个指向直接前驱结点，另一个指向直接后继结点。双向链表的结点结构如图 3.32 所示。

图 3.32　双向链表的结点结构

在双向循环链表中，每个结点包括三个域：data 域、prior 域和 next 域。其中，data 域为数据域，存放数据元素；prior 域为前驱结点指针域，指向直接前驱结点；next 域为后继结点域，指向直接后继结点。

双向链表也分为带头结点和不带头结点两种，带头结点使某些操作更加方便。另外，双向链表也有循环结构，称为双向循环链表。

带头结点的双向循环链表如图 3.33 所示。双向循环链表为空的情况如图 3.34 所示，判断带头结点的双循环链表为空的条件是 head->prior==head 或 head->next==head。

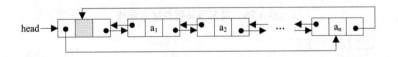

图 3.33　带头结点的双向循环链表

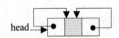

图 3.34　带头结点的空的双向循环链表

在双向链表中，因为每个结点既有前驱结点的指针域又有后继结点的指针域，所以查找结点非常方便。

如果 p 是指向链表中某个结点的指针，则有 p = p->prior->next = p->next->prior。

双向链表的结点存储结构用 C 语言描述如下：

```
typedef struct Node
```

```
{
    DataType data;
    struct Node *prior;
    struct Node *next;
} DListNode, *DLinkList;
```

3.7.2 双向链表的插入操作和删除操作

双向链表的有些操作，如求链表的长度、查找链表的第 i 个结点等，与单链表中的算法实现基本没什么差异。但是对于双向循环链表的插入和删除操作，因为涉及到的是前驱结点指针和后继结点指针，所以需要修改两个方向的指针。

1．插入操作

插入操作就是要在带头结点的双向循环链表中的第 i 个位置插入一个元素值为 e 的结点。插入成功返回 1，否则返回 0。算法思想是首先找到第 i 个结点，用 p 指向该结点。再申请一个新结点，由 s 指向该结点，将 e 放入到数据域。然后开始修改 p 和 s 指向的结点的指针域：修改 s 的 prior 域，使其指向 p 的直接前驱结点，即 s->prior=p->prior；将 p 的直接前驱结点的 next 域指向 s 指向的结点，即 p->prior->next=s；修改 s 的 next 域，使其指向 p 指向的结点，即 s->next=p；修改 p 的 prior 域，使其指向 s 指向的结点，即 p->prior=s。插入操作指针修改情况如图 3.35 所示。

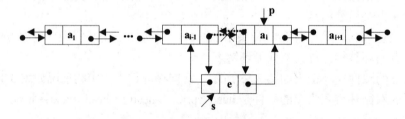

图 3.35　双向循环链表插入操作

插入操作算法实现如下所示：

```
int InsertDList(DListLink head, int i, DataType e)
{
    DListNode *p, *s;
    int j;
    p = head->next;
    j = 0;
    while(p!=head && j<i)
    {
        p = p->next;
        j++;
    }
    if(j != i)
    {
        printf("插入位置不正确");
```

```
        return 0;
    }
    s = (DListNode*)malloc(sizeof(DListNode));
    if(!s)
        return -1;
    s->data = e;
    s->prior = p->prior;
    p->prior->next = s;
    s->next = p;
    p->prior = s;
    return 1;
}
```

2. 删除操作

删除操作就是将带头结点的双向循环链表中的第 i 结点删除。删除成功返回 1,否则返回 0。算法思想是首先找到第 i 个结点,用 p 指向该结点。然后开始修改 p 指向的结点的直接前驱结点和直接后继结点的指针域,从而将 p 与链表断开。将 p 指向的结点与链表断开需要两步:

(1) 修改 p 的前驱结点的 next 域,使其指向 p 的直接后继结点,即:

```
p->prior->next = p->next;
```

(2) 修改 p 的直接后继结点的 prior 域,使其指向 p 的直接前驱结点,即:

```
p->next->prior = p->prior;
```

删除操作指针修改情况如图 3.36 所示。

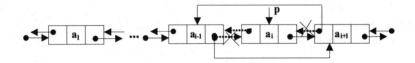

图 3.36　双向循环链表删除操作

删除操作算法实现如下所示:

```
int DeleteDList(DListLink head, int i, DataType *e)
{
    DListNode *p;
    int j;
    p = head->next;
    j = 0;
    while(p!=head && j<i)
    {
        p = p->next;
        j++;
    }
    if(j != i)
    {
        printf("删除位置不正确");
```

```
        return 0;
    }
    p->prior->next = p->next;
    p->next->prior = p->prior;
    free(p);
    return 1;
}
```

插入和删除操作的时间主要耗费在查找结点上，两者的时间复杂度都为 O(n)。

📖 说明： 双向链表的插入和删除操作需要修改结点的 prior 域和 next 域，比单链表操作
要复杂些，因此要注意修改结点的指针域的顺序。

3.8 双向链表的应用

本节主要通过实例学习双向链表的操作。

例 3-7 编写算法实现建立一个带头结点的含 n 个元素的双向循环链表 H，并在链表 H
中第 i 个位置插入一个元素 e。例如，建立一个双向循环链表('A'，'B'，'C'，'D'，'E'，'F')，
元素为字符型数据，在链表中第 3 个位置插入元素'X'，则链表变为('A'，'B'，'X'，'C'，'D'，
'E'，'F')。在插入元素时应注意指针的变化顺序。程序代码如下：

```
/*包含头文件*/
#include <stdio.h>
#include <conio.h>
#include <stdlib.h>
/*类型定义*/
typedef char DataType;
typedef struct Node
{
    DataType data;
    struct Node *prior;
    struct Node *next;
} DListNode, *DLinkList;
/*函数声明*/
DListNode* GetElem(DLinkList head, int i);
void PrintDList(DLinkList head);
int CreateDList(DLinkList head, int n);
int InsertDList(DLinkList head, int i, char e);
/*函数实现*/
int InitDList(DLinkList *head)  /*初始化双向循环链表*/
{
    *head = (DLinkList)malloc(sizeof(DListNode));
    if(!head)
        return -1;
    (*head)->next = *head;          /*使头结点的 prior 指针和 next 指针指向自己*/
    (*head)->prior = *head;
    return 1;
```

```
}
int CreateDList(DLinkList head, int n)   /*创建双向循环链表*/
{
    DListNode *s, *q;
    int i;
    DataType e;
    q = head;
    for(i=1; i<=n; i++)
    {
        printf("输入第%d个元素", i);
        e = getchar();
        s = (DListNode*)malloc(sizeof(DListNode));
        s->data = e;
        /*将新生成的结点插入到双向循环链表*/
        s->next = q->next;
        q->next = s;
        s->prior = q;
        head->prior = s;            /*这里要注意头结点的prior指向新插入的结点*/
        q = s;                      /* q始终指向最后一个结点*/
        getchar();
    }
    return 1;
}
int InsertDList(DLinkList head, int i, DataType e)
  /*在双向循环链表的第i个位置插入元素e。插入成功返回1,否则返回0 */
{
    DListNode *p, *s;
    p = GetElem(head, i);           /*查找链表中第i个结点*/
    if(!p)
        return 0;
    s = (DListNode*)malloc(sizeof(DListNode));
    if(!s)
        return -1;
    s->data = e;
     /*将s结点插入到双向循环链表*/
    s->prior = p->prior;
    p->prior->next = s;
    s->next = p;
    p->prior = s;
    return 1;
}
DListNode* GetElem(DLinkList head, int i)
  /*查找插入的位置,找到返回该结点的指针,否则返回NULL */
{
    DListNode *p;
    int j;
    p = head->next;
    j = 1;
    while(p!=head && j<i)
    {
        p = p->next;
```

```
        j++;
    }
    if(p==head || j>i)          /*如果要位置不正确，返回 NULL */
        return NULL;
    return p;
}
void main()
{
    DLinkList h;
    int n;
    int pos;
    char e;
    InitDList(&h);
    printf("输入元素个数：");
    scanf("%d", &n);
    getchar();
    CreateDList(h, n);
    printf("链表中的元素：");
    PrintDList(h);
    printf("请输入插入的元素及位置："); scanf("%c", &e);
    getchar();
    scanf("%d", &pos);
    InsertDList(h, pos, e);
    printf("插入元素后链表中的元素：");
    PrintDList(h);
}
void PrintDList(DLinkList head)   /*输出双向循环链表中的每一个元素*/
{
    DListNode *p;
    p = head->next;
    while(p != head)
    {
        printf("%c", p->data);
        p = p->next;
    }
    printf("\n");
}
```

程序运行结果如图 3.37 所示。

图 3.37 双向循环链表的创建和插入运行结果

在创建双向循环链表时，要特别注意链表中 prior 域和 next 域的变化情况及向后次序。创建双向循环链表的的过程如图 3.38 所示。创建双向循环链表首先要让指针 q 始终指向链表的最后一个结点，将 s 指向动态生成的结点，然后在链表的最后插入 s 指向的结点。插入结点时，注意语句 s->next=q->next 和 q->next=s 的顺序本能颠倒，另外要特别让头结点的 prior 域指向 s。

💡 **注意：**　修改指针时特别要小心，指针修改不当会出现意想不到的错误，同时错误也很难被发现。

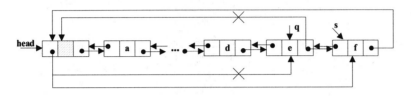

图 3.38　创建双向循环链表

3.9　静　态　链　表

前面介绍的各种链表如单链表、循环链表等结点之间的关系都是由指针实现的，结点的分配与释放都是由函数 malloc 和 free 动态实现，因此称为动态链表。但是有的高级程序设计语言没有指针类型，如 Basic、Fortran 等，本节就来讲述如何利用静态链表实现动态链表的功能。

3.9.1　静态链表的存储结构

静态链表可通过一维数组来描述，用游标模拟指针。游标的作用就是指示元素的直接后继。这里的游标的数据类型不再是动态链表的指针类型，而是一个整型。

要实现静态链表，应定义一个结构体数组作为结点空间，结点包括两个域：数据域和指针域。数据域用于存放结点的数据信息，指针域指向直接后继元素。静态链表的类型描述如下：

```
#define ListSize 100
typedef struct
{
    DataType data;
    int cur;
} SListNode;
typedef struct
{
    SListNode list[ListSize];
    int av;
} SLinkList;
```

在以上静态链表的类型定义中，SListNode 是一个结点类型，SLinkList 是一个静态链表类型，av 是备用链表的指针，即 av 指向静态链表中一个未使用的位置。数组的一个分量(元素)表示一个结点，游标 cur 代替指针指示结点在数组中的位置。数组的第 0 分量可以表示成头结点，头结点的 cur 域指向表中第一个结点。表中的最后一个结点的指针域为 0，指向头结点，这样就构成一个静态循环链表。线性表(Yang，Zheng，Feng，Xu，Wu，Wang，Geng)采用静态链表的形式存储如图 3.39 所示。

数组编号	数据域	cur域
0		1
1	Yang	2
2	Zheng	3
3	Feng	4
4	Xu	5
5	Wu	6
6	Wang	7
7	Geng	0
8		
9		

图 3.39　静态链表

假设 s 为 SlinkList 类型变量，则 s[0].cur 指示第一个结点在数组中的位置，如果 i=s[0].cur，则 s[i].data 表示表中的第一个元素，s[i].cur 指示第二个元素在数组中的位置。与动态链表的操作类似，游标 cur 代表指针 next，i=s[i].cur 表示指针后移，相当于 p=p->next。

3.9.2　静态链表的实现

下面介绍静态链表的基本操作。

(1) 静态链表的初始化操作。静态链表的初始化就是要把静态链表的游标 cur 指向下一个结点，并将链表的最后一个结点的 cur 域置为 0。代码如下：

```
void InitSList(SLinkList *L)　/*静态链表初始化*/
{
    int i;
    for(i=0; i<ListSize; i++)
        (*L).list[i].cur = i+1;
    (*L).list[ListSize-1].cur = 0;
    (*L).av = 1;
}
```

(2) 分配结点。分配结点就是要从备用链表中取下一个结点空间，分配给要插入链表中的元素，返回值为要插入结点的位置。代码如下：

```
int AssignNode(SLinkList L)
    /*从备用链表中取下一个结点空间，分配给插入链表中的元素*/
{
    int i;
```

```
    i = L.av;
    L.av = L.list[i].cur;
    return i;
}
```

(3) 回收结点。回收结点就是将空闲的结点回收，使其成为备用链表的空间。
代码如下：

```
void FreeNode(SLinkList L, int pos)  /*使空闲结点成为备用链表中的结点*/
{
    L.list[pos].cur = L.av;
    L.av = pos;
}
```

(4) 插入操作。插入操作就是在静态链表中第 i 个位置插入一个数据元素 e。首先从备用链表中取出一个可用的结点，然后将其插入到已用静态链表的第 i 个位置。

例如，在图 3.39 的静态链表中的第 5 个元素后插入元素 "Liu"，具体步骤是：先为新结点分配一个结点空间，即静态链表的数组编号为 8 的位置，即 k=L.av，同时修改备用指针 L.av=L.list[k].cur；然后在编号为 8 的位置上插入一个元素 "Liu"，即 L.list[8].data="Liu"，并修改第 5 个元素位置的 cur 域，即 L.list[5].cur=L.list[8].cur，L.list[8].cur=6。插入之后如图 3.40 所示。

数组编号	数据域	cur域
0		1
1	Yang	2
2	Zheng	3
3	Feng	4
4	Xu	5
5	Wu	8
6	Wang	7
7	Geng	0
8	Liu	6
9		

图 3.40 在静态链表中插入元素后

插入操作的实现代码如下：

```
void InsertSList(SLinkList *L, int i, DataType e)  /*插入操作*/
{
    int j, k, x;
    k = (*L).av;
    (*L).av = (*L).list[k].cur;
    (*L).list[k].data = e;
    j = (*L).list[0].cur;
    for(x=1; x<i-1; x++)
        j = (*L).list[j].cur;
    (*L).list[k].cur = (*L).list[j].cur;
```

```
    (*L).list[j].cur = k;
}
```

(5) 删除操作。删除操作就是将静态链表中第 i 个位置的元素删除。首先找到第 i-1 个元素的位置，修改 cur 域使其指向第 i+1 个元素，然后将被删除的结点空间放到备用链表中。例如要删除图 3.40 静态链表中的第 3 个元素，需要根据游标找到第 2 个元素，将其 cur 域修改为第 4 个元素的位置，即 L.list[2].cur = L.list[3].cur。最后要将删除元素的结点空间回收。删除结点操作如图 3.41 所示。

数组编号	数据域	cur域
0		1
1	Yang	2
2	Zheng	4
3	Feng	4
4	Xu	5
5	Wu	8
6	Wang	7
7	Geng	0
8	Liu	6
9		

图 3.41 删除静态链表的第 3 个结点

删除操作的实现代码如下：

```
void DeleteSList(SLinkList *L, int i, DataType *e)  /*删除操作*/
{
    int j, k, x;
    j = (*L).list[0].cur;
    for(x=1; x<i-1; x++)
        j = (*L).list[j].cur;
    k = (*L).list[j].cur;
    (*L).list[j].cur = (*L).list[k].cur;
    (*L).list[k].cur = (*L).av;
    *e = (*L).list[k].data;
    (*L).av = k;
}
```

3.9.3 静态链表的应用

例 3-8 创建一个静态链表，通过输入元素及位置插入一个元素，然后通过输入删除元素的位置删除元素。例如，创建一个静态链表{A，B，C，D，E，F，H}，在表的第 3 个位置插入元素'x'，然后将表的第 6 个元素删除。

分析：静态链表的插入和删除操作与单链表的操作类似，静态链表通过 k=L.list[k].cur 找到链表元素的下一个元素，插入和删除只需要修改静态链表的 cur 域实现游标的改变。程序的实现代码如下所示：

```
/*包含头文件*/
#include <stdio.h>
#include <conio.h>
#include <stdlib.h>
/*类型定义*/
typedef char DataType;
#define ListSize 10
typedef struct
{
    DataType data;
    int cur;
} SListNode;
typedef struct
{
    SListNode list[ListSize];
    int av;
} SLinkList;

#include "SLinkList.h"
/*函数声明*/
void PrintDList(SLinkList L, int n);
void main()
{
    SLinkList L;
    int i, len;
    int pos;
    char e;
    DataType a[] = {'A', 'B', 'C', 'D', 'E', 'F', 'H'};
    len = sizeof(a) / sizeof(a[0]);
    InitSList(&L);
    for(i=1; i<=len; i++)
        InsertSList(&L, i, a[i-1]);
    printf("静态链表中的元素:");
    PrintDList(L, len);
    printf("输入要插入的元素及位置:");
    scanf("%c", &e);
    getchar();
    scanf("%d", &pos);
    getchar();
    InsertSList(&L, pos, e);
    printf("插入元素后静态链表中的元素:");
    PrintDList(L, len+1);
    printf("输入要删除元素的位置:");
    scanf("%d", &pos);
    getchar();
    DeleteSList(&L, pos, &e);
    printf("删除的元素是:");
    printf("%c\n", e);
    printf("删除元素后静态链表中的元素:");
```

```
    PrintDList(L, len);
}
void PrintDList(SLinkList L, int n)    /*输出双向循环链表中的每一个元素*/
{
    int j, k;
    k = L.list[0].cur;
    for(j=1; j<=n; j++)
    {
        printf("%4c", L.list[k].data);
        k = L.list[k].cur;
    }
    printf("\n");
}
```

程序运行结果如图 3.42 所示。

图 3.42　静态链表插入与删除程序的运行结果

3.10　各种线性表的操作

例 3-9　编写一个算法，将一个顺序表 A 分拆成两个部分，使 A 中大于等于 0 的元素放在左边，小于 0 的元素放在右边。要求不占用额外的存储空间，即空间复杂度为 O(1)。

例如，顺序表(-7，0，5，-8，9，-4，3，-2)经过分拆调整后变为(3，0，5，9，-8，-4，-7，-2)。

分析：可以设置两个指示器 i 和 j，分别扫描顺序表中的元素，i 从顺序表的左端开始扫描，j 从顺序表的右端开始扫描。如果 i 遇到大于等于 0 的元素，略过不处理；如果遇到小于 0 的元素，停下来。如果 j 遇到小于 0 的元素，略过不处理；如果遇到大于等于 0 的元素，停下来。如果 i 和 j 都停下来，则交换 i 和 j 指示的元素。重复执行直到 i≥j 为止。程序实现代码如下所示：

```
#include <stdio.h>                  /*包含输入输出头文件*/
#include "SeqList.h"                /*包含顺序表实现文件*/
void SplitSeqList(SeqList *L);      /*调整顺序表 L */
void main()
{
    int i, flag, n;
    DataType e;
    SeqList L;
```

```
        int a[] = {-7, 0, 5, -8, 9, -4, 3, -2};
        InitList(&L);                        /*初始化顺序表 L */
        n = sizeof(a)/sizeof(a[0]);
        for(i=1; i<=n; i++)                  /*将数组 a 的元素插入到顺序表 L 中*/
        {
            if(InsertList(&L,i,a[i-1]) == 0)
            {
                printf("位置不合法");
                return;
            }
        }
        printf("顺序表 L 中的元素: \n");
        for(i=1; i<=L.length; i++)           /*输出顺序表 L 中的每个元素*/
        {
            flag = GetElem(L, i, &e);        /*返回顺序表 L 中的每个元素到 e 中*/
            if(flag == 1)
                printf("%4d", e);
        }
        printf("\n");
        printf("将顺序表 L 调整后(左边元素>=0,右边元素<0): \n");
        SplitSeqList(&L);                    /*调整顺序表*/
        for(i=1; i<=L.length; i++)           /*输出调整后顺序表 L 中的所有元素*/
        {
            flag = GetElem(L, i, &e);
            if(flag==1)
                printf("%4d", e);
        }
        printf("\n");
}
void SplitSeqList(SeqList *L)
  /*调整顺序表 L, 使元素的左边是大于等于 0 的元素, 右边是小于 0 的元素*/
{
    int i, j;                    /*定义两个指示器 i 和 j */
    DataType e;
    i=0, j=(*L).length-1;        /*指示器 i 和 j 分别指示顺序表的左端和右端元素*/
    while(i < j)
    {
        while(L->list[i] >= 0)   /* i 遇到大于等于 0 的元素略过*/
            i++;
        while(L->list[j] < 0)    /* j 遇到小于 0 的元素略过*/
            j--;
        if(i < j)                /*调整元素的 i 和 j 指示的元素位置*/
        {
            e = L->list[i];
            L->list[i] = L->list[j];
            L->list[j] = e;
        }
    }
}
```

程序运行结果如图 3.43 所示。

图 3.43   顺序表调整为左右两部分的程序运行结果

💡 **注意：**   顺序表的类型定义在 SeqList.h 文件中包含。

例 3-10   如果线性表分别采用顺序存储结构和链式(带头结点)存储结构，写出它们的就地逆置算法。

分析：线性表的逆置就是将原线性表$(a_1, a_2, ..., a_n)$转化为$(a_n, a_{n-1}, ..., a_1)$，所谓就地逆置，就是不占用额外的存储空间。

若采用顺序表存储，顺序表的逆置只需要将表的首尾两端的元素进行交换，即位置 1 与位置 n 的元素交换，位置 2 与位置 n-1 的元素交换，...，直到所有的元素完成交换，如图 3.44 所示。

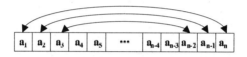

图 3.44   顺序表就地逆置过程

就地逆置采用顺序表的实现算法如下所示：

```
void ReserseSeqList(SeqList *L)
{
    int len, i;
    len = L->length;
    for(i=0; i<n/2; i++) L->list[i]=L->list[n-i-1];
}
```

若采用单链表存储，实现单链表就地逆置的思想是：将单链表的头结点与第一个结点断开，这样头结点就构成了一个新的空链表；然后从第一个结点开始依次取下原有链表的结点，将取下的结点依次插入到新链表的头部。如此循环下去，直到所有的结点都插入到新链表。这样就完成了单链表的就地逆置，如图 3.45 所示。

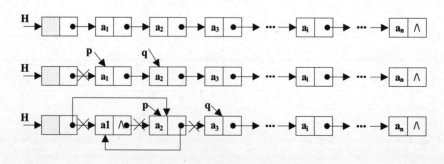

图 3.45   单链表的就地逆置过程

图 3.45 中，p 指向准备逆置的结点，q 始终指向待逆置的结点，即指向原来链表。就地逆置需要循环做以下操作：将 p 指向的结点插入到新表的头部，然后新表的头结点指针指向 p，将 p 指向 q，准备逆置下一个结点。

就地逆置程序实现如下所示：

```
/*包含头文件*/
#include <stdio.h>
#include <malloc.h>
#include <stdlib.h>
/*单链表类型定义*/
typedef int DataType;
typedef struct Node
{
    DataType data;
    struct Node *next;
} ListNode, *LinkList;
#include "LinkList.h"                    /*包含单链表实现文件*/
void DisplayList(LinkList L);
void ReverseList(LinkList H);
void main()
{
    int a[] = {1, 2, 3, 4, 5, 6, 7, 8, 9, 10};
    int i;
    LinkList L;
    InitList(&L);                        /*初始化单链表 L */
    for(i=1; i<=sizeof(a)/sizeof(a[0]); i++)
      /*将数组 a 中的元素插入到单链表 L 中*/
      {
          if(InsertList(L,i,a[i-1]) == 0)
          {
              printf("位置不合法");
              return;
          }
      }
    DisplayList(L);
    ReverseList(L);
    DisplayList(L);
}
void ReverseList(LinkList H)
{
    ListNode *p, *q;
    p = H->next;
    H->next = NULL;
    while(p)
    {
        q = p->next;
        p->next = H->next;
        H->next = p;
        p = q;
    }
```

```
}
void DisplayList(LinkList L)
{
    int i;
    ListNode *p;
    for(i=1; i<=ListLength(L); i++) /*输出单链表 L 中的每个元素*/
    {
        p = Get(L, i);                /*返回单链表 L 中的每个结点的指针*/
        if(p)
            printf("%4d", p->data);   /*输出单链表 L 中的每个元素*/
    }
    printf("\n");
}
```

程序运行结果如图 3.46 所示。

图 3.46　就地逆置程序运行结果

例 3-11 已知有两个带头结点的双向循环链表 A 和 B，它们的元素均是按照递增排列，编写算法，将 A 和 B 合并成一个双向循环链表，并使合并后链表中的元素也按照递增排列。

分析：可以使用原有结点空间而不建立新结点合并双向循环链表。首先以 A 的头结点建立新的空双向链表；分别用指针 p 和 q 指向链表 A 和 B 的第一个结点，依次比较 p 和 q 指示的结点元素大小，取下较小的结点作为新链表的结点，插入到新链表的表尾，重复这一过程，一直到 A 和 B 中有一个链表为空；如果 A 和 B 中有一个链表为空而另一个链表不为空时，将不空的链表剩下的部分插入到新链表的表尾。

进行合并操作前，首先将 A 的头结点作为新链表的头结点，并用 r 指向新链表的表尾结点，p 和 q 分别指向两个链表要比较的结点，如图 3.47 所示。这里要注意尾结点的 next 域仍然指向的是头结点。

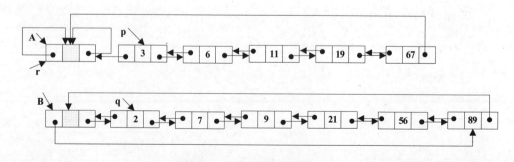

图 3.47　合并操作之前的链表

然后比较 p 和 q 指向的结点元素。因为 p 指向的结点元素小于 q 指向的结点元素，所以要将 p 指向的结点插入到新链表中，在插入操作之前 pt 指向 p 的下一个结点，即

pt=p->next。插入操作要执行 4 个步骤修改 p 和 r 的 next 域和 prior 域：p->next=r->next，p->prior=r，r->next->prior=p，r->next=p，如图 3.48 所示。

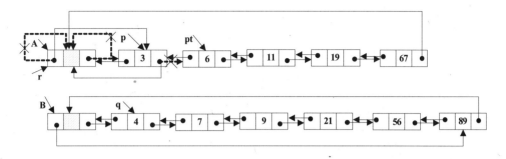

图 3.48　插入 p 指向的结点

接着比较下一个结点元素。这时，p 指向的是元素为 6 的结点，q 指向的是元素为 4 的结点，因为 q 指向的结点小于 p 指向的结点元素，所以要插入的结点是 q 指向的结点。同样，在插入操作前，qt 指向 q 的下一个结点，即 qt=q->next。插入操作要执行 4 个步骤修改 q 和 r 的 next 域和 prior 域：q->next=r->next，q->prior=r，r->next->prior=q，r->next=q，如图 3.49 所示。

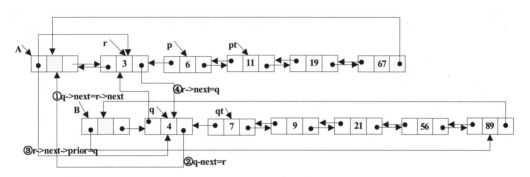

图 3.49　插入 q 指向的结点

合并双向循环链表的程序实现如下所示：

```
/*包含头文件*/
#include <stdio.h>
#include <conio.h>
#include <stdlib.h>
/*类型定义*/
typedef int DataType;
typedef struct node
{
    DataType data;
    struct node *prior, *next;
} DListNode, *DLinkList;
#include "DLinkList.h"
void PrintDList(DLinkList head);
void MergeDLink(DLinkList A, DLinkList B);
```

```
void main()
{
    DLinkList A, B;
    int n;
    int pos;
    char e;
    InitDList(&A);
    printf("请输入链表 A 的元素个数：");
    scanf("%d", &n);
    CreateDList(A, n);
    printf("链表 A 中的元素：");
    PrintDList(A);
    InitDList(&B);
    printf("请输入链表 B 的元素个数：");
    scanf("%d", &n);
    CreateDList(B, n);
    printf("链表 B 中的元素：");
    PrintDList(B);
    MergeDLink(A, B);
    printf("链表 A 和 B 合并后的元素：");
    PrintDList(A);
}
void PrintDList(DLinkList head)    /*输出双向循环链表中的每一个元素*/
{
    DListNode *p;
    p = head->next;
    while(p != head)
    {
        printf("%4d", p->data);
        p = p->next;
    }
    printf("\n");
}
void MergeDLink(DLinkList A, DLinkList B)
{
    DListNode *p, *q, *r, *qt, *pt;
    p = A->next;
    q = B->next;
    A->prior = A->next = A;
    r = A;
    while(p!=A && q!=B)
        if(p->data <= q->data)
        {
            pt = p->next;
            p->next = r->next;
            p->prior = r;
            r->next->prior = p;
            r->next = p;
            r = p;
            p = pt;
```

```
        }
        else
        {
            qt = q->next;
            q->next = r->next;
            q->prior = r;
            r->next->prior = q;
            r->next = q;
            r = q;
            q = qt;
        }
    if(p != A)
    {
        r->next = p;
        p->prior = r;
    }
    else if(q != B)
    {
        r->next = q;
        q->prior = r;
        B->prior->next = A;
        A->prior = B->prior;
    }
    free(B);
}
```

程序运行结果如图 3.50 所示。

图 3.50　合并双向循环链表的程序运行结果

说明：　需要把文件 DLinkList.h 中的相关字符类型的输入和输出修改成整型的输入和输出。

3.11　一元多项式的表示与相乘

本节通过分析一元多项式的表示与相乘的链式实现作为本章的结束。一元多项式的相乘是线性表在生活中一个实际应用，它的各种操作知识集中于本节的内容中，通过一元多项式的乘法链式实现，培养算法设计思想的具体应用能力。本节主要介绍一元多项式的表示和一元多项式的乘法实现。

3.11.1　一元多项式的表示

在数学中，一个一元多项式 $A_n(x)$ 可以写成降幂的形式：

$$A_n(x) = a_n x^n + a_{n-1} x^{n-1} + \ldots + a_1 x + a_0$$

如果 $a_n \neq 0$，则 $A_n(x)$ 被称为 n 阶多项式。一个 n 阶多项式由 n+1 个系数构成。一个 n 阶多项式的系数可以用线性表 $(a_n, a_{n-1}, \ldots, a_1, a_0)$ 表示。

线性表的存储可以采用顺序存储结构，这样使多项式的一些操作变得更加简单。可以定义一个维数为 n+1 的数组 a[n+1]，a[n]存放系数 a_n，a[n-1]存放系数 a_{n-1}，…，a[0]存放系数 a_0。但是，实际情况是可能多项式的阶数(最高的指数项)会很高，多项式的每个项的指数差别会很大，这可能会浪费很多的存储空间。例如，一个多项式：

$$P(x) = 10x^{2001} + x + 1$$

若采用顺序存储，则存放系数需要 2002 个存储空间，但是存储有用的数据只有 3 个。若只存储非零系数项，还必须存储相应的指数信息。

一元多项式 $A_n(x) = a_n x^n + a_{n-1} x^{n-1} + \ldots + a_1 x + a_0$ 的系数和指数同时存放，可以表示成一个线性表，线性表的每一个数据元素由一个二元组构成。因此，多项式 $A_n(x)$ 可以表示成线性表：

$$((a_n, n), (a_{n-1}, n-1), \ldots, (a_1, 1), (a_0, 0))$$

多项式 P(x)可以表示成((10，2001)，(1，1)，(1，0))的形式。

因此，多项式可以采用链式存储方式表示，每一项可以表示成一个结点，结点的结构由 3 个域组成：存放系数的 coef 域，存放指数的 expn 域和指向下一个结点的 next 指针域，如图 3.51 所示。

coef	expn	next

图 3.51　多项式的结点结构

结点结构可以用 C 语言描述如下：

```c
typedef struct polyn
{
    float coef;
    int expn;
    struct polyn *next;
} PloyNode, *PLinkList;
```

例如，多项式 $S(x) = 7x^6 + 3x^4 - 3x^2 + 6$ 可以表示成链表，如图 3.52 所示。

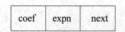

图 3.52　一元多项式的链表表示

3.11.2　一元多项式相乘

两个一元多项式的相乘运算，需要将一个多项式的每一项的指数与另一个多项式的每一项的指数相加，并将其系数相乘。假设两个多项式 $A_n(x)=a_nx^n+a_{n-1}x^{n-1}+\ldots+a_1x+a_0$ 和 $B_m(x)=b_mx^m+b_{m-1}x^{m-1}+\ldots+b_1x+b_0$，要将这两个多项式相乘，就是将多项式 $A_n(x)$ 中的每一项与 $B_m(x)$ 相乘，相乘的结果用线性表表示为 $((a_n*b_m, n+m), (a_{n-1}*b_m, n+m-1), \ldots, (a_1, 1), (a_0, 0))$。

例如，两个多项式 A(x) 和 B(x) 相乘后得到 C(x)：

$$A(x) = 4x^4 + 3x^2 + 5x$$
$$B(x) = 6x^3 + 7x^2 + 8x$$
$$C(x) = 24x^7 + 28x^6 + 50x^5 + 51x^4 + 59x^3 + 40x^2$$

以上多项式可以表示成链式存储结构，如图 3.53 所示。

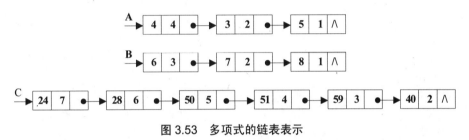

图 3.53　多项式的链表表示

A、B 和 C 分别是多项式 A(x)、B(x) 和 C(x) 对应链表的头指针，A(x) 和 B(x) 两个多项式相乘，首先计算出 A(x) 和 B(x) 的最高指数和，即 4+3=7，则 A(x) 和 B(x) 的乘积 C(x) 的指数范围在 0~7 之间。然后将 A(x) 按照指数降幂排列，将 B(x) 按照指数升序排列，分别设两个指针 pa 和 pb，pa 用来指向链表 A，pb 用来指向链表 B，从第一个结点开始计算两个链表的 expn 域的和，并将其与 k 比较(k 为指数和的范围，从 7~0 递减)，使链表的和呈递减排列。如果和小于 k，则 pb=pb->next；如果和等于 k，则计算二项式的系数的乘积，并将其赋值给新生成的结点。如果和大于 k，则 pa=pa->next。这样得到多项式 A(x) 和 B(x) 的乘积 C(x)。最后将链表 B 重新逆置。

两个一元多项式的相乘算法的实现可分为 3 个部分：一元多项式的创建、多项式的相乘和测试代码。

1. 一元多项式的创建

这部分主要是利用链表创建一个一元多项式。程序代码实现如下所示：

```
PLinkLIst CreatePolyn()   /*创建一元多项式，使一元多项式呈指数递减*/
{
    PolyNode *p, *q, *s;
    PolyNode *head = NULL;
    int expn2;
    float coef2;
    head = (PLinkList)malloc(sizeof(PolyNode));      /*动态生成一个头结点*/
    if(!head)
        return NULL;
```

```
head->coef = 0;
head->expn = 0;
head->next. = NULL;
do
{
    printf("输入系数 coef(系数和指数都为 0 结束)");
    scanf("%f", &coef2);
    printf("输入指数 exp(系数和指数都为 0 结束)");
    scanf("%d", &expn2);
    if((long)coef2==0 && expn2==0)
        break;
    s = (PolyNode*)malloc(sizeof(PolyNode));
    if(!s)
        return NULL;
    s->expn = expn2;
    s->coef = coef2;
    q = head->next;                    /* q 指向链表的第一个结点，即表尾*/
    p = head;                          /* p 指向 q 的前驱结点*/
    while(q && expn2<q->expn)          /*将新输入的指数与 q 指向的结点指数比较*/
    {
        p = q;
        q = q->next;
    }
    if(q==NULL || expn2>q->expn)
      /* q 指向要插入结点的位置，p 指向要插入结点的前驱*/
    {
        p->next = s;                   /*将 s 结点插入到链表中*/
        s->next = q;
    }
    else
        q->coef += coef2;   /*如果指数与链表中的结点指数相同，则将系数相加即可*/
} while(1);
return head;
}
```

2. 两个一元多项式的相乘

这部分主要包括两个一元多项式的相乘操作，其实现代码如下所示：

```
PolyNode* Reverse(PLinkList head)
 /*将生的的链表逆置，使一元多项式呈指数递增形式*/
{
    PolyNode *q, *r, *p=NULL;
    q = head->next;
    while(q)
    {
        r = q->next;       /* r 指向链表的待处理结点*/
        q->next = p;       /* 将链表结点逆置*/
        p = q;             /* p 指向刚逆置后的链表结点*/
        q = r;             /* q 指向下一个准备逆置的结点*/
    }
```

```
        head->next = p;        /*将头结点的指针指向已经逆置后的链表*/
        return head;
}
PolyNode* MultiplyPolyn(PLinkList A, PLinkList B)   /*多项式的乘积*/
{
    PolyNode *pa, *Pb, *Pc, *u, *head;
    int k, maxExp;
    float coef;
    head = (PLinkList)malloc(sizeof(PolyNode));       /*动态生成头结点*/
    if(!head)
        return NULL;
    head->coef = 0.0;
    head->expn = 0;
    head->next = NULL;
    if(A->next!=NULL && B->next!=NULL)
        maxExp = A->next->expn+B->next->expn;
        /* maxExp 为两个链表指数的和的最大值*/
    else
        return head;
    Pc = head;
    B = Reverse(B);                        /*使多项式 B(x) 呈指数递增形式*/
    for(k=maxExp; k>=0; k--)               /*多项式的乘积指数范围为 0~maxExp */
    {
        pa = A->next;
        while(pa!=NULL && pa->expn>k)     /*找到 pa 的位置*/
            pa = pa->next;
        Pb = B->next;
        while(Pb!=NULL && pa!=NULL && pa->expn+Pb->expn<k)
        /*如果和小于 k，使 pb 移到下一个结点*/
            Pb = Pb->next;
        coef = 0.0;
        while(pa!=NULL && Pb!=NULL)
        {
            if(pa->expn+Pb->expn == k)
            /*如果在链表中找到对应的结点，即和等于 k，求相应的系数*/
            {
                coef += pa->coef * Pb->coef;
                pa = pa->next;
                Pb = Pb->next;
            }
            else if(pa->expn+Pb->expn > k)/*如果和大于 k，则使 pa 移到下一个结点*/
                pa = pa->next;
            else
                Pb = Pb->next;            /*如果和小于 k，则使 pb 移到到下一个结点*/
        }
        if(coef != 0.0)
        /*如果系数不为 0，则生成新结点，并将系数和指数分别赋值给新结点。
            并将结点插入到链表中*/
        {
            u = (PolyNode*)malloc(sizeof(PolyNode));
            u->coef = coef;
```

```
            u->expn = k;
            u->next = Pc->next;
            Pc->next = u;
            Pc = u;
        }
    }
    B = Reverse(B);              /*完成多项式乘积后，将B(x)呈指数递减形式*/
    return head;
}
```

3. 测试代码

这部分主要包括程序所需要的头文件、类型定义、一元多项式的输出和主函数。其代码实现如下所示：

```
/*包含头文件*/
#include <stdio.h>
#include <stdlib.h>
#include <malloc.h>
/*一元多项式结点类型定义*/
typedef struct polyn
{
    float coef;         /*存放一元多项式的系数*/
    int expn;           /*存放一元多项式的指数*/
    struct polyn *next;
} PolyNode, *PLinkList;
void OutPut(PLinkList head)  /*输出一元多项式*/
{
    PolyNode *p = head->next;
    while(p)
    {
        printf("%1.1f", p->coef);
        if(p->expn)
            printf("*x^%d", p->expn);
        if(p->next && p->next->coef>0)
            printf("+");
        p = p->next;
    }
}
void main()
{
    PLinkList A, B, C;
    A = CreatePolyn();
    printf("A(x)=");
    OutPut(A);
    printf("\n");
    B = CreatePolyn();
    printf("B(x)=");
    OutPut(B);
    printf("\n");
    C = MultiplyPolyn(A, B);
```

```
    printf("C(x)=A(x)*B(x)=");
    OutPut(C);                    /*输出结果*/
    printf("\n");
}
```

程序运行结果如图 3.54 所示。

图 3.54　一元多项式相乘的程序运行结果

3.12　小　　结

本章主要介绍了一种最简单也是最常用的数据结构——线性表。

线性表是一种可以在任意位置进行插入和删除操作，由 n 个同类型的数据元素组成的一种线性数据结构。线性表中的每个数据元素只有一个前驱元素和只有一个后继元素。其中，第一个数据元素没有前驱元素，最后一个数据元素没有后继元素。

线性表通常有两种存储方式：顺序存储和链式存储。采用顺序存储结构的线性表称为顺序表，采用链式存储结构的线性表称为链表。

在 C 语言中，数组中的地址单元是连续的，因此顺序表通常利用数组来实现。顺序表中数据元素的逻辑顺序与物理顺序一致，因此可以随机存取。但是顺序表在插入元素和删除元素时，需要移动大量的数据元素。

线性表的链式存储结构是利用动态分配的方式申请结点，结点由两部分组成：数据域和指针域。数据域存放元素值信息，指针域存放元素之间的地址信息。利用 C 语言的指针构造数据元素之间的关联关系，链式存储结构利用指针表示数据元素的逻辑关系。

链表根据结点之间的链接关系分为单链表和双向链表，这两种链表又可以构成单循环链表、双向循环链表。单链表只有一个指针域，指针域指向直接后继结点。单链表的最后一个结点的指针域为空，循环链表的最后一个指针域指向头结点或链表的第一个结点。双向链表有两个指针域，一个指向直接前驱结点，另一个指向直接后继结点。双向链表的最后一个结点的指针域为空，双向循环链表的最后一个结点的 next 指针域指向头结点或链表的第一个结点，而第一个结点的 prior 指针域指向最后一个结点。

为了链表操作的方便，往往在链表的第一个结点之前增加一个结点，称为头结点。头结点的设置，使进行插入和删除操作不需要改变头指针的指向，头指针始终指向头结点。

例如，在一个空的链表中插入一个结点，只需要改变头结点指针域而不需要改变头指针。在删除链表的第一个结点时，只需要改变头结点的指针域而不需要改变头指针。

链表的各种操作都需要从头指针开始，与顺序表不同，顺序表具有随机存取的特点，链表则是顺序存取。顺序表的算法实现比较简单，存储空间利用率高。但是需要预先分配较大的存储空间，难以事先确定比较合适的存储规模，插入和删除操作需要移动大量元素。而链表不需要事先确定存储空间的大小，插入和删除操作不需要移动大量元素。但是链表的算法实现比较复杂，涉及指针操作，容易出现意想不到的错误，更难以发现其中的错误。存储单元利用率不高，需要一个指针域指向下一个结点。

3.13 习　　题

(1) 已知有两个顺序表 A 和 B，A 中的元素按照递增顺序排列，B 中的元素按照递减顺序排列。试编写一个算法，将 A 和 B 合并成一个顺序表，使其按照递增有序排列，要求不占用额外的存储单元。

> 提示：　主要考察顺序表的基本运算。在合并顺序表 A 和 B 时，可依次将 B 中的每个元素依次插入到表 A 中，使 A 递增有序，最后将 A 的长度变为 A 与 B 的长度之和。

(2) 已知有两个带头结点的单链表 A 和 B，A 和 B 中的元素由小到大排列，设计一个算法，求 A 和 B 的交集 C，将 A 和 B 中相同的元素插入到 C 中。

> 提示：　主要考察链表的基本操作。分别从 A 和 B 的第一个结点出发，依次比较相应的元素值，如果两个结点元素值相等，则插入到 C 中。

(3) 将一个无序的单链表变成一个有序的单链表，要求按照从小到大排列并且不占用额外的存储空间。

> 提示：　主要考察链表的逆置操作。初始时，利用原链表 L 的头结点的空间，将其置为空。然后从原链表的第一个结点出发，使用头插法依次将原表中的结点插入到新链表中。依次类推，直到所有结点都插入完毕，这样就完成了链表的逆置操作。

(4) 已知一个双向循环链表 L，设计算法实现将双向循环链表 L 的所有结点逆置。

> 提示：　双向循环链表的逆置类似于单链表的逆置，只是多了一个指针域的操作。

(5) 已知一个带头结点的单链表，结点结构为： | data | next |

假设该链表只给出了头指针 list，在不改变链表的前提下，设计一个尽可能高效的算法，查找链表中倒数第 k 个位置上的结点(k 为正整数)。若查找成功，算法输出该结点的 data 域的值，并返回 1；否则返回 0。

要求:

- 描述算法的基本设计思想。
- 描述算法的详细实现步骤。
- 根据设计思想和实现步骤，采用程序设计语言描述算法，关键之处给出简要注释。

第4章 栈

栈是一种特殊的线性结构。栈具有线性表的特点：每一个元素只有一个前驱元素和后继元素(除了第一个元素和最后一个元素外)，但在操作上与线性表不同，栈是一种操作受限的线性表，只允许在栈的一端进行插入和删除操作。栈可以用顺序存储结构和链式存储结构存储，采用顺序存储结构的栈称为顺序栈，采用链式存储结构的栈称为链栈。栈的应用十分广泛，在表达式求值、括号匹配等方面常常用到栈的设计思想。本章主要介绍栈的定义、栈的顺序存储和链式存储及栈的应用。

通过阅读本章，您可以：

- 了解栈的定义及抽象数据类型。
- 掌握栈的顺序表示与实现。
- 掌握栈的链式表示与实现。
- 掌握栈与递归的相互转化方法。
- 了解栈在日常生活中的应用。

4.1 栈的表示与实现

栈作为一种限定性线性表，只允许在表的一端进行插入和删除操作。本节就来讲解栈的定义和栈的抽象数据类型。

4.1.1 栈的定义

栈(Stack)，也称为堆栈，是一种特殊的线性表，只允许在表的一端进行插入和删除操作。栈表允许操作的一端称为栈顶，另一端称为栈底。栈顶是动态变化的，它由一个称为栈顶指针(top)的变量来指示。当表中没有元素时，称为空栈。

栈的插入操作称为入栈或进栈，删除操作称为出栈或退栈。

在栈 $S=(a_1, a_2, ..., a_n)$ 中，a_1 称为栈底元素，a_n 称为栈顶元素。栈中的元素按照 a_1, a_2, ..., a_n 的顺序进栈，当前的栈顶元素为 a_n。最先进栈的元素一定在栈底，最后进栈的元素一定在栈顶。每次删除的元素是栈顶元素，也就是最后进栈的元素。因此，栈是一种后进先出的线性表，如图 4.1 所示。

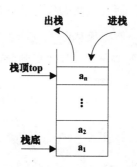

图 4.1　栈是一种后进先出的线性表

在图 4.1 中，a_1 是栈底元素，a_n 是栈顶元素，由栈顶指针 top 指示。最先出栈的元素是 a_n，最后出栈的元素是 a_1。

可以把栈想象成一个小纸箱，只能从纸箱的开口位置从上往下放东西，先放进去的东西在最下面，后放进去的东西在上面，最先放进去的最后才能取出来，最后放进去的最先取出来。这就是"后进先出"。栈的这种存取特点就像在日常生活中有一摞盘子，放盘子时，一个一个往上堆放，取盘子时，只能从上往下取，最后放上的盘子最先取下来，最先放的盘子最后取下来。

如果在栈中依次插入元素 A、B、C、D 和 E，那么元素 E 将是第一个从栈中删除的元素。图 4.2 反映了在栈中插入元素的过程。

例如，一个进栈的序列由 A、B、C 组成，它的出栈序列为 CBA，而 CAB 是不可能的输出序列。因为 A、B、C 进栈后，C 出栈，接着就是 B 要出栈，不可能 A 在 B 之前出栈，所以 CAB 是不可能的序列。你可以把这 3 个元素依次放入栈中，一个一个去试试，就知道哪个是不可能的序列，哪个是可能的序列。这个题目主要是考查大家对栈的"后进先出"特性的掌握情况。

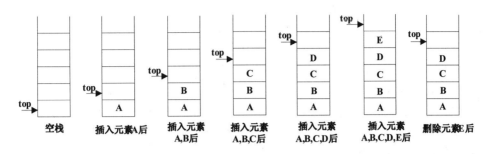

图 4.2　栈的插入和删除过程

4.1.2　栈的抽象数据类型

栈的抽象数据类型包括数据对象集合和基本操作集合。其中，数据对象集合定义了栈的数据元素及元素之间的关系，基本操作集合定义了在该数据对象上的一些基本操作。

1．数据对象集合

栈的数据对象集合为 $\{a_1, a_2, \dots, a_n\}$，每个元素的类型均为 DataType。栈是一种线性表，具有线性表的特点：除了第一个元素 a_1 外，每一个元素有且只有一个直接前驱元素，除了最后一个元素 a_n 外，每一个元素有且只有一个直接后继元素。数据元素之间的关系是一对一的关系。

2．基本操作集合

栈的基本操作主要有如下几种。

(1) InitStack(&S)：栈的初始化操作。这就像日常生活中，打好了地基，准备垒墙。

初始条件：栈 S 不存在。

操作结果：构造一个空栈 S。

(2) StackEmpty(S)：判断栈是否空。栈空就像日常生活中打好了地基，还没有开始垒墙；栈不空就像已经开始垒墙。

初始条件：栈 S 已存在。

操作结果：若栈 S 为空，返回 1，否则返回 0。

(3) GetTop(S, &e)：返回栈顶元素。这就像日常生活中，要取已经垒好的墙的最上面一层砖。

初始条件：栈 S 已存在且非空。

操作结果：返回栈 S 的栈顶元素给 e。

(4) PushStack(&S, e)：在栈中插入元素。这就像日常生活中，在墙上放置了一层砖，成为墙的最上面一层。

初始条件：栈 S 已存在。

操作结果：在栈 S 中插入元素 e，使其成为新的栈顶元素。

(5) PopStack(&S, &e)：弹出栈顶元素。这就像拆墙，需要把墙的最上面一层从墙上取下来。

初始条件：栈 S 已存在且非空。

操作结果：删除栈 S 的栈顶元素，并用 e 返回其值。

(6) StackLength(S)：获取栈长度。这就像整个垒墙有多少层组成。

初始条件：栈 S 已存在。

操作结果：返回栈 S 的元素个数，即栈的长度。

(7) ClearStack(S)：把栈清空。这就像把墙全部拆除。

初始条件：栈 S 已存在。

操作结果：将栈 S 清为空栈。

4.2 栈的顺序表示与实现

与线性表一样，栈也有两种存储表示：顺序存储和链式存储。这一节就来学习栈的顺序存储结构及其操作实现。

4.2.1 栈的顺序存储结构

采用顺序存储结构的栈称为顺序栈。顺序栈利用一组连续的存储单元存放栈中的元素，存放顺序依次从栈底到栈顶。由于栈中元素之间的存放地址的连续性，在 C 语言中，同样采用数组实现栈的顺序存储。另外，增加一个栈顶指针 top，用于指向顺序栈的栈顶元素。通常 top=0 表示栈为空。

栈的顺序存储结构类型定义描述如下：

```
#define STACKSIZE 100
typedef struct
{
    DataType stack[STACKSIZE];
    int top;
} SeqStack;
```

其中，DataType 表示元素的数据类型，这可根据需要来定义。stack 用于存储栈中的数据元素，top 是栈顶指针。SeqStack 是结构体类型名。

假设有一个栈 S，当栈不为空时，S.stack[0]存放第一个进入栈的元素，S.stack[i]存放第 i 个进入栈的元素，S.stack[top]存放当前栈顶元素(当没有出栈操作时)。

当栈中元素已经有 STACKSIZE 个时，称为栈满。如果继续进栈操作，则会产生溢出，称为上溢。对空栈进行删除操作，称为下溢。在对栈进行进栈或出栈操作前，要判断栈是否已满或已空。

顺序栈的结构如图 4.3 所示。元素 A、B、C、D、E、F、G、H 依次进栈，栈底元素为 A，栈顶元素为 H。在实际操作中，栈顶指针指向栈顶元素的下一个位置。设栈为 S，当有元素 e 进栈时，元素进栈即 S.stack[top]=e，然后执行 S.top++操作，使栈顶指针后移。

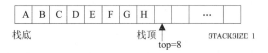

图 4.3 顺序栈的结构

顺序栈的说明如下。

(1) 初始化时，将栈顶指针置为 0，即 S.top=0。

(2) 设置栈空条件为 S.top==0，栈满条件为 S.top==STACKSIZE-1。

(3) 进栈操作时，先将元素放入栈中或称为压入栈中，即 S.stack[S.top]=e，然后使栈顶指针加 1，即 S.top++。出栈操作时，先使栈顶指针减 1，即 S.top--，然后元素出栈，即 e=S.stack[S.top]。

(4) 栈的长度即栈中元素的个数为 S.top。

4.2.2 顺序栈的基本运算

在顺序存储结构中，栈的基本运算如下。以下算法的实现保存在文件 SeqStack.h 中。

(1) 栈的初始化操作。栈的初始化就是要把栈初始化为空栈，只需要把栈的栈顶指针置为 0 即可。代码如下：

```
void InitStack(SeqStack *S)  /*将栈 S 初始化为空栈*/
{
    S->top = 0;   /*把栈顶指针置为 0 */
}
```

(2) 判断栈是否为空。栈为空的标志就是栈顶指针 top 为 0。代码如下：

```
int StackEmpty(SeqStack S)   /*判断栈是否为空，栈为空返回 0，否则返回 0 */
{
    if(S.top == 0)            /*当栈为空时*/
        return 1;             /*返回 1 */
    else                      /*否则*/
        return 0;             /*返回 0 */
}
```

(3) 取栈顶元素操作。将栈顶元素赋值给 e，成功返回 1，否则返回 0。代码如下：

```
int GetTop(SeqStack S, DataType *e)
 /*取栈顶元素。将栈顶元素值返回给 e，并返回 1 表示成功；否则返回 0 表示失败*/
{
    if(S.top <= 0)           /*在取栈顶元素之前，判断栈是否为空*/
    {
        printf("栈已经空!\n");
        return 0;
    }
    else
    {
```

```
        *e = S.stack[S.top-1];    /*取栈顶元素*/
        return 1;
    }
}
```

(4) 进栈操作。进栈操作就是将数据元素 e 压入栈中，元素进栈后需要将栈顶指针 top 增加 1。如进栈成功则返回 1，否则返回 0。代码如下：

```
int PushStack(SeqStack *S, DataType e)
  /*将元素 e 进栈，元素进栈成功返回 1，否则返回 0 */
{
    if(S->top >= STACKSIZE)            /*在元素进栈前，判断是否栈已经满*/
    {
        printf("栈已满，不能进栈! \n");
        return 0;
    }
    else
    {
        S->stack[S->top] = e;          /*元素 e 进栈*/
        S->top++;                      /*修改栈顶指针*/
        return 1;
    }
}
```

(5) 出栈操作。出栈操作就是将栈 S 的栈顶元素值赋值给 e，出栈前先使栈顶指针减 1。如元素出栈成功则返回 1，否则返回 0。出栈操作的实现代码如下：

```
int PopStack(SeqStack *S, DataType *e)
  /*出栈操作。将栈顶元素出栈，并将其赋值给 e。出栈成功返回 1，否则返回 0 */
{
    if(S->top == 0)                    /*元素出栈之前，判断栈是否为空*/
    {
        printf("栈已经没有元素，不能出栈!\n");
        return 0;
    }
    else
    {
        S->top--;                      /*先修改栈顶指针，即出栈*/
        *e = S->stack[S->top];         /*将出栈元素赋值给 e */
        return 1;
    }
}
```

(6) 返回栈的长度操作。栈的长度就是栈中的元素个数，只需要返回栈 S 的栈顶指针的值。代码如下：

```
int StackLength(SeqStack S)
  /*求栈的长度，即栈中元素个数，栈顶指针的值就等于栈中元素的个数*/
{
    return S.top;
}
```

(7) 清空栈的操作。清空栈与初始化栈的操作一样，只需要将栈顶指针置为 0 即可。
清空栈的实现代码如下：

```
void ClearStack(SeqStack *S)      /*清空栈*/
{
    S->top = 0;                   /*将栈顶指针置为 0 */
}
```

4.2.3　共享栈的问题

　　栈的应用非常广泛，经常会出现一个程序需要同时使用多个栈的情况。使用顺序栈会因为栈空间的大小难以准确估计，从而造成有的栈溢出，有的栈空间还有空闲。为了解决这个问题，可以让多个栈共享一个足够大的连续存储空间，通过利用栈的动态特性使多个栈存储空间能够互相补充，存储空间得到有效利用，这就是栈的共享。

　　在栈的共享问题中，最常用的是两个栈的共享。共享栈主要利用栈底固定，栈顶迎面增长的方式。实现方法是两个栈共享一个一维数组空间 S[STACKSIZE]，两个栈的栈底设置在数组的两端，当有元素进栈时，栈顶位置从栈的两端迎面增长，当两个栈的栈顶相遇时，栈满。

　　两个共享栈的数据结构类型定义描述如下：

```
typedef struct
{
    DataType stack[STACKSIZE];
    int top[2];
} SSeqStack;
```

其中，top[0]和 top[1]分别是两个栈的栈顶指针。

共享栈的存储表示如图 4.4 所示。

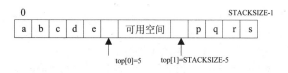

图 4.4　共享栈示意

　　下面给出共享栈的算法操作。以下算法保存在文件 SSeqStack.h 中。

　　(1) 初始化操作。共享栈的初始化只需要将两个栈的栈顶指针分别赋值为 0 和STACKSIZE-1 即可。代码如下：

```
void InitStack(SSeqStack *S)  /*共享栈的初始化操作*/
{
    S->top[0] = 0;
    S->top[1] = STACKSIZE-1;
}
```

　　(2) 进栈操作。共享栈在进行进栈操作时，要判断栈是否已满，另外还要通过一个标志变量 flag 判断是哪个栈要进行进栈操作。进栈成功返回 1，否则返回 0。

代码如下：

```
int PushStack(SSeqStack *S, DataType e, int flag)
 /*共享栈进栈操作。如进栈成功则返回1，否则返回0 */
{
    if(S->top[0] == S->top[1])   /*在进栈操作之前，判断共享栈是否已满*/
        return 0;
    switch(flag)
    {
    case 0:              /*当flag为0时，表示元素要进左端的栈*/
        S->stack[S->top[0]] = e; /*元素进栈*/
        S->top[0]++;     /*修改栈顶指针*/
        break;
    case 1:              /*当flag为1时，表示元素要进右端的栈*/
        S->stack[S->top[1]] = e; /*元素进栈*/
        S->top[1]--;     /*修改栈顶指针*/
        break;
    default:
        return 0;
    }
    return 1;
}
```

(3) 出栈操作。在进行出栈操作时，首先要判断是哪个栈要进行出栈操作，然后判断该栈是否为空。如果栈不空，则元素出栈，同时修改栈顶指针。如出栈成功则返回 1，否则返回 0。代码如下：

```
int PopStack(SSeqStack *S, DataType *e, int flag)
{
    switch(flag)              /*在出栈操作之前，判断是哪个栈要进行出栈操作*/
    {
    case 0:
        if(S->top[0] == 0)   /*左端的栈为空，则返回0，表示出栈操作失败*/
            return 0;
        S->top[0]--;         /*修改栈顶指针*/
        *e = S->stack[S->top[0]];   /*将出栈的元素赋值给e */
        break;
    case 1:
        if(S->top[1] == STACKSIZE-1) /*右端的栈为空，则返回0，表示出栈操作失败*/
            return 0;
        S->top[1]++;                 /*修改栈顶指针*/
        *e = S->stack[S->top[1]];   /*将出栈的元素赋值给e */
        break;
    default:
        return 0;
    }
    return 1;
}
```

4.3 栈的应用举例

例 4-1 将元素 a、b、c、d、e 依次进栈，然后将 d 和 e 出栈，再将 f 和 g 进栈，最后将元素全部出栈，并将元素按照出栈次序输出。

分析：主要考察栈的基本操作的用法。栈的操作程序实现如下所示：

```
/*包含头文件*/
#include <stdio.h>
#include <stdlib.h>
/*类型定义*/
typedef char DataType;
#include "SeqStack.h"         /*包含栈的基本类型定义和基本操作实现*/
void main()
{
    SeqStack S;               /*定义一个栈*/
    int i;
    DataType a[] = {'a','b','c','d','e'};
    DataType e;
    InitStack(&S);            /*初始化栈*/
    for(i=0; i<sizeof(a)/sizeof(a[0]); i++)    /*将数组 a 中元素依次进栈*/
    {
        if(PushStack(&S,a[i]) == 0)
        {
            printf("栈已满，不能进栈！");
            return;
        }
    }
    printf("出栈的元素是：");
    if(PopStack(&S,&e) == 1)              /*元素 e 出栈*/
        printf("%4c", e);
    if(PopStack(&S,&e) == 1)              /*元素 d 出栈*/
        printf("%4c", e);
    printf("\n");
    printf("当前栈顶的元素是：");
    if(GetTop(S,&e) == 0)                 /*取栈顶元素*/
    {
        printf("栈已空！");
        return;
    }
    else
        printf("%4c\n",e);
    if(PushStack(&S,'f') == 0)            /*元素 f 进栈*/
    {
        printf("栈已满，不能进栈！");
        return;
    }
    if(PushStack(&S,'g') == 0)            /*元素 g 进栈*/
```

```
    {
        printf("栈已满，不能进栈！");
        return;
    }
    printf("当前栈中的元素个数是：%d\n", StackLength(S));    /*输出栈中元素个数*/
    printf("元素出栈的序列是：");
    while(!StackEmpty(S))     /*如果栈不空，将所有元素出栈*/
    {
        PopStack(&S, &e);
        printf("%4c", e);
    }
    printf("\n");
}
```

程序的运行结果如图 4.5 所示。

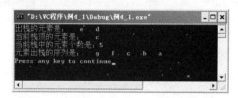

图 4.5　栈的基本操作程序的运行结果

例 4-2　设有两个栈 S1 和 S2 都采用顺序栈的方式存储，并且共享一个存储区。为了尽可能利用存储空间，减少溢出的可能，采用栈顶相向，迎面增长的方式，试设计 S1 和 S2 有关入栈和出栈的算法。

分析：主要考察共享栈的设计算法。在设计共享栈时，注意两个栈的栈满条件和栈空条件。因为栈使用数组作为存储结构，所以栈顶指针的变化刚好相反。当一个元素进栈时，一个栈的栈顶指针需要 top++；另一个进行进栈操作时，需要 top--。出栈操作与此类似。

共享栈的程序实现如下所示：

```
/*包含头文件*/
#include <stdio.h>
#include <stdlib.h>
/*类型定义*/
#define STACKSIZE100
typedef char DataType;
#include "SSeqStack.h"        /*包含栈的基本类型定义和基本操作实现*/
int GetTop(SSeqStack S, DataType *e, int flag);
int StackEmpty(SSeqStack S, int`flag);
void main()
{
    SSeqStack S;                /*定义一个共享栈*/
    int i;
    DataType a[] = {'a','b','c','d','e'};
    DataType b[] = {'x','y','z','r'};
    DataType e1,e2;
    InitStack(&S);              /*初始化共享栈*/
    for(i=0; i<sizeof(a)/sizeof(a[0]); i++)    /*将数组 a 中的元素依次进左端栈*/
```

```
    {
        if(PushStack(&S,a[i],0) == 0)
        {
            printf("栈已满，不能进栈！");
            return;
        }
    }
    for(i=0; i<sizeof(b)/sizeof(b[0]); i++)  /*将数组 a 中元素依次进右端栈*/
    {
        if(PushStack(&S,b[i],1) == 0)
        {
            printf("栈已满，不能进栈！");
            return;
        }
    }
    if(GetTop(S,&e1,0) == 0)
    {
        printf("栈已空");
        return;
    }
    if(GetTop(S,&e2,1) == 0)
    {
        printf("栈已空");
        return;
    }
    printf("左端栈的栈顶元素是：%c，右端栈的栈顶元素是:%c\n", e1, e2);
    printf("左端栈的出栈的元素次序是: ");
    i = 0;
    while(!StackEmpty(S, 0))      /*将数组 a 中的元素依次出左端栈*/
    {
        PopStack(&S, &e1, 0);
        printf("%4c", e1);
    }
    printf("\n");
    printf("右端栈的出栈的元素次序是: ");
    while(!StackEmpty(S, 1))      /*将数组 a 中元素依次出右端栈*/
    {
        PopStack(&S, &e2, 1);
        printf("%4c", e2);
    }
    printf("\n");
}
int GetTop(SSeqStack S, DataType *e, int flag)
  /*取栈顶元素。将栈顶元素值返回给 e，并返回 1 表示成功；否则返回 0 表示失败*/
{
    switch(flag)
    {
    case 0:
        if(S.top[0] == 0)
            return 0;
        *e = S.stack[S.top[0]-1];
```

```
        break;
    case 1:
        if(S.top[1] == STACKSIZE-1)
            return 0;
        *e = S.stack[S.top[1]+1];
        break;
    default:
        return 0;
    }
    return 1;
}
int StackEmpty(SSeqStack S, int flag)
{
    switch(flag)
    {
    case 0:
        if(S.top[0] == 0)
            return 1;
        break;
    case 1:
        if(S.top[1] == STACKSIZE-1)
            return 1;
        break;
    default:
        return 0;
    }
    return 0;
}
```

程序运行结果如图 4.6 所示。

图 4.6　共享栈基本操作程序的运行结果

在共享栈中，左端的栈的判空条件是 S.top[0]==0，右端的栈的判空条件是 S.top[1]==STACKSIZE-1。共享栈满的判断条件是 S->top[0]==S->top[1]。

4.4　栈的链式表示与实现

采用顺序存储的栈也具有与顺序表类似的缺点：采用顺序存储的栈，即顺序栈的存储空间无法事先确定，如果栈空间分配过小，可能会造成溢出；如果栈空间分配过大，又造成存储空间浪费。因此，为了克服以上缺点，需要采用链式存储结构表示栈。本节就来介绍栈的链式存储结构及链栈的基本运算。

4.4.1　栈的存储结构

采用链式存储方式的栈称为链栈或链式栈。链栈由一个个结点构成，结点包含数据域和指针域两部分。在链栈中，利用每一个结点的数据域存储栈中的每一个元素，利用指针域表示元素之间的关系。插入和删除元素的一端称为栈顶，栈顶由栈顶指针 top 指示。

因为插入和删除操作都在栈顶指针的位置进行，因此为了操作方便，通常在链栈的第一个结点之前设置一个头结点。栈顶指针 top 指向头结点，头结点的指针指向链栈的第一个结点。例如，元素 a、b、c、d 依次进入链栈，如图 4.7 所示。

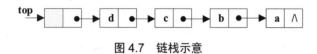

图 4.7　链栈示意

在图 4.7 中，top 为栈顶指针，始终指向链栈的头结点。最先进栈的元素在链栈的尾端，最后进栈的元素在链栈的栈顶。在链栈中插入一个元素，实际上就是在链表第一个结点之前插入新结点；删除链栈的栈顶元素，实际上就是删除链表的第一个结点。由于链栈的操作都是在链表的表头位置进行，因而链栈的基本操作的时间复杂度都为 O(1)。

由于链栈采用链式存储结构，不必事先估计栈的最大容量，只要系统有可用的空间，链栈的结点空间就可以动态申请到，因此就不存在栈满的问题。链栈的基本操作与链表的类似，结点使用完毕时，应释放其空间。

链栈结点的类型定义如下：

```
typedef struct node
{
   DataType data;
   struct node *next;
} LStackNode, *LinkStack;
```

链栈的说明如下。
(1) 链栈通过链表实现，链表的第一个结点为栈顶，最后一个结点为栈底。
(2) 设栈顶指针为 top，初始化时，不带头结点 top=NULL，带头结点 top->next=NULL。
(3) 不带头结点的栈空条件为 top==NULL，带头结点的栈空条件为 top->next==NULL。
(4) 进栈操作与链表的插入操作类似，出栈操作与链表的删除操作类似。

4.4.2　栈的基本运算

链栈的基本运算包括链栈的初始化、进栈、出栈、取栈顶元素等。带头结点的链栈的基本运算具体实现如下。以下算法的实现保存在文件 LinkStack.h 中。
(1) 链栈的初始化操作：

```
void InitStack(LinkStack *top)  /*将链栈初始化为空*/
{
   if((*top=(LinkStack)malloc(sizeof(LStackNode))) == NULL)
```

```
        /*为头结点分配一个存储空间*/
    exit(-1);
    (*top)->next = NULL;              /*将链栈的头结点指针域置为空*/
}
```

(2) 判断链栈是否为空。判断链栈是否为空就是看链栈的头结点指针域是否为空，即 top->next==NULL。代码如下：

```
int StackEmpty(LinkStack top)
/*判断链栈是否为空，就是通过判断头结点的指针域是否为空*/
{
    if(top->next == NULL)            /*当链栈为空时*/
        return 1;                    /*返回1 */
    else                             /*否则*/
        return 0;                    /*返回0 */
}
```

(3) 进栈操作。进栈操作就是将元素 e 插入到链栈的栈顶，如进栈成功则返回 1。进栈操作就是要将新结点插入到链表的第一个结点之前，将新结点插入到链表中分为两个步骤：①p->next=top->next；②top->next=p。进栈操作如图 4.8 所示。

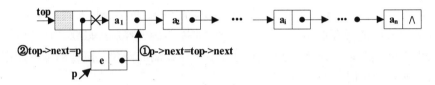

图 4.8　进栈操作

提示：　插入结点的操作不可以颠倒，即先进行 top->next=p 操作，后进行 p->next=top->next 操作是错误的。

进栈操作的实现代码如下：

```
int PushStack(LinkStack top, DataType e)
 /*进栈操作就是要在链表的第一个结点前插入一个新结点，进栈成功返回1 */
{
    LStackNode *p; /*定义指向第 i 个元素的前驱结点指针 pre，指针 p 指向新生成的结点*/
    if((p=(LStackNode*)malloc(sizeof(LStackNode))) == NULL)
    {
        printf("内存分配失败!");
        exit(-1);
    }
    p->data = e;            /*指针 p 指向头结点*/
    p->next = top->next;
    top->next = p;
    return 1;
}
```

(4) 出栈操作。出栈操作就是将单链表中的第一个结点删除，并将结点的元素赋值给 e，并释放结点空间。如出栈成功则返回 1，否则返回 0。在元素出栈前，要判断栈是否为空。

出栈操作如图 4.9 所示。

图 4.9 出栈操作

出栈操作的算法实现代码如下：

```
int PopStack(LinkStack top, DataType *e)
  /*删除单链表中第 i 个位置的结点。删除成功返回 1，失败返回 0 */
{
    LStackNode *p;
    p = top->next;
    if(!p)                          /*判断链栈是否为空*/
    {
        printf("栈已空");
        return 0;
    }
    top->next = p->next;            /*将栈顶结点与链表断开，即出栈*/
    *e = p->data;                   /*将出栈元素赋值给 e */
    free(p);                        /*释放 p 指向的结点*/
    return 1;
}
```

（5）取栈顶元素操作。取栈顶元素就是将栈顶元素取出赋值给 e，取栈顶元素如成功则返回 1，否则返回 0。在取栈顶元素前，要判断链栈是否为空。代码如下：

```
void GetTop(LinkStack top, DataType *e)
  /*取栈顶元素。取栈顶元素如成功则返回 1，否则返回 0 */
{
    LStackNode *p;
    p = top->next;                  /*指针 p 指向栈顶结点*/
    if(!p)
    {
        printf("栈已空");
        return 0;
    }
    *e = p->data;                   /*将 p 指向的结点元素赋值给 e */
    return 1;
}
```

（6）求表长操作。求表长操作就是将链栈的元素个数返回。要求链栈中的元素个数，必须从栈顶指针即从链表的头指针开始，通过指针域找到下一个结点，并使用变量计数，直到栈底为止，求表长的时间复杂度为 O(n)。代码如下：

```
int StackLength(LinkStack top)
  /*求表长操作。依次从栈顶指针开始，通过结点的指针域访问每一个结点，并计数，
    返回表的长度值*/
{
```

```
    LStackNode *p;
    int count = 0;                        /*定义一个计数器，并初始化为 0 */
    p = top;                              /* p 指向栈顶指针*/
    while(p->next != NULL)                /*如果栈中还有结点*/
    {
        p = p->next;                     /*依次访问栈中的结点*/
        count++                          /*每次找到一个结点，计数器累加 1 */
    }
    return count;                        /*返回栈的长度*/
}
```

（7）销毁链栈操作。链栈的结点空间是动态申请的，在程序结束时要将这些结点空间释放。链栈的结点空间可通过 free 函数释放。代码如下：

```
void DestroyStack(LinkStack top)    /*销毁链栈*/
{
    LStackNode *p, *q;
    p = top;
    while(!p)                           /*如果栈还有结点*/
    {
        q = p;                          /* q 就是要释放的结点*/
        p = p->next;                    /* p 指向下一个结点，即下一次要释放的结点*/
        free(q);                        /*释放 q 指向的结点空间*/
    }
}
```

4.4.3 链栈的应用

例 4-3 利用链栈的基本运算，通过输入将字符进栈，然后输出其出栈序列。

分析：主要考察链栈的基本运算的应用。需要注意的是调用链栈基本运算的方式，在初始化栈时传递的参数是栈顶指针的地址，因为初始化时要对栈顶指针修改并带回。链栈的程序实现如下所示：

```
/*包含头文件*/
#include <stdio.h>
#include <stdlib.h>
#include <string.h>
/*数据类型定义和包含链栈的基本操作实现*/
typedef char DataType;
#include "LinkStack.h"
void main()
{
    LinkStack S;
    LStackNode *s;
    DataType ch[50], e, *p;
    InitStack(&S);                      /*初始化链栈*/
    printf("请输入进栈的字符：\n");
    gets(ch);                           /*接受输入的字符串*/
    p = &ch[0];
```

```
    while(*p)                    /*将输入的字符依次进栈*/
    {
        PushStack(S,*p);
        p++;
    }
    printf("当前栈顶的元素是: ");
    if(GetTop(S,&e) == 0)
    {
        printf("栈已空! ");
        return;
    }
    else
        printf("%4c\n", e);        /*将栈顶元素输出*/
    printf("当前栈中的元素个数是: %d\n", StackLength(S));
    printf("元素出栈的序列是: ");
    while(!StackEmpty(S))          /*将栈中的元素全部出栈*/
    {
        PopStack(S, &e);
        printf("%4c", e);
    }
    printf("\n");
}
```

程序运行结果如图 4.10 所示。

图 4.10 链栈操作的程序运行结果

4.5 栈的应用举例

由于栈结构的后进先出的特性，使它成为一种重要的数据结构，它在计算机中的应用也非常广泛。在程序的编译和运行过程中，需要利用栈对程序的语法进行检查，如括号的配对、表达式求值和函数的递归调用。本节就来介绍几个有关栈的典型应用。

4.5.1 数制转换

如果将十进制数 N 转换为 x 进制数，需要用辗转相除法执行以下步骤。

(1) 将 N 除以 x，取其余数。

(2) 判断商是否为零，如果为零，结束程序；否则，将商送 N，转步骤 1 继续执行。

上述计算得到余数序列就是要求的 x 进制转换的各位数字。但是，所得到的 x 进制数

跟我学数据结构

是从低位到高位产生的，第一次得到的余数是 x 进制数的最低位，最后一次得到的余数是 x 进制数的最高位。所得到的位序正好与 x 进制数的位序相反，因此利用栈的后进先出特性，先把得到的余数序列放入栈保存，最后依次出栈，得到正常位序的 x 进制数字序列。

如果要将十进制转换为八进制，则数制转换算法描述如下：

```
void Conversion(int N)
  /*利用栈定义和栈的基本操作实现十进制转换为八进制。利用辗转相除法依次得到余数，
   并将余数进栈，利用栈的后进先出的思想，最后出栈得到八进制序列*/
{
    SeqStack S;                  /*定义一个栈*/
    int x;                       /* x用来保存每一次得到的余数*/
    InitStack(&S);               /*初始化栈*/
    while(N > 0)
    {
        x = N%8;                 /*将余数存入 x 中*/
        PushStack(&x);           /*余数进栈*/
        N /= 8;                  /*辗转相除，将得到的商赋值给 N，作为新的被除数*/
    }
    while(!StackEmpty(S))        /*如果栈不空，将栈中元素依次出栈*/
    {
        PopStack(&S, &x);
        printf("d", x);          /*输出八进制数*/
    }
}
```

进行算法描述不是必须用栈的定义类型和基本算法实现，为了方便，采用顺序存储结构的算法描述可以直接利用数组实现，采用链式存储结构的算法可以直接用链表实现。如果要利用栈描述算法，无论采用的方法是什么，都要体现出栈的后进先出的特性。

下面是直接利用数组实现的数制转换算法：

```
void Conversion(int N)          /*直接利用数组实现十进制转换为八进制*/
{
    int stack[M], top;          /*定义一个数组作为栈，top 作为栈顶指针*/
    top = 0;                    /*初始时，栈顶指针为 0 */
    do
    {
        stack[top] = N%8;       /*将余数进栈*/
        top++;                  /*修改栈顶指针*/
        N /= 8;                 /*得到新的被除数*/
    } while(N != 0);
    while(top > 0)              /*如果栈不空，依次将栈中元素出栈，并输出*/
    {
        top--;                  /*元素出栈*/
        printf("%d", stack[top]);   /*输出栈顶元素*/
    }
}
```

下面是直接利用链表实现的数制转换算法：

```
void Conversion(int N)          /*直接利用链表实现十进制转换为八进制*/
{
```

```
LStackNode *p, top=NULL; /*定义指向结点的指针和栈顶指针 top, 并初始化栈为空*/
do
{
    p = (LStackNode*)malloc(sizeof(LStackNode));    /*动态生成新结点*/
    p->data = N%8;          /*将余数送入新结点的数据域*/
    p->next = top;          /*将新结点插入到原栈顶结点之前, 使其成为新的栈顶*/
    top = p;                /*栈顶指针指向刚插入链表的结点, 成为栈顶*/
    N = N/8;
} while(N != 0);
while(top != NULL)          /*如果栈不空*/
{
    p = top;                /* p指向栈顶*/
    printf("%d", p->data);  /*输出栈顶元素*/
    top = top->next;        /*栈顶结点元素出栈*/
    free(p);                /*释放栈顶结点*/
}
}
```

4.5.2 括号配对

假设表达式中允许包含三种类型的括号：圆括号()、方括号[]和花括号{}。其嵌套的顺序任意，即([]{})和[{()[]}]均为正确的格式，[(])、[()}和()}均为不正确的格式。例如，有括号序列如图 4.11 所示。

$$\{\ [\ (\ )\ (\ )\ ]\ \}$$
$$1\ 2\ 3\ 4\ 5\ 6\ 7\ 8$$

图 4.11 括号序列

在图 4.11 中，计算机接受的第 1 个括号是 "{"，它期待着与第 8 个括号 "}" 配对，然而第 2 个出现的括号是 "["，此时最希望出现的变成是 "]" 与之配对，但是第 3 个出现的是 "("，最期待的括号又变为 ")"，在第 4 个括号 ")" 出现之后，第 3 个括号的期望得到满足，第 2 个括号的期望成为当前最急需解决的问题。然而，第 5 个出现的括号是 "("，那么现在第 5 个括号的期望又成为首要解决的问题，……，依次类推下去，直到第 1 个括号的期望得到满足，等待的第 8 个括号 "}" 出现，问题最终得到解决，说明这个括号序列是配对的。

括号配对的处理过程符合栈的后进先出的特点。因此，解决括号配对问题可以设置一个栈，将括号序列读入。如果读入的是左括号，则进栈；若是右括号，则与栈顶的括号进行比较，是否配对，如果配对，则栈顶的括号出栈。如果栈不空，并且此时的括号不配对，则说明整个括号序列不配对。在括号序列读入完毕，且栈为空时，说明整个括号序列是配对的。

例 4-4 假设一个数学算式中包括圆括号()、方括号[]和花括号{}三种类型，编写一个算法判断表达式的括号是否配对。

分析：检验括号是否配对可以设置一个栈，每读入一个括号，如果是左括号，则直接进栈，如果读入的是右括号，并且与当前栈顶的左括号是同类型的，则说明括号是配对的，将栈顶的左括号出栈，否则是不配对。如果输入序列已经读完，而栈中仍然有等待配对的左括号，则该括号不配对。如果读入的是一个右括号，而栈已经空，则括号也不配对。如果读入的是数字字符，则不进行处理，直接读入下一个字符。当输入序列和栈同时变为空时，说明括号完全配对。

程序实现代码如下所示：

```c
/*包含头文件*/
#include <stdio.h>
#include <malloc.h>
#include <stdlib.h>
#include "string.h"
/*宏定义和链栈类型定义*/
typedef char DataType;
#include "LinkStack.h"                    /*包含链栈实现文件*/
int Match(DataType e, DataType ch);       /*检验括号是否配对的函数*/
void main()
{
    LinkStack S;
    char *p;
    DataType e;
    DataType ch[60];
    InitStack(&S);                        /*初始化链栈*/
    printf("请输入带括号的表达式('{}','[]','()').\n");
    gets(ch);
    p = ch;                               /* p指向输入的括号表达式*/
    while(*p)                             /*判断p指向的字符是否是字符串结束标记*/
    {
        switch(*p)
        {
        case '(':
        case '[':
        case '{':
            PushStack(S, *p++);           /*如果是左括号，将括号进栈*/
            break;
        case ')':
        case ']':
        case '}':
            if(StackEmpty(S))             /*如果是右括号且栈已空，说明不配对*/
            {
                printf("缺少左括号.\n");
                return;
            }
            else
            {
                GetTop(S, &e);      /*如果栈不空，读入的是右括号，则取出栈顶的括号*/
                if(Match(e, *p))    /*将栈顶的括号与读入的右括号进行比较*/
                    PopStack(S, &e);
                    /*如果栈顶括号与读入的右括号配对，则将栈顶的括号出栈*/
```

```
                else   /*如果栈顶括号与读入的括号不配对，则说明此括号序列不配对*/
                {
                    printf("左右括号不配对.\n");
                    return;
                }
            }
        default:       /*如果是其他字符，则不处理，直接将 p 指向下一个字符*/
            p++;
        }
    }
    if(StackEmpty(S))    /*如果字符序列读入完毕，且栈已空，说明括号序列配对*/
        printf("括号匹配.\n");
    else
        printf("缺少右括号.\n");
        /*如果字符序列读入完毕，且栈不空，说明括号序列不配对*/
}
int Match(DataType e, DataType ch)
 /*判断左右两个括号是否是同类型的括号，如果同类型则返回1，否则返回0 */
{
    if(e=='(' && ch==')')
        return 1;
    else if(e=='[' && ch==']')
        return 1;
    else if(e=='{' && ch=='}')
        return 1;
    else
        return 0;
}
```

程序的运行结果如图 4.12 所示。

图 4.12　括号配对程序的运行结果

4.5.3　行编辑程序

一个简单的行编辑程序的功能是：将用户输入的字符序列存入数据区，由于用户进行输入时有可能会出现错误，因此，在编辑程序中，每接受一个字符，即存入数据区的做法显然是不合适的。一个比较好的做法是，设立一个输入缓冲区，用来接受用户输入的一行字符，然后逐行存入数据区。如果用户输入出现错误，在发现输入有误时及时更正。例如，当用户发现刚刚键入的一个字符是错误的时候，可以输入一个字符#，表示前一个字符无效。如果发现当前键入的行内差错较多时，则可以输入一个字符@，表示当前行中的字符均无效。例如，假设从终端接收了这样一行字符：

Welcom@Hele#le Mrs#. Wang,Wl#elcome tt#o Bee#i Jing

经过行编辑处理之后，实际输出的是：

```
Helle Mr. Wang,Welcome to Bei Jing
```

为了处理错误的输入，可以设置一个栈，当读入一个字符时，如果这个字符不是#或@，将该字符进栈。如果读入的字符是#，将栈顶的字符出栈。如果读入的字符是@，则将栈清空。

例 4-5 试利用栈的基本操作编写一个行编辑程序，当前一个字符有误时，输入#消除。当前面一行有误时，输入@消除当前行的字符序列。

分析：主要利用栈的后进先出特性，更正行编辑程序的字符序列错误输入。算法思想是：逐个检查输入的字符序列，如果当前的字符不是#和@，则将该字符进栈。如果是字符#，将栈顶的字符出栈。如果当前字符是@，则清空栈。

行编辑程序的实现代码如下所示：

```c
/*包含头文件*/
#include <stdio.h>
#include <malloc.h>
#include <stdlib.h>
#include "string.h"
/*宏定义和链栈类型定义*/
typedef char DataType;
#include "SeqStack.h"                    /*包含链栈实现文件*/
void LineEdit();
void main()
{
    LineEdit();
}
void LineEdit()    /*行编辑程序*/
{
    SeqStack S;
    char ch;
    DataType e;
    DataType a[50];
    int i, j=0;
    InitStack(&S);
    printf("输入字符序列(#表示前一个字符无效，@表示当前行字符无效).\n");
    ch = getchar();
    while(ch != '\n')
    {
        switch(ch)
        {
        case '#':              /*如果当前输入字符是'#'，且栈不空，则将栈顶字符出栈*/
            if(!StackEmpty(S))
                PopStack(&S, &ch);
            break;
        case '@':              /*如果当前输入字符是'@'，则将栈清空*/
            ClearStack(&S);
            break;
        default:               /*如果当前输入字符不是'#'和'@'，则将字符进栈*/
```

```
        PushStack(&S, ch);
    }
    ch = getchar();        /*读入下一个字符*/
}
while(!StackEmpty(S))
{
    PopStack(&S, &e);      /*将字符出栈，并存入数组 a 中*/
    a[j++] = e;
}
for(i=j-1; i>=0; i--)      /*输出正确的字符序列*/
    printf("%c", a[i]);
printf("\n");
ClearStack(&S);
}
```

行编辑程序的运行结果如图 4.13 所示。

图 4.13　行编辑程序的运行结果

4.6　栈与递归的实现

栈的"后进先出"思想还体现在函数的递归调用中。递归也许正是读者在学习 C 语言时比较疑惑的地方，本节就来揭开这个谜底，帮助大家分析一下栈与递归调用、递归利用栈的实现过程、递归与非递归的转换。

4.6.1　递归

递归是指在函数的定义中出现了对自身的调用。如果一个函数在函数体中直接调用自己，就称为直接递归函数。如果函数经过一系列的中间调用，间接地调用了自己，就称为间接递归调用函数。

1. 递归函数

递归在程序设计中常常出现，在现实生活中，许多问题具有递归的特性。

例如 n 的阶乘，一个递归定义如下：

$$fact(n)\begin{cases}1 & \text{当} n=0 \text{时}\\ n\times fact(n-1) & \text{当} n>0 \text{时}\end{cases}$$

上面 n 的阶乘函数可以用 C 语言描述如下：

```
int fact(int n)
{
    if(n == 1)
        return 1;
    else
        return n*fact(n-1);
}
```

又如 Ackermann 函数定义如下：

$$Ack(m,n) \begin{cases} n+1 & \text{当}m=0 \\ Ack(m-1,1) & \text{当}m\neq0,n=0 \\ Ack(m-1,Ack(m,n-1)) & \text{当}m\neq0,n\neq0 \end{cases}$$

上面的 Ackerman 函数可以用 C 语言描述如下：

```
int Ack(int m, int n)
{
    if(m == 0)
        return n+1;
    else if(n == 0)
        return Ack(m-1, 1);
    else
        return Ack(m-1, Ack(m, n-1));
}
```

2. 递归调用过程

递归问题可以分解成规模小但性质相同的问题加以解决。以后要学习的广义表、二叉树等都具有递归的性质，它们的操作可以用递归实现。下面以著名的汉诺塔问题为例来说明递归具有的结构特征。

n 阶汉诺塔问题：假设有三个塔座 X、Y、Z，在塔座 X 上放置有 n 个直径大小各不相同、从小到大编号为 1，2，...，n 的圆盘，如图 4.14 所示。

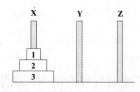

图 4.14　3 阶汉诺塔初始状态

要求将 X 轴上的 n 个圆盘移动到塔座 Z 上，并要求按照同样的叠放顺序排列，圆盘移动时必须遵循以下规则。

(1)　每次只能移动一个圆盘。

(2)　圆盘可以放置在 X、Y 和 Z 中的任何一个塔座上。

(3)　任何时候都不能将一个较大的圆盘放在较小的圆盘上。

如何实现将放在 X 上的圆盘按照规则移动到 Z 上呢？当 n=1 时，问题比较简单，直接将编号为 1 的圆盘从塔座 X 移动到 Z 上即可。当 n>1 时，需要利用塔座 Y 作为辅助塔座，如果能将放置在编号为 n 之上的 n-1 个圆盘从塔座 X 上移动到 Y 上，则可以先将编号为 n

的圆盘从塔座 X 移动到 Z 上,然后将塔座 Y 上的 n-1 个圆盘移动到塔座 Z 上。而如何将 n-1 个圆盘从一个塔座移动到另一个塔座又成为与原问题类似的问题,只是规模减小了 1,因此可以用同样的方法解决。这是一个递归的问题,汉诺塔的算法描述如下:

```
void Hanoi(int n, char x, char y, char z)
{
   if(n == 1)
      Move(x, 1, z);          /*将编号为 1 的圆盘从 X 移动到 Z */
   else
   {
      Hanoi(n-1, x, z, y); /*将编号为 1 到 n-1 的圆盘从 X 移动到 Y,Z 作为辅助塔座*/
      Move(x, n, z);          /*将编号为 n 的圆盘从 X 移动到 Z */
      Hanoi(n-1, y, x, z); /*将编号为 1 到 n-1 的圆盘从 Y 移动到 Z,X 作为辅助塔座*/
   }
}
```

下面以 n=3,观察一下汉诺塔递归调用的具体过程。在函数体中,经历 3 个过程移动圆盘。第一个过程,将编号为 1 和 2 的圆盘从塔座 X 移动到 Y;第二个过程,将编号为 3 的圆盘从塔座 X 移动到 Z;第三个过程,将编号为 1 和 2 的圆盘从塔座 Y 移动到 Z。递归调用过程如图 4.15 所示。

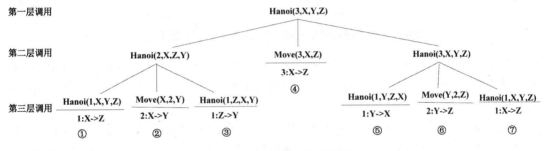

图 4.15　汉诺塔递归调用过程

第一个过程,通过调用 Hanoi(2, x, z, y)实现。Hanoi(2, x, z, y)又调用自己,完成将编号为 1 的圆盘从塔座 X 移动到 Z,编号为 2 的圆盘从塔座 X 移动到 Y,编号为 1 的圆盘从塔座 Z 移动到 Y,如图 4.16 和图 4.17 所示。

第二个过程完成编号为 3 的圆盘从塔座 X 移动到 Z,如图 4.18 所示。

第三个过程通过调用 Hanoi(2, y, x, z)实现圆盘移动。通过再次递归完成将编号为 1 的圆盘从塔座 Y 移动到 X,将编号为 2 的圆盘从塔座 Y 移动到 Z,将编号为 1 的圆盘从塔座 X 移动到 Z,如图 4.18 和图 4.19 所示。

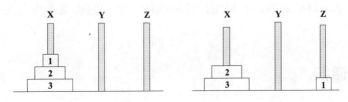

图 4.16　将编号为 1 的圆盘从塔座 X 移动到 Z

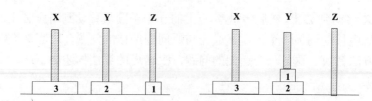

图 4.17　将编号为 2 的圆盘从塔座 X 移动到 Y，编号为 1 的圆盘从塔座 Z 移动到 Y

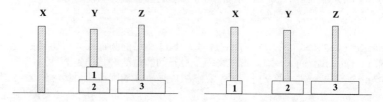

图 4.18　将编号为 3 的圆盘从塔座 X 移动到 Z，编号为 1 的圆盘从塔座 Y 移动到 X

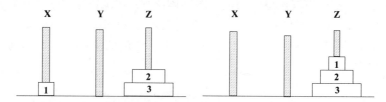

图 4.19　将编号为 2 的圆盘从塔座 Y 移动到 Z，编号为 1 的圆盘从塔座 X 移动到 Z

在递归调用过程中，运行被调用函数前系统要完成三件事情：①将所有参数和返回地址传递给被调用函数保存；②为被调用函数的局部变量分配存储空间；③将控制转到被调用函数的入口。

当被调用函数执行完毕后，返回到调用函数之前，系统同样需要完成三个任务：①保存被调用函数的执行结果；②释放被调用函数的数据存储区；③将控制转到调用函数的返回地址处。

在多层嵌套调用时，递归调用过程的原则是后调用的先返回，因此，递归调用是通过栈实现的。函数递归调用过程中，在递归结束前，每调用一次，就进入下一层。当一层递归调用结束时，返回到上一层。

为了保证递归调用的正确执行，系统设置了一个工作栈作为递归函数运行期间使用的数据存储区。每一层递归包括实在参数、局部变量及上一层的返回地址等，构成一个工作记录。每进入下一层，就产生一个新的工作栈记录被压入栈顶。每返回到上一层，就从栈顶弹出一个工作记录。因此，当前层的工作记录是栈顶工作记录，被称为活动记录。递归过程产生的栈由系统自动管理，类似用户使用的栈。递归的实现本质上就是把嵌套调用变成栈实现。

4.6.2　消除递归

用递归编制的算法具有结构清晰、易读，容易实现并且递归算法的正确性很容易得到证明。但是，递归算法的执行效率比较低，因为递归需要反复入栈，时间和空间开销大。

递归的算法也完全可以转换为非递归实现，这就是递归的消除。消除递归的方法有两种，一种是对于简单的递归可以直接用迭代，通过循环结构就可以消除；另一种方法是利用栈的方式实现。例如，n 的阶乘就是一个简单的递归，直接利用迭代就可以消除递归。n 的阶乘的非递归实现如下所示：

```
int fact(int n)
{
    int f, i;
    f = 1;
    for(i=1; i<=n; i++)
        f = f*i;
    return f;
}
```

当然，n 的阶乘的递归算法也可以转换为利用栈实现的非递归算法。当 n=3 时，递归调用过程如图 4.20 所示。递归函数调用，参数进栈情况如图 4.21 所示。当 n=1 时，递归调用开始逐层返回，参数出栈情况如图 4.22 所示。

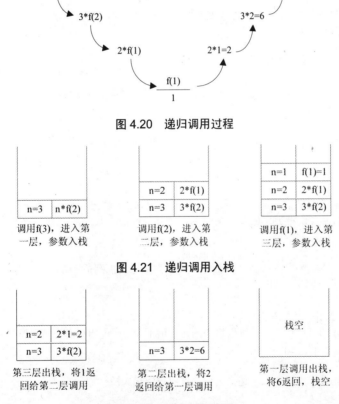

图 4.20 递归调用过程

图 4.21 递归调用入栈

图 4.22 递归调用出栈

利用栈模拟递归的过程可以通过以下步骤来实现。

(1) 设置一个工作栈，用于保存递归工作记录，包括实在参数、返回地址等。

(2) 将调用函数传递过来的参数和返回地址入栈。

(3) 利用循环模拟递归分解过程，逐层将递归过程的参数和返回地址入栈。当满足递归结束条件时，依次逐层退栈，并将结果返回给上一层，直到栈空为止。

例 4-6 编写 n 的阶乘的递归算法与利用栈结构的非递归实现算法。

n 的阶乘递归与非递归实现程序如下所示：

```c
/*包含头文件*/
#include <stdio.h>
#define MAXSIZE 100
/*递归与非递归函数声明*/
int fact1(int n);
int fact2(int n);
void main()
{
    int f, n;
    printf("请输入一个正整数(n<15): ");
    scanf("%d", &n);
    printf("递归实现 n 的阶乘:");
    f = fact1(n);
    printf("n!=%4d\n", f);
    f = fact2(n);
    printf("利用栈非递归实现 n 的阶乘:");
    printf("n!=%4d\n", f);
}
int fact1(int n)    /* n 的阶乘递归实现*/
{
    if(n==1)                 /*递归函数出口。当 n=1 时，开始返回到上一层*/
        return 1;
    else
        return n*fact1(n-1);  /*把一个规模为 n 的问题转化为 n-1 的问题*/
}
int fact2(int n)    /* n 的阶乘非递归实现*/
{
    int s[MAXSIZE][2], top=-1;  /*定义一个二维数组，并将栈顶指针置为-1 */
    /*栈顶指针加 1，将工作记录入栈*/
    top++;
    s[top][0] = n;              /*记录每一层的参数*/
    s[top][1] = 0;              /*记录每一层的结果返回值*/
    do
    {
        if(s[top][0]==1)
            /*递归出口，当第一维数组中的元素值不为 0，说明已经有结果返回*/
            s[top][1] = 1;
        if(s[top][0]>1 && s[top][1]==0)
            /*通过栈模拟递归的递推过程，将问题依次入栈*/
        {
            top++;
            s[top][0] = s[top][0]-1;
            s[top][1] = 0;              /*将结果置为 0，还没有返回结果*/
        }
        if(s[top][1] != 0)             /*模拟递归的返回过程，将每一层调用的结果返回*/
```

```
    {
        s[top-1][1] = s[top][1]*s[top-1][0];
        top--;
    }
} while(top > 0);
return s[0][1];
}
```

程序运行结果如图 4.23 所示。

图 4.23 n 的阶乘程序运行结果

例 4-7 编写 n 阶汉诺塔的递归与非递归实现的算法。非递归算法要求利用栈来实现。

分析：非递归 n 阶汉诺塔的实现要求保存每一层递归调用的工作记录，可以利用栈实现，因此要定义一个栈结构。栈结构定义如下：

```
typedef struct
{
    char x;
    char y;
    char z;
    int flag;
    int num;
} Stack;
```

其中，x、y、z 表示三个塔座。flag 是一个标志，flag 为 1 时表示需要将大问题分解，为 0 时表示问题已经变成最小的问题，可以直接移动圆盘。num 表示当前的圆盘数。

汉诺塔的递归与非递归实现如下所示：

```
/*包含头文件*/
#include <stdio.h>
#define MAXSIZE 60
/*函数声明*/
void Hanoi1(int n, char x, char y, char z);
void Hanoi2(int n, char x, char y, char z);
void PrintHanoi(int no, char from, char to);
/*栈的结构体定义*/
typedef struct
{
    char x;
    char y;
    char z;
    int flag;
    int num;
} Stack;
```

```
void main()
{
    int n;
    int i = 1;
    printf("请输入移动圆盘的个数:\n");
    scanf("%d", &n);
    printf("汉诺塔的递归实现:\n");
    Hanoi1(n, 'X', 'Y', 'Z');
    printf("汉诺塔的非递归实现:\n");
    Hanoi2(n, 'X', 'Y', 'Z');
}
void Hanoi1(int n, char x, char y, char z)   /*汉诺塔递归实现*/
{
    if(n == 1)                        /*递归出口*/
        PrintHanoi(n, x, z);
    else
    {
        Hanoi1(n-1,x,z,y);/*将编号为 1~n-1 的圆盘从塔座 x 移动到 y,z 作为辅助塔座*/
        PrintHanoi(n,x,z);/*将编号为 n 的圆盘从 x 移动到 z */
        Hanoi1(n-1,y,x,z);/*将编号为 1~n-1 的圆盘从塔座 y 移动到 z,x 作为辅助塔座*/
    }
}
void Hanoi2(int n, char x, char y, char z)
    /*汉诺塔的非递归实现,利用栈进行模拟*/
{
    int top=1, x1, y1, z1, m;
    Stack s[MAXSIZE];
    /*初值入栈*/
    s[top].num = n;
    s[top].flag = 1;
    s[top].x = x;
    s[top].y = y;
    s[top].z = z;
    while(top > 0)
    {
        if(s[top].flag == 1)
        {
            /*退栈 hanoi(n, x, y, z),相当于在递归函数中将实参传递给形参*/
            m = s[top].num;
            x1 = s[top].x;
            y1 = s[top].y;
            z1 = s[top].z;
            top--;
            /*将 hanoi(n-1, x, z, y)入栈,相当于在递归函数中的第一个递归调用函数,
                将编号为 1~n-1 的圆盘从塔座 x 移动到 y, z 作为辅助塔座*/
            top++;
            s[top].num = m-1;
            s[top].flag = 1;
            s[top].x = y1;
            s[top].y = x1;
            s[top].z = z1;
```

```
        /*将第 n 个圆盘从 x 移动到 z */
        top++;
        s[top].num = m;
        s[top].flag = 0;
        s[top].x = x1;
        s[top].y = z1;
        /*将 hanoi(n-1, y, x, z)入栈，相当于在递归函数中的第一个递归调用函数，
          将编号为 1~n-1 的圆盘从塔座 y 移动到 z，x 作为辅助塔座*/
        top++;
        s[top].num = m-1;
        s[top].flag = 1;
        s[top].x = x1;
        s[top].y = z1;
        s[top].z = y1;
    }
    while(top>0 && (s[top].flag==0 || s[top].num==1))
    {
        if(top>0 && s[top].flag==0)   /*将第 n 个圆盘从 x 移动到 z，并退栈*/
        {
            PrintHanoi(s[top].num, s[top].x, s[top].y);
            top--;
        }
        if(top>0 && s[top].num==1)    /*将第 1 个圆盘从 x 移动到 z，并退栈*/
        {
            PrintHanoi(s[top].num, s[top].x, s[top].z);
            top--;
        }
    }
}
void PrintHanoi(int no, char from, char to)   /*打印汉诺塔的圆盘移动过程*/
{
    printf("将第%d 个圆盘从塔座%c 移动到%c\n", no, from, to);
}
```

程序的运行结果如图 4.24 所示。

图 4.24　汉诺塔递归与非递归程序的运行结果

4.7　栈的应用举例

表达式计算是编译系统中的基本问题，也是栈的一个典型应用。那么，计算机是如何来分析并计算表达式的值呢？在计算机的编译系统中，需要把人们便于理解的表达式翻译成计算机能够正确理解的表示序列，然后再计算表达式的值。而表达式的转化就需要用到我们学过的栈的知识了。

4.7.1　表达式的转换与运算

一个表达式是由操作数、运算符和分界符组成的。操作数可以是常数，也可以是变量；运算符可以是算术运算符、关系运算符和逻辑运算符；分界符包括左右括号和表达式的结束符等。为了将问题简化，本节仅讨论由加、减、乘、除四种运算符和左、右圆括号组成的算术表达式的运算。

1.　将中缀表达式转换为后缀表达式

例如，一个算术表达式为 a-(b+c*d)/e，这种算术表达式中的运算符总是出现在两个操作数之间，这种算术表达式被称为中缀表达。计算机编译系统在计算一个算术表达式之前，要将中缀表达式转换为后缀表达式，然后对后缀表达式进行计算。后缀表达式就是算术运算符出现在操作数之后，并且不含括号。

要将一个算术表达式的中缀形式转化为相应的后缀形式，首先要了解算术四则运算的规则。算术四则运算的规则如下：①先计算乘除，后计算加减；②先计算括号内的表达式，后计算括号外的表达式；③同级别的运算从左到右进行。

上面的算术表达式转换为后缀表达式为 abcd*+e/-。这样，将中缀表达式转换后的后缀表达式具有以下两个特点：

●　后缀表达式与中缀表达式的操作数出现顺序相同，只是运算符先后顺序改变了。

●　后缀表达式不出现括号。

正是由于后缀表达式具有以上特点，所以，编译系统在处理时不必考虑运算符的优先关系。只要从左到右依次扫描后缀表达式的各个字符，当读到一个字符为运算符时，对运算符前面的两个操作数利用该运算符运算，并将运算结果作为新的操作对象替换两个操作数和运算符，继续扫描后缀表达式，直到处理完毕。

综上所述，表达式的运算分为两个步骤：①将中缀表达式转换为后缀表达式；②依据后缀表达式计算表达式的值。

那么，如何将中缀表达式转换为后缀表达式呢？根据中缀表达式与后缀表达式中的操作数次序相同，只是运算符次序不同的特点，设置一个栈，用于存放运算符。依次读入表达式中的每个字符，如果是操作数，则直接输出。如果是运算符，则比较栈顶运算符与当前运算符的优先级，然后进行处理，直到整个表达式处理完毕。这里，约定#作为后缀表达式的结束标志，假设栈顶运算符为 e_1，当前扫描的运算符为 e_2。则中缀表达式转换为后缀表达式的算法实现如下。

(1) 初始化栈，将'#'入栈。

(2) 如果当前读入的字符是操作数，则将该操作数输出，并读入下一字符。

(3) 如果当前字符是运算符，记作 θ_2，则将 θ_2 与栈顶的运算符 θ_1 比较。如果栈顶的运算符 θ_1 优先级小于当前运算符 θ_2，则将当前运算符 θ_2 进栈；如果栈顶的运算符 θ_1 优先级大于当前运算符 θ_2，则将栈顶运算符 θ_1 出栈并将其作为后缀表达式输出。然后继续比较新的栈顶运算符 θ_1 与当前运算符 θ_2 的优先级，如果栈顶运算符 θ_1 的优先级与当前运算符 θ_2 相等，且 θ_1 为'('，θ_2 为')'，则将 θ_1 出栈，继续读入下一个字符。

(4) 如果当前运算符 θ_2 的优先级与栈顶运算符 θ_1 相等，且 θ_1 和 θ_2 都为'#'，将 θ_1 出栈，栈为空。则中缀表达式转换为后缀表达式，算法结束。

运算符优先关系表如表 4.1 所示。

表 4.1　运算符优先关系表

θ_1 \ θ_2	+	-	*	/	(	)	#
+	>	>	<	<	<	>	>
-	>	>	<	<	<	>	>
*	>	>	>	>	<	>	>
/	>	>	>	>	<	>	>
(	<	<	<	<	<	=	
)	>	>	>	>		>	>
#	<	<	<	<	<		=

中缀表达式 a-(b+c*d)/e#转换为后缀表达式的处理流程如图 4.25 所示。为了处理方便，在需要转换表达式的最后加一个'#'作为结束标记。

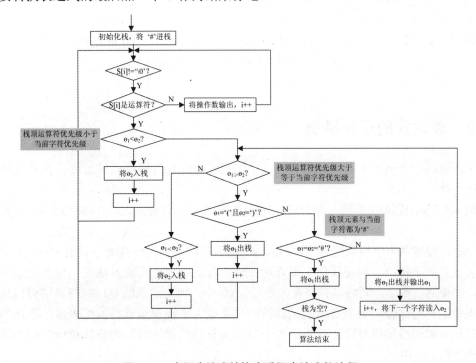

图 4.25　中缀表达式转换为后缀表达式的流程

其中，θ_1 为栈顶运算符，θ_2 为当前扫描的运算符。利用中缀表达式转换为后缀表达式的处理流程，中缀表达式 a-(b+c*d)/e 转换为后缀表达式的输出过程如表 4.2 所示。

表 4.2　中缀表达式 a-(b+c*d)/e 转换为后缀表达式的过程

步骤	中缀表达式	栈	输出后缀表达式	步骤	中缀表达式	栈	输出后缀表达式
1	a-(b+c*d)/e#	#		9	)/e#	#-(+*	abcd
2	-(b+c*d)/e#	#	a	10	/e#	#-(+	abcd*
3	(b+c*d)/e#	#-	a	11	/e#	#-(	abcd*+
4	b+c*d)/e#	#-(	a	12	/e#	#-	abcd*+
5	+c*d)/e#	#-(	ab	13	e#	#-/	abcd*+
6	c*d)/e#	#-(+	ab	14	#	#-/	abcd*+e
7	*d)/e#	#-(+	abc	15	#	#-	abcd*+e/
8	d)/e#	#-(+*	abc	16	#	#	abcd*+e/-

2．后缀表达式的计算

在将中缀表达式转换为后缀表达式后，还需要计算后缀表达式的值。要计算后缀表达式的值，需要设置两个栈：operator 和 operand。其中，operator 栈用于存放运算符，operand 用于存放操作数和中间运算结果。依次读入后缀表达式中的每个字符，如果是操作数，则让操作数进入 operand 栈。如果是运算符，则将操作数出栈两次，然后对操作数进行当前操作符的运算，直到整个表达式处理完毕。

后缀表达式的求值算法实现如下(假设栈顶运算符为 θ_1，当前扫描的运算符为 θ_2)。

(1)　初始化 operand 栈和 operator 栈。

(2)　如果当前读入的字符是操作数，则让该操作数进入 operand 栈。

(3)　如果当前字符是运算符 θ，则将 operand 栈退栈两次，分别得到操作数 x 和 y，对 x 和 y 进行 θ 运算，即 yθx，得到中间结果 z，让 z 进 operand 栈。

(4)　重复执行步骤(2)和(3)，直到 operand 栈和 operator 栈空为止。

4.7.2　表达式的运算举例

下面通过一个例子来说明算术表达式中缀形式转化为后缀形式的过程，并对后缀表达式进行运算。

例 4-8　利用栈将中缀表达式(5*(12-3)+4)/2 转换为后缀表达式，并将得到的后缀表达式求值。

分析：设置两个字符数组 str 和 exp，str 用于存放中缀表达式的字符串，exp 用于存放后缀表达式的字符串。利用栈将中缀表达式转换为后缀表达式的方法是：依次扫描中缀表达式，如果遇到数字，则将其直接存入数组 exp 中。如果遇到的是运算符，则将栈顶运算符与当前运算符比较，如果当前的运算符的优先级大于栈顶运算符的优先级，则让当前运算符进栈。如果栈顶运算符的优先级大于当前运算符的优先级，则将栈顶运算符出栈，并保存到数组 exp 中。

为了处理方便，在遇到数字字符时，需要在其后补一个空格，作为分割符。在计算后缀表达式值时，需要对两位数以上的字符进行处理，然后将处理后的数字入栈。算术表达式的运算程序如下所示：

```c
/*包含头文件*/
#include <stdio.h>
#include <string.h>
/*包含顺序栈基本操作实现函数*/
typedef char DataType;
#include "SeqStack.h"
#define MAXSIZE 50
/*操作数栈定义*/
typedef struct
{
    float data[MAXSIZE];
    int top;
} OpStack;
/*函数声明*/
void TranslateExpress(char s1[], char s2[]);
float ComputeExpress(char s[]);
void main()
{
    char a[MaxSize], b[MaxSize];
    float f;
    printf("请输入一个算术表达式：\n");
    gets(a);
    printf("中缀表达式为：%s\n", a);
    TranslateExpress(a, b);
    printf("后缀表达式为：%s\n", b);
    f = ComputeExpress(b);
    printf("计算结果：%f\n", f);
}
float ComputeExpress(char a[])    /*计算后缀表达式的值*/
{
    OpStack S;                    /*定义一个操作数栈*/
    int i=0, value;
    float x1, x2;
    float result;
    S.top = -1;              /*初始化栈*/
    while(a[i] != '\0')  /*依次扫描后缀表达式中的每个字符*/
    {
        if(a[i]!=' ' && a[i]>='0' && a[i]<='9')  /*如果当前字符是数字字符*/
        {
            value = 0;
            while(a[i] != ' ')  /*如果不是空格，说明数字字符是两位数以上的数字字符*/
            {
                value = 10*value+a[i]-'0';
                i++;
            }
            S.top++;
```

```
        S.data[S.top] = value;      /*处理之后将数字进栈*/
    }
    else                            /*如果当前字符是运算符*/
    {
        switch(a[i])
        /*将栈中的数字出栈两次，然后用当前的运算符进行运算，再将结果入栈*/
        {
        case '+':
            x1 = S.data[S.top];
            S.top--;
            x2 = S.data[S.top];
            S.top--;
            result = x1+x2;
            S.top++;
            S.data[S.top] = result;
            break;
        case '-':
            x1 = S.data[S.top];
            S.top--;
            x2 = S.data[S.top];
            S.top--;
            result = x2-x1;
            S.top++;
            S.data[S.top] = result;
            break;
        case '*':
            x1 = S.data[S.top];
            S.top--;
            x2 = S.data[S.top];
            S.top--;
            result = x1*x2;
            S.top++;
            S.data[S.top] = result;
            break;
        case '/':
            x1 = S.data[S.top];
            S.top--;
            x2 = S.data[S.top];
            S.top--;
            result = x2/x1;
            S.top++;
            S.data[S.top] = result;
            break;
        }
        i++;
    }
}
if(!S.top != -1)                    /*如果栈不空，将结果出栈，并返回*/
{
    result = S.data[S.top];
    S.top--;
```

```
            if(S.top == -1)
                return result;
            else
            {
                printf("表达式错误");
                exit(-1);
            }
        }
}
void TranslateExpress(char str[], char exp[])
    /*把中缀表达式转换为后缀表达式*/
{
    SeqStack S;                     /*定义一个栈，用于存放运算符*/
    char ch;
    DataType e;
    int i=0, j=0;
    InitStack(&S);
    ch = str[i];
    i++;
    while(ch != '\0')               /*依次扫描中缀表达式中的每个字符*/
    {
        switch(ch)
        {
        case'(': /*如果当前字符是左括号，则将其进栈*/
            PushStack(&S, ch);
            break;
        case')': /*如果是右括号，将栈中的操作数出栈，并将其存入数组 exp 中*/
            while(GetTop(S,&e) && e!='(')
            {
                PopStack(&S, &e);
                exp[j] = e;
                j++;
            }
            PopStack(&S, &e);        /*将左括号出栈*/
            break;
        case'+':
        case'-':
            /*如果遇到的是'+'和'-'，因为其优先级低于栈顶运算符的优先级，
              所以先将栈顶字符出栈，并将其存入数组 exp 中，然后将当前运算符进栈*/
            while(!StackEmpty(S) && GetTop(S,&e) && e!='(')
            {
                PopStack(&S, &e);
                exp[j] = e;
                j++;
            }
            PushStack(&S,ch);        /*当前运算符进栈*/
            break;
        case'*':
            /*如果遇到的是'*'和'/'，先将同级运算符出栈，并存入数组 exp 中，
              然后将当前的运算符进栈*/
        case'/':
```

```
        while(!StackEmpty(S) && GetTop(S,&e) && e=='/'||e=='*')
        {
            PopStack(&S, &e);
            exp[j] = e;
            j++;
        }
        PushStack(&S, ch);      /*当前运算符进栈*/
        break;
    case' ':                    /*如果遇到空格，忽略*/
        break;
    default:
        /*如果遇到的是操作数，则将操作数直接送入数组 exp 中，并在其后添加一个空格，
        用来分隔数字字符*/
        while(ch>='0' && ch<='9')
        {
            exp[j] = ch;
            j++;
            ch = str[i];
            i++;
        }
        i--;
        exp[j] = ' ';
        j++;
    }
    ch = str[i];                /*读入下一个字符，准备处理*/
    i++;
}
while(!StackEmpty(S))           /*将栈中所有剩余的运算符出栈，送入数组 exp 中*/
{
    PopStack(&S, &e);
    exp[j] = e;
    j++;
}
exp[j] = '\0';
}
```

程序运行结果如图 4.26 所示。

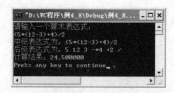

图 4.26　计算算术表达式的程序运行结果

4.8　小　　结

本章主要介绍了一种特殊的线性表——栈。

栈是一种只允许在线性表的一端进行插入和删除操作的线性表。其中，允许插入和删除的一端称为栈顶，另一端称为栈底。栈的数据集合与线性表的数据集合完全相同，栈的数据集合由 n 个数据类型相同的元素组成。栈的基本操作与线性表的基本操作类似。

栈也有两种存储方式：顺序存储和链式存储。采用顺序存储结构的栈称为顺序栈，采用链式存储结构的栈称为链栈。

栈的特点是后进先出，使栈能在程序设计、编译处理中得到有效的利用。例如，数制转换、括号匹配、表达式求值等问题都是利用栈的后进先出特性解决的。

在程序设计中，递归的实现也是系统借助栈的特性实现递归调用的过程。递归函数调用时，遵循"后调用先返回"的原则来处理递归调用过程。因此，可以利用栈模拟递归调用过程，可以设置一个栈，用于存储每一层递归调用的信息，每一层存储的信息称为一个工作记录，包括实在参数、局部变量及上一层的返回地址等。每进入一层，将工作记录压入栈顶。每退出一层，将栈顶的工作记录弹出。

递归算法将复杂问题分解为简单的问题，从而有利于问题的求解。但是递归算法运行效率低，由于程序执行过程中反复入栈、出栈，程序的时间和空间开销比较大。另外，有的高级语言不支持递归。因此，在有些情况下，需要消除递归，将递归程序转换为非递归。正是由于递归的调用过程是借助栈的工作原理实现的，因此，递归算法的实现都可以利用栈进行模拟，从而消除递归。

表达式求值是编译过程中的一个基本问题，是栈的一个典型应用。一个表达式是由操作数、运算符和分隔符组成的。人们熟悉的是算术表达式的中缀表达式，在编译系统中，需要将中缀表达式转换为后缀表达式，然后利用后缀表达式求值。在表达式的转换和表达式求值的过程中，都需要借助于栈来实现。

4.9 习　　题

(1) 建立一个顺序栈。从键盘上输入若干个字符，以回车键结束，实现元素的入栈操作。然后依次输出栈中的元素，实现出栈操作。要求顺序栈结构由栈顶指针、栈底指针和存放元素的数组构成。

提示：　主要考察顺序栈的基本操作。通过数组实现，在入栈操作时需要注意栈是否已满。

(2) 建立一个链栈。从键盘上输入若干个字符，以回车键结束，实现元素的入栈操作。然后依次输出栈中的元素，实现出栈操作。

提示：　主要考察链栈的基本操作。链栈由链表实现，入栈与出栈其实就是对链表进行插入与删除操作。

(3) Fibonacci 数列的序列为 0，1，1，2，3，5，8，13，21，...，其中自第 3 个元素起每个元素是前两个元素之和。其递归定义如下：

$$f(n)=\begin{cases} 1 & \text{当n=0，1时} \\ f(n-1)+f(n-2) & \text{当n>1时} \end{cases}$$

编写求该数列的第 N 个元素的递归与非递归的算法。

提示： 非递归算法主要考察栈的运用。栈的递归算法其实隐含使用了栈的"后进先出"的特性，这由系统来实现。要将递归转换为非递归算法，需要深入地理解这一点。

第5章 队列

队列和栈一样，也是一种特殊的线性结构。它们都是操作受限制的线性表，其特殊性在于限制线性表的插入和删除等操作的位置。队列在操作系统和事务管理等软件设计中应用广泛，如键盘输入缓冲区问题就是利用队列的思想实现的。本章主要学习队列的定义、队列的顺序存储和链式存储及其应用。

通过阅读本章，您可以：

- 了解队列的定义及抽象数据类型。
- 掌握队列的顺序表示与实现。
- 掌握队列的链式表示与实现。
- 掌握双端队列的定义及应用。
- 了解队列在实际生活中的应用。

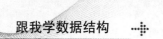

5.1 队列的定义

队列也是一种限定性线性表，允许在表的一端进行插入操作，在表的另一端进行删除操作。本节主要介绍队列的定义和队列的抽象数据类型。

5.1.1 队列的定义

队列(Queue)是一种特殊的线性表，它包含一个队头(front)和一个队尾(rear)。其中，队头只允许删除元素，队尾只允许插入元素。队列的特点是先进入队列的元素先出来，即先进先出(First In First Out，FIFO)。假设队列为 q=(a_1，a_2，…，a_i，…，a_n)，那么 a_1 就是队头元素，a_n 则是队尾元素。进入队列时，是按照 a_1，a_2，...，a_n 进入的，退出队列时也是按照这个顺序退出的。出队列时，只有当前面的元素都退出之后，后面的元素才能退出。因此，只有当 a_1，a_2，...，a_{n-1} 都退出队列以后，a_n 才能退出队列。图 5.1 就是一个队列的示意。

图 5.1 队列的示意

在日常生活中，人们排队买火车票排的队就是一个队列。新来买火车票的人到队尾排队，形成新的队尾，即入队，在队首的人买完票离开，即出队。在程序设计中也经常会遇到排队等待服务的问题。一个典型的例子就是操作系统中的多任务处理。在计算机系统中，同时有几个任务等待输出，那么就要按照请求输出的先后顺序进行输出。

5.1.2 队列的抽象数据类型

队列的抽象数据类型包括数据对象集合和基本操作集合。其中，数据对象集合定义了队列的数据元素及元素之间的关系，基本操作集合定义了在该数据对象上的一些基本操作。

1．数据对象集合

队列的数据对象集合为{a_1，a_2，...，a_n}，每个元素的类型均为 DataType。队列与栈一样，也是一种线性表，具有线性表的特点：除了第一个元素 a_1 外，每一个元素有且只有一个直接前驱元素，除了最后一个元素 a_n 外，每一个元素有且只有一个直接后继元素。数据元素之间的关系是一对一的关系。

2．基本操作集合

队列的基本操作主要有下面 6 种。

(1) InitQueue(&Q)：队列的初始化操作。这就像日常生活中，火车站售票处新增加了一个售票窗口，这样就可以新增一队用来排队买票。

初始条件：队列 Q 不存在。

操作结果：建立一个空队列 Q。

(2) QueueEmpty(Q)：判断队列为空。这就像日常生活中，火车窗口前是否还有人排队买票。

初始条件：队列 Q 已存在。

操作结果：若 Q 为空队列，返回 1，否则返回 0。

(3) EnQueue(&Q, e)：入队。这就像日常生活中，新来买票的人要在队列的最后一样。

初始条件：队列 Q 已存在。

操作结果：将元素 e 插入到 Q 的队尾。

(4) DeQueue(&Q, &e)：出队。这就像买过票的排在队头的人离开队列。

初始条件：队列 Q 已存在且非空。

操作结果：删除 Q 的队首元素，并用 e 返回其值。

(5) Gethead(Q, &e)：获取首元素。这就像询问排队买票的人是谁。

初始条件：队列 Q 已存在且非空。

操作结果：用 e 返回 Q 的队首元素。

(6) ClearQueue(&Q)：队列清空。这就像排队买票的人全部买完了票，离开队列。

初始条件：队列 Q 已存在。

操作结果：将 Q 清为空队列。

5.2　队列的顺序存储及实现

队列有两种存储表示：顺序存储和链式存储。采用顺序存储结构的队列被称为顺序队列，采用链式存储结构的队列被称为链式队列。

5.2.1　顺序队列的表示

顺序队列通常采用一维数组进行存储。其中，连续的存储单元依次存放队列中的元素。同时，使用两个指针分别表示数组中存放的第一个元素和最后一个元素的位置。其中，指向第一个元素的指针被称为队头指针 front，指向最后一个元素的位置的指针被称为队尾指针 rear。队列的表示如图 5.2 所示。

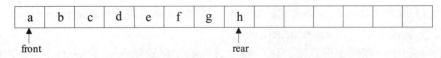

图 5.2　顺序队列

在图 5.2 中，队列中的元素存放在数组中，用队头指针 front 指向第一个元素 a，用队尾指针 rear 指向最后一个元素 h。

为了方便用 C 语言描述，我们约定：初始化建立空队列时，front=rear=0，队头指针 front 和队尾指针 rear 都指向队列的第一个位置，如图 5.3 所示。

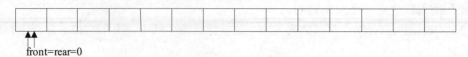

front=rear=0

图 5.3　顺序队列空队列指针操作

插入新的元素时，队尾指针 rear 增 1，空队列中插入 3 个元素 a，b，c 之后队头和队尾指针状态如图 5.4 所示。

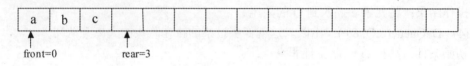

| a | b | c |

front=0　　　rear=3

图 5.4　顺序队列插入 3 个元素之后指针状况

删除元素时，队头指针 front 增 1，在删除 2 个元素 a、b 之后，队头和队尾指针状态如图 5.5 所示。队列为非空时，队头指针 front 指向队头元素的位置，队尾指针 rear 指向队尾元素所在位置的下一个位置。

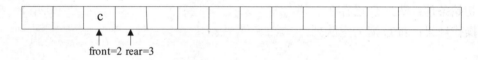

c

front=2 rear=3

图 5.5　顺序队列删除 2 个元素后的指针状况

顺序队列的类型定义如下：

```c
#define QUEUESIZE 60          /*队列的容量*/
typedef struct Squeue {
   DataType queue[QUEUESIZE];
   int front, rear;          /*队头指针和队尾指针*/
} SeqQueue;
```

顺序队列的定义为一个结构体类型，该类型变量有 3 个数据域：queue、front、rear。其中，queue 为存储队列中的一维数组，front 和 rear 分别表示队列中的队头指针和队尾指针，通过整型变量表示，取值范围为 0 ~ QUEUESIZE。

在队列中，队满指的是元素占据了队列中的所有存储空间，没有空闲的存储空间可以插入元素。队空指的是队列中没有一个元素，也叫空队列。

假设 Q 是一个队列，若不考虑队满，则入队操作语句为 Q.queue[rear++]=x；若不考虑队空，则出队操作语句为 x=Q.queue[front++]。

下面是顺序队列的实现算法。以下顺序队列的实现算法存放在 SeqQueue.h 文件中。

(1) 队列的初始化操作。队列的初始化就是要把队列初始化为空队列，只需要把队头指针和队尾指针同时置为 0 即可。队列的初始化实现代码如下：

```c
void InitQueue(SeqQueue *SQ)
  /*将顺序队列初始化为空队列只需要把队头指针和队尾指针同时置为 0 */
```

```
{
    SQ->front = SQ->rear = 0;    /*把队头指针和队尾指针同时置为 0 */
}
```

(2) 判断队列是否为空。队列是否为空的标志就是队头指针和队尾指针是否同时指向队列中的同一个位置，即队头指针和队尾指针是否相等。

判断队列是否为空的实现代码如下：

```
int QueueEmpty(SeqQueue SQ)
    /*判断队列是否为空，队列为空返回 1，否则返回 0 */
{
    if(SQ.front == SQ.rear)      /*判断队头指针和队尾指针是否相等*/
        return 1;                /*当队列为空时，返回 1；否则返回 0 */
    else
        return 0;
}
```

(3) 入队操作。入队操作就是要将元素插入到队列。在将元素插入到队列之前，首先要判断队列是否已满，因为队尾指针的最大值是 QueueSize，所以通过检查队尾指针 rear 是否等于 QueueSize 来判断队列是否已满。如果队列未满，则执行插入运算，然后队尾指针加 1，把队尾指针向后移动。入队操作的实现代码如下：

```
int EnQueue(SeqQueue *SQ, DataType e)
    /*将元素 e 插入到顺序队列 SQ 中，插入成功返回 1，否则返回 0 */
{
    if(SQ->rear == QUEUESIZE)    /*在插入新的元素之前，判断队列是否已满*/
        return 0;
    SQ->queue[SQ->rear] = x;     /*在队尾插入元素 x */
    SQ->rear = SQ->rear+1;       /*队尾指针向后移动一个位置*/
    return 1;
}
```

(4) 出队操作。出队操作就是将队列中的队首元素即队头指针指向的元素删除。在删除队首元素时，应首先通过队头指针和队尾指针是否相等判断队列是否已空。若队列非空，则删除队头元素，然后将队头指针向后移动，使其指向下一个元素。

出队操作的实现代码如下：

```
int DeQueue(SeqQueue *SQ, DataType *e)
    /*删除顺序队列中的队头元素，并将该元素赋值给 e，删除成功返回 1，否则返回 0 */
{
    if(SQ->front == SQ->rear)          /*在删除元素之前，判断队列是否为空*/
        return 0;
    else
    {
        *e = SQ->queue[SQ->front];     /*将要删除的元素赋值给 e */
        SQ->front = SQ->front+1;       /*将队头指针向后移动一个位置，指向新的队头*/
        return 1;
    }
}
```

例 5-1 编程实现顺序队列的入队操作和出队操作，并将出队结果输出。

分析：主要考察队列基本操作的使用。具体实现代码如下：

```c
#define QUEUESIZE 50              /*定义队列的最大容量*/
typedef char DataType;           /*定义队列元素的类型为字符类型*/
#include <stdio.h>               /*包含头文件，主要包含输入输出函数*/
typedef struct Squeue {          /*顺序队列类型定义*/
    DataType queue[QUEUESIZE];
    int front, rear;             /*队头指针和队尾指针*/
} SeqQueue;

#include "SeqQueue.h"            /*包含顺序队列的实现算法文件*/
void main()
{
    SeqQueue Q;
    char str[] = "ABCDEFGH";      /*定义将要插入队列的字符串*/
    int i, length=8;              /*定义队列的元素个数*/
    char x;
    InitQueue(&Q);                /*初始化顺序队列*/
    for(i=0; i<length; i++)
    {
        EnQueue(&Q, str[i]);      /*将字符依次插入到顺序队列中*/
    }
    DeQueue(&Q, &x);              /*将队头元素出队列*/
    printf("出队列的元素为:%c\n", x); /*显示输出出队列的元素*/
    printf("顺序队列中的元素为:");
    if(!QueueEmpty(Q))            /*判断队列是否为空队列*/
    {
        for(i=Q.front; i<Q.rear; i++)
        /*输出队头指针到队尾指针之间的元素，即队列的所有元素*/
            printf("%c", Q.queue[i]);
    }
}
```

程序运行结果如图 5.6 所示。

图 5.6　顺序队列程序运行的结果

5.2.2　顺序队列的"假溢出"

按照以上顺序存储的方法，有可能会造成"假溢出"。如果在如图 5.7 所示的队列中插入 3 个元素 j、k、l，然后删除 2 个元素 a、b 后，就会出现如图 5.8 所示的情况，即队尾指针已到达数组的末尾，如果继续插入元素 m，队尾指针将越出数组的下界，而造成"溢出"。从图 5.8 可以看出，这种"溢出"不是因为存储空间不够而产生的溢出，而是经过多次插入和删除操作引起的，像这种有存储空间而不能进行插入元素操作的溢出称为"假溢出"。

图 5.7　顺序队列插入元素 j、k、l 和删除元素 a、b 之前

图 5.8　顺序队列插入 j、k、l 和删除 a、b 之后的"假溢出"

5.2.3　顺序循环队列的表示

为了避免顺序队列造成的"假溢出"现象，我们通常采用顺序循环队列实现队列的顺序存储。

1．顺序循环队列

为了充分利用存储空间，消除这种"假溢出"，就是当队尾指针 rear 和队头指针 front 到达存储空间的最大值 QUEUESIZE 的时候，让队尾指针和队头指针自动转化为存储空间的最小值 0，这样就把顺序队列使用的存储空间构造成一个逻辑上首尾相连的循环队列。

当队尾指针 rear 达到最大值 QUEUESIZE-1 时，如果要插入新的元素，就要把队尾指针 rear 自动变为 0；当队头指针 front 达到最大值 QUEUESIZE-1 时，如果要删除一个元素，就要让队头指针 front 自动变为 0。在循环队列中，可以通过数学运算中的取余操作实现队列的首位相连。例如，如果 QUEUESIZE=8，当队尾指针 rear=7 时，若要插入一个新的元素，则有 rear=(rear+1)%8=0，即实现了队列的逻辑上的首尾相连。

2．顺序循环队列的队空和队满判断

但是，顺序循环队列在队空状态和队满状态时，都是队头指针 front 和队尾指针 rear 同时指向同一个位置，即 front==rear，顺序循环队列的队空状态和队满状态如图 5.9 所示。队列为空时，有 front=0，rear=0，因此 front==rear。队满时也有 front=0，rear=0，因此 front==rear。

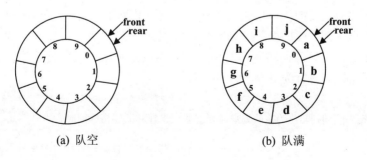

图 5.9　顺序循环队列队空和队满

因此，为了区分这两种情况，通常有两个办法。

(1) 增加一个标志位。设这个标志位为 flag，初始化为 flag=0，当入队列成功 flag=1，出队列成功 flag=0，则队列为空的判断条件为 front==rear&&flag==0，队列满的判断条件为 front==rear&&flag==1。

(2) 少用一个存储空间。队空的判断条件不变，以队尾指针 rear 加 1 等于 front 为队列满的判断条件。因此 front==rear 表示队列为空，front==(rear+1)%QUEUESIZE 表示队满。那么，入队的操作语句为 rear=(rear+1)%QUEUESIZE，Q[rear]=x。出队的操作语句为 front=(front+1)%QUEUESIZE。少用一个存储空间的顺序循环队列队满情况如图 5.10 所示。

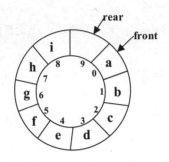

图 5.10 顺序循环队列队满

顺序循环队列的类型定义和顺序队列的类型定义一样。顺序循环队列的操作说明如下。

(1) 初始化时，设置 SQ.front=SQ.rear=0。

(2) 循环队列队空的条件为 SQ.front==SQ.rear，队满的条件为 SQ.front==(SQ.rear+1)%QUEUESIZE。

(3) 入队操作：在队满时，先送值到队尾指针指向的位置，然后队尾指针加 1 后取模。出队操作：在队列为非空时，先从队头指针指向的队头元素处取值，然后队头指针加 1 后取模。

(4) 循环队列长度即元素个数为(SQ.rear+QUEUESIZE-SQ.front)%QUEUESIZE。

💡 注意： 顺序循环队列中的入队操作和出队操作都需要取模，确保操作不出界。

5.2.4 顺序循环队列的实现

顺序循环队列的主要操作包括初始化操作、判断队列是否为空、入队操作、出队操作、取队头元素和清空队列。顺序循环队列的具体实现如下。

(1) 初始化操作。顺序循环队列的初始化操作就是将队列初始化为空队列，只需要把队头指针和队尾指针同时置为 0 即可。代码如下：

```
void InitQueue(SeqQueue *SCQ)
 /*将顺序循环队列初始化为空队列只需要把队头指针和队尾指针同时置为 0 */
{
    SCQ->front = SCQ->rear = 0;  /*把队头指针和队尾指针同时置为 0 */
}
```

(2)　判断队列是否为空。顺序循环队列是否为空就是看队头指针和队尾指针是否同时指向队列中的同一个位置，即队头指针和队尾指针是否相等。代码如下：

```
int QueueEmpty(SeqQueue SCQ)
 /*判断顺序循环队列是否为空，队列为空返回1，否则返回0 */
{
   if(SCQ.front == SCQ.rear)          /*当顺序循环队列为空时，返回1，否则返回0 */
      return 1;
   else
      return 0;
}
```

(3)　入队操作。入队操作就是要将元素插入到顺序循环队列。在将元素插入到队列之前，首先要判断队列是否已满，根据顺序循环队列队满条件 front==(rear+1)%QueueSize 来判断队列是否已满。如果队列未满，则执行插入运算，然后队尾指针加1，把队尾指针向后移动。代码如下：

```
int EnQueue(SeqQueue *SCQ, DataType e)
 /*将元素e插入到顺序循环队列SCQ中，插入成功返回1，否则返回0 */
{
   if(SCQ->front == (SCQ->rear+1)%QUEUESIZE)
     /*在插入新的元素之前，判断队尾指针是否到达数组的最大值，即是否上溢*/
      return 0;
   SCQ->queue[SCQ->rear] = e;        /*在队尾插入元素e */
   SCQ->rear = (SCQ->rear+1)%QUEUESIZE;      /*队尾指针向后移动一个位置*/
   return 1;
}
```

(4)　出队操作。出队操作就是将顺序循环队列中的队首元素即队头指针指向的元素删除。在删除队首元素时，应首先通过队头指针和队尾指针是否相等判断队列是否已空。若队列非空，则删除队头元素，然后将队头指针向后移动，使其指向下一个元素。代码如下：

```
int DeQueue(SeqQueue *SCQ, DataType *e)
 /*删除顺序循环队列中的队头元素，并将该元素赋值给e，删除成功返回1，否则返回0 */
{
   if(SCQ->front==SCQ->rear)          /*在删除元素之前，判断顺序循环队列是否为空*/
      return 0;
   else
   {
      *e = SCQ-> queue[SCQ->rear];       /*将要删除的元素赋值给e */
      SCQ->front = (SCQ->front+1)%QUEUESIZE;
        /*将队头指针向后移动一个位置，指向新的队头*/
      return 1;
   }
}
```

(5)　取队头元素。在取队头元素之前，应判断顺序循环队列是否为空。如果队列不为空，则把队头元素取出。代码如下：

```
int GetHead(SeqQueue SCQ, DataType *e)
 /*取顺序循环队列中的队头元素，并将该元素赋值给e，取元素成功返回1，否则返回0 */
```

```
{
    if(SCQ.front == SCQ.rear)        /*在取队头元素之前，判断顺序循环队列是否为空*/
        return 0;
    else
    {
        *e = SCQ.queue[SCQ.front];        /*将队头元素赋值给 e，取出队头元素*/
        return 1;
    }
}
```

(6) 清空队列。清空队列只需要将队头指针和队尾指针同时置为 0，这样就说明队列中已经没有元素。代码如下：

```
void ClearQueue(SeqQueue *SCQ)
    /*清空队列只需要把队头和队尾指针同时置为 0 */
{
    SCQ->front = SCQ->rear = 0;        /*将队头指针和队尾指针同时置为 0 */
}
```

5.2.5 顺序循环队列实例

为了巩固对顺序循环队列概念的理解，下面通过一个例子来说明顺序循环队列的应用。

例 5-2 要求顺序循环队列不损失一个空间，全部能够得到有效利用，试采用设置标志位 tag 的方法解决"假溢出"问题，实现顺序循环队列算法。

分析：考察循环队列的入队和出队算法思想。设标志位为 tag，初始化为 tag=0，当入队列成功时 tag=1，出队列成功时 tag=0，则队列为空的判断条件为 front==rear&&tag==0，队列满的判断条件为 front==rear&&tag==1。

顺序循环队列实现代码如下：

```
#define QUEUESIZE 10        /*定义顺序循环队列的最大容量*/
typedef char DataType;      /*定义顺序循环队列元素的类型为字符类型*/
#include <stdio.h>          /*包含头文件，主要包含输入输出函数*/

typedef struct Squeue {     /*顺序循环队列的类型定义*/
    DataType queue[QUEUESIZE];
    int front, rear;        /*队头指针和队尾指针*/
    int tag;                /*队列空、满的标志*/
} SCQueue;

void InitQueue(SCQueue *SCQ)
    /*将顺序循环队列初始化为空队列，需要把队头指针和队尾指针同时置为 0，且标志位置为 0 */
{
    SCQ->front = SCQ->rear = 0;        /*队头指针和队尾指针都置为 0 */
    SCQ->tag = 0;                      /*标志位置为 0 */
}

int QueueEmpty(SCQueue SCQ)
    /*判断顺序循环队列是否为空，队列为空返回1，否则返回 0 */
```

```
{
    if(SCQ.front==SCQ.rear && SCQ.tag==0)
        /*队头指针和队尾指针都为 0 且标志位为 0 表示队列已空*/
        return 1;
    else
        return 0;
}


int EnQueue(SCQueue *SCQ, DataType e)
    /*将元素 e 插入到顺序循环队列 SQ 中，插入成功返回 1，否则返回 0 */
{
    if(SCQ->front==SCQ->rear && SCQ->tag==1)
        /*在插入新的元素之前，判断是否队尾指针到达数组的最大值，即是否上溢*/
    {
        printf("顺序循环队列已满，不能入队！");
        return 1;
    }
    else
    {
        SCQ->queue[SCQ->rear] = e;      /*在队尾插入元素 e */
        SCQ->rear = SCQ->rear + 1;      /*队尾指针向后移动一个位置，指向新的队尾*/
        SCQ->tag = 1;                   /*插入成功，标志位置为 1 */
        return 1;
    }
}


int DeQueue(SCQueue *SCQ, DataType *e)
    /*删除顺序循环队列中的队头元素，并将该元素赋值给 e，删除成功返回 1，否则返回 0 */
{
    if(QueueEmpty(*SCQ))                        /*在删除元素之前，判断队列是否为空*/
    {
        printf("顺序循环队列已经是空队列，不能再进行出队列操作！");
        return 0;
    }
    else
    {
        *e = SCQ->queue[SCQ->front];        /*要出队列的元素值赋值给 e */
        SCQ->front = SCQ->front+1;  /*队头指针向后移动一个位置，指向新的队头元素*/
        SCQ->tag = 0;                           /*删除成功，标志位置为 0 */
        return 1;
    }
}


void DisplayQueue(SCQueue SCQ)
    /*顺序循环队列的显示输出函数。首先判断队列是否为空，
      输出时还应考虑队头指针和队尾指针值的大小问题*/
{
    int i;
    if(QueueEmpty(SCQ))                         /*判断顺序循环队列是否为空*/
        return;
    if(SCQ.front < SCQ.rear)
```

```
        /*如果队头指针值小于队尾指针的值，则把队头指针到队尾指针指向的元素依次输出*/
        for(i=SCQ.front; i<=SCQ.rear; i++)
            printf("%c", SCQ.queue[i]);
    else
        /*如果队头指针值大于队尾指针的值，则把队尾指针到队头指针指向的元素依次输出*/
        for(i=SCQ.front; i<=SCQ.rear+QUEUESIZE; i++)
            printf("%c", SCQ.queue[i%QUEUESIZE]);
    printf("\n");
}


void main()
{
    SCQueue Q;                      /*定义一个顺序循环队列*/
    char e;                         /*定义一个字符类型变量，用于存放出队列的元素*/
    InitQueue(&Q);                  /*初始化顺序循环队列*/
    /*将3个元素A、B、C依次进入顺序循环队列*/
    printf("A入队\n");
    EnQueue(&Q, 'A');
    printf("B入队\n");
    EnQueue(&Q, 'B');
    printf("C入队\n");
    EnQueue(&Q, 'C');
    /*将顺序循环队列中的元素显示输出*/
    printf("队列中元素：");
    DisplayQueue(Q);
    /*将顺序循环队列中的队头元素出队列*/
    printf("队头元素第一次出队\n");
    DeQueue(&Q, &e);
    printf("出队的元素：");
    printf("%c\n", e);
    printf("队头元素第二次出队\n");
    DeQueue(&Q, &e);
    printf("出队的元素：");
    printf("%c\n", e);
    /*将顺序循环队列中的元素显示输出*/
    printf("队列中元素：");
    DisplayQueue(Q);
    /*将3个元素D、E、F依次进入顺序循环队列*/
    printf("D入队\n");
    EnQueue(&Q, 'D');
    printf("E入队\n");
    EnQueue(&Q, 'E');
    printf("F入队\n");
    EnQueue(&Q, 'F');
    /*将顺序循环队列中的元素显示输出*/
    printf("队列中元素：");
    DisplayQueue(Q);
}
```

程序的运行结果如图 5.11 所示。

图 5.11　顺序循环队列程序的运行结果

5.3　队列的链式存储及实现

采用链式存储的队列被称为链式队列或链队列。链式队列插入和删除操作非常方便，在进行插入和删除操作时不需要移动大量元素，只需要改变指针的位置即可。本节就来介绍链式队列的表示、链式队列的实现和链式队列的应用。

5.3.1　链式队列的表示

为了避免顺序队列在插入和删除操作时大量移动元素，造成效率较低，我们可以采用链式存储结构来表示队列。

1．链式队列

一个链式队列通常用链表来实现。其中，链表包含两个域：数据域和指针域。数据域用来存放队列中的元素，指针域用来存放队列中下一个元素的地址。同时，使用两个指针分别指示链表中存放的第一个元素和最后一个元素的位置。其中指向第一个元素的指针被称为队头指针 front，指向最后一个元素位置的指针被称为队尾指针 rear。链式队列的表示如图 5.12 所示。有时，为了操作上的方便，我们在链式队列的第一个结点之前添加一个头结点，并让队头指针指向头结点。其中，头结点的数据域可以存放队列元素个数信息，指针域指向链式队列的第一个结点。带头结点的链式队列如图 5.13 所示。

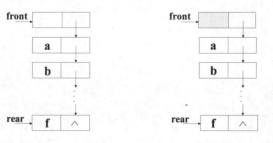

图 5.12　链式队列　　　图 5.13　带头结点的链式队列

在带头结点的链式队列中，当队列为空时，队头指针 front 和队尾指针 rear 都指向头结点。头结点包括数据域和指针域，其中，数据域可以存放队列的元素个数，指针域为空(不指向任何元素，表示队列结束)，如图 5.14 所示。

图 5.14　带头结点的链式队列为空

在链式队列中，最基本的操作是插入操作和删除操作。链式队列的插入和删除操作只需要移动队头指针和队尾指针，这两种操作的指针变化如图 5.15、5.16 和 5.17 所示。

图 5.15 表示在队列中插入元素 a 的情况，图 5.16 表示队列中插入了元素 a、b、c 之后的情况，图 5.17 表示元素 a 出队列的情况。

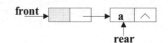

图 5.15　在链式队列中插入一个元素 a

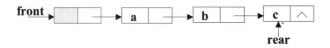

图 5.16　在链式队列中插入一个元素 c

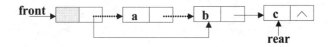

图 5.17　在链式队列中删除一个元素 a

链式队列的类型定义：

```
/*结点类型定义*/
typedef struct QNode
{
    DataType data;
    struct QNode *next;
} LQNode, *QueuePtr;
/*队列类型定义*/
typedef struct
{
    QueuePtr front;
    QueuePtr rear;
} LinkQueue;
```

2. 链式循环队列

链式队列也可以构成循环队列，如图 5.18 所示。在这种链式循环队列中，可以只设置队尾指针，在这种情况下，队列 LQ 为空的判断条件为 LQ.rear->next==LQ.rear，队空的情况如图 5.19 所示。

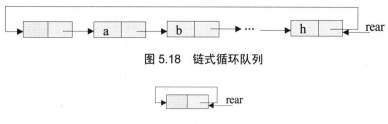

图 5.18 链式循环队列

图 5.19 链式循环队列为空

5.3.2 链式队列的实现

链式队列的实现包括初始化操作、判断队列是否为空、入队、出队、取队列的队头元素、清空队列操作。链式队列的具体实现如下。这些基本的队列操作实现代码保存在文件 LinkQueue.h 中。

(1) 队列的初始化操作。队列的初始化就是要把队列初始化为空队列,只需要把队头指针和队尾指针同时置为 0 即可。代码如下:

```
void InitQueue(LinkQueue *LQ)
  /*将带头结点的链式队列初始化为空队列需要把头结点的指针域置为 0 */
{
  LQ->front = LQ->rear = (LQNode*)malloc(sizeof(LQNode));
  if(LQ->front == NULL) exit(-1);
  LQ->front->next = NULL;  /*把头结点的指针域置为 0 */
}
```

(2) 判断队列是否为空。链式队列是否为空就是看头结点的指针域是否为空。代码如下:

```
int QueueEmpty(LinkQueue LQ)
  /*判断链式队列是否为空,队列为空返回 1,否则返回 0 */
{
  if(LQ.rear->next == NULL)     /*若链式队列为空*/
    return 1;                   /*返回 1 */
  else                          /*否则*/
    return 0;                   /*返回 0 */
}
```

(3) 入队操作。入队操作就是要将元素插入到链式队列。在将元素插入到队列之前首先要申请一个结点的空间,用于存放元素值。然后将原来队列中的队尾元素的指针指向新申请的结点,从而将结点加入队列中。最后将队尾指针指向新结点。代码如下:

```
int EnQueue(LinkQueue *LQ, DataType e)
  /*将元素 e 插入到链式队列 LQ 中,插入成功返回 1 */
{
  LQNode *s;
  s = (LQNode*)malloc(sizeof(LQNode)); /*为将要入队的元素申请一个结点的空间*/
  if(!s) exit(-1);                      /*如果申请空间失败,则退出并返回参数-1 */
  s->data = e;                          /*将元素值赋值给结点的数据域*/
  s->next = NULL;                       /*将结点的指针域置为空*/
```

```
    LQ->rear->next = s;              /*将原来队列的队尾指针指向 s */
    LQ->rear = s;                    /*将队尾指针指向 s */
    return 1;
}
```

(4) 出队操作。出队操作就是将链式队列中的队首元素即队头元素删除。在删除队头元素时，应首先通过队头指针和队尾指针是否相等判断队列是否已空。若队列非空，则删除队头元素，然后将指向队头元素的指针向后移动，使其指向下一个元素。代码如下：

```
int DeQueue(LinkQueue *LQ, DataType *e)
 /*删除链式队列中的队头元素，并将该元素赋值给 e，删除成功返回 1，否则返回 0 */
{
    LQNode *s;
    if(LQ->front == LQ->rear)           /*在删除元素之前，判断链式队列是否为空*/
        return 0;
    else
    {
        s = LQ->front->next;            /*使指针 s 指向队头元素的指针*/
        *e = s->data;                   /*将要删除的队头元素赋值给 e */
        LQ->front->next = s->next;      /*使头结点的指针指向指针 s 的下一个结点*/
        if(LQ->rear==s) LQ->rear=LQ->front;
            /*如果要删除的结点是队尾，则使队尾指针指向队头指针*/
        free(s);                        /*释放指针 s 指向的结点*/
        return 1;
    }
}
```

(5) 取队头元素。在取队头元素之前，应判断链式队列是否为空。如果队列不为空，则把队头元素取出。代码如下：

```
int GetHead(LinkQueue LQ, DataType *e)
 /*取链式队列中的队头元素，并将该元素赋值给 e，取元素成功返回 1，否则返回 0 */
{
    LQNode *s;
    if(LQ.front == LQ.rear) /*在取队头元素之前，判断链式队列是否为空*/
        return 0;
    else
    {
        s = LQ.front->next;  /*将指针 s 指向队列的第一个元素，即队头元素*/
        *e = s->data;        /*将队头元素赋值给 e，取出队头元素*/
        return 1;
    }
}
```

(6) 清空队列。清空队列需要将链式队列中的结点全部释放。每次先将队尾指针指向队头结点的下一个结点，然后释放队头指针指向的结点，最后将队头指针指向队尾指针。重复执行以上步骤，就可以清空队列。代码如下：

```
void ClearQueue(LinkQueue *LQ)
 /*清空队列需要把所申请的结点空间释放*/
{
```

```
    while(LQ->front != NULL)
    {
        LQ->rear = LQ->front->next;    /*队尾指针指向队头指针指向的下一个结点*/
        free(LQ->front);               /*释放队头指针指向的结点*/
        LQ->front = LQ->rear;          /*队头指针指向队尾指针*/
    }
}
```

5.3.3　链式队列实例

下面通过一个实例来说明链式队列的具体使用。

例 5-3 编程判断一个字符序列是否是回文。回文是指一个字符序列以中间字符为基准两边字符完全相同，即顺着看和倒着看是相同的字符序列。如字符序列"ABCDCBA"就是回文，而字符序列"ABCBCAB"就不是回文。

分析：考察栈的"先进后出"和队列的"先进先出"的特点，可以通过构造栈和队列来实现。可以把字符序列分别存入队列和堆栈，然后依次把字符逐个出队列和出栈，比较出队列的字符和出栈的字符是否相等，如果全部相等则该字符序列是回文，否则不是回文。

我们在这里采用链式堆栈和只有队尾指针的链式循环队列实现，实现代码如下：

```
#include <stdio.h>        /*包含输出函数*/
#include <stdlib.h>       /*包含退出函数*/
#include <string.h>       /*包含字符串长度函数*/
#include <malloc.h>       /*包含内存分配函数*/
typedef char DataType;    /*类型定义为字符类型*/
/*链式堆栈结点类型定义*/
typedef struct snode
{
    DataType data;
    struct snode *next;
} LSNode;
/*只有队尾指针的链式循环队列类型定义*/
typedef struct QNode
{
    DataType data;
    struct QNode *next;
} LQNode, *LinkQueue;

void InitStack(LSNode **head)
  /*带头结点的链式堆栈初始化*/
{
    if((*head=(LSNode*)malloc(sizeof(LSNode))) == NULL)  /*为头结点分配空间*/
    {
        printf("分配结点不成功");
        exit(-1);
    }
    else
        (*head)->next = NULL;                /*头结点的指针域设置为空*/
```

```
}
int StackEmpty(LSNode *head)
  /*判断带头结点链式堆栈是否为空。如果堆栈为空，返回1，否则返回0 */
{
    if(head->next == NULL)    /*如果堆栈为空，返回1，否则返回0 */
        return 1;
    else
        return 0;
}
int PushStack(LSNode *head, DataType e)
  /*链式堆栈进栈。进栈成功返回1，否则退出*/
{
    LSNode *s;
    if((s=(LSNode*)malloc(sizeof(LSNode))) == NULL)
      /*为结点分配空间，失败退出程序并返回-1 */
        exit(-1);
    else
    {
        s->data = e;              /*把元素值赋值给结点的数据域*/
        s->next = head->next;     /*将结点插入到栈顶*/
        head->next = s;
        return 1;
    }
}
int PopStack(LSNode *head, DataType *e)
  /*链式堆栈出栈，需要判断堆栈是否为空。出栈成功返回1，否则返回0 */
{
    LSNode *s = head->next;       /*指针 s 指向栈顶结点*/
    if(StackEmpty(head))          /*判断堆栈是否为空*/
        return 0;
    else
    {
        head->next = s->next;     /*头结点的指针指向第二个结点位置*/
        *e = s->data;             /*要出栈的结点元素赋值给 e */
        free(s);                  /*释放要出栈的结点空间*/
        return 1;
    }
}
void InitQueue(LinkQueue *rear)
  /*将带头结点的链式循环队列初始化为空队列，需要把头结点的指针指向头结点*/
{
    if((*rear=(LQNode*)malloc(sizeof(LQNode))) == NULL)
        exit(-1);                 /*如果申请结点空间失败则退出*/
    else
        (*rear)->next = *rear;    /*队尾指针指向头结点*/
}
int QueueEmpty(LinkQueue rear)
  /*判断链式队列是否为空，队列为空返回1，否则返回0 */
{
    if(rear->next == rear)    /*判断队列是否为空。当队列为空时，返回1，否则返回0 */
        return 1;
```

```
      else
          return 0;
}
int EnQueue(LinkQueue *rear, DataType e)
   /*将元素 e 插入到链式队列中，插入成功返回 1 */
{
    LQNode *s;
    s = (LQNode*)malloc(sizeof(LQNode));   /*为将要入队的元素申请一个结点的空间*/
    if(!s) exit(-1);                       /*如果申请空间失败，则退出并返回参数-1 */
    s->data = e;                           /*将元素值赋值给结点的数据域*/
    s->next = (*rear)->next;               /*将新结点插入链式队列*/
    (*rear)->next = s;
    *rear = s;                             /*修改队尾指针*/
    return 1;
}
int DeQueue(LinkQueue *rear, DataType *e)
   /*删除链式队列中的队头元素，并将该元素赋值给 e，删除成功返回 1，否则返回 0 */
{
    LQNode *f, *p;
    if(*rear == (*rear)->next)
      /*在删除队头元素即出队列之前，判断链式队列是否为空*/
        return 0;
    else
    {
        f = (*rear)->next;        /*使指针 f 指向头结点*/
        p = f->next;              /*使指针 p 指向要删除的结点*/
        if(p == *rear)            /*处理队列中只有一个结点的情况*/
        {
            *rear = (*rear)->next; /*使指针 rear 指向头结点*/
            (*rear)->next = *rear;
        }
        else
            f->next = p->next;     /*使头结点指向要出队列的下一个结点*/
        *e = p->data;              /*把队头元素值赋值给 e */
        free(p);                   /*释放指针 p 指向的结点*/
        return 1;
    }
}
void main()
{
    LinkQueue LQueue1, LQueue2;      /*定义链式循环队列*/
    LSNode *LStack1, *LStack2;       /*定义链式堆栈*/
    char str1[] = "ABCDCBA";         /*回文字符序列 1 */
    char str2[] = "ABCBCAB";         /*回文字符序列 2 */
    char q1, s1, q2, s2;
    int i;
    InitQueue(&LQueue1);             /*初始化链式循环队列 1 */
    InitQueue(&LQueue2);             /*初始化链式循环队列 2 */
    InitStack(&LStack1);             /*初始化链式堆栈 1 */
    InitStack(&LStack2);             /*初始化链式堆栈 2 */
    for(i=0; i<strlen(str1); i++)
```

```
{
    EnQueue(&LQueue1, str1[i]);          /*依次把字符序列1入队*/
    EnQueue(&LQueue2, str2[i]);          /*依次把字符序列2入队*/
    PushStack(LStack1, str1[i]);         /*依次把字符序列1进栈*/
    PushStack(LStack2, str2[i]);         /*依次把字符序列2进栈*/
}
printf("字符序列1: \n");
printf("出队序列   出栈序列\n");
while(!StackEmpty(LStack1))              /*判断堆栈1是否为空*/
{
    DeQueue(&LQueue1, &q1);              /*字符序列依次出队, 并把出队元素赋值给q */
    PopStack(LStack1, &s1);             /*字符序列出栈, 并把出栈元素赋值给s */
    printf("%5c", q1);                  /*输出字符序列1 */
    printf("%10c\n", s1);
    if(q1 != s1)                        /*判断字符序列1是否是回文*/
    {
        printf("字符序列1不是回文! ");
        return;
    }
}
printf("字符序列1是回文! \n");
printf("字符序列2: \n");
printf("出队序列   出栈序列\n");
while(!StackEmpty(LStack2))              /*判断堆栈2是否为空*/
{
    DeQueue(&LQueue2, &q2);              /*字符序列依次出队, 并把出队元素赋值给q */
    PopStack(LStack2, &s2);             /*字符序列出栈, 并把出栈元素赋值给s */
    printf("%5c", q2);                  /*输出字符序列2 */
    printf("%10c\n", s2);
    if(q2 != s2)                        /*判断字符序列2是否是回文*/
    {
        printf("字符序列2不是回文! \n");
        return;
    }
}
printf("字符序列2是回文! \n");
}
```

程序运行结果如图 5.20 所示。

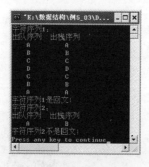

图 5.20　程序运行结果

5.4 双端队列

双端队列是一种特殊的队列，它可在两端进行插入和删除操作。

5.4.1 双端队列的定义

双端队列是一种特殊的队列，它是在线性表的两端对插入和删除操作限制的线性表。双端队列可以在队列的任何一端进行插入和删除操作，而一般的队列要求在一端插入元素，在另一端删除元素。双端队列如图 5.21 所示。

图 5.21 双端队列

在图 5.21 中，可以在队列的左端或右端插入元素，也可以在队列的左端或右端删除元素。其中，end1 和 end2 分别是双端队列的指针。

在实际应用中，还有输入受限和输出受限的双端队列。输入受限的双端队列指的是只允许在队列的一端进行元素插入，两端都可以删除元素的队列。输出受限的双端队列指的是只允许在队列的一端进行元素删除，两端都可以输入的队列。

5.4.2 双端队列的应用

双端队列是一个可以在任何一端进行插入和删除的线性表，现在采用一个一维数组作为双端队列的数据存储结构，试编写入队算法和出队算法。双端队列为空的状态如图 5.22 所示，在队列左端元素 a，b，c 依次入队，在队列右端元素 e，f 依次入队之后，双端队列的状态如图 5.23 所示。

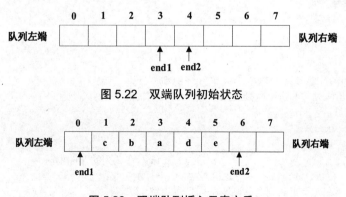

图 5.22 双端队列初始状态

图 5.23 双端队列插入元素之后

例 5-4 编写算法，利用顺序存储结构实现双端队列的入队和出队操作。

分析：假设双端队列为 Q，初始状态为 Q.end1+1=Q.end2，队列满的条件为 Q.end1= Q.end2。在队列的左端，当元素入队时，需要执行 Q.end-1 操作；当元素出队列时，需要执行 Q.end1+1 操作。在队列的右端，当元素入队时，需要执行 Q.end2+1 操作；当元素出队列时，需要执行 Q.end2-1 操作。在执行加一操作和减一操作时，都需要进行取模运算。

程序的代码实现如下所示：

```c
#include <stdio.h>              /*包含输出函数*/
#define QUEUESIZE 8             /*定义双端队列的大小*/
typedef char DataType;         /*定义数据类型为字符类型*/
typedef struct DQueue          /*双端队列的类型定义*/
{
    DataType queue[QUEUESIZE];
    int end1, end2;            /*双端队列的队尾指针*/
} DQueue;
int EnQueue(DQueue *DQ, DataType e, int tag)
  /*将元素 e 插入到双端队列中。如果成功返回 1，否则返回 0 */
{
    switch(tag)
    {
    case 1:                    /* 1 表示在队列的左端入队*/
        if(DQ->end1 != DQ->end2) /*元素入队之前判断队列是否为满*/
        {
            DQ->queue[DQ->end1] = e;          /*元素 e 入队*/
            DQ->end1 = (DQ->end1-1)%QUEUESIZE;  /*向左移动队列指针*/
            return 1;
        }
        else
            return 0;
    case 2:                    /*2 表示在队列的右端入队*/
        if(DQ->end1 != DQ->end2) /*元素入队之前判断队列是否已满*/
        {
            DQ->queue[DQ->end2] = e;          /*元素 e 入队*/
            DQ->end2 = (DQ->end2+1)%QUEUESIZE;  /*向右移动队列指针*/
            return 1;
        }
        else
            return 0;
    }
    return 0;
}
int DeQueue(DQueue *DQ, DataType *e, int tag)
  /*将元素出队列，并将出队列的元素赋值给 e。如果出队列成功返回 1，否则返回 0 */
{
    switch(tag)
    {
    case 1:                    /* 1 表示在队列的左端出队*/
        if(((DQ->end1+1)%QUEUESIZE) != DQ->end2)
            /*在元素出队列之前判断队列是否为空*/
```

```
        {
            DQ->end1 = (DQ->end1+1)%QUEUESIZE;/*向右移动队列指针，将元素出队列*/
            *e = DQ->queue[DQ->end1];              /*将出队列的元素赋值给 e */
            return 1;
        }
        else
            return 0;
    case 2:
        if(((DQ->end2-1)%QUEUESIZE) != DQ->end1)
         /*在元素出队列之前判断队列是否为空*/
        {
            DQ->end2 = (DQ->end2-1)%QUEUESIZE;/*向左移动队列指针，将元素出队列*/
            *e = DQ->queue[DQ->end2];              /*将出队列的元素赋值给 e */
            return 1;
        }
        else
            return 0;
    }
    return 0;
}
void main()
{
    DQueue Q;                    /*定义双端队列 Q */
    char ch;                     /*定义字符*/
    Q.end1 = 3;                  /*设置队列的初始状态*/
    Q.end2 = 4;
    /*将元素 a，b，c 在队列左端入队*/
    if(!EnQueue(&Q, 'a', 1))           /*元素左端入队*/
        printf("队列已满，不能入队！");
    else
        printf("a 左端入队：\n");
    if(!EnQueue(&Q, 'b', 1))
        printf("队列已满，不能入队！");
    else
        printf("b 左端入队：\n");
    if(!EnQueue(&Q, 'c', 1))
        printf("队列已满，不能入队！");
    else
        printf("c 左端入队：\n");
    /*将元素 d，e 在队列右端入队*/
    if(!EnQueue(&Q, 'd', 2))           /*元素右端入队*/
        printf("队列已满，不能入队！");
    else
        printf("d 右端入队：\n");
    if(!EnQueue(&Q, 'e', 2))
        printf("队列已满，不能入队！");
    else
        printf("e 右端入队：\n");
    /*元素 c，b，e，d 依次出队列*/
    printf("队列左端出队一次：");
    DeQueue(&Q, &ch, 1);                     /*元素左端出队列*/
```

```
    printf("%c\n", ch);
    printf("队列左端出队一次：");
    DeQueue(&Q, &ch, 1);
    printf("%c\n", ch);
    printf("队列右端出队一次：");
    DeQueue(&Q, &ch, 2);              /*元素右端出队列*/
    printf("%c\n", ch);
    printf("队列右端出队一次：");
    DeQueue(&Q, &ch, 2);
    printf("%c\n", ch);
}
```

程序的运行结果如图 5.24 所示。

图 5.24　程序运行结果

5.5　队列在杨辉三角中的应用

杨辉三角形又称贾宪三角形、帕斯卡三角形，是二项式系数在三角形中的一种几何排列。本节我们主要通过杨辉三角来说明队列的应用。

5.5.1　杨辉三角

杨辉三角是一个由数字排列成的三角形数表，一个 8 阶的杨辉三角如图 5.25 所示。

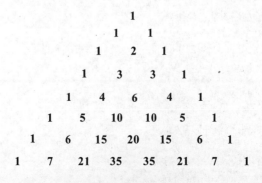

图 5.25　8 阶的杨辉三角

从图 5.25 中可以看出，杨辉三角具有以下性质：

- 第一行只有一个元素。
- 第 i 行有 i 个元素。
- 第 i 行最左端和最右端元素为 1。
- 第 i 行中间元素是它上一行即 i-1 行对应位置元素与对应位置前一个元素之和。

5.5.2　杨辉三角的队列构造

杨辉三角的第 i 行元素是根据第 i-1 行元素得到的，杨辉三角的形成序列是具有先后顺序的，因此杨辉三角可以通过队列来构造。

我们可以把杨辉三角分为两个部分来构造队列：所有的两端元素 1 作为已知部分和剩下的元素作为要构造的部分。我们可以通过循环队列实现杨辉三角的打印，在循环队列中依次存入第 i-1 行的元素，再利用第 i-1 行元素得到第 i 行元素，然后依次入队，同时第 i-1 行元素出队并打印输出。

从整体来考虑，利用队列构造杨辉三角的过程其实就是利用上一层元素序列产生下一层元素序列并入队，然后将上一层元素出队并输出，接着由队列中的元素生成下一层元素，依次类推，直到生成最后一层元素并输出。我们以第 8 行元素为例，来理解杨辉三角的具体构造过程。

(1) 在第 8 行中，第一个元素先入队。假设队列为 Q，Q.queue[rear]=1；Q.rear=(Q.rear+1)%QUEUESIZE。

(2) 第 8 行中的中间 6 个元素需要通过第 7 行(已经入队)得到并入队。Q.queue[rear]= Q.queue[front]+Q.queue[front+1]； Q.rear=(Q.rear+1)%QUEUESIZE， Q.front=(Q.front+1)% QUEUESIZE。

(3) 第 7 行最后一个元素出队，Q.front=(Q.front+1)%QUEUESIZE。

(4) 第 8 行最后一个元素入队，Q.queue[rear]=1；Q.rear=(Q.rear+1)%QUEUESIZE。

至此，第 8 行的所有元素都已经入队。其他行的入队操作类似。

5.5.3　杨辉三角队列的实现

下面根据杨辉三角的构造队列思想实现打印杨辉三角的算法。

例 5-5 利用链式循环队列实现杨辉三角的打印输出。

分析：注意在循环结束后，还有最后一行在队列里。在最后一行元素入队之后，要将其输出。打印杨辉三角算法利用两种方法实现：利用链式队列的基本算法实现和直接利用数组模拟队列实现。为了能够按照图 5.25 的形式正确输出杨辉三角的元素，设置一个临时数组 temp[MaxSize]用来存储每一行的元素，利用函数将其输出。

1．利用链式队列的基本算法实现打印杨辉三角

利用链式队列的基本算法实现算法的好处是，不用考虑算法的具体实现细节，算法清晰易懂，但是需要了解基本算法的使用及功能。

直接利用链式队列打印杨辉三角的实现代码如下：

```c
/*包含头文件和函数声明*/
#include <stdio.h>
#include <malloc.h>
typedef int DataType;                    /*定义链式队列元素的类型为整数类型*/
#define MAXSIZE 100
#include "LinkQueue.h"
void PrintArray(int a[], int n);
void YangHuiTriangle(int N);
void main()
{
    int n;
    printf("请输入要打印的行数：n=:");
    scanf("%d", &n);
    YangHuiTriangle(n);
}
void YangHuiTriangle(int N)              /*链式队列实现打印杨辉三角*/
{
    int i, j, k, n;
    DataType e, t;
    int temp[MAXSIZE];                   /*定义一个临时数组，用于存放每一行的元素*/
    LinkQueue Q;
    k = 0;
    InitQueue(&Q);                       /*初始化链队列*/
    EnQueue(&Q, 1);                      /*第一行元素入队*/
    /*产生第中间 n-2 行的元素*/
    for(n=2; n<=N; n++)
      /*产生第 i 行元素并入队，同时将第 i-1 行的元素保存在临时数组中*/
    {
        k = 0;
        EnQueue(&Q, 1);                  /*第 i 行的第一个元素入队*/
        for(i=1; i<=n-2; i++)
          /*利用队列中第 i-1 行元素产生第 i 行的中间 i-2 个元素并入队列*/
        {
            DeQueue(&Q, &t);
            temp[k++] = t;               /*将第 i-1 行的元素存入临时数组*/
            GetHead(Q, &e);              /*取队头元素*/
            t = t+e;                     /*利用队中第 i-1 行元素产生第 i 行元素*/
            EnQueue(&Q, t);
        }
        DeQueue(&Q, &t);
        temp[k++] = t;                   /*将第 i-1 行的最后一个元素存入临时数组*/
        PrintArray(temp, k, N);
        EnQueue(&Q, 1);                  /*第 i 行的最后一个元素入队*/
    }
    k = 0;                               /*将最后一行元素存入数组之前，要将下标 k 置为 0 */
    while(!QueueEmpty(Q))                /*将最后一行元素存入临时数组*/
    {
        DeQueue(&Q, &t);
        temp[k++] = t;
```

```
      if(QueueEmpty(Q))
          PrintArray(temp, k, N);
   }
}
void PrintArray(int a[], int n, int N)
  /*打印数组中的元素，使之能够呈正确的形式输出*/
{
   int i;
   static count = 0;                    /*记录输出的行*/
   for(i=0; i<N-count; i++)             /*打印空格*/
      printf("   ");
   count++;
   for(i=0; i<n; i++)                    /*打印数组中的元素*/
      printf("%6d", a[i]);
   printf("\n");
}
```

2. 直接利用数组模拟队列实现打印杨辉三角

利用数组模拟队列算法的好处是操作简便，写出的程序可以直接运行。打印杨辉三角的算法的实现代码如下：

```
void YangHuiTriangle2(int N)    /*直接利用数组实现打印杨辉三角*/
{
   int i, k, n;
   int e, x;
   int temp[MAXSIZE];
   int queue[MAXSIZE];              /*定义一个数组，作为队列*/
   int front, rear;                 /*定义一个队头指针和队尾指针*/
   k = 0;
   front = rear = 0;                /*将队列初始化*/
   queue[rear] = 1;                 /*第一行元素入队*/
   rear++;                          /*队尾指针向后移动*/
   for(n=2; n<=N; n++)  /*控制行数。产生第i行元素并入队，并打印第i-1行的元素*/
   {
      k = 0;
      if(front == (rear+1)%MAXSIZE)    /*在元素入队之前先判断队列是否已满*/
      {
          printf("队列已满");
          return;
      }
      else
      {
          queue[rear] = 1;
          rear = (rear+1)%MAXSIZE;      /*将第i行的第一个元素入队*/
      }
      for(i=1; i<=n-2; i++)
         /*利用队列中第i-1行元素产生第i行的中间i-2个元素并入队列*/
      {
          if(front == rear)
          {
```

```
                printf("队列已空");
                return;
            }
            else
            {
                x = queue[front];
                temp[k++] = x;              /*将第 i-1 行的元素存入临时数组*/
                front = (front+1)%MAXSIZE;
            }
            e = queue[front];               /*取队头元素*/
            x = x+e;                        /*利用队列中第 i-1 行元素产生第 i 行元素*/
            if(front == (rear+1)%MAXSIZE)
            {
                printf("队列已满");
                return;
            }
            else
            {
                queue[rear] = x;            /*第 i 行的第一个元素入队列*/
                rear = (rear+1)%MAXSIZE;
            }
        }
        if(front == rear)                   /*元素出队列之前判断队列是否已空*/
        {
            printf("队列已空");
            return;
        }
        else
        {
            x = queue[front];
            temp[k++] = x;                  /*将第 i-1 行的最后一个元素存入临时数组*/
            front = (front+1)%MAXSIZE;
        }
        PrintArray(temp, k, N);
        /*第 i 行的最后一个元素入队*/
        if(front == (rear+1)%MAXSIZE)
        {
            printf("队列已满");
            return;
        }
        else
        {
            queue[rear] = 1;
            rear = (rear+1)%MAXSIZE;
        }
    }
    k = 0;
    while(front != rear)                     /*将最后一行元素存入数组中*/
    {
        if(front == rear)
        {
```

```
            printf("队列已空");
            return;
        }
        else
        {
            x = queue[front];
            temp[k++] = x;
            front = (front+1)%MAXSIZE;
        }
        if(front == rear)          /*如果最后一行的所有元素都存入数组之后,输出元素*/
            PrintArray(temp, k, N);
    }
}
```

程序运行结果如图 5.26 所示。

图 5.26　打印杨辉三角的程序运行结果

5.6　小　　结

本章主要介绍了另一种特殊的线性表——队列。

队列和栈都是一种特殊的线性表。队列只允许在线性表的一端进行插入操作,在线性表的另一端进行删除操作。其中,允许插入的一端称为队尾,允许删除的一端称为队头。队列的数据集合与线性表的数据集合完全相同,队列的数据集合由 n 个数据类型相同的元素组成。队列的操作是线性表的一个子集,因此队列的基本操作与线性表的基本操作类似。

队列有两种存储方式:顺序存储和链式存储。采用顺序存储结构的栈称为顺序队列,采用链式存储结构的栈称为链式队列。

顺序队列存在“假溢出”的问题,顺序队列的“假溢出”不是因为存储空间不足而产生的,而是因为经过多次的出队和入队操作之后,存储单元不能有效利用造成的。要解决所谓“假溢出”的问题,可通过将顺序队列构造成循环队列,这样就可以充分利用顺序队列里的存储单元。

顺序循环队列存在队空和队满状态相同的问题,为了区分队空还是队满,解决的方法有两个:设置一个标志位和少用一个存储单元。

设置标志位判断条件:假设标志位为 flag,初始时 flag=0,入队列成功则 flag=1,出队列成功则 flag=0,所以队列为空的判断条件为 front==rear&&flag==0,队列满的判断条件为 front==rear&&flag==1。

少用一个存储空间的判断条件：队空的判断条件为 rear==front，队满的判断条件是 front==(rear+1)%QUEUESIZE。

队列、栈和线性表的操作对象集合相同，即都是对同类型的数据元素操作，且元素之间具有相同的逻辑关系。主要区别是操作不同，栈和队列都是限制性线性表，其操作集合是线性表的子集。

5.7 习　　题

(1) 假设以一维数组 sequ[0...m-1]存储循环队列的元素，同时设变量 rear 和 quelen 分别指示循环队列中队尾元素位置和内含元素个数。试给出循环队列的队空、队满条件，并写出相应的入队和出队算法。

提示： 主要考察循环队列的队满和队空条件。在入队操作之前，需要先判断队列是否已满，队满的条件为 SCQ->quelen==QUEUESIZE-1。在出队操作前，需要先判断队列是否已空，队空的判断条件为 SCQ->quelen==0。

(2) 对于一个有 MaxLen 个单元的环形队列，设计一个算法求出其中共有多少个元素。

提示： 可通过(SCQ.rear - SCQ.front + QUEUESIZE)%QUEUESIZE 得到循环队列中的元素个数。

(3) 假设以带头结点的循环链表表示队列，并且只设一个指针指向队尾元素结点，试编写相应的队列初始化、入队列和出队列的算法。

提示： 因为队列由循环链表实现，所以主要考察循环链表的基本操作。在进行出队操作前，需要判断队列是否为空，队空的条件是 LQ.rear==LQ.rear->next。

第6章　串

串(或字符串)也是一种重要的线性结构。计算机上的非数值处理对象基本上是字符串数据。字符串处理在文字编辑、信息检索等方面有着广泛的应用。串根据存储方式的不同可以分为顺序串、堆串和块链串。本章主要介绍串的定义、串的顺序存储、堆分配存储、块链存储、串的模式匹配。

通过阅读本章，您可以：

- 了解串的定义及抽象数据类型。
- 掌握串的顺序表示与实现。
- 掌握串的堆分配表示与实现。
- 掌握串的链式存储表示与实现。
- 掌握串的两种模式匹配算法：Brute-Force 算法和 KMP 算法。

<h1 style="text-align:center">6.1 串</h1>

串是仅由字符组成的一种特殊的线性表。串是大家经常遇到的数据类型，本节就先来了解一下串的定义和串的抽象数据类型。

6.1.1 串的定义

串(String)也称为字符串，是由零个或多个字符组成的有限序列。串是一种特殊的线性表，仅由字符组成。一般记作：

$$S = "a_1a_2...a_n"$$

其中，S 是串名，n 是串的长度。用双引号括起来的字符序列是串的值。$a_i(1{\leq}i{\leq}n)$可以是字母、数字和其他字符。n=0 时，串称为空串。

串中任意个连续的字符组成的子序列称为该串的子串。相应地，包含子串的串称为主串。通常将字符在串中的序号称为该字符在串中的位置。子串在主串中的位置以子串的第一个字符在主串中的位置来表示。例如，有 4 个串：

```
a = "northwest university"
b = "northwest"
c = "university"
d = "northwestuniversity"
```

它们的长度分别为 20、9、10、19，其中 b 和 c 是 a 和 d 的子串，b 在 a 和 d 的位置都为 1，c 在 a 的位置是 11，c 在 d 的位置是 10。

只有当两个串的长度相等，且串中各个对应位置的字符均相等时，两个串才是相等的。即两个串相等的条件是当且仅当这两个串的值是相等的。例如，上面的 4 个串 a、b、c、d 两两之间都不相等。

需要说明的是，串中的元素必须用一对双引号括起来，但是，双引号并不属于串，双引号的作用仅仅是为了与变量名或常量相区别。

例如，串 a="northwest university"中，a 是一个串的变量名，字符序列 northwest university 是串的值。

由一个或多个空格组成的串，称为空格串。空格串的长度是串中空格字符的个数。注意，空格串并不是空串。

串是一种特殊的线性表，因此，串的逻辑结构与线性表非常相似，区别仅仅在于串的数据对象为字符集合。

6.1.2 串的抽象数据类型

串的抽象数据类型包括数据对象集合和基本操作集合。其中，数据对象集合定义了串的数据元素及元素之间的关系，基本操作集合定义了在该数据集合上的一些基本操作。

1．数据对象集合

串的数据对象集合为 $\{a_1, a_2, ..., a_n\}$，每个元素的类型均为字符。串是一种特殊的线性表，具有线性表的逻辑特征：除了第一个元素 a_1 外，每一个元素有且只有一个直接前驱元素，除了最后一个元素 a_n 外，每一个元素有且只有一个直接后继元素。数据元素之间的关系是一对一的关系。

串是由字符组成的集合，数据对象是线性表的子集。

2．基本操作集合

串的操作通常不是以单个元素作为操作对象，而是将一连串的字符作为操作对象。例如，在串中查找某个子串，在串中的某个位置插入或删除一个子串等。

为了说明的方便，定义以下几个串：

```
S = "I come from Beijing"
T = "I come from Shanghai"
R = "Beijing"
V = "Chongqing"
```

串的基本操作列举如下。

(1) StrAssign(&S, cstr)

初始条件：cstr 是字符串常量。

操作结果：生成一个其值等于 cstr 的串 S。

(2) StrEmpty(S)

初始条件：串 S 已存在。

操作结果：如果是空串，则返回 1，否则返回 0。

(3) StrLength(S)

初始条件：串 S 已存在。

操作结果：返回串中的字符个数，即串的长度。

例如，StrLength(S)=19，StrLength(T)=20，StrLength(R)=7，StrLength(V)=9。

(4) StrCopy(&T, S)

初始条件：串 S 已存在。

操作结果：由串 S 复制产生一个与 S 完全相同的另一个字符串 T。

(5) StrCompare(S, T)

初始条件：串 S 和 T 已存在。

操作结果：比较串 S 和 T 的每个字符的 ASCII 值的大小，如果 S 的值大于 T，则返回 1；如果 S 的值等于 T，则返回 0；如果 S 的值小于 T，则返回-1。

例如，StrCompare(S, T)=-1，因为串 S 和串 T 比较到第 13 个字符时，字符'B'的 ASCII 值小于字符'S'的 ASCII 值，所以返回-1。

(6) StrInsert(&S, pos, T)

初始条件：串 S 和 T 已存在，且 1≤pos≤StrLength(S)+1。

操作结果：在串 S 的 pos 位置插入串 T，如果插入成功，返回 1；否则，返回 0。

例如，如果在串 S 中的第 3 个位置插入字符串"don't"，即 StrInsert(S, 3, "don't")，串 S="I don't come from Beijing"。

(7) StrDelete(&S, pos, len)

初始条件：串 S 已存在，且 1≤pos≤StrLength(S)−len+1。

操作结果：在串 S 中删除第 pos 个字符开始长度为 len 的字符串。如果找到并删除成功，返回 1；否则，返回 0。

例如，如果在串 S 中的第 13 个位置删除长度为 7 的字符串，即 StrDelete(S, 13, 7)，则 S="I come from"。

(8) StrConcat(&T, S)

初始条件：串 S 和 T 已存在。

操作结果：将串 S 连接在串 T 的后面。连接成功，返回 1；否则，返回 0。

例如，如果将串 S 连接在串 T 的后面，即 StrCat(T, S)，则 T="I come from Shanghai I come from Beijing"。

(9) SubString(&Sub, S, pos, len)

初始条件：串 S 已存在，1≤pos≤StrLength(S)且 0≤len≤StrLength(S)−len+1。

操作结果：从串 S 中截取从第 pos 个字符开始，长度为 len 的连续字符，并赋值给 Sub。截取成功返回 1，否则返回 0。

例如，如果将串 S 中的第 8 个字符开始，长度为 4 的字符串赋值给 Sub，即 SubString(Sub, S, 8, 4)，则 Sub="from"。

(10) StrReplace(&S, T, V)

初始条件：串 S、T 和 V 已存在，且 T 为非空串。

操作结果：如果在串 S 中存在子串 T，则用 V 替换串 S 中的所有子串 T。替换操作成功，返回 1；否则，返回 0。

例如，如果将串 S 中的子串 R 替换为串 V，即 StrReplace(S, R, V)，则 S="I come from Chongqing"。

(11) StrIndex(S, pos, T)

初始条件：串 S 和 T 存在，T 是非空串，且 1≤len≤StrLength(S)。

操作结果：如果主串 S 中存在与串 T 的值相等的子串，则返回子串 T 在主串 S 中第 pos 个字符之后的第一次出现的位置，否则返回 0。

例如，在串 S 中的第 4 个字符开始查找，如果串 S 中存在与子串 R 相等的子串，则返回 R 在 S 中第一次出现的位置，则 StrIndex(S, 4, R)=13。

(12) StrClear(&S)

初始条件：串 S 已存在。

操作结果：将 S 清为空串。

(13) StrDestroy(&S)

初始条件：串 S 已存在。

操作结果：将串 S 销毁。

6.2 串的顺序表示与实现

串的存储方式有两种：顺序存储和链式存储。因为串的顺序存储结构操作比较方便，所以更为常用。本节就来介绍串的顺序存储结构及顺序存储结构下的操作实现。

6.2.1 串的顺序存储结构

采用顺序存储结构的串称为顺序串，又称定长顺序串。顺序串利用 C 语言中的一个字符类型的数组存放串值。利用数组存储字符串时，当定义了一个字符数组后，数组的起始地址已经确定。但是串的长度还不确定，需要定义一个变量确定串的长度。

在串的顺序存储结构中，确定串的长度有两种方法：一种方法就是在串的末尾加上一个结束标记，在 C 语言中，在定义串时，系统会自动在串值的最后添加'\0'作为结束标记。例如，在 C 语言中定义一个字符数组：

```
char str[] = "Hello World!";
```

则串"Hello World!"在内存中的存放形式如图 6.1 所示。

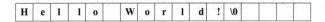

图 6.1 "Hello World!"在内存中的存放形式

其中，数组名 str 指示串的起始地址，"\0"表示串的结束。因此，串"Hello World!"的长度为 12，不包括结束标记"\0"。

另一种方法是定义一个变量 length，用来存放串的长度。通常在串的顺序存储结构中，设置串的长度的方法更为常用。例如，串"Hello World!"在内存中用设置串的长度的方法的表示如图 6.2 所示。

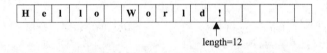

length=12

图 6.2 设置串长度的方法"Hello World!"在内存中的表示

串的顺序存储结构类型定义描述如下：

```
#define MAXLEN 60
typedef struct
{
    char str[MAXLEN];
    int length;
} SeqString;
```

其中，MAXLEN 表示串的最大长度，str 是存储串的字符数组，length 为串的长度。这里，要注意数组的定义类型是 char，不是前面定义的数据类型 DataType。

6.2.2　串的基本运算

在顺序存储结构中，串的基本运算如下。以下算法的实现保存在文件 SeqString.h 中。

(1) 串的赋值操作。串的赋值就是将字符串常量 cstr 中的每一个字符赋值给串 S：

```
void StrAssign(SeqString *S, char cstr[])  /*串的赋值操作*/
{
    int i = 0;
    for(i=0; cstr[i]!='\0'; i++)       /*将常量 cstr 中的字符赋值给串 S */
        S->str[i] = cstr[i];
    S->length = i;
}
```

(2) 判断串是否为空。如果串的长度为 0，则串为空并返回 1；否则，串不空并返回 0：

```
int StrEmpty(SeqString S)  /*判断串是否为空，串为空返回 1，否则返回 0 */
{
    if(S.length == 0)          /*判断串的长度是否等于 0 */
        return 1;              /*当串为空时，返回 1；否则返回 0 */
    else
        return 0;
}
```

(3) 求串的长度操作。串的长度就是串中字符的个数。代码如下：

```
int StrLength(SeqString S)  /*求串的长度操作*/
{
    return S.length;
}
```

(4) 串的复制操作。串的复制操作就是将串 S 中的每一个字符赋值给 T，使 T 的值与 S 一样。代码如下：

```
void StrCopy(SeqString *T, SeqString S)    /*串的复制操作*/
{
    int i;
    for(i=0; i<S.length; i++)          /*将串 S 的字符赋值给串 T */
        T->str[i] = S.str[i];
    T->length = S.length;              /*将串 S 的长度赋值给串 T */
}
```

(5) 串的比较操作。串的比较操作就是比较串 S 和 T 的每个字符的 ASCII 值的大小，如果 S 的值大于 T，则返回正值；如果 S 的值等于 T，则返回 0；如果 S 的值小于 T，则返回负值。具体实现：依次比较两个串中的每个字符，如果两个字符相等，继续比较下一个；否则，返回两个字符的差值。如果其中一个串已经比较完毕或者两个串都已经比较完毕，则返回两个串的长度的差值。

串的比较操作的实现代码如下：

```
int StrCompare(SeqString S, SeqString T)   /*串的比较操作*/
{
    int i;
```

```
    for(i=0; i<S.length&&i<T.length; i++)    /*比较两个串中的字符*/
        if(S.str[i] != T.str[i])     /*如果出现字符不同,则返回两个字符的差值*/
            return (S.str[i] - T.str[i]);
    return (S.length - T.length);    /*如果比较完毕,返回两个串的长度的差值*/
}
```

(6) 串的插入操作。串的插入就是在串 S 的 pos 个位置插入串 T。如果插入成功,返回 1;否则,返回 0。

串的插入操作具体实现分为 3 种情况。

① 插入后串长 S->length+T.length≤MAXLEN,则将串 S 中 pos 后的字符向后移动 len 个位置,然后将串 T 插入 S 中。

② 如果将 T 插入 S 后,有 S->length+T.length>MAXLEN,串 S 中 pos 后的字符往后移 len 个位置后,S 被截去一部分,这部分字符将被舍弃。

③ 将 T 插入 S 中,有 S->length+T.length>MAXLEN 且串 S 中 pos 后的字符往后移 len 个位置后,T 不能完全被插入到 S 中,T 中的部分字符被截掉,这部分字符将被舍弃。

串的插入操作的实现代码如下:

```
int StrInsert(SeqString *S, int pos, SeqString T)
  /*串的插入操作。在 S 中第 pos 个位置插入 T 分为三种情况*/
{
    int i;
    if(pos<0 || pos-1>S->length)          /*插入位置不正确,返回 0 */
    {
        printf("插入位置不正确");
        return 0;
    }
    if(S->length+T.length<=MAXLEN)
      /*第一种情况,插入子串后串长≤MAXLEN,即子串 T 完整地插入到串 S 中*/
    {
        /*在插入子串 T 前,将 S 中 pos 后的字符向后移动 len 个位置*/
        for(i=S->length+T.length-1; i>=pos+T.length-1; i--)
            S->str[i] = S->str[i-T.length];
        /*将串插入到 S 中*/
        for(i=0; i<T.length; i++)
            S->str[pos+i-1] = T.str[i];
        S->length = S->length+T.length;
        return 1;
    }
    /*第二种情况,子串可以完全插入到 S 中,但是 S 中的字符将会被截掉*/
    else if(pos+T.length<=MAXLEN)
    {
        for(i=MAXLEN-1; i>T.length+pos-1; i--)
          /*将 S 中 pos 以后的字符整体移动到数组的最后*/
            S->str[i] = S->str[i-T.length];
        for(i=0; i<T.length; i++)                /*将 T 插入到 S 中*/
            S->str[i+pos-1] = T.str[i];
        S->length = MAXLEN;
        return 0;
    }
```

```
    /*第三种情况，子串 T 不能被完全插入到 S 中，T 中将会有字符被舍弃*/
    else
    {
        for(i=0; i<MAXLEN-pos; i++)
         /*将 T 直接插入到 S 中，插入之前不需要移动 S 中的字符*/
            S->str[i+pos-1] = T.str[i];
        S->length = MAXLEN;
        return 0;
    }
}
```

（7）串的删除操作。串的删除操作就是在串 S 中删除 pos 开始的 len 个字符，然后将后面的字符向前移动。删除成功返回 1，否则返回 0。代码如下：

```
int StrDelete(SeqString *S, int pos, int len)
 /*在串 S 中删除 pos 开始的 len 个字符*/
{
    int i;
    if(pos<0 || len<0 || pos+len-1>S->length)      /*如果参数不合法，则返回 0 */
    {
        printf("删除位置不正确，参数 len 不合法");
        return 0;
    }
    else
    {
        for(i=pos+len; i<=S->length-1; i++)
         /*将串 S 的第 pos 个位置以后的 len 个字符覆盖掉*/
            S->str[i-len] = S->str[i];
        S->length = S->length-len;                  /*修改串 S 的长度*/
        return 1;
    }
}
```

（8）串的连接操作。串的连接操作就是将串 S 连接在串 T 的后面。如果 S 完整连接到 T 的末尾，则返回 1；如果 S 部分连接到 T 的末尾，则返回 0。串的连接操作分为两种情况：第一种情况，连接后串长 T->length+S.length≤MAXLEN，则直接将串 S 连接在串 T 的尾部；第二种情况，连接后串长 T->length+S.length>MAXLEN 且串 T 的长度<MAXLEN，则串 S 会有字符被舍弃。串的连接操作的实现代码如下：

```
int StrConcat(SeqString *T, SeqString S)      /*将串 S 连接在串 T 的后面*/
{
    int i, flag;
    /*第一种情况，连接后的串长小于等于 MAXLEN，将 S 直接连接在串 T 末尾*/
    if(T->length+S.length <= MAXLEN)
    {
        for(i=T->length; i<T->length+S.length; i++)  /*串 S 直接连接在 T 的末尾*/
            T->str[i] = S.str[i-T->length];
        T->length = T->length+S.length;             /*修改串 T 的长度*/
        flag = 1;                                    /*修改标志，表示 S 完整连接到 T 中*/
    }
    /*第二种情况，连接后串长大于 MAXLEN，S 部分被连接在串 T 末尾*/
```

```
    else if(T->length < MaxLength)
    {
        for(i=T->length; i< MAXLEN; i++)              /*将串 S 部分连接在 T 的末尾*/
            T->str[i] = S.str[i-T->length];
        T->length = MAXLEN;                    /*修改串 T 的长度*/
        flag = 0;                              /*修改标志，表示 S 部分被连接在 T 中*/
    }
    return flag;
}
```

(9) 截取子串操作。截取串 S 中从第 pos 个字符开始，长度为 len 的连续字符，并赋值给 Sub。截取成功返回 1，否则返回 0。截取子串操作的实现代码如下：

```
int SubString(SeqString *Sub, SeqString S, int pos, int len)
 /*将从串 S 中的第 pos 个位置截取长度为 len 的子串赋值给 Sub */
{
    int i;
    if(pos<0 || len<0 || pos+len-1>S.length)       /*如果参数不合法，则返回 0 */
    {
        printf("参数 pos 和 len 不合法");
        return 0;
    }
    else
    {
        for(i=0; i<len; i++) /*将串 S 的第 pos 个位置长度为 len 的字符赋值给 Sub */
            Sub->str[i] = S.str[i+pos-1];
        Sub->length = len;   /*修改 Sub 的长度*/
        return 1;
    }
}
```

(10) 串的替换操作。如果串 S 中存在子串 T，则用 V 替换串 S 中的所有子串 T。替换操作成功，返回 1；否则，返回 0。具体替换实现：利用定位操作在串 S 中找到串 T 的位置，然后在串 S 中将子串 T 删除，最后在删除的位置将串 V 插入到 S 中，并修改串 S 的长度。重复执行以上操作，直到串 S 中所有子串 T 被 V 替换。如图 6.3 所示。

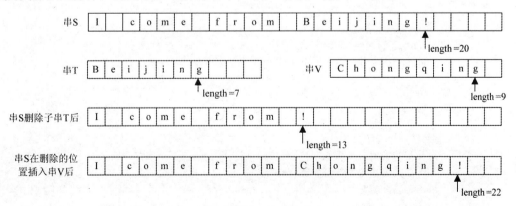

图 6.3　串的替换操作

串的替换操作的实现代码如下：

```
int StrReplace(SeqString *S, SeqString T, SeqString V)
  /*将串 S 中的所有子串 T 用 V 替换*/
{
    int i = 0;
    int flag;
    if(StrEmpty(T))                    /*如果 T 是空串, 返回 0 */
       return 0;
    do
    {
       i = StrIndex(*S, i, T);        /*利用串的定位函数在串 S 中查找 T 的位置*/
       if(i)
       {
           StrDelete(S,i,StrLength(T)); /*如果找到子串 T, 则将 S 中的串 T 删除*/
           flag = StrInsert(S,i,V);     /*将子串 V 插入到原来删除 T 的位置*/
           if(!flag)                     /*如果没有插入成功, 则返回 0 */
               return 0;
           i += StrLength(V);            /*在串 S 中,跳过子串 V 长度个字符,继续查找 T */
       }
    } while(i);
    return 1;
}
```

(11) 串的定位操作。在主串 S 中的第 pos 个位置开始查找子串 T, 如果主串 S 中存在与串 T 值相等的子串, 返回子串在主串第 pos 个字符后第一次出现的位置。否则返回-1。代码如下：

```
int StrIndex(SeqString S, int pos, SeqString T)
  /*在主串 S 中的第 pos 个位置开始查找子串 T, 如果找到, 返回子串在主串的位置;
    否则, 返回-1 */
{
    int i, j;
    if(StrEmpty(T))                    /*如果串 T 为空, 则返回 0 */
       return 0;
    i = pos;
    j = 0;
    while(i<S.length && j<T.length)
    {
       if(S.str[i] == T.str[j])
         /*如果串 S 和串 T 中对应位置字符相等, 则继续比较下一个字符*/
       {
           i++;
           j++;
       }
       else
         /*如果当前对应位置的字符不相等, 则从串 S 的下一个字符开始,
           从 T 的第 0 个字符开始比较*/
       {
           i = i-j+1;
           j = 0;
       }
```

```
    }
    if(j >= T.length)          /*如果在 S 中找到串 T,则返回子串 T 在主串 S 的位置*/
        return i-j+1;
    else
        return -1;
}
```

(12) 清空串操作。将串清空只需要将串的长度置为 0 即可。代码如下:

```
void StrClear(SeqString *S)
/*清空串,只需要将串的长度置为 0 即可*/
{
    S->length = 0;
}
```

6.3 串的应用举例

例 6-1 假设有串 S1="I come from Beijing",S2="Chongqing",Sub="America"。利用串的基本操作,如串的赋值、串的插入、串的删除、串的替换,对上面的串进行操作。

分析:主要考察串的基本操作的用法。串的操作程序实现如下所示:

```
/*包含头文件和串的基本操作实现文件*/
#include <stdio.h>
#include"SeqString.h"
void StrPrint(SeqString S);        /*串的输出函数声明*/
void main()
{
    SeqString S1, S2, Sub;
    char ch[MAXLEN];
    printf("请输入第一个字符串:\n");
    gets(ch);
    StrAssign(&S1, ch);            /*将字符串赋值给 S1 */
    printf("输出串 S1: ");
    StrPrint(S1);
    printf("请输入第二个字符串:\n");
    gets(ch);
    StrAssign(&S2, ch);            /*将字符串赋值给 S2 */
    printf("输出串 S2: ");
    StrPrint(S2);
    printf("将串 s2 插入到 s1 的第 13 个位置:\n");
    StrInsert(&S1, 13, S2);        /*将串 S2 插入到 S1 的第 13 个位置*/
    StrPrint(S1);
    printf("将串 s1 中的第 22 个位置起的 7 个字符删除:\n");
    StrDelete(&S1, 22, 7);         /*将串 S1 中的第 22 个位置开始的 7 个字符删除*/
    StrPrint(S1);
    printf("将串 s2 中的第 6 个位置起的 4 个字符取出放入 Sub 中:\n");
    SubString(&Sub, S2, 6, 4);    /*将 S 中第 6 个位置起的 4 个字符赋值给 Sub */
    StrPrint(Sub);
```

```
    printf("将串 Sub 赋值为 America:\n");
    StrAssign(&Sub, "America"); /*将字符串 America 赋值给 Sub */
    printf("将串 S1 中的串 S2 用 Sub 取代:\n");
    StrReplace(&S1, S2, Sub);    /*将串 S1 中的 S2 用 Sub 取代*/
    StrPrint(S1);
}
void StrPrint(SeqString S)
{
    int i;
    for(i=0; i<S.length; i++)
    {
        printf("%c", S.str[i]);
    }
    printf("\n");
}
```

程序的运行结果如图 6.4 所示。

图 6.4　串的基本操作程序的运行结果

6.4　串的堆分配表示与实现

在上一节中，我们给大家介绍了顺序串，顺序串是通过静态分配实现的。在采用静态顺序存储表示的顺序串中，在串的插入操作、串的连接及串的替换操作中，如果串的长度超过了 MAXLEN，串会被截掉一部分。为了克服顺序串的这些缺点，我们采用动态存储分配来表示串并实现串的基本操作——串的堆分配表示与实现。本节主要介绍串的堆分配存储结构及堆分配上的基本运算。

6.4.1　堆分配的存储结构

采用堆分配存储表示的串称为堆串。堆串仍然采用一组地址连续的存储单元，存放串中的字符。但是，堆串的存储空间是在程序的执行过程中动态分配的。

在 C 语言中，由函数 malloc 和 free 管理堆的存储空间。利用函数 malloc 为新产生的串动态分配一块实际的存储空间，如果分配成功，返回一个指向存储空间起始地址的指针，作为串的基地址(起始地址)。如果内存单元使用完毕，使用函数 free 释放内存空间。

在 C 语言中，还有一个函数 realloc，也是用来动态分配内存空间的，它与函数 malloc 的区别是：函数 realloc 是将已经分配的内存大小变成一个新的大小，并且原来的内存中的内容不会丢失；函数 malloc 是直接重新分配一个存储单元。realloc 的原型是：

```
(void*)realloc(void *ptr, unsigned newsize);
```

其中，ptr 指向已经分配的内存块大小，newsize 是分配内存块的大小。函数 realloc 是将 ptr 指向的内存块大小变为 newsize，newsize 可以比原来的内存块大，也可以比原来的内存块小。如果为了增加内存块大小，需要移动内存单元，原来内存块中的内容被拷贝到新内存块中，并返回指向新的内存块的指针；如果分配失败，返回 NULL。

函数 realloc 的使用如下：

```
char *str;
str = (char*)realloc(str, 20);
```

💡 **注意**：　函数 realloc 的正确使用是 realloc 的返回值和参数均为同一个指向字符的指针 str。使用完毕用函数 free 释放内存。

堆串的类型定义如下：

```
typedef struct
{
    char *str;
    int length;
} HeapString;
```

其中，str 是指向堆串的起始地址的指针，length 表示堆串的长度。

6.4.2　堆串的基本运算

堆串的基本运算与静态分配的顺序串类似，其算法实现保存在 HeapString.h 文件中。

(1) 串的初始化操作。串的初始化需要将串的长度置为 0，串的内容置为'\0'。由于堆串是动态分配的，在串的赋值等操作中，需要判断串是否为空(S->str)，因此堆串比静态分配的串多了一个初始化操作。代码如下：

```
InitString(HeapString *S)    /*串的初始化操作*/
{
    S->length = 0;           /*将串的长度置为 0 */
    S->str = '\0';           /*将串置的值为空*/
}
```

(2) 串的赋值操作。串的赋值就是字符串常量 cstr 中的每一个字符赋值给串 S：

```
void StrAssign(HeapString *S, char cstr[])    /*串的赋值操作*/
{
    int i=0, len;
    if(S->str)
        free(S->str);
```

```
    for(i=0; cstr[i]!='\0'; i++) ;   /*求 cstr 字符串的长度*/
    len = i;
    if(!i)          /*如果字符串 cstr 的长度为 0,则将串 S 的长度置为 0,内容置为空*/
    {
        S->str = '\0';
        S->length = 0;
    }
    else
    {
        S->str = (char*)malloc(len*sizeof(char));      /*为串动态分配存储空间*/
        if(!S->str)
            exit(-1);
        for(i=0; i<len; i++)                    /*将字符串 cstr 的内容赋值给串 S */
            S->str[i] = cstr[i];
        S->length = len;                               /*将串的长度置为 0 */
    }
}
```

(3) 判断串是否为空。如果串的长度为 0,则串为空并返回 1;否则,串不空并返回 0。
代码如下:

```
int StrEmpty(HeapString S)     /*判断串是否为空,串为空返回 1,否则返回 0*/
{
    if(S.length==0)            /*当串为空时*/
        return 1;              /*返回 1 */
    else                       /*否则*/
        return 0;              /*返回 0 */
}
```

(4) 求串的长度操作。串的长度就是串中字符的个数:

```
int StrLength(HeapString S)    /*求串的长度操作*/
{
    return S.length;
}
```

(5) 串的复制操作。串的复制操作就是将串 S 中的每一个字符赋值给 T,使 T 的值与 S
一样。代码如下:

```
void StrCopy(HeapString *T, HeapString S)   /*串的复制操作*/
{
    int i;
    T->str = (char*)malloc(S.length*sizeof(char)); /*为串动态分配存储空间*/
    if(!T->str)
        exit(-1);
    for(i=0; i<S.length; i++)                        /*将串 S 的字符赋值给串 T */
        T->str[i] = S.str[i];
    T->length = S.length;                            /*将串 S 的长度赋值给串 T */
}
```

(6) 串的比较操作。串的比较操作就是比较串 S 和 T 的每个字符的 ASCII 值的大小,
如果 S 的值大于 T,则返回正值;如果 S 的值等于 T,则返回 0;如果 S 的值小于 T,则返

回负值。具体实现：依次比较两个串中的每个字符，如果两个字符相等，继续比较下一个；否则，返回两个字符的差值。如果其中一个串已经比较完毕或者两个串都已经比较完毕，则返回两个串的长度的差值。

串的比较操作的实现代码如下：

```
int StrCompare(HeapString S, HeapString T)   /*串的比较操作*/
{
    int i;
    for(i=0; i<S.length&&i<T.length; i++)    /*比较两个串中的字符*/
        if(S.str[i] != T.str[i])        /*如果出现字符不同，则返回两个字符的差值*/
            return (S.str[i] - T.str[i]);
    return (S.length - T.length);       /*如果比较完毕，返回两个串的长度的差值*/
}
```

(7) 串的插入操作。串的插入就是在串 S 的 pos 个位置插入串 T。如果插入成功，返回 1；否则，返回 0。代码如下：

```
int StrInsert(HeapString *S, int pos, HeapString T)
    /*串的插入操作。在 S 中第 pos 个位置插入 T 分为三种情况*/
{
    int i;
    if(pos<0 || pos-1>S->length)        /*插入位置不正确，返回 0 */
    {
        printf("插入位置不正确");
        return 0;
    }
    S->str = (char*)realloc(S->str, (S->length+T.length)*sizeof(char));
    if(!S->str)
    {
        printf("内存分配失败");
        exit(-1);
    }
    for(i=S->length-1; i>=pos-1; i--)
        /*将串 S 中第 pos 个位置的字符往后移动 T.length 个位置*/
        S->str[i+T.length] = S->str[i];
    for(i=0; i<T.length; i++)           /*将串 T 的字符赋值到 S 中*/
        S->str[pos+i-1] = T.str[i];
    S->length = S->length+T.length;     /*修改串的长度*/
    return 1;
}
```

(8) 串的删除操作。串的删除操作就是在串 S 中删除 pos 开始的 len 个字符，然后将后面的字符向前移动。删除成功返回 1，否则返回 0。具体实现：可以动态申请一块内存，然后分别将串 pos 前的字符和 pos+len 后的字符分别拷贝到字符串 p 中，释放 S 原来的内存单元，最后将串 S 的 str 指向 p。串的删除操作的实现代码如下：

```
int StrDelete(HeapString *S, int pos, int len)
    /*在串 S 中删除 pos 开始的 len 个字符*/
{
    int i;
```

```
        char *p;
        if(pos<0 || len<0 || pos+len-1>S->length)     /*如果参数不合法，则返回 0 */
        {
            printf("删除位置不正确，参数 len 不合法");
            return 0;
        }
        p = (char*)malloc(S->length-len);                  /* p 指向动态分配的内存单元*/
        if(!p)
            exit(-1);
        for(i=0; i<pos-1; i++)                          /*将串第 pos 位置之前的字符复制到 p 中*/
            p[i] = S->str[i];
        for(i=pos-1; i<S->length-len; i++)
          /*将串第 pos+len 位置以后的字符复制到 p 中*/
            p[i] = S->str[i+len];
        S->length = S->length-len;                          /*修改串的长度*/
        free(S->str);                                      /*释放原来的串 S 的内存空间*/
        S->str = p;                                        /*将串的 str 指向 p 字符串*/
        return 1;
}
```

(9)　串的连接操作。串的连接操作就是将串 S 连接在串 T 的后面。具体实现：利用 realloc 函数重新分配内存，如果分配成功，则串 T 原来的内容不变，只需要将 S 的内容复制到 T 中。代码如下：

```
int StrConcat(HeapString *T, HeapString S)    /*将串 S 连接在串 T 的后面*/
{
    int i;
    T->str = (char*)realloc(T->str,(T->length+S.length)*sizeof(char));
      /*重新分配内存空间，使串的长度为 S 和 T 的长度和，T 中原来的内容不变*/
    if(!T->str)
    {
        printf("分配空间失败");
        exit(-1);
    }
    else
    {
        for(i=T->length; i<T->length+S.length; i++) /*串 S 直接连接在 T 的末尾*/
            T->str[i] = S.str[i-T->length];
        T->length = T->length+S.length;              /*修改串 T 的长度*/
    }
    return 1;
}
```

(10) 截取子串操作。截取串 S 中从第 pos 个字符开始，长度为 len 的连续字符，并赋值给 Sub。截取成功返回 1，否则返回 0。代码如下：

```
int SubString(HeapString *Sub, HeapString S, int pos, int len)
  /*将从串 S 中的第 pos 个位置截取长度为 len 的子串赋值给 Sub */
{
    int i;
    if(Sub->str)
```

```
        free(Sub->str);
    if(pos<0 || len<0 || pos+len-1>S.length)        /*如果参数不合法,则返回 0 */
    {
        printf("参数 pos 和 len 不合法");
        return 0;
    }
    else
    {
        Sub->str = (char*)malloc(len*sizeof(char)); /*动态分配存储单元*/
        if(!Sub->str)
        {
            printf("存储分配失败");
            exit(-1);
        }
        for(i=0; i<len; i++)   /*将串 S 的第 pos 个位置长度为 len 的字符赋值给 Sub */
            Sub->str[i] = S.str[i+pos-1];
        Sub->length = len;          /*修改 Sub 的长度*/
        return 1;
    }
}
```

(11) 串的替换操作。如果串 S 中存在子串 T,则用 V 替换串 S 中的所有子串 T。替换操作成功,返回 1;否则,返回 0。具体替换实现:利用定位操作在串 S 中找到串 T 的位置,然后在串 S 中将子串 T 删除,最后在删除的位置将串 V 插入到 S 中,并修改串 S 的长度。重复执行以上操作,直到串 S 中所有子串 T 被 V 替换。

串的替换操作的实现代码如下:

```
int StrReplace(HeapString *S, HeapString T, HeapString V)
  /*将串 S 中的所有子串 T 用 V 替换*/
{
    int i = 0;
    int flag;
    if(StrEmpty(T))                 /*如果 T 是空串,返回 0 */
        return 0;
    do
    {
        i = StrIndex(*S, i, T);   /*利用串的定位函数在串 S 中查找 T 的位置*/
        if(i)
        {
            StrDelete(S, i, StrLength(T)); /*如果找到子串 T,则将 S 中的串 T 删除*/
            flag = StrInsert(S, i, V);      /*将子串 V 插入到原来删除 T 的位置*/
            if(!flag)               /*如果没有插入成功,则返回 0 */
                return 0;
            i += StrLength(V);      /*在串 S 中,跳过子串 V 长度个字符,继续查找 T */
        }
    } while(i);
    return 1;
}
```

(12) 串的定位操作。在主串 S 中的第 pos 个位置开始查找子串 T,如果主串 S 中存在与串 T 值相等的子串，返回子串在主串第 pos 个字符后第一次出现的位置。否则返回-1。
代码如下：

```
int StrIndex(HeapString S, int pos, HeapString T)
 /*在主串 S 中的第 pos 个位置开始查找子串 T，如果找到，返回子串在主串的位置；
    否则，返回-1 */
{
    int i, j;
    if(StrEmpty(T))                  /*如果串 T 为空，则返回 0 */
        return 0;
    i = pos;
    j = 0;
    while(i<S.length && j<T.length)
    {
        if(S.str[i] == T.str[j])
            /*如果串 S 和串 T 中对应位置字符相等，则继续比较下一个字符*/
        {
            i++;
            j++;
        }
        else
            /*如果当前对应位置的字符不相等，则从串 S 的下一个字符开始，
               从 T 的第 0 个字符开始比较*/
        {
            i = i-j+1;
            j = 0;
        }
    }
    if(j >= T.length)     /*如果在 S 中找到串 T，则返回子串 T 在主串 S 中的位置*/
        return i-j+1;
    else
        return -1;
}
```

(13) 清空串的操作。将串清空只需要将串的长度置为 0 即可。代码如下：

```
void StrClear(HeapString *S)   /*清空串，只需要将串的长度置为 0 即可*/
{
    if(S->str)
        free(S->str);            /*释放串 S 的内存空间*/
    S->str = '\0';               /*将串的内容置为空*/
    S->length = 0;               /*将串的长度置为 0 */
}
```

(14) 销毁串的操作。因为堆串的内存单元是动态分配的，所以在使用完毕时要将串的空间释放。代码如下：

```
void StrClear(HeapString *S)   /*销毁串操作。将串的内存单元释放*/
{
    if(S->str)
        free(S->str);
}
```

💡 **注意：** 在堆串的操作过程中，如果串使用完毕，需要将串的内存单元释放。在顺序存储的串操作中，下标的使用特别频繁，需要特别小心。

6.5　堆串的应用举例

例 6.2 通过实例测试堆串的基本操作，如串的赋值、串的插入、串的删除、串的替换、串的销毁。例如串 S1="Welcome to "，S2="China"，Sub="Xi'an"，将串 S2 连接在串 S1 的末尾，然后将串 S1 中的 S2 用 Sub 替换。

分析：在堆串的基本操作中，因为涉及到数组下标的操作，所以设计算法时需要特别小心。另外，在使用完串时，要释放内存空间。

堆串的程序实现如下所示：

```c
/*包含头文件和串的实现文件*/
#include <stdio.h>
#include <string.h>
#include <stdlib.h>
#include "HeapString.h"
void StrPrint(HeapString S);        /*串的输出函数声明*/
void main()
{
    HeapString S1, S2, Sub;
    char *p;
    char ch[50];
    /*初始化串 S1, S2 和 Sub */
    InitString(&S1);
    InitString(&S2);
    InitString(&Sub);
    printf("请输入第一个字符串：");
    gets(ch);
    StrAssign(&S1, ch);              /*通过输入将串 S1 赋值*/
    printf("经过赋值操作后的串 S1：\n");
    StrPrint(S1);
    printf("请输入第二个字符串：");
    gets(ch);
    StrAssign(&S2, ch);              /*通过输入将串 S2 赋值*/
    printf("经过赋值操作后的串 S2：\n");
    StrPrint(S2);
    printf("把串 S2 连接在串 S1 的末尾，S1 串为：\n");
    StrConcat(&S1,S2);              /*将串 S2 连接在串 S1 的末尾*/
    StrPrint(S1);
    printf("经过赋值操作后的串 Sub：\n");
    StrAssign(&Sub,"Everyone");      /*将串 Sub 赋值*/
    StrPrint(Sub);
    printf("将串 S2 插入到串 S1 的第一位置：\n");
    StrInsert(&S1, 1, Sub);          /*将串 Sub 插入到串 S1 的第一位置*/
    StrPrint(S1);
    printf("把串 S1 的第 1 个位置之后的 8 个字符删除：\n");
```

```
    StrDelete(&S1, 1, 8);              /*将串 S1 的第一位置后的 8 个字符删除*/
    StrPrint(S1);
    printf("将串 S1 中的 S2 置换为 Sub: \n");
    StrAssign(&Sub, "Xi'an");          /*将串 Sub 重新赋值*/
    StrReplace(&S1, S2, Sub);          /*用串 Sub 取代串 S1 中的 S2 */
    StrPrint(S1);
    /*将串 S1、S2 和 Sub 的内存单元释放*/
    StrDestroy(&S1);
    StrDestroy(&S2);
    StrDestroy(&Sub);
}
void StrPrint(HeapString S)
{
    int i;
    for(i=0; i<S.length; i++)
    {
        printf("%c", S.str[i]);
    }
    printf("\n");
}
```

程序运行结果如图 6.5 所示。

图 6.5 堆串的基本操作运行结果

6.6　串的链式存储表示与实现

由于串也是一种线性表，因此串也可以采用链式存储表示。本节主要介绍串的链式存储及在链式存储结构之上的基本运算。

6.6.1　串的链式存储结构

串的链式存储结构与线性表的链式存储类似，通过一个结点实现。结点包含两个域：数据域和指针域。采用链式存储结构的串称为链串。由于串的特殊性——每个元素只包含一个字符，因此，每个结点可以存放一个字符，也可以存放多个字符。例如，一个结点包含 4 个字符, 即结点大小为 4 的链串如图 6.6 所示。

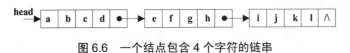

图 6.6 一个结点包含 4 个字符的链串

由于串长不一定是结点大小的整数倍, 因此, 链串中的最后一个结点不一定被串值占满, 可以补上特殊的字符, 如#。例如一个含有 10 个字符的链串, 通过补上两个#填满数据域, 如图 6.7 所示。

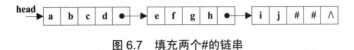

图 6.7 填充两个#的链串

一个结点大小为 1 的链串如图 6.8 所示。

图 6.8 结点大小为 1 的链串

为了方便串的操作, 除了用链表实现串的存储, 还增加一个尾指针和一个表示串长度的变量。其中, 尾指针指向链表(链串)的最后一个结点。因为块链的结点的数据域可以包含多个字符, 所以串的链式存储结构也称为块链结构。

串的链式存储结构类型描述如下:

```
#define CHUNKSIZE 10
#define stuff '#'
/*串的结点类型定义*/
typedef struct Chunk
{
    char ch[CHUNKSIZE];
    struct Chunk *next;
} Chunk;
/*链串的类型定义*/
typedef struct
{
    Chunk *head;
    Chunk *tail;
    int length;
} LinkString;
```

其中, CHUNKSIZE 是结点的大小, 可以由用户定义。当 CHUNKSIZE 等于 1 时, 链串就变成一个普通链表。当 CHUNKSIZE 大于 1 时, 链串中的每个结点可以存放多个字符, 如果最后一个结点没有填充满, 使用#填充。head 表示头指针, 指向链串的第一个结点。tail 表示尾指针, 指向链串的最后一个结点。length 表示链串中字符的个数。

💡 注意: 链串中的每个结点存放多个字符, 可以有效地利用存储空间。

6.6.2 链串的基本运算

下面给出链串的基本操作的算法实现。算法实现保存在文件 LinkString.h 中。

(1) 串的初始化操作。串的初始化需要将串的长度置为 0，串的头指针和尾指针置为空。代码如下：

```
void InitString(LinkString *S)  /*初始化字符串 S */
{
   S->length = 0;                /*将串的长度置为 0 */
   S->head = S->tail = NULL;     /*将串的头指针和尾指针置为空*/
}
```

(2) 串的赋值操作。串的赋值操作就是将字符串的值赋值给串。具体实现：先求出链串的结点个数 len，然后动态生成结点，将字符串 cstr 中的字符赋值给链串的数据域。如果是最后一个结点且结点的数据域没有填充满，则用#填充。代码如下：

```
int StrAssign(LinkString *S, char *cstr)
  /*生成一个其值等于 cstr 的串 S。成功返回 1，否则返回 0 */
{
   int i, j, k, len;
   Chunk *p, *q;
   len = strlen(cstr);                /* len 为链串的长度 */
   if(!len)
      return 0;
   S->length = len;
      j = len/CHUNKSIZE;              /* j 为链串的结点数 */
   if(len%CHUNKSIZE)
      j++;
   for(i=0; i<j; i++)
   {
      p = (Chunk*)malloc(sizeof(Chunk));  /*动态生成一个结点*/
      if(!p)
         return 0;
      for(k=0; k<CHUNKSIZE&&*cstr; k++)
       /*将字符串 ctrs 中的字符赋值给链串的数据域*/
      *(p->ch+k) = *cstr++;
      if(i == 0)                      /*如果是第一个结点*/
         S->head = q = p;             /*头指针指向第一个结点*/
      else
      {
         q->next = p;
         q = p;
      }
      if(!*cstr)                      /*如果是最后一个链结点*/
      {
         S->tail = q;                 /*将尾指针指向最后一个结点*/
         q->next = NULL;              /*将尾指针的指针域置为空*/
         for(; k<CHUNKSIZE; k++)      /*将最后一个结点用#填充*/
            *(q->ch+k) = stuff;       /*算法实现中用 stuff 代替# */
```

```
        }
    }
    return 1;
}
```

(3) 判断串是否为空。如果链串是空串，则返回 1，否则返回 0。代码如下：

```
int StrEmpty(LinkString S)
  /*判断串是否为空。如果 S 为空串，则返回 1，否则返回 0 */
{
    if(S.length == 0)                    /*如果串为空，返回 1 */
        return 1;
    else                                 /*如果串非空，返回 0 */
        return 0;
}
```

(4) 求串的长度操作。串的长度就是串中字符的个数，只需要将串的 length 返回即可。代码如下：

```
int StrLength(LinkString S)  /*求串的长度 */
{
    return S.length;
}
```

(5) 串的复制操作。串的复制操作就是将串 S 中的字符拷贝到串 T 中。成功返回 1，否则返回 0。具体实现：先将链串 S 转换为字符串，然后利用串的赋值操作将字符保存到串 T 中。代码如下：

```
int StrCopy(LinkString *T, LinkString S)  /*串的复制操作*/
{
    char *str;
    int flag;
    if(!ToChars(S, &str))           /*将串 S 中的字符拷贝到字符串 str 中*/
        return 0;
    flag = StrAssign(T, str);       /*将字符串 str 的字符赋值到串 T 中*/
    free(str);                      /*释放 str 的空间*/
    return flag;
}
```

(6) 串的转换操作。串的转换是将串 S 转换为字符串 cstr，即将串 S 中的字符拷贝到字符串 cstr 中。代码如下：

```
int ToChars(LinkString S, char **cstr)
  /*串的转换操作。将串 S 的内容转换为字符串，将串 S 中的字符拷贝到 cstr。
    成功返回 1，否则返回 0 */
{
    Chunk *p = S.head;              /*将 p 指向串 S 中的第 1 个结点*/
    int i;
    char *q;
    *cstr = (char*)malloc((S.length+1)*sizeof(char));
    if(!cstr || !S.length)
        return 0;
```

```
    q = *cstr;                      /*将q指向cstr */
    while(p) /*块链没结束*/
    {
        for(i=0; i<CHUNKSIZE; i++)
            if(p->ch[i] != stuff)
                /*如果当前字符不是填充的特殊字符#,则将S中字符赋值给q */
                *q++ = (p->ch[i]);
        p = p->next;
    }
    (*cstr)[S.length] = 0;          /*在字符串的末尾添加结束标志*/
    return 1;
}
```

(7) 串的比较操作。串的比较操作就是比较串 S 和 T 的每个字符的 ASCII 值的大小,如果 S 的值大于 T,则返回正值;如果 S 的值等于 T,则返回 0;如果 S 的值小于 T,则返回负值。具体实现:先分别将串 S 和 T 转换为字符串 p 和 q,然后依次比较 p 和 q 中的每个字符。如果两个字符相等,继续比较下一个;否则,将两个字符的差值赋值给 flag。如果其中一个串已经比较完毕或者两个串都已经比较完毕,则返回两个串的长度的差值。否则,返回 flag。

链串的比较操作实现代码如下:

```
int StrCompare(LinkString S, LinkString T)
  /*串的比较操作。若S的值大于T,则返回正值;若S的值等于T,则返回0;
    若S的值小于T,则返回负值*/
{
    char *p, *q;
    int flag;
    if(!ToChars(S, &p))        /*将串S转换为字符串p */
        return 0;
    if(!ToChars(T, &q))        /*将串T转换为字符串q */
        return 0;
    for(; *p!='\0'&&*q!='\0'; )
        if(*p == *q)
        {
            p++;
            q++;
        }
        else
            flag = *p - *q;
    free(p);                   /*释放p的空间*/
    free(q);                   /*释放q的空间*/
    if(*p=='\0' || *q=='\0')
        return S.length - T.length;
    else
        return flag;
}
```

(8) 串的连接操作。串的连接操作就是将串 S 连接在串 T 的后面。具体实现:利用串的复制操作,将串 T 和 S 分别拷贝到串 S1 和 S2 中,然后将串 S1 和 S2 首尾相连,并修改

T 的头指针和尾指针，使 T 指向 S1 和 S2 连接好的串。代码如下：

```
int StrConcat(LinkString *T, LinkString S)
  /*串的连接操作。将串 S 连接在串 T 的尾部*/
{
  int flag1, flag2;
  LinkString S1, S2;
  InitString(&S1);
  InitString(&S2);
  flag1 = StrCopy(&S1,*T);              /*将串 T 的内容拷贝到 S1 中*/
  flag2 = StrCopy(&S2,S);               /*将串 S 的内容拷贝到 S2 中*/
  if(flag1==0 || flag2==0)              /*如果有一个串拷贝不成功，则返回 0 */
      return 0;
  T->head = S1.head;                    /*修改串 T 的头指针*/
  S1.tail->next = S2.head;              /*将串 S1 和 S2 首尾相连*/
  T->tail = S2.tail;                    /*修改串 T 的尾指针*/
  T->length = S.length + T->length;     /*修改串 T 的长度*/
  return 1;
}
```

(9)　串的插入操作。串的插入操作就是要将串 T 插入到串 S 的第 pos 个位置。具体实现：首先将串 S 和 T 分别转换为字符串 s1 和 t1，然后动态申请内存空间，将字符串 t1 插入到 s1 中，最后将字符串 s1 转换为串 S。代码如下：

```
int StrInsert(LinkString *S, int pos, LinkString T)
  /*串的插入操作。在串 S 的第 pos 个位置插入串 T */
{
  char *t1,*s1;
  int i, j;
  int flag;
  if(pos<1 || pos>S->length+1)     /*如果插入位置不合法*/
      return 0;
  if(!ToChars(*S, &s1))            /*将串 S 转换为字符串 s1 */
      return 0;
  if(!ToChars(T, &t1))             /*将串 T 转换为字符串 t1 */
      return 0;
  j = strlen(s1);                  /* j 为字符串 s1 的长度*/
  s1 = (char*)realloc(s1, (j+strlen(t1)+1)*sizeof(char));
    /*为 s1 重新分配空间*/
  for(i=j; i>=pos-1; i--)
      s1[i+strlen(t1)] = s1[i];
        /*将字符串 s1 中的第 pos 以后的字符向后移动 strlen(t1)个位置*/
  for(i=0; i<(int)strlen(t1); i++)   /*在字符串 s1 中插入 t1 */
      s1[pos+i-1] = t1[i];
  InitString(S);                   /*释放 S 的原有存储空间*/
  flag = StrAssign(S,s1);          /*由 s1 生成串 S */
  free(t1);
  free(s1);
  return flag;
}
```

(10) 串的删除操作。串的删除就是将串 S 中的第 pos 个字符起的长度为 len 的子串删除。删除成功返回 1，否则返回 0。具体操作：将串 S 转换为字符串 str，然后将字符串中第 pos 个字符起的 len 个字符删除，最后将字符串转换为串 S。代码如下：

```
int StrDelete(LinkString *S, int pos, int len)
  /*串的删除操作。将串 S 中的第 pos 个字符起长度为 len 的子串删除*/
{
    char *str;
    int i;
    int flag;
    if(pos<1 || pos>S->length-len+1 || len<0)    /*参数不合法*/
        return 0;
    if(!ToChars(*S, &str))                    /*将串 S 转换为字符串 str */
        return 0;
    for(i=pos+len-1; i<=(int)strlen(str); i++)
        /*将字符串中第 pos 个字符起的长度为 len 的子串删除*/
        str[i-len] = str[i];
    InitString(S);                            /*释放 S 的原有存储空间*/
    flag = StrAssign(S, str);                 /*将字符串 str 转换为串 S */
    free(str);
    return flag;
}
```

(11) 取子串操作。取子串操作就是将串 S 中第 pos 个位置起长度为 len 的字符取出，并赋值给串 Sub。如果取子串成功，返回 1；否则，返回 0。具体实现：先将串 S 转换为字符串 str，然后取出字符串 str 中第 pos 位置起 len 个长度的字符，并存入字符串 t 中。

代码如下：

```
int SubString(LinkString *Sub, LinkString S, int pos, int len)
  /*取子串操作。用 Sub 返回串 S 的第 pos 个字符起长度为 len 的子串*/
{
    char *t, *str;
    int flag;
    if(pos<1 || pos>S.length || len<0 || len>S.length-pos+1) /*参数不合法*/
        return 0;
    if(!ToChars(S, &str))          /*将串 S 转换为字符串 str */
        return 0;
    t = str+pos-1;                 /* t 指向字符串 str 中的 pos 个字符*/
    t[len] = '\0';                 /* 将 Sub 结束处置为'\0' */
    flag = StrAssign(Sub, t);      /*将字符串 t 转换为 Sub */
    free(str);
    return flag;
}
```

(12) 清空串操作。清空串就是将串的内存单元释放。代码如下：

```
void ClearString(LinkString *S)   /*清空串操作。将串的空间释放*/
{
    Chunk *p,*q;
    p = S->head;
    while(p)
    {
```

```
        q = p->next;
        free(p);
        p = q;
    }
    S->head = S->tail = NULL;
    S->length = 0;
}
```

6.7 链串的应用举例

由于链串的存储结构特殊性——即一个结点存放多个字符，为了操作上的方便，在链串的实现过程中，将链串转换为字符串，即把链串中的字符用字符串存储，在对字符串进行处理之后，将字符串转换为串结构。

例 6-3 测试链串的基本操作，如串的赋值、串的插入、串的删除、串的连接、串的清空。例如串 S1="Welcome to "，S2="China"，Sub="Xi'an"，将串 S2 连接在串 S1 的末尾，然后将串 S1 中的 S2 用 Sub 替换。

分析：在链串的基本操作中，链串中的一个结点保存多个字符，在对串进行赋值、插入、删除、连接等操作时，均需要对链串一个结点一个结点地进行处理，在处理完一个结点之后才能处理下一个结点。即对链串的处理是以块(结点)为单元的，这样，就给链串的操作带来了困难。为了简化操作，通常将一个串的链式存储转换为一个字符串，对字符串处理之后，再将字符串转换为链串存储。这样，对链串的处理就显得比较容易。

链串的程序实现如下所示：

```
/*包含头文件及链串的基本操作实现文件*/
#include <stdio.h>
#include <string.h>
#include <stdlib.h>
#include "LinkString.h"
void StrPrint(LinkString S);
void main()
{
    int i, j;
    int flag;
    LinkString S1, S2, S3, Sub;
    char *str1 = "Welcome to";
    char *str2 = " Data Structure";
    char *str3 = "Computer Architecture";
    printf("串的初始化和赋值操作:\n");
    InitString(&S1);                    /*串 S1、S2、S3 的初始化*/
    InitString(&S2);
    InitString(&S3);
    InitString(&Sub);
    StrAssign(&S1, str1);               /*串 S1、S2、S3 的赋值操作*/
    StrAssign(&S2, str2);
    StrAssign(&S3, str3);
    printf("串 S1 的值是:");
    StrPrint(S1);
```

```
        printf("串 S2 的值是:");
        StrPrint(S2);
        printf("串 S3 的值是:");
        StrPrint(S3);
        printf("将串 S2 连接在串 S1 的末尾:\n");
        StrConcat(&S1,S2);                    /*将串 S2 连接在串 S1 的末尾*/
        printf("S1 是:");
        StrPrint(S1);
        printf("将串 S1 的第 12 个位置后的 14 个字符删除:\n");
        StrDelete(&S1, 12, 14);               /*将串 S1 中的第 12 个位置后的 14 个字符删除*/
        printf("S1 是:");
        StrPrint(S1);
        printf("将串 S2 插入到串 S1 中的第 12 个字符后:\n");
        StrInsert(&S1, 12, S3);               /*将串 S3 插入到串 S1 的第 12 个字符后*/
        printf("S1 是:");
        StrPrint(S1);
        printf("将串 S1 中的第 12 个字符后的 8 个字符取出并赋值给串 Sub:\n");
        SubString(&Sub, S1, 12, 8);
         /*将串 S1 中的第 12 个位置后的 8 个字符取出赋值给 Sub */
        printf("Sub 是:");
        StrPrint(Sub);
}
void StrPrint(LinkString S)    /*链串的输出*/
{
    int i=0, j;
    Chunk *h;
    h = S.head;                      /* h 指向第一个结点*/
    while(i < S.length)
    {
        for(j=0; j<CHUNKSIZE; j++)   /*输出块中的每一个字符*/
            if(*(h->ch+j) != stuff)
            {
                printf("%c", *(h->ch+j));  i++;
            }
            h = h->next;             /* h 指向下一个结点*/
    }
    printf("\n");
}
```

程序的运行结果如图 6.9 所示。

图 6.9 链串基本操作程序的运行结果

6.8 串的模式匹配

在串的各种操作中，串的模式匹配是经常用到的一个算法。串的模式匹配也称为子串的定位操作，即查找子串在主串中出现的位置。

串的模式匹配是数据结构中的一个难点，学习的时候需要有点耐心，本节主要介绍串的经典模式匹配算法 Brute-Force 及改进的 KMP 算法。

6.8.1 经典的模式匹配算法 Brute-Force

串的模式匹配也称为子串的定位操作。设有主串 S 和子串 T，如果在主串 S 中找到一个与子串 T 相等的子串，则返回串 T 的第一个字符在串 S 中的位置。其中，主串 S 又称为目标串，子串 T 又称为模式串。

Brute-Force 算法的思想是：从主串 S=“$s_0s_1...s_{n-1}$”的第 pos 个字符开始与子串 T=“$t_0t_1...t_{m-1}$”的第一个字符比较，如果相等，则继续逐个比较后续字符；否则从主串的下一个字符开始与子串 T 的第一个字符重新开始比较，依次类推。如果在主串 S 中存在与子串 T 相等的连续的字符序列，则匹配成功，函数返回子串 T 中第一个字符在主串 S 中的位置；否则，函数返回-1。例如，主串 S=“abaababaddecab”，子串 T=“abad”，S 的长度为 n=13，T 的长度为 m=4。用变量 i 表示主串 S 中当前正在比较字符的下标，变量 j 表示子串 T 中当前正在比较字符的下标。模式匹配的过程如图 6.10 所示。

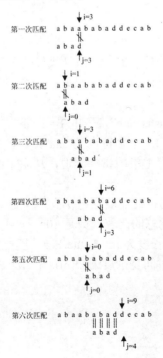

图 6.10 经典的模式匹配过程

假设串采用顺序存储方式存储，则 Brute-Force 匹配算法如下：

```
int B_FIndex(SeqString S, int pos, SeqString T)
  /*在主串 S 中的第 pos 个位置开始查找子串 T，如果找到，返回子串在主串的位置；
    否则，返回-1 */
{
    int i, j;
    i = pos-1;
    j = 0;
    while(i<S.length && j<T.length)
    {
        if(S.str[i] == T.str[j])
          /*如果串 S 和串 T 中对应位置字符相等，则继续比较下一个字符*/
          {
              i++;
              j++;
          }
        else
          /*如果当前对应位置的字符不相等，则从串 S 的下一个字符开始，
            从 T 的第 0 个字符开始比较*/
          {
              i = i-j+1;
              j = 0;
          }
    }
    if(j >= T.length)    /*如果在 S 中找到串 T，则返回子串 T 在主串 S 的位置*/
        return i-j+1;
    else
        return -1;
}
```

Brute-Force 匹配算法简单，易于理解，但是执行效率不高。在 Brute-Force 算法中，即使主串与子串已有多个字符经过比较相等，只要有一个字符不相等，就需要将主串的比较位置回退。

例如，假设主串 S="aaaaaaaaaaaaab"，子串 T="aaab"。其中，n=14，m=4。因为子串的前 3 个字符是"aaa"，主串的前 13 个字符也是"aaa"，每次比较子串的最后一个字符与主串中的字符不相等，所以均需要将主串的指针回退，从主串的下一个字符开始与子串的第一个字符重新比较。

在整个匹配过程中，主串的指针需要回退 9 次，匹配不成功的比较次数是 10*4 次，成功匹配的比较次数是 4 次，因此总的比较次数是 10*4+4=11*4，即(n-m+1)*m 次。

设主串的长度为 n，子串的长度为 m。Brute-Force 匹配算法在最好的情况下，即主串的前 m 个字符刚好与子串相等，时间复杂度为 O(m)。在最坏的情况下，Brute-Force 匹配算法的时间复杂度是 O(n×m)。

6.8.2 KMP 算法

KMP 算法由 D.E.Knuth、J.H.Morris、V.R.Pratt 共同提出，因此被称为 Knuth-Morris-Pratt

算法，简称为 KMP 算法。KMP 算法对 Brute-Force 算法有较大改进，主要是消除了主串指针的回退，从而使算法的效率有了很大程度的提高。

1．KMP 算法思想

KMP 算法的主要思想是：每当一次匹配过程中出现字符不等时，不需要回退主串的指针，而是利用前面已经得到"部分匹配"的结果，将子串向右滑动若干个字符后，继续与主串中的当前字符进行比较。

例如，仍然假设主串 S="abaababaddecab"，子串 T="abad"。KMP 算法匹配过程如图 6.11 所示。

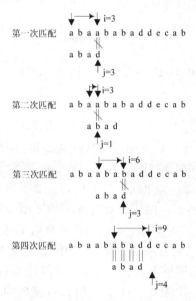

图 6.11 KMP 算法的匹配过程

从图 6.11 中可以看出，KMP 算法的匹配次数由原来的 6 次减少为 4 次。在第一次匹配的过程中，当 i=3、j=3，主串中的字符与子串中的字符不相等，Brute-Force 算法从 i=1、j=0 开始比较。而这种将主串的指针回退的比较是没有必要的，在第一次比较遇到主串与子串中的字符不相等时，有 $S_0=T_0=$'a'，$S_1=T_1=$'b'，$S_2=T_2=$'a'，$S_3 \neq T_3$。因为 $S_1=T_1$ 且 $T_0 \neq T_1$，所以 $S_1 \neq T_0$，S_1 与 T_0 不必比较。又因为 $S_2=T_0$ 且 $T_0=T_2$，有 $S_2=T_0$，所以从 S_3 与 T_1 开始比较。

同理，在第三次比较主串中的字符与子串中的字符不相等时，只需要将子串向右滑动两个字符，进行 i=5、j=0 的字符比较。在整个 KMP 算法中，主串中的 i 指针没有回退。

下面来讨论一般情况。

假设主串 $S="s_0s_1...s_{n-1}"$，$T="t_0t_1...t_{m-1}"$。在模式匹配过程中，如果出现字符不匹配的情况，即当 $S_i \neq T_j (0 \leq i<n, 0 \leq j<m)$ 时，有：

$$"s_{i-j}s_{i-j+1}...s_{i-1}" = "t_0t_1...t_{j-1}"$$

假设子串即模式串存在可重叠的真子串，即：

$$"t_0t_1...t_{k-1}" = "t_{j-k}t_{j-k+1}...t_{j-1}"$$

也就是说，子串中存在从 t_0 开始到 t_{k-1} 与从 t_{j-k} 到 t_{j-1} 的重叠子串，则存在主串"$s_{i-k}s_{i-k+1}...s_{i-1}$" 与子串"$t_0t_1...t_{k-1}$"相等，如图 6.12 所示。因此，下一次可以直接从比较 s_i 和 t_k 开始。

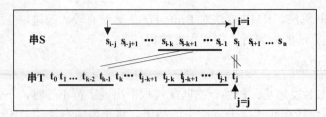

图 6.12　在子串有重叠时主串与子串模式匹配

如果令 next[j]=k，则 next[j] 表示当子串中的第 j 个字符与主串中的对应的字符不相等时，下一次子串需要与主串中该字符进行比较的字符的位置。子串即模式串中的 next 函数定义如下：

$$
next[j] \begin{cases} -1 & \text{当} j=0 \text{时} \\ Max\{k|0<k<j \text{且} "t_0t_1 \ldots t_{k-1}"="t_{j-k}t_{j-k+1} \ldots t_{j-1}"\} & \text{当该集合不空时} \\ 0 & \text{其他情况} \end{cases}
$$

其中，第一种情况，next[j] 的函数是为了方便算法设计而定义的；第二种情况，如果子串(模式串)中存在重叠的真子串，则 next[j] 的取值就是 k，即模式串的最长子串的长度；第三种情况，如果模式串中不存在重叠的子串，则从子串的第一个字符开始比较。

KMP 算法的模式匹配过程：如果模式串 T 中存在真子串"$t_0t_1 \ldots t_{k-1}$" = "$t_{j-k}t_{j-k+1} \ldots t_{j-1}$"，当模式串 T 与主串 S 的 s_i 不相等时，则按 next[j]=k 将模式串向右滑动，从主串中的 s_i 与模式串的 t_k 开始比较。如果 $s_i=t_k$，则主串与子串的指针各自增 1，继续比较下一字符。如果 $s_i \neq t_k$，则按 next[next[j]] 将模式串继续向右滑动，将主串中的 s_i 与模式串中的 next[next[j]] 字符进行比较。如果仍然不相等，则按照以上方法，将模式串继续向右滑动，直到 next[j]=-1 为止。这时，模式串不再向右滑动，比较 s_{+1} 与 t_0。利用 next 函数的模式匹配过程如图 6.13 所示。

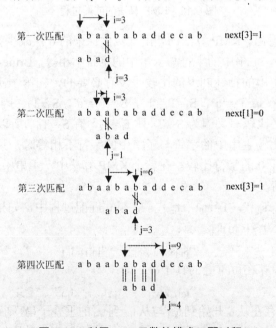

图 6.13　利用 next 函数的模式匹配过程

利用模式串 T 的 next 函数值求 T 在主串 S 中的第 pos 个字符之后的位置的 KMP 算法描述如下：

```
int KMP_Index(SeqString S, int pos, SeqString T, int next[])
  /* KMP 模式匹配算法。利用模式串 T 的 next 函数在主串 S 中的第 pos 个位置开始查找子串 T，
    如果找到，返回子串在主串的位置；否则，返回-1 */
{
    int i, j;
    i = pos-1;
    j = 0;
    while(i<S.length && j<T.length)
    {
        if(j==-1 || S.str[i]==T.str[j])
          /*如果 j=-1 或当前字符相等，则继续比较后面的字符*/
        {
            i++;
            j++;
        }
        else                          /*如果当前字符不相等，则将模式串向右移动*/
            j = next[j];                 /*数组 next 保存 next 函数值*/
    }
    if(j >= T.length)            /*匹配成功，返回子串在主串中的位置。否则返回-1 */
        return i-T.length+1;
    else
        return -1;
}
```

2. 求 next 函数值

上面的 KMP 模式匹配算法是建立在模式串的 next 函数值已知的基础上的。下面来讨论模式串的 next 函数问题。

从上面的分析可以看出，模式串的 next 函数值的取值与主串无关，仅仅与模式串相关。根据模式串 next 函数定义，next 函数值可以递推得到。

设 next[j]=k，表示在模式串 T 中存在以下关系：

$$\text{“}t_0t_1...t_{k-1}\text{”} = \text{“}t_{j-k}t_{j-k+1}...t_{j-1}\text{”}$$

其中，$0<k<j$，k 为满足等式的最大值，即不可能存在 $k'>k$ 满足以上等式。那么计算 next[j+1]的值可能有如下两种情况出现。

(1) 如果 $t_j=t_k$，则表示在模式串 T 中满足以下关系：

$$\text{“}t_0t_1...t_k\text{”} = \text{“}t_{j-k}t_{j-k+1}...t_j\text{”}$$

并且不可能存在 $k'>k$ 满足以上等式。因此有：

$$next[j+1] = k+1,\ \text{即}\ next[j+1] = next[j]+1$$

(2) 如果 $t_j \neq t_k$，则表示在模式串 T 中满足以下关系：

$$\text{“}t_0t_1...t_k\text{”} \neq \text{“}t_{j-k}t_{j-k+1}...t_j\text{”}$$

在这种情况下，可以把求 next 函数值的问题看成一个模式匹配的问题。目前已经有 $\text{“}t_0t_1...t_{k-1}\text{”} = \text{“}t_{j-k}t_{j-k+1}...t_{j-1}\text{”}$，但是 $t_j \neq t_k$，把模式串 T 向右滑动到 $k'=next[k](0<k<j)$，如果有 $t_j=t_{k'}$，则表示模式串中有$\text{“}t_0t_1...t_{k'}\text{”} = \text{“}t_{j-k'}t_{j-k'+1}...t_j\text{”}$，因此有：

$$next[j+1] = k'+1，即 next[j+1] = next[k]+1$$

如果 $t_j \neq t_{k'}$，则将模式串继续向右滑动到第 $next[k']$ 个字符与 t_j 比较。如果仍不相等，则将模式串继续向右滑动到第 $next[next[k']]$ 与 t_j 比较。依次类推，……，直到 $next[0]=-1$ 为止。这时有：

$$next[j+1] = next[0]+1 = -1+1 = 0$$

例如，由以上 next 的函数值递推方法，得到模式串 T = "abaabacaba" 的 next 函数值，如图 6.14 所示。

```
j      0  1  2  3  4  5  6  7  8  9
模式串  a  b  a  a  b  a  c  a  b  a
next[j] -1  0  0  1  1  2  3  0  1  2
```

图 6.14　模式串的 next 函数值

在图 6.14 中，如果已经求得前 5 个字符的 next 函数值，现在求 $next[5]$，因为 $next[4]=1$，又因为 $t_4=t_1$，则 $next[5] = next[4]+1 = 2$。接着求 $next[6]$，因为 $next[5] = 2$，又因为 $t_5 = t_2$，则 $next[6] = 3$。现在求 $next[7]$，因为 $next[6] = 3$，又因为 $t_6 \neq t_3$，则需要比较 t_6 与 $next[3]$，其中 $next[3] = 1$，而 $t_6 \neq t_1$，则需要比较 $t6$ 与 $next[1]$，其中 $next[1] = 0$，而 $t_6 \neq t_0$，则需要将模式串继续向右滑动，因为 $next[0] = -1$，所以 $next[7] = 0$。求 $next[8]$ 和 $next[9]$ 依次类推。

相应地，求 next 函数值的算法描述如下：

```c
int GetNext(SeqString T,int next[])    /*求模式串T的next函数值并存入数组next */
{
    int j, k;
    j = 0;
    k = -1;
    next[0] = -1;
    while(j < T.length)
    {
        if(k==-1 || T.str[j]==T.str[k])
            /*如果k=-1或当前字符相等，则继续比较后面的字符并将函数值存入到next数组*/
        {
            j++;
            k++;
            next[j] = k;
        }
        else                      /*如果当前字符不相等,则将模式串向右移动继续比较*/
            k = next[k];
    }
}
```

求 next 函数值的算法时间复杂度是 O(m)。一般情况下，模式串的长度比主串的长度要小得多，因此，对整个字符串的匹配来说，增加的这点时间是值得的。

3. 改进的求 next 函数算法

前面定义的求 next 函数值在有些情况下存在缺陷。例如主串 S="aaaacabacaaaba" 与模式串 T="aaab" 进行匹配时，当 i=3、j=3 时，$s_3 \neq t_3$，而 $next[0]=-1$，$next[1]=0$，$next[2]=1$，$next[3]=2$，

因此，需要将主串的 s_3 与子串中的 t_2、t_1、t_0 依次进行比较。因为模式串中的 t_3 与 t_0、t_1、t_2 都相等，没有必要将这些字符与主串的 s_3 进行比较，只需要直接将 s_4 与 t_0 进行比较。

在 next 算法中，在求得 next[j]=k 后，如果模式串中的 $t_j=t_k$，则当主串中的 $s_i \neq t_j$ 时，不需要再将 s_i 与 t_k 比较，而直接与 $t_{next[k]}$ 比较，此时的 next[j] 与 next[k] 的值相同，与 next[j] 比较就没有意义。克服以上不必要的重复比较的方法是对数组进行修正：在求得 next[j]=k 之后，判断 t_j 是否与 t_k 相等，如果相等，还需要继续将模式串向右滑动，使 k=next[k]，判断 t_j 是否与 t_k 相等，直到两者不等为止。

例如，模式串 T="abcdabcdabd" 改进后的求 next 函数值如图 6.15 所示。

j	0	1	2	3	4	5	6	7	8	9	10
模式串	a	b	c	d	a	b	c	d	a	b	d
next[j]	-1	0	0	0	0	1	2	3	4	5	6
nextval[j]	-1	0	0	0	-1	0	0	0	-1	0	6

图 6.15　求 next 函数值的改进算法

其中，nextva[j] 中存放改进后的 next 函数值。在图 6.15 中，如果主串中对应的字符 s_i 与模式串 T 对应的 t_8 失配，则应取 $t_{next[8]}$ 与主串的 s_i 比较，即 t_4 与 s_i 比较，因为 $t_4=t_8=$'a'，所以也一定与 s_i 失配，则取 $t_{next[4]}$ 与 s_i 比较，即 t_0 与 s_i 比较，又 $t_0=$'a'，也必然与 s_i 失配，则取 next[0]=-1，这时，模式串停止向右滑动。其中，t_4、t_0 与 s_i 比较是没有意义的，所以需要修正 next[8] 和 next[4] 的值为 -1。同理，用类似的方法修正其他 next 的函数值。

求 next 函数值的改进算法描述如下：

```
int GetNextVal(SeqString T, int nextval[])
  /*求模式串 T 的 next 函数值的修正值并存入数组 nextval */
{
    int j, k;
    j=0; k=-1;
    nextval[0] = -1;
    while(j < T.length)
    {
        if(k==-1 || T.str[j]==T.str[k])
          /*如果 k=-1 或当前字符相等，则继续比较后面的字符并将函数值存入 nextval 数组*/
        {
            j++; k++;
            if(T.str[j] != T.str[k])
              /*如果所求的 nextval[j] 与已有的 nextval[k] 不相等，
                则将 k 存放在 nextval 中*/
                nextval[j] = k;
            else
                nextval[j] = nextval[k];
        }
        else                /*如果当前字符不相等，则将模式串向右移动继续比较*/
            k = nextval[k];
    }
}
```

6.8.3 模式匹配应用举例

下面通过实例来比较经典的 Brute-Force 算法与 KMP 算法的效率的优劣。

例 6-4 编写程序比较 Brute-Force 算法与 KMP 算法的效果。

例如主串 S="cbaacbcacbcaacbcbc"，子串 T="cbcaacbcbc"，输出模式串的 next 函数值与 nextval 函数值，并比较 Brute-Force 算法与 KMP 算法的比较次数。

分析：通过主串的模式匹配比较 Brute-Force 算法与 KMP 算法的效果。

经典的 Brute-Force 算法也是常用的算法，毕竟它不需要计算 next 函数值。KMP 算法在模式串与主串存在许多部分匹配的情况下，其优越性才会显示出来。

串的模式匹配程序如下所示。

(1) 主函数部分

这部分主要包括头文件的引用、函数的声明、主函数及打印输出的实现：

```
/*包含头文件*/
#include <stdio.h>
#include <stdlib.h>
#include <string.h>
#include "SeqString.h"

/*函数的声明*/
int B_FIndex(SeqString S, int pos, SeqString T, int *count);
int KMP_Index(SeqString S, int pos, SeqString T, int next[], int *count);
int GetNext(SeqString T, int next[]);
int GetNextVal(SeqString T, int nextval[]);
void PrintArray(SeqString T, int next[], int nextval[], int length);

void main()
{
    SeqString S, T;
    int count1=0, count2=0, count3=0, find;
    int next[40], nextval[40];
    /*第一个比较例子*/
    StrAssign(&S, "abaababaddecab");      /*给主串 S 赋值*/
    StrAssign(&T, "abad");                /*给模式串 T 赋值*/
    GetNext(T, next);                     /*将 next 函数值保存在 next 数组*/
    GetNextVal(T,nextval);        /*将改进后的 next 函数值保存在 nextval 数组*/
    printf("模式串 T 的 next 和改进后的 next 值:\n");
    PrintArray(T, next, nextval, StrLength(T));
      /*输出模式串 T 的 next 值与 nextval 值*/
    find = B_FIndex(S, 1, T, &count1);  /*传统的模式串匹配*/
    if(find > 0)
        printf("Brute-Force 算法的比较次数为:%2d\n", count1);
    find = KMP_Index(S, 1, T, next, &count2);
    if(find > 0)
        printf("利用 next 的 KMP 算法的比较次数为:%2d\n", count2);
    find = KMP_Index(S, 1, T, nextval, &count3);
```

```
        if(find > 0)
            printf("利用 nextval 的 KMP 匹配算法的比较次数为:%2d\n", count3);
        /*第二个比较例子*/
        StrAssign(&S, "cbccccbcacbccbacbccbcbcbc");       /*给主串 S 赋值*/
        StrAssign(&T, "cbccbcbc");                        /*给模式串 T 赋值*/
        GetNext(T, next);                                 /*将 next 函数值保存在 next 数组*/
        GetNextVal(T, nextval);                 /*将改进后的 next 函数值保存在 nextval 数组*/
        printf("模式串 T 的 next 和改进后的 next 值:\n");
        PrintArray(T, next, nextval, StrLength(T));
          /*输出模式串 T 的 next 值域 nextval 值*/
        find = B_FIndex(S, 1, T, &count1);               /*传统的模式串匹配*/
        if(find > 0)
            printf("Brute-Force 算法的比较次数为:%2d\n", count1);
        find = KMP_Index(S, 1, T, next, &count2);
        if(find > 0)
            printf("利用 next 的 KMP 算法的比较次数为:%2d\n", count2);
        find = KMP_Index(S, 1, T, nextval, &count3);
        if(find > 0)
            printf("利用 nextval 的 KMP 匹配算法的比较次数为:%2d\n", count3);
}

void PrintArray(SeqString T, int next[], int nextval[], int length)
  /*模式串 T 的 next 值与 nextval 值输出函数*/
{
    int j;
    printf("j:\t\t");
    for(j=0; j<length; j++)
        printf("%3d", j);
    printf("\n");
    printf("模式串:\t\t");
    for(j=0; j<length; j++)
        printf("%3c", T.str[j]);
    printf("\n");
    printf("next[j]:\t");
    for(j=0; j<length; j++)
        printf("%3d", next[j]);
    printf("\n");
    printf("nextval[j]:\t");
    for(j=0; j<length; j++)
        printf("%3d", nextval[j]);
    printf("\n");
}
```

(2) 模式串匹配实现

这部分主要包括经典的 Brute-Force 算法与 KMP 算法实现代码:

```
int B_FIndex(SeqString S, int pos, SeqString T, int *count)
  /*在主串 S 中的第 pos 个位置开始查找子串 T, 如果找到, 返回子串在主串的位置;
    否则, 返回-1 */
{
    int i, j;
```

```
        i = pos-1;
        j = 0;
        *count = 0;                      /*count 保存主串与模式串的比较次数*/
        while(i<S.length && j<T.length)
        {
            if(S.str[i] == T.str[j])
              /*如果串 S 和串 T 中对应位置字符相等，则继续比较下一个字符*/
            {
               i++;
               j++;
            }
            else
              /*如果当前对应位置的字符不相等，则从串 S 的下一个字符开始，
                T 的第 0 个字符开始比较*/
            {
               i = i-j+1;
               j = 0;
            }
            (*count)++;
        }
        if(j >= T.length)                /*如果在 S 中找到串 T,则返回子串 T 在主串 S 的位置*/
            return i-j+1;
        else
            return -1;
}

int KMP_Index(SeqString S, int pos, SeqString T, int next[], int *count)
  /* KMP 模式匹配算法。利用模式串 T 的 next 函数在主串 S 中的第 pos 个位置开始查找子串 T，
     如果找到，返回子串在主串的位置；否则，返回-1 */
{
    int i, j;
    i = pos-1;
    j = 0;
    *count = 0;                      /* count 保存主串与模式串的比较次数*/
    while(i<S.length && j<T.length)
    {
        if(j==-1 || S.str[i]==T.str[j])
          /*如果 j=-1 或当前字符相等，则继续比较后面的字符*/
        {
           i++;
           j++;
        }
        else                          /*如果当前字符不相等，则将模式串向右移动*/
            j = next[j];
        (*count)++;
    }
    if(j >= T.length)                 /*匹配成功，返回子串在主串中的位置。否则返回-1 */
        return i-T.length+1;
    else
        return -1;
}
```

(3) 求 next 函数值部分

这部分包括 KMP 算法中的求 next 函数值及改进的求 next 函数值代码实现：

```c
int GetNext(SeqString T, int next[])    /*求模式串 T 的 next 函数值并存入数组 next */
{
    int j, k;
    j = 0;
    k = -1;
    next[0] = -1;
    while(j < T.length)
    {
        if(k==-1 || T.str[j]==T.str[k])
            /*如果 k=-1 或当前字符相等, 则继续比较后面的字符并将函数值存入 next 数组*/
        {
            j++;
            k++;
            next[j] = k;
        }
        else                    /*如果当前字符不相等, 则将模式串向右移动, 继续比较*/
            k = next[k];
    }
}

int GetNextVal(SeqString T, int nextval[])
    /*求模式串 T 的 next 函数值的修正值并存入数组 next */
{
    int j, k;
    j = 0;
    k = -1;
    nextval[0] = -1;
    while(j < T.length)
    {
        if(k==-1 || T.str[j]==T.str[k])
            /*如果 k=-1 或当前字符相等, 则继续比较后面的字符并将函数值存入 nextval 数组*/
        {
            j++;
            k++;
            if(T.str[j] != T.str[k])
                /*如果所求的 nextval[j]与已有的 nextval[k]不相等,
                    则将 k 存放在 nextval 中*/
                nextval[j] = k;
            else
                nextval[j] = nextval[k];
        }
        else                    /*如果当前字符不相等, 则将模式串向右移动, 继续比较*/
            k = nextval[k];
    }
}
```

程序运行结果如图 6.16 所示。

图 6.16 串的模式匹配程序运行结果

6.9 小   结

本章主要介绍了另一种特殊的线性表——串。

串是由零个或多个字符组成的有限序列。其中，含零个字符的串称为空串。串中的字符可以是字母、数字或其他字符。串中任意个连续的字符组成的子序列称为串的子串，相应地，包含子串的串称为主串。串中所含字符的个数称为串长，空串的长度为 0。

两个串相等当且仅当两个串中对应位置的字符相等并且长度相等。空格也是串中的一个元素，完全由空格组成的串称为空格串，注意与空串是不同的。

串的存储方式与线性表一样，也有两种存储结构：顺序存储结构和链式存储结构。其中，串的顺序存储包括静态分配的方式和动态的分配方式，在静态分配的顺序串中，串的连接、插入、替换等操作由于需要事先分配存储空间，可能会由于事先分配的内存空间不足而出现串的一部分字符被截掉。而在顺序串中采用动态分配存储单元可以避免出现这种情况，但是，在内存单元使用完毕后，要释放这些单元。

串的链式存储结构也称为块链的存储结构，它是采用一个"块"作为结点的数据域，存储串中的若干个字符。但是这种结构在串的各种操作中会带来不便，因为在串的操作过程中，需要判断一个结点是否结束，需要一个块一个块取数据和存储数据。串的长度可能不是块大小的整数倍，因此在最后的一个结点的数据域空出的部分用#填充。

串的模式匹配有两种方法：Brute-Force 算法与 KMP 算法。Brute-Force 算法在每次出现主串与模式串的字符不相等时，主串的指针均需要回退。其实，主串的指针回退是不必要的，KMP 算法根据模式串中的 next 函数值，消除了主串中的字符与模式串中的字符不匹配时主串指针的回退。这种方法有效地提高了模式匹配的效率。

6.10 习   题

(1) 利用串的基本运算，编写算法，实现将主串 S 中的子串 T 删除。这里假设主串 S="abcaabcbcacbbc"，子串 T="caabc"，将子串删除后主串 S="abbcacbbc"。

提示：　主要考察串的基本运算。要删除子串，需要先调用函数 n=StrIndex(S, 1, T)，在 S 中查找子串，然后调用函数 DelString(&S, n, T.length)将子串 T 从主串 S 中删除。

(2)　编写一个算法，计算子串 T 在主串 S 中出现的次数。

提示：　主要考察串的基本运算。可借助函数 StrIndex(S, n, T)在主串 S 中查找子串 T 的位置 pos，然后在主串 S 的 pos 后继续查找子串 T，并统计子串出现的次数。

(3)　实现字符串的比较函数与字符串的拷贝函数。字符串的比较函数原型为 int strcmp(char *s1, char *s2)，字符串的拷贝函数原型为 char* strcpy(char *dest, char *src)。

提示：　主要考察字符串的一些基本操作。在实现 strcmp 函数时，需要注意保存目标字符串的首地址，并保证能返回给调用函数。

第 7 章　数组

　　数组是一种扩展的线性数据结构。线性表、栈、队列、串的数据元素都是不可再分的原子类型，而数组中的数据元素是可以再分的。

　　数组可以分为一维数组和多维数组，一维数组中的元素是由原子构成的，多维数组中的元素又是一个线性表。因此，数组是一种特殊的线性表。

　　本章主要介绍数组的定义、数组的顺序存储与实现、特殊矩阵的压缩存储、稀疏矩阵的压缩存储。

　　通过阅读本章，您可以：

- 了解数组的定义及抽象数据类型。
- 掌握数组的顺序表示与实现。
- 掌握特殊矩阵的压缩存储。
- 掌握稀疏矩阵的压缩存储。
- 掌握稀疏矩阵的十字链表表示与实现。
- 了解稀疏矩阵在实际生活中的应用。

7.1 数　　组

数组是一种特殊的线性表，表中的元素可以是原子类型，也可以是一个线性表。数组是非常奇妙的东西，变换起来非常灵活，在 C 语言程序设计中已经学习过了，相信读者对它并不陌生，不过现在我们将用数据结构的眼光(就是抽象点，用较为理论的眼光)来看待它。本节主要介绍数组的定义和数组的抽象数据类型。

7.1.1　数组的定义

数组(Array)是由 n 个类型相同的数据元素组成的有限序列。其中，这 n 个数据元素占用一块地址连续的存储空间。数组中的数据元素可以是原子类型的，如整型、字符型、浮点型等，这种类型的数组称为一维数组；也可以是一个线性表，这种类型的数组称为二维数组。二维数组可以看成是线性表的线性表。

一个含有 n 个元素的一维数组可以表示成线性表 $A=(a_0,a_1,...,a_{n-1})$。其中，$a_i(0 \leq i \leq n-1)$ 是表 A 中的元素，表中的元素个数是 n。

一个 m 行 n 列的二维数组可以看成是一个线性表，其中，数组中的每个元素也是一个线性表。例如，$A=(p_0,p_1,...,p_r)$，其中，r=n-1。表中的每个元素 $p_j(0 \leq j \leq r)$ 又是一个列向量表示的线性表，$p_j=(a_{0,j},a_{1,j},...,a_{m-1,j})$，其中 $0 \leq j \leq n-1$。因此，这样的 m 行 n 列的二维数组可以表示成由列向量组成的线性表，如图 7.1 所示。

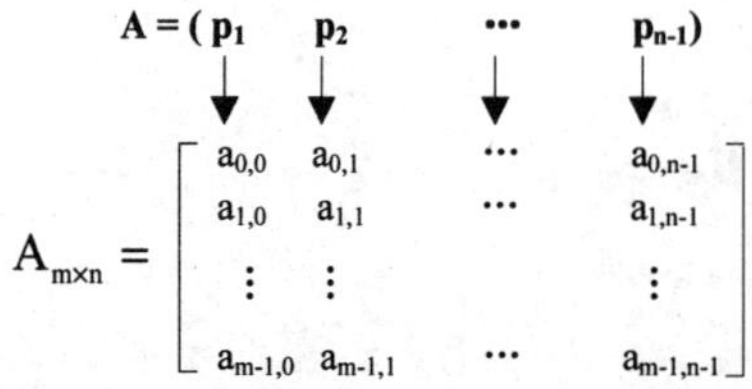

图 7.1　二维数组以列向量表示

在图 7.1 中，二维数组的每一列可以看成是线性表中的每一个元素。线性表 A 中的每一个元素 $p_j(0 \leq j \leq r)$ 是一个列向量。同样，还可以把图 7.1 中的矩阵看成是一个由行向量构成的线性表 $B=(q_0,q_1,...,q_s)$，其中，s=m-1。q_i 是一个行向量，即 $q_i=(a_{i,0},a_{i,1},...,a_{i,n-1})$，如图 7.2 所示。

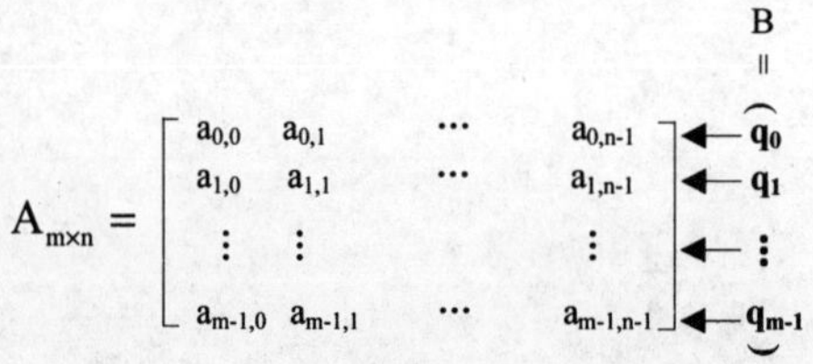

图 7.2　二维数组以行向量表示

同理，一个 n 维数组也可以看成是一个线性表，其中线性表中的每个数据元素是 n-1 维的数组。n 维数组中的每个元素处于 n 个向量中，每个元素有 n 个前驱元素，也有 n 个后继元素。

7.1.2　数组的抽象数据类型

数组的抽象数据类型包括数据对象集合和基本操作集合。其中，数据对象集合定义了数组的数据元素及元素之间的关系，基本操作集合定义了在该数据集合上的一些基本操作。

1．数据对象集合

数组的数据对象集合为 $\{a_{j_1j_2\ldots jn} \mid n(>0)$ 称为数组的维数，$j_i=0,1,\ldots,b_{i-1}$，其中，$0 \leqslant i \leqslant n$。$b_i$ 是数组的第 i 维长度，j_i 是数组的第 i 维下标$\}$。n 维数组的每个元素处于 n 个向量中，每个元素有 n 个前驱元素，n 个后继元素。例如，在一个二维数组中，如果把数组看成是由列向量组成的线性表，那么元素 a_{ij} 的前驱元素是 $a_{i-1,j}$，后继元素是 $a_{i+1,j}$；如果把数组看成是由行向量组成的线性表，那么元素 a_{ij} 的前驱元素是 $a_{i,j-1}$，后继元素是 $a_{i,j+1}$。

但同一时刻，数组中的每一个元素只有一个前驱元素和后继元素，第一个元素只有后继元素，最后一个元素只有前驱元素。因此，数组是一个特殊的线性表。

2．基本操作集合

数组的基本操作主要有如下几种。

(1)　InitArray(&A, n, bound1, ..., boundn)

初始条件：数组 A 不存在。

操作结果：如果维数和各维的长度合法，则构造数组 A，并返回 1，表示成功。

(2)　DestroyArray(&A)

初始条件：数组 A 已存在。

操作结果：销毁数组 A。

(3)　GetValue(A, &e, index1, ..., indexn)

初始条件：A 是 n 维数组，e 为元素变量，index1...indexn 是 n 个下标值。

操作结果：如果下标合法，将数组 A 中对应的元素赋值给 e，并返回 1，表示成功。

(4)　AssignValue(&A, e, index1 ,..., indexn)

初始条件：A 是 n 维数组，e 为元素变量，index1...indexn 是 n 个下标值。

操作结果：如果下标合法，将数组 A 中由下标 index1,...,indexn 指定的元素值置为 e。

(5)　LocateArray(A, ap, &offset)

初始条件：数组 A 已存在，ap 是可变参数的指针，offset 是元素在 A 中的相对地址。

操作结果：根据数组的元素下标，求出该元素在数组中的相对地址。

7.2　数组的顺序表示与实现

一般情况下，不对数组进行插入和删除操作。如果建立了数组，则数组的维数与各维的长度不再改变，因此，数组采用的是顺序存储方式。本节主要讲解数组的顺序存储结构及顺序存储结构下的操作实现。

7.2.1 数组的顺序存储结构

在计算机中，存储器的结构是一维(线性)的结构。数组是一个多维的结构，如果要将一个多维的结构存放在一个一维的存储单元里，就必须先将多维的数组转换成一个一维的线性序列，才能将其存放在存储器中。

数组的存储方式有两种：一种是以行序为主序的存储方式，另一种是以列序为主序的存储方式。则二维数组 A 以行序为主序的存储顺序为：

$a_{0,0}, a_{0,1}, \ldots, a_{0,n-1}, a_{1,0}, a_{1,1}, \ldots, a_{1,n-1}, \ldots, a_{m-1,0}, a_{m-1,1}, \ldots, a_{m-1,n-1}$

以列序为主序的存储顺序为：

$a_{0,0}, a_{1,0}, \ldots, a_{m-1,0}, a_{0,1}, a_{1,1}, \ldots, a_{m-1,1}, \ldots, a_{0,n-1}, a_{1,n-1}, \ldots, a_{m-1,n-1}$

数组 A 在计算机中的存储形式如图 7.3 所示。

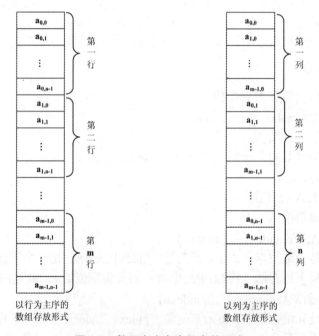

图 7.3　数组在内存中的存放形式

如果给定了数组的维数和各维的长度，就可以为数组分配存储空间。如果给定数组的下标，就可以求出相应数组元素的存储位置。

下面以行序为主序说明数组在内存中的存储地址与数组的下标之间的关系。假设数组中的每个元素占 L 个存储单元，则二维数组 A 中的任何一个元素 a_{ij} 的存储位置可以由以下公式确定：

```
Loc(i,j) = Loc(0,0) + (i*n+j)*L
```

其中，Loc(i, j)表示元素 a_{ij} 的存储地址，Loc(0, 0)表示元素 a_{00} 的存储地址，即二维数组的起始地址或基地址。

如果将二维数组推广到更一般的情况，可以得到 n 维数组中数据元素的存储地址与数组的下标之间的关系：

$$Loc(j_1,j_2,\ldots,j_n)=Loc(0,0,\ldots,0)+(b_1*b_2*\ldots*b_{n-1}*j_0+b_2*b_3*\ldots*b_{n-1}*j_1+\ldots+b_{n-1}*j_{n-2}+j_{n-1})*L$$

其中，$b_i(1\leq i\leq n-1)$是第 i 维的长度，j_i是数组的第 i 维下标。

数组的顺序存储结构类型定义描述如下：

```
#define MaxArraySize 3
#include <stdarg.h>        /*标准头文件，包含 va_start、va-arg、va_end 宏定义*/
typedef struct
{
    DataType *base;        /*数组元素的基地址*/
    int dim;               /*数组的维数*/
    int *bounds;           /*数组的每一维之间的界限的地址*/
    int *constants;        /*数组存储映像常量基地址*/
} Array;
```

其中，base 是数组元素的基地址，dim 是数组的维数，bounds 是数组的每一维之间的界限的地址，constants 是数组存储映像常量基地址。

7.2.2 数组的基本运算

在顺序存储结构中，数组的基本运算实现如下所示。以下算法的实现保存在文件 SeqArray.h 中。

(1) 数组的初始化操作。数组的初始化就是根据数组的维数和各维的长度构造一个数组，构造成功则返回 1，表示成功。代码如下：

```
int InitArray(Array *A, int dim,...)       /*数组的初始化操作*/
{
    int elemtotal=1, i;                     /* elemtotal 是数组元素总数，初值为 1 */
    va_list ap;
    if(dim<1 || dim>MaxArraySize)           /*如果维数不合法，返回 0 */
        return 0;
    A->dim = dim;
    A->bounds = (int*)malloc(dim*sizeof(int));  /*分配一个 dim 大小的内存单元*/
    if(!A->bounds)
        exit(-1);
    va_start(ap, dim);                /* dim 是一个固定参数，即可变参数的前一个参数*/
    for(i=0; i<dim; ++i)
    {
        A->bounds[i] = va_arg(ap, int); /*依次取得可变参数，即各维的长度*/
        if(A->bounds[i] < 0)
            return -1;      /*在 math.h 中定义为 4*/
        elemtotal *= A->bounds[i];          /*得到数组中元素总的个数*/
    }
    va_end(ap);
    A->base = (DataType*)malloc(elemtotal*sizeof(DataType));
        /*为数组所有元素分配内存空间*/
```

```
    if(!A->base)
        exit(-1);
    A->constants = (int*)malloc(dim*sizeof(int));
      /*为数组的常量基址分配内存单元*/
    if(!A->constants)
        exit(-1);
    A->constants[dim-1] = 1;
    for(i=dim-2; i>=0; --i)
        A->constants[i] = A->bounds[i+1] * A->constants[i+1];
    return 1;
}
```

在数组的初始化实现中，使用了变长参数表传递参数，即用"..."表示形式参数，而通过将若干个实际参数传递给形式参数。这种变长的形式参数主要用于参数不确定的情况，如果是二维数组，则需要将两个参数传递给形式参数；如果是三维数组，则需要将三个参数传递给形式参数。在函数的形式参数表中，至少要有一个固定的参数在变长的形式参数表的前面。

在具体的实现中，使用了宏 va_list、va_arg、va_start 和 va_end，这些宏定义都是在 C 语言中的头文件 stdarg.h 中包含。

首先定义一个指向可变参数的指针 ap，然后调用 va_start(ap, dim)使 ap 指向了 dim 的下一参数，即第一个变长参数，然后调用 va_arg(ap, int)返回可变参数的值，最后使用完毕以 va_end(ap)结束对可变参数的获取。

(2) 销毁数组操作。将为数组动态申请的内存单元释放。代码如下：

```
void DestroyArray(Array *A)    /*销毁数组。将动态申请的内存单元释放*/
{
    if(A->base)
        free(A->base);
    if(A->bounds)
        free(A->bounds);
    if(A->constants)
        free(A->constants);
    A->base = A->bounds = A->constants = NULL;      /*将各个指针指向空*/
    A->dim = 0;
}
```

(3) 返回数组中指定的元素。返回数组中的指定的元素就是根据给定的数组的下标，将该下标的数组元素赋值给 e，如果成功，则返回 1，否则返回 0。

具体实现：利用宏 va_list、va_start 获得指向变长参数的指针，然后调用定位函数 Locate(A, ap, &offset)得到元素在数组中的偏移值，最后将该元素的值赋值给 e。

返回数组中指定的元素的实现代码如下：

```
int GetValue(DataType *e, Array A, ...)
  /*返回数组中指定的元素，将指定的数组的下标的元素赋值给 e */
{
    va_list ap;
    int offset;
    va_start(ap, A);
```

```
        if(LocateArray(A,ap,&offset) == 0)   /*找到元素在数组中的相对位置*/
            return 0;
        va_end(ap);
        *e = *(A.base+offset);                /*将元素值赋值给 e */
        return 1;
}
```

(4) 数组的赋值操作。数组的赋值操作就是要将元素 e 的值赋值给指定下标的数组中的元素。如成功则返回 1，否则返回 0。具体实现：利用宏 va_list、va_start 获得指向变长参数的指针，然后调用定位函数 Locate(A, ap, &offset)得到元素在数组中的偏移值，最后将元素 e 赋值给该元素。数组的赋值操作的实现代码如下：

```
int AssignValue(Array A, DataType e, ...)
    /*数组的赋值操作。将 e 的值赋给指定的数组元素*/
{
    va_list ap;
    int offset;
    va_start(ap, e);
    if(LocateArray(A,ap,&offset) == 0)   /*找到元素在数组中的相对位置*/
        return 0;
    va_end(ap);
    *(A.base+offset) = e;                /*将 e 赋值给该元素*/
    return 1;
}
```

(5) 数组的定位操作。数组的定位操作指的是，根据给定的数组中元素的下标，求出该元素在数组中的相对位置。如成功则返回 1，否则返回 0。具体实现：利用 va_arg(ap, int) 从类型为 va_list 的参数 ap 中依次得到传递来的参数，然后与数组映像常量基地址相乘，获得偏移地址。数组的定位操作的实现代码如下：

```
int LocateArray(Array A, va_list ap, int *offset)
    /*根据数组中元素的下标，求出该元素在 A 中的相对地址 offset */
{
    int i, instand;
    *offset = 0;
    for(i=0; i<A.dim; i++)
    {
        instand = va_arg(ap, int);
        if(instand<0 || instand>=A.bounds[i])
            return 0;
        *offset += A.constants[i]*instand;
    }
    return 1;
}
```

7.2.3　数组的应用举例

下面通过一个例子来说明数组基本操作的用法。

例 7-1 利用数组的基本操作，实现对数组的初始化、赋值、返回数组的值及定位操作。首先定义一个二维数组 B，并将 B 初始化，然后将数组 B 的值依次赋值给数组 A，并将数组 A 的元素输出。

分析：主要考察数组中元素的地址与下标之间的转换关系。本例给出两种方法输出数组中的元素：利用元素的下标和根据基地址求元素在数组中的相对地址。

数组操作的实现代码如下所示：

```c
/*包含头文件*/
#include <stdio.h>
#include <malloc.h>
#include <stdlib.h>
#include <stdarg.h>      /*标准头文件，包含 va_start、va_arg、va_end 宏定义*/
typedef int DataType;
#include "SeqArray.h"
void main()
{
    Array A;
    DataType B[4][3] = {{5,6,7},{23,45,67},{35,2,34},{12,36,90}};
    int i, j;
    int dim=2, bound1=4, bound2=3;          /*初始化数组的维数和各维的长度*/
    DataType e;
    InitArray(&A, dim, bound1, bound2);     /*构造一个 4×3 的二维数组 A */
    printf("数组 A 的各维的长度是:");
    for(i=0; i<dim; i++)                     /*输出数组 A 各维的长度*/
        printf("%3d", A.bounds[i]);

    printf("\n 数组 A 的常量基址是:");
    for(i=0; i<dim; i++)                     /*输出数组 A 的常量基址*/
        printf("%3d", A.constants[i]);
    printf("\n%d 行%d 列的矩阵元素如下:\n", bound1, bound2);
    for(i=0; i<bound1; i++)
    {
        for(j=0; j<bound2; j++)
        {
            AssignValue(A, B[i][j], i, j); /*将数组 B 的元素赋值给 A */
            GetValue(&e, A, i, j);          /*将数组 A 中的元素赋值给 e */
            printf("A[%d][%d]=%3d\t",i,j,e); /*输出数组 A 中的元素*/
        }
        printf("\n");
    }
    printf("按照数组的线性序列输出元素,即利用基地址输出元素:\n");
    for(i=0; i<bound1*bound2; i++)           /*按照线性序列输出数组 A 中的元素*/
    {
        printf("第%d 个元素=%3d\t", i+1, A.base[i]);
        if((i+1)%bound2 == 0)
            printf("\n");
    }
    DestroyArray(&A);
}
```

程序的运行结果如图 7.4 所示。

图 7.4　数组操作程序的运行结果

7.3　特殊矩阵的压缩存储

矩阵是许多科学与工程计算中经常遇到的问题，在高级语言中，通常使用二维数组来存储矩阵。然而，在矩阵的运算中，往往会出现阶数很高的矩阵中存在许多相同的元素或值为零的元素。为了节省空间，需要将这些矩阵进行压缩存储。如果矩阵中的元素在矩阵中存在一定的规律，则称这种矩阵为特殊矩阵。如果矩阵中的元素有许多的零元素且不具有规律性，则称这种矩阵为稀疏矩阵。

本节主要介绍特殊矩阵的压缩存储，包括对称矩阵的压缩存储、三角矩阵的压缩存储、对角矩阵的压缩存储。

7.3.1　对称矩阵的压缩存储

如果一个 n 阶的矩阵 A 中的元素满足性质 $a_{ij}=a_{ji}(0\leq i, j\leq n-1)$，则称这种矩阵为 n 阶对称矩阵。

由于对称矩阵中的元素关于主对角线对称，因此，在对矩阵存储时，可以只存储对称矩阵中的上三角或者下三角的元素，使得对称的元素共享一个存储单元。这样就可以将 n^2 个元素存储在 n(n+1)/2 的存储单元里。n 阶对称矩阵 A 如图 7.5 所示。这种按照某种规律将矩阵中的元素存储在一个较小的内存单元中的方式，称为矩阵的压缩存储。

$$A_{n\times n} = \begin{bmatrix} a_{0,0} & a_{0,1} & \cdots & a_{0,n-1} \\ a_{1,0} & a_{1,1} & \cdots & a_{1,n-1} \\ \vdots & \vdots & & \vdots \\ a_{n-1,0} & a_{n-1,1} & \cdots & a_{n-1,n-1} \end{bmatrix} \qquad A_{n\times n} = \begin{bmatrix} a_{0,0} & & & \\ a_{1,0} & a_{1,1} & & \\ \vdots & \vdots & & \\ a_{n-1,0} & a_{n-1,1} & \cdots & a_{n-1,n-1} \end{bmatrix}$$

对称阵　　　　　　　　　　下三角矩阵

图 7.5　n 阶对称矩阵与下三角矩阵

假设以一维数组 s 存储对称矩阵 A 的上三角或下三角元素，则一维数组 s 的下标 k 与 n

阶对称矩阵 A 的元素 a_{ij} 之间的对应关系为：

$$k = \begin{cases} \dfrac{i*(i+1)}{2} + j & \text{当 } i \geqslant j \\ \dfrac{j(j+1)}{2} + i & \text{当 } i < j \end{cases}$$

当 $i \geqslant j$ 时，$\dfrac{i*(i+1)}{2} + j$ 表示矩阵 A 的下三角元素与 k 之间的对应关系；当 $i < j$ 时，表示矩阵 A 的上三角元素的下标与 k 之间的对应关系。任意给定一组下标(i,j)，就可以在一维数组 s 中找到矩阵 A 的元素 a_{ij}。反之，任意给定一个 k 值，其中，$0 \leqslant k \leqslant n \times (n+1)/2 - 1$，就可以确定元素 s[k] 在矩阵 A 中的位置(i,j)。称 s 为 n 对称矩阵 A 的压缩存储。通常情况下，以行序为主序存储矩阵中的下三角的元素。矩阵的下三角元素的存储表示如图 7.6 所示。

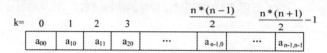

图 7.6　对称矩阵的压缩存储

7.3.2　三角矩阵的压缩存储

三角矩阵分为两种：上三角矩阵和下三角矩阵。其中，下三角元素均为常数 C 或零的 n 阶矩阵，称为上三角矩阵，上三角元素均为常数 C 或零的 n 阶矩阵称为下三角矩阵。三角矩阵的形式如图 7.7 所示。压缩矩阵也同样适用于三角矩阵，重复元素 C 可以用一个存储单元存储，其他元素可以用对称矩阵的压缩存储方式存储。

$$A_{n \times n} = \begin{bmatrix} a_{0,0} & a_{0,1} & \cdots & a_{0,n-1} \\ & a_{1,1} & \cdots & a_{1,n-1} \\ & & & \vdots \\ C & & & a_{n-1,n-1} \end{bmatrix} \qquad A_{n \times n} = \begin{bmatrix} a_{0,0} & & & \\ a_{1,0} & a_{1,1} & & C \\ \vdots & \vdots & & \\ a_{n-1,0} & a_{n-1,1} & \cdots & a_{n-1,n-1} \end{bmatrix}$$

上三角矩阵　　　　　　　　　　　　下三角矩阵

图 7.7　上三角矩阵与下三角矩阵

如果用一维数组来存储三角矩阵，则需要存储 $n \times (n+1)/2 + 1$ 个元素。一维数组的下标 k 与矩阵的下标(i,j)的对应关系为：

$$k = \begin{cases} \dfrac{i*(2n-i+1)}{2} + j - i & \text{当 } i \leqslant j \\ \dfrac{n*(n+1)}{2} & \text{当 } i > j \end{cases} \qquad\qquad k = \begin{cases} \dfrac{i*(i+1)}{2} + j & \text{当 } i \geqslant j \\ \dfrac{n*(n+1)}{2} & \text{当 } i < j \end{cases}$$

上三角矩阵　　　　　　　　　　　　下三角矩阵

其中，第 $k = \dfrac{n*(n+1)}{2}$ 个位置存放的是常数 C 或者零元素。上述公式的结果可以由等差数列得到。

7.3.3　对角矩阵的压缩存储

对角矩阵也称带状矩阵，是另一类特殊的矩阵。所谓对角矩阵，就是所有的非零元素都集中在主对角线两侧的带状区域内(对角线的个数为奇数)，也就是说除了主对角线和主对角线两边的对角线外，其他元素的值均为零。一个 3 对角矩阵如图 7.8 所示。

$$A_{6\times6}=\begin{bmatrix}7&6&0&0&0&0\\9&10&11&0&0&0\\0&5&7&2&0&0\\0&0&4&5&6&0\\0&0&0&1&7&3\\0&0&0&0&5&13\end{bmatrix}$$

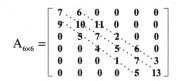

图 7.8　一个 3 对角矩阵

以上的对角矩阵具有以下特点。

当 i=0，j=1,2 时，也就是第一行，有 2 个非零元素；当 0<i<n−1，j=i−1,i，i=1 时，有 3 个非零元素；当 i=n−1，j=n−2, n−1 时，有 2 个非零元素。除此以外，其他元素均为零。

在三对角矩阵中，第一行和最后一行有两个非零元素，其余各行有 3 个非零元素。因此，如果用一维数组存储矩阵中的非零元素，需要存储 2+3×(n−2)+2=3n−2 个非零元素。带状矩阵的压缩存储形式如图 7.9 所示。

k=	0	1	2	3	4	5	6	7		3*n−3
矩阵	a_{00}	a_{01}	a_{10}	a_{11}	a_{12}	a_{21}	a_{22}	a_{23}	…	$a_{n-1,n-1}$

图 7.9　对角矩阵的压缩形式

下面确定一维数组的下标 k 与矩阵中的下标(i, j)之间的关系。先确定下标为(i, j)的元素与第 1 个元素之间在一维数组中的关系，Loc(i, j)表示 a_{ij} 在一维数组中的位置，Loc(0, 0)表示第 1 个元素在一维数组中的地址。

Loc(i, j) = Loc(0, 0) + 前 i-1 行的非零元素个数 + 第 i 行中 a_{ij} 的非零元素个数，其中，前 i-1 行的非零元素个数为 3×(i−1)−1，第 i 行的非零元素个数为 j−i+1。其中：

$$j-i=\begin{cases}-1 & \text{当}i>j\\0 & \text{当}i=j\\1 & \text{当}i<j\end{cases}$$

因此，k=Loc(0, 0) + 3×(i−1)−1+j−i = 1 = Loc(0, 0) + 2×(i−1) + j−1。则 k = 2×(i−1) + j−1。因为矩阵的下标与一维数组的下标都是从 0 开始的，所以 k = 2×i+j。

7.4　稀疏矩阵的压缩存储

稀疏矩阵中的大多数元素是零，因此也需要进行压缩存储。本节主要介绍稀疏矩阵的定义、稀疏矩阵的抽象数据类型、稀疏矩阵的三元组表示及算法实现。

7.4.1 稀疏矩阵的定义

假设在 m×n 矩阵中，有 t 个元素不为零，令 $\delta=\dfrac{t}{m\times n}$，$\delta$ 为矩阵的稀疏因子，若 $\delta \leqslant$ 0.05，则称矩阵为稀疏矩阵。也就是说，矩阵中存在大多数为零的元素，只有很少的非零元素，这样的矩阵就是稀疏矩阵。例如，图 7.10 是一个 6×7 的稀疏矩阵。

$$
M_{6\times7}=\begin{bmatrix} 0 & 0 & 0 & 9 & 0 & 0 & 0 \\ 0 & 3 & 0 & 0 & 0 & 0 & 0 \\ 0 & 0 & 7 & 2 & 0 & 0 & 0 \\ 7 & 0 & 0 & 0 & -2 & 0 & 0 \\ 0 & 0 & 4 & 7 & 0 & 0 & 0 \\ 0 & 0 & 0 & 0 & 5 & 0 & 0 \end{bmatrix}
$$

图 7.10 一个 6×7 的稀疏矩阵

在稀疏矩阵中，大多数都是元素值为零的元素，只有极少数的非零元素，为了节省内存单元，稀疏矩阵也需要进行压缩存储。

7.4.2 稀疏矩阵抽象数据类型

稀疏矩阵的抽象数据类型包括数据对象集合和基本操作集合。其中，数据对象集合定义了稀疏矩阵的元素及元素之间的关系，基本操作集合定义了在该数据集合上的一些基本操作。

1. 数据对象集合

在 C 语言中，稀疏矩阵其实是一个特殊的二维数组。数组中的元素大多数是零，只有少数的非零元素。在数据结构中，稀疏矩阵又是一个特殊的线性表，它是一个线性表的线性表。

2. 基本操作集合

稀疏矩阵的基本操作主要有如下几种。

(1) CreateMatrix(&M)：根据输入的行号、列号和元素值创建稀疏矩阵 M。

(2) DestroyMatrix(&M)：销毁稀疏矩阵 M。将稀疏矩阵的行数、列数、非零元素的个数置为零。初始条件：稀疏矩阵 M 存在。

(3) PrintMatrix(M)：按照以行为主序或列为主序打印输出稀疏矩阵的元素。初始条件：稀疏矩阵 M 存在。

(4) CopyMatrix(M, &N)：稀疏矩阵的复制操作。由稀疏矩阵 M 复制得到稀疏矩阵 N。初始条件：稀疏矩阵 M 存在。

(5) AddMatrix(M, N, &Q)：稀疏矩阵的相加操作。将两个稀疏矩阵 M 和 N 的对应行和列的元素相加，将结果存入稀疏矩阵 Q。初始条件：稀疏矩阵 M 和 N 存在，且行数和列数对应相等。

(6) SubMatrix(M, N, &Q)：稀疏矩阵的相减操作。将两个稀疏矩阵 M 和 N 的对应行和列的元素相减，将结果存入稀疏矩阵 Q。初始条件：稀疏矩阵 M 和 N 存在，且行数和列数对应相等。

(7) MultMatrix(M, N, &Q)：稀疏矩阵的相乘操作。将两个稀疏矩阵 M 和 N 相乘，将结果存入稀疏矩阵 Q。初始条件：稀疏矩阵 M 和 N 存在，且 M 的列数与 N 的行数相等。

(8) TransposeMatrix(M, &N)：稀疏矩阵的转置操作。将稀疏矩阵 M 中的元素对应的行和列互换，得到转置矩阵 N。初始条件：稀疏矩阵 M 存在。

7.4.3 稀疏矩阵的三元组表示

为了实现压缩存储，可以只存储稀疏矩阵的非零的元素。在存储稀疏矩阵中的非零元素时，还必须存储非零元素对应的行和列的位置(i, j)。也就是说，存储一个非零元素需要存储元素的行号、列号和元素值，即通过存储(i, j, a_{ij})来唯一确定一个非零的元素。这种存储表示称为稀疏矩阵的三元组表示。三元组的存储结构如图 7.11 所示。

i	j	e

非零元素 非零元素 非零元
的行号　　的列号　素的值

图 7.11　稀疏矩阵的三元组存储结构

图 7.11 中非零元素可以用以下三元组来表示：

((0,3,9), (1,1,3), (2,2,7), (2,3,2), (3,0,7), (3,4,-2), (4,2,4), (4,3,7), (5,4,5))

将这些三元组按照行序为主序，用一维数组存放，可以得到如图 7.12 所示的三元组的存储表示。其中 k 表示一维数组的下标。

k	i	j	e
0	0	3	9
1	1	1	3
2	2	2	7
3	2	3	2
4	3	0	7
5	3	4	-2
6	4	2	4
7	4	3	7
8	5	4	5

图 7.12　稀疏矩阵的三元组存储结构

通常数组的存储采用顺序存储结构，因此，采用顺序存储结构的三元组称为三元组顺序表。三元组顺序表的类型定义如下：

```
#define MAXSIZE 200
typedef struct            /*三元组类型定义*/
{
```

```
    int i, j;
    DataType e;
} Triple;
typedef struct                   /*矩阵类型定义*/
{
    Triple data[MAXSIZE];
    int m, n, len;               /*矩阵的行数，列数和非零元素的个数*/
} TriSeqMatrix;
```

其中，i 和 j 分别是非零元素的行号和列号，m、n、len 分别表示矩阵的行数、列数和非零元素的个数。

7.4.4 稀疏矩阵的三元组实现

下面给出稀疏矩阵的三元组算法实现。算法实现保存在文件 TriSeqMatrix.h 中。

(1) 创建稀疏矩阵操作。根据输入的行号、列号和元素值，创建一个稀疏矩阵。要求按照行优先顺序输入，创建稀疏矩阵成功返回 1，否则返回 0。代码如下：

```
int CreateMatrix(TriSeqMatrix *M)
  /*创建稀疏矩阵。要求按照行优先顺序输入非零元素值*/
{
    int i, m, n;
    DataType e;
    int flag;
    printf("请输入稀疏矩阵的行数、列数、非零元素数：");
    scanf("%d,%d,%d", &M->m, &M->n, &M->len);
    if(M->len > MAXSIZE)
        return 0;
    for(i=0; i<M->len; i++)
    {
        do
        {
            printf("请按行序顺序输入第%d个非零元素所在的行(1~%d),列(1~%d),
              元素值:", i, M->m, M->n);
            scanf("%d,%d,%d", &m, &n, &e);
            flag = 0;                        /*初始化标志位*/
            if(m<0 || m>M->m || n<0 || n>M->n) /*如果行号或列号正确，标志位为1 */
                flag = 1;
            /*如果输入的顺序正确，标志位为1 */
            if(i>0&&m<M->data[i-1].i||m==M->data[i-1].i&&n<=M->data[i-1].j)
                flag = 1;
        } while(flag);
        M->data[i].i = m;
        M->data[i].j = n;
        M->data[i].e = e;
    }
    return 1;
}
```

(2) 销毁稀疏矩阵操作。因为稀疏矩阵的内存单元是静态分配的，所以只需要将矩阵的行数、列数及个数置为 0。代码如下：

```
void DestroyMatrix(TriSeqMatrix *M)
 /*销毁稀疏矩阵操作。因为是静态分配，所以只需要将矩阵的行数，列数和个数置为 0 */
{
   M->m = M->n = M->len = 0;
}
```

(3) 稀疏矩阵的复制操作。由稀疏矩阵 M 复制得到另一个矩阵 N，将稀疏矩阵 M 的非零元素的行号、列号及元素值依次赋值给矩阵 N 的行号、列号及元素值。代码如下：

```
void CopyMatrix(TriSeqMatrix M, TriSeqMatrix *N)
 /*由稀疏矩阵 M 复制得到另一个矩阵 N */
{
    int i;
    N->len = M.len;         /*修改稀疏矩阵 N 的非零元素的个数*/
    N->m = M.m;             /*修改稀疏矩阵 N 的行数*/
    N->n = M.n;             /*修改稀疏矩阵 N 的列数*/
    for(i=0;i<M.len;i++)
     /*把稀疏矩阵 M 的非零元素的行号、列号及元素值依次赋给矩阵 N 的行号、列号及元素值*/
    {
        N->data[i].i = M.data[i].i;
        N->data[i].j = M.data[i].j;
        N->data[i].e = M.data[i].e;
    }
}
```

(4) 稀疏矩阵的相加操作。将两个稀疏矩阵 M 和 N 的对应非零元素相加，得到两个矩阵和的矩阵 Q。具体实现：先比较两个稀疏矩阵 M 和 N 的行号，如果行号相等，则比较列号；如果行号与列号都相等，则将对应的元素值相加，并将下标 m 与 n 都加 1，比较下一个元素；如果行号相等，列号不相等，则将列号较小的矩阵的元素赋值给矩阵 Q，并以列号小的下标继续比较下一个元素；如果行号与列号都不相等，则将行号较小的矩阵的元素赋值给 Q，并以行号小的下标比较下一个元素。

稀疏矩阵的相加操作实现代码如下：

```
int AddMatrix(TriSeqMatrix M, TriSeqMatrix N, TriSeqMatrix *Q)
 /*两个稀疏矩阵的和。将两个矩阵 M 和 N 对应的元素值相加，得到另一个稀疏矩阵 Q */
{
  int m=0, n=0, k=-1;
  if(M.m!=N.m || M.n!=N.n)
    /*如果两个矩阵的行数与列数不相等，则不能够进行相加运算*/
     return 0;
  Q->m = M.m;
  Q->n = M.n;
  while(m<M.len && n<N.len)
  {
      switch(CompareElement(M.data[m].i, N.data[n].i))
       /*比较两个矩阵对应元素的行号*/
      {
```

```
        case -1:
            Q->data[++k] = M.data[m++];   /*将矩阵 M，即行号小的元素赋值给 Q */
            break;
        case 0:
            /*如果矩阵 M 和 N 的行号相等，则比较列号*/
            switch(CompareElement(M.data[m].j, N.data[n].j))
            {
            case -1:  /*如果 M 的列号小于 N 的列号，则将矩阵 M 的元素赋值给 Q */
                Q->data[++k] = M.data[m++];
                break;
            case 0:   /*如果 M 和 N 的行号、列号均相等，则将两元素相加，存入 Q */
                Q->data[++k] = M.data[m++];
                Q->data[k].e += N.data[n++].e;
                if(Q->data[k].e == 0)        /*如果两个元素的和为 0，则不保存*/
                    k--;
                break;
            case 1:          /*如果 M 的列号大于 N 的列号，则将矩阵 N 的元素赋值给 Q */
                Q->data[++k] = N.data[n++];
            }
            break;
        case 1:              *如果 M 的行号大于 N 的行号，则将矩阵 N 的元素赋值给 Q */
            Q->data[++k] = N.data[n++];
        }
    }
    while(m < M.m)        /*如果矩阵 M 的元素还没处理完毕，则将 M 中的元素赋值给 Q */
        Q->data[++k] = M.data[m++];
    while(n < N.n)        /*如果矩阵 N 的元素还没处理完毕，则将 N 中的元素赋值给 Q */
        Q->data[++k] = N.data[n++];
    Q->len = k;           /*修改非零元素的个数*/
    if(k > MAXSIZE)
        return 0;
    return 1;
}
```

其中比较两个矩阵的元素值的函数实现代码如下所示：

```
int CompareElement(int a, int b)
 /*比较两个矩阵的元素值大小。前者小于后者，返回-1；相等，返回 0；大于，返回 1 */
{
    if(a < b)
        return -1;
    if(a == b)
        return 0;
    return 1;
}
```

(5) 稀疏矩阵的相减操作。只需要将第二个矩阵的元素值都乘上-1，然后再进行矩阵相加操作即可。代码如下：

```
int SubMatrix(TriSeqMatrix M, TriSeqMatrix N, TriSeqMatrix *Q)
 /*稀疏矩阵的相减操作*/
{
```

```
    int i;
    for(i=0; i<N.len; i++)
        N.data[i].e *= -1;            /*将矩阵 N 的元素都乘-1，然后将两个矩阵相加*/
    return AddMatrix(M, N, Q);
}
```

(6)　稀疏矩阵的转置操作。稀疏矩阵的转置就是要将矩阵中的元素由原来的存放位置(i, j)变为(j, i)，也就是说，将元素的行列互换。

例如，图 7.10 所示为一个 6×7 的矩阵，经过转置后变为 7×6 的矩阵，并且矩阵的元素也要以主对角线为准进行交换。

实现稀疏矩阵转置的方法为：将矩阵 M 的三元组中的行和列互换，就可以得到转置后的矩阵 N，如图 7.13 所示。

图 7.13　稀疏矩阵转置

经过转置后的稀疏矩阵的三元组顺序表表示如图 7.14 所示。

k	i	j	e		k	i	j	e
0	0	3	9		0	3	0	9
1	1	1	3		1	1	1	3
2	2	2	7		2	2	2	7
3	2	3	2		3	3	2	2
4	3	0	7		4	0	3	7
5	3	4	-2		5	4	3	-2
6	4	2	4		6	2	4	4
7	4	3	7		7	3	4	7
8	5	4	5		8	4	5	5

转置前　　　　　　　　　　转置后

图 7.14　矩阵转置的三元组表示

经过转置后的矩阵还需要对行、列下标进行排序，才能保证转置后的矩阵也是以行序优先存放的。但是为了避免行、列互换后排序，可以采用以矩阵的列序进行转置，这样经过转置后得到的三元组顺序表正好是以行序为主序存放的，不需要再对得到的三元组进行排序。

具体实现：逐次扫描三元组顺序表 M，第一次扫描 M，找到 j=0 的元素，将行号和列号互换后存入到三元组顺序表 N 中。然后第二次扫描 M，找到 j=1 的元素，将行号和列号互换后存入到三元组顺序表 N 中。依次类推，直到所有的元素都保存至 N 中。最后得到如图 7.15 所示的三元组顺序表 N。

在算法实现中，矩阵中的元素以(0,0)表示第一个元素的下标。

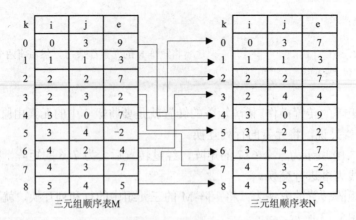

三元组顺序表M   三元组顺序表N

图 7.15   稀疏矩阵转置的三元组顺序表表示

稀疏矩阵的转置实现代码如下：

```c
void TransposeMatrix(TriSeqMatrix M, TriSeqMatrix *N)    /*稀疏矩阵的转置*/
{
    int i, k, col;
    N->m = M.n;
    N->n = M.m;
    N->len = M.len;
    if(N->len)
    {
        k = 0;
        for(col=0; col<M.n; col++)                /*按照列号扫描三元组顺序表*/
            for(i=0; i<M.len; i++)
                if(M.data[i].j == col)    /*如果元素的列号是当前列，则进行转置*/
                {
                    N->data[k].i = M.data[i].j;
                    N->data[k].j = M.data[i].i;
                    N->data[k].e = M.data[i].e;
                    k++;
                }
    }
}
```

通过分析该转置算法，其时间复杂度主要是在 for 语句的两层循环上，因此算法的时间复杂度是 O(n×len)。当非零元素的个数 len 与 m×n 同数量级时，算法的时间复杂度就变为 O(m×n²) 了。如果稀疏矩阵仍然采用二维数组存放，则转置算法为：

```c
for(col=0; col<M.n; ++col)
    for(row=0; row<M.len; row++)
        N[col][row] = M[row][col];
```

以上算法的时间复杂度为 O(n×m)。由此可以看出，采用三元组顺序存储表示虽然节省了存储空间，但是时间复杂度却增加了。

接下来讨论另外一种稀疏矩阵的转置算法。按照三元组顺序表 M 中元素的顺序进行转置，并将转置后的元素存放在三元组顺序表 N 的恰当位置。如果能够事先确定 M 中每一列的第一个非零元素在 N 的正确位置，则在对 M 进行转置时，可以直接将元素放在 N 的恰当位置。

为了确定元素在 N 中的正确位置，在转置前，应该先求得 M 的每一列中非零元素的个数，然后求出每一列非零元素在 N 中的正确位置。设置两个数组 num 和 position，num[col]用来存放三元组顺序表 M 中第 col 列的非零元素个数，position[col]用来存放 M 中的第 col 列的第一个非零元素在 N 的正确位置。

依次扫描三元组顺序表 M，可以求出每一列非零元素的个数，即 num[col]。position[col]的值可以由 num[col]得到，position[col]与 num[col]存在以下关系：

position[0]=0；position[col]=position[col-1]+num[col-1]，其中 1≤col≤M.n-1。

例如，图 7.10 的 num[col]和 position[col]的值如表 7.1 所示。

表 7.1 矩阵 M 的 num[col]与 position[col]的值

列号col	0	1	2	3	4	5	6
num[col]	1	1	2	3	2	0	0
position[col]	0	1	2	4	7	9	9

具体实现：position[col]的初值是 M 的第 col 列第一个非零元素的位置，当 M 中的 col 列有一个元素加入到 N 时，则 position[col]加 1，使 position[col]始终存放下一个要转置的非零元素。这种方法称为稀疏矩阵的快速转置，其算法实现如下所示：

```
void FastTransposeMatrix(TriSeqMatrix M, TriSeqMatrix *N)
  /*快速稀疏矩阵的转置运算*/
{
    int i, k, t, col, *num, *position;
    num = (int*)malloc((M.n+1)*sizeof(int));
     /*数组 num 用于存放 M 中的每一列非零元素个数*/
    position = (int*)malloc((M.n+1)*sizeof(int));
     /*数组 position 用于存放 N 中每一行中非零元素的第一个位置*/
    N->n = M.n;
    N->m = M.m;
    N->len = M.len;
    if(N->len)
    {
        for(col=0; col<M.n; ++col)
            num[col] = 0;                    /*初始化 num 数组*/
        for(t=0; t<M.len; t++)               /*计算 M 中每一列非零元素的个数*/
            num[M.data[t].j]++;
        position[0] = 0;            /* N 中第一行的第一个非零元素的序号为 0 */
        for(col=1; col<M.n; col++)  /*计算 N 中第 col 行的第一个非零元素的位置*/
            position[col] = position[col-1] + num[col-1];
        for(i=0; i<M.len; i++)           /*依据 position 对 M 进行转置，存入 N */
        {
            col = M.data[i].j;
            k = position[col];       /*取出 N 中非零元素应该存放的位置，赋值给 k */
            N->data[k].i = M.data[i].j;
            N->data[k].j = M.data[i].i;
            N->data[k].e = M.data[i].e;
```

```
        position[col]++;           /*修改下一个非零元素应该存放的位置*/
      }
    }
    free(num);
    free(position);
}
```

快速稀疏矩阵转置算法的时间主要耗费在 for 语句的 4 个循环上，循环次数分别是 n 和 len，总的时间复杂度为 O(n+len)。当 M 的非零元素的个数 len 与 m×n 一个数量级时，算法的时间复杂度变为 O(m×n)，与一般矩阵的时间复杂度相同。

7.5 稀疏矩阵的应用举例

上一节我们已经学习了稀疏矩阵的定义及稀疏矩阵的三元组顺序存储的算法实现，这一节主要通过分析并实现两个矩阵的相乘算法，来巩固对稀疏矩阵的理解。

7.5.1 稀疏矩阵相乘的三元组表示

两个矩阵相乘是矩阵的一种常用的运算。假设矩阵 M 是 $m_1 \times n_1$ 的矩阵，N 是 $m_2 \times n_2$ 的矩阵，如果矩阵 M 的列数与矩阵 N 的行数相等，即 $n_1 = m_2$，则两个矩阵 M 和 N 是可以相乘的。在数学中，两个矩阵相乘的计算公式为：

$$Q[i][j] = \sum_{k=0}^{n_1-1} M[i][k] \times N[k][j]，0 \leqslant i < m_1，0 \leqslant j < n_2$$

相应地，两个矩阵相乘的算法可以描述如下：

```
for(i=0; i<m1; i++)
    for(j=0; j<n2; j++)
    {
        Q[i][j] = 0;
        for(k=0; k<n1; k++)
            Q[i][j] = Q[i][j] + M[i][k]*N[k][j];
    }
```

该算法的时间复杂度为 $O(m_1 \times n_1 \times n_2)$。

下面通过一个例子来分析稀疏矩阵相乘的三元组实现算法。

例 7-2 有两个稀疏矩阵 M 和 N，使用三元组顺序表实现 M 和 N 相乘的算法。M 和 N 相乘后得到结果 Q，如图 7.16 所示。

$$M_{3\times 4} = \begin{bmatrix} 2 & 0 & 0 & 9 \\ 0 & -1 & 0 & 0 \\ 0 & 0 & 0 & 5 \end{bmatrix} \quad N_{4\times 2} = \begin{bmatrix} 2 & 0 \\ 0 & -1 \\ 3 & 0 \\ 0 & 0 \end{bmatrix} \quad Q_{3\times 2} = \begin{bmatrix} 4 & 0 \\ 0 & 1 \\ 0 & 0 \end{bmatrix}$$

图 7.16 矩阵相乘

对于以上三个矩阵，可以使用三元组存放，如图 7.17 所示。

k	i	j	e
0	0	0	2
1	0	3	9
2	1	1	-1
3	2	3	5

三元组顺序表M

k	i	j	e
0	0	0	2
1	1	1	-1
2	2	0	3

三元组顺序表N

k	i	j	e
0	0	0	4
1	1	1	1

三元组顺序表Q

图 7.17　矩阵 M、N、Q 的三元组顺序表

在一般的矩阵相乘运算中，不管 M[i][k] 和 N[k][j] 是否为零，都要进行一次乘法运算，而在稀疏矩阵中，应只需要将非零元素相乘，因为零与任何值相乘都是零。三元组顺序表实现的两个矩阵相乘的基本思想是：对于 M 中的每个非零元素 M.data[p]，在 N 中找到满足条件 M.data[p].j=N.data[q].i 的非零元素，然后求 M.data[p].e 与 N.data[q].e 的乘积。按照这种思路，对 M 中的每一行的元素与 N 中对应列的元素求累加和，并保存到相应的 Q 中。

另外，需要注意的是，两个稀疏矩阵的乘积不一定是稀疏矩阵，但是矩阵的每一个向量不为零，其累加和可能是零。由于矩阵的乘积是以行为单位处理的，因此，需要一个中间变量保存每一行的累加结果，在一行结束时，判断该中间变量的累加和是否为零，如果不为零，再将其存入到 Q 中的相应位置。

在求矩阵的每一行的累加和时，需要设置两个数组 num 和 rpos，其中 num[row] 保存三元组顺序表中的每一行的非零元素个数，rpos[row] 保存三元组顺序表中第 row 行的第一个非零元素的位置。num[row] 与 rpos[row] 的关系如下：

$$rpos[0] = 0;\quad rpos[row] = rpos[row-1]+num[row-1],\quad 1 \leqslant row \leqslant m_1 \text{ 或 } m_2$$

在算法实现过程中，rpos[row] 还需要设置三元组顺序表的最后一行的最后一个元素的位置，作为控制循环的条件。图 7.16 中的矩阵 M 和 N 的 num[row] 与 rpos[row] 的值如表 7.2 所示。

表 7.2　矩阵 M 和 N 的 num[row] 和 rpos[row] 的值

矩阵M的num[row]和rpos[row]的值

行号row	0	1	2	(3)
num[row]	2	1	1	
rpos[row]	0	2	3	4

矩阵N的num[row]和rpos[row]的值

行号row	0	1	2	3	(4)
num[row]	1	1	1	0	
rpos[row]	0	1	2	3	3

为了实现的方便，在三元组顺序表的类型定义中，增加了一个成员变量 rpos，其类型修改为以下形式：

```
#define MAXSIZE 200
typedef int DataType;
typedef struct            /*三元组类型定义*/
{
    int i, j;
    DataType e;
```

```
} Triple;
typedef struct              /*矩阵类型定义*/
{
    Triple data[MAXSIZE];
    int rpos[MAXSIZE];      /*用于存储三元组中的每一行的第一非零元素的位置*/
    int m, n, len;          /*矩阵的行数, 列数和非零元素的个数*/
} TriSeqMatrix;
```

7.5.2 稀疏矩阵的相乘三元组实现

算法实现包括以下两个部分：算法的测试部分和稀疏矩阵的算法实现部分。其中，测试部分包括头文件的引用、稀疏矩阵类型定义、主函数及输出部分。

1. 算法的测试部分

这部分代码主要包含需要的头文件、类型定义、函数声明、输出稀疏矩阵和主函数。其程序代码如下所示：

```
/*包含头文件*/
#include <stdlib.h>
#include <stdio.h>
#include <malloc.h>
/*稀疏矩阵类型定义*/
#define MAXSIZE 200
typedef int DataType;
typedef struct              /*三元组类型定义*/
{
    int i, j;
    DataType e;
} Triple;
typedef struct              /*矩阵类型定义*/
{
    Triple data[MAXSIZE];
    int rpos[MAXSIZE];
    int m, n, len;          /*矩阵的行数、列数和非零元素的个数*/
} TriSeqMatrix;
/*函数声明*/
void MultMatrix(TriSeqMatrix A, TriSeqMatrix B, TriSeqMatrix *C);
void PrintMatrix(TriSeqMatrix M);
int CreateMatrix(TriSeqMatrix *M); /*在 TriSeqMatrix.h 中创建稀疏矩阵函数*/
void main()
{
    TriSeqMatrix M, N, Q;
    CreateMatrix(&M);
    PrintMatrix(M);
    CreateMatrix(&N);
    PrintMatrix(N);
    MultMatrix(M, N, &Q);
    PrintMatrix(Q);
```

```
}
void PrintMatrix(TriSeqMatrix M)    /*稀疏矩阵的输出*/
{
    int i;
    printf("稀疏矩阵是%d 行×%d 列，共%d 个非零元素。\n", M.m, M.n, M.len);
    printf("行    列    元素值\n");
    for(i=0; i<M.len; i++)
        printf("%2d%6d%8d\n", M.data[i].i, M.data[i].j, M.data[i].e);
}
```

2．两个矩阵相乘的算法实现

在两个矩阵相乘之前，要先求出 num[row]和 rpos[row]的值。

矩阵相乘的算法实现：依次扫描矩阵 A 中的每一行，然后取出第 row 列的元素，并将其列赋值给 brow，即 brow=A.data[p].j，在矩阵 B 中找到第 brow 行的元素，即 q=B.rpos[brow]，取出其列号 ccol=B.data[q].j，最后计算 A 和 B 对应元素的乘积，并存入数组中，即 temp[ccol] +=A.data[p].e*B.data[q].e。

也就是在 A 中取出一个元素，该元素的列号为 brow，然后在 B 中找到第 brow 行的元素，计算两个元素的乘积。按照这种方法，求元素的累加和，并存入 C 中，即可以得到矩阵的乘积。

两个矩阵相乘的算法实现如下：

```
void MultMatrix(TriSeqMatrix A, TriSeqMatrix B, TriSeqMatrix *C)
    /*稀疏矩阵相乘*/
{
    int i, j, k, r, t, p, q, arow, brow, ccol;
    int temp[MAXSIZE];        /*累加器*/
    int num[MAXSIZE];
    if(A.n != B.m)            /*如果矩阵 A 的列与 B 的行不相等，则返回*/
        return;
    C->m = A.m;               /*初始化 C 的行数、列数和非零元素的个数*/
    C->n = B.n;
    C->len = 0;
    if(A.len*B.len == 0)      /*只要有一个矩阵的长度为 0，则返回*/
        return;
    /*求矩阵 B 中每一行第一个非零元素的位置*/
    for(i=0; i<B.m; i++)      /*初始化 num */
        num[i] = 0;
    for(k=0; k<B.len; k++)    /* num 存放矩阵 B 中每一行非零元素的个数*/
    {
        i = B.data[k].i;
        num[i]++;
    }
    B.rpos[0] = 0;
    for(i=1; i<B.m; i++)      /* rpos 存放矩阵 B 中每一行第一个非零元素的位置*/
        B.rpos[i] = B.rpos[i-1] + num[i-1];
    /*求矩阵 A 中每一行第一个非零元素的位置*/
    for(i=0; i<A.m; i++)      /*初始化 num */
        num[i] = 0;
```

```
for(k=0; k<A.len; k++)
{
    i = A.data[k].i;
    num[i]++;
}
A.rpos[0] = 0;
for(i=1; i<A.m; i++)          /* rpos 存放矩阵 A 中每一行第一个非零元素的位置*/
    A.rpos[i] = A.rpos[i-1] + num[i-1];
/*计算两个矩阵的乘积*/
for(arow=0; arow<A.m; arow++)          /*依次扫描矩阵 A 的每一行*/
{
    for(i=0; i<B.n; i++)          /*初始化累加器 temp */
        temp[i] = 0;
    C->rpos[arow] = C->len;
    /*对每个非 0 元素处理*/
    if(arow < A.m-1)
        t = A.rpos[arow+1];
    else
        t = A.len;

    for(p=A.rpos[arow]; p<t; p++)
    {
        brow = A.data[p].j;       /*取出 A 中的列号*/
        if(brow < B.m-1)
            t = B.rpos[brow+1];
        else
            t = B.len;
        for(q=B.rpos[brow]; q<t; q++)
          /*依次取出 B 中的第 brow 行，与 A 中的元素相乘*/
        {
            ccol = B.data[q].j;
            temp[ccol] += A.data[p].e*B.data[q].e; /*把乘积存入 temp 中*/
        }
    }

    for(ccol=0; ccol<C->n; ccol++)   /*将 temp 中的元素依次赋值给 C */
        if(temp[ccol])
        {
            if(++C->len > MAXSIZE)
                return;
            C->data[C->len-1].i = arow;
            C->data[C->len-1].j = ccol;
            C->data[C->len-1].e = temp[ccol];
        }
}
}
```

程序运行结果如图 7.18 所示。

该算法的时间复杂度是 O(A.len×B.n)，当 A.len 与 A.m×A.n 同数量级时，该算法的时间复杂度接近一般矩阵的相乘运算的时间复杂度 O(A.m×A.n×B.n)。

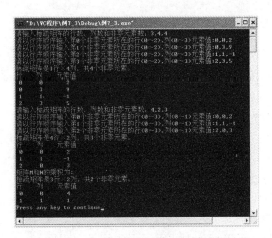

图 7.18　稀疏矩阵相乘程序的运行结果

7.6　稀疏矩阵的十字链表表示与实现

采用三元组顺序表在进行两个稀疏矩阵的相加和相乘运算时，需要移动大量的元素，算法的时间复杂度也大大增加。因此，本节介绍稀疏矩阵的另一种存储结构——链式存储。

7.6.1　稀疏矩阵的十字链表表示

稀疏矩阵的链式存储，就是利用链表来表示稀疏矩阵，链表中的每个结点存储稀疏矩阵中的每个非零元素。每个结点包含 5 个域：3 个数据域和两个指针域。其中 3 个数据域是 i、j 和 e，分别表示非零元素的行号、列号和元素值；两个指针域是 right 域和 down 域，right 指向同一行中的下一个非零元素，down 指向同一列的非零元素。

同一行的非零元素由 right 链接构成一个线性链表，同一列的非零元素由 down 链接构成一个线性链表。每个非零元素既是某一行链表的一个元素，又是某一列链表的一个元素，整个链表构成一个十字交叉的形状，这样的链表又称为十字链表。

在十字链表中，再增加一个指向行链表的头指针和指向列链表的头指针，每一行的头指针和列指针存放在一维数组中。十字链表中的结点如图 7.19 所示。

例如，图 7.16 中的矩阵 M 表示成十字链表，如图 7.20 所示。如果该元素的同一行或同一列没有非零元素，则将 right 或 down 置为∧。

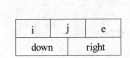

图 7.19　十字链表中的结点结构

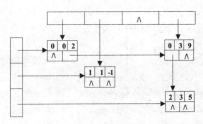

图 7.20　稀疏矩阵的十字链表表示

跟我学数据结构

十字链表的类型描述如下：

```
typedef struct OLNode
{
    int i, j;
    DataType e;
    struct OLNode *right, *down;
} OLNode, *OLink;
typedef struct
{
    OLink *rowhead, *colhead;
    int m, n, len;
} CrossList;
```

其中，i 和 j 分别表示稀疏矩阵中非零元素的行号和列号，e 表示非零元素值，right 指向同一行的下一个非零元素，down 指向同一列的下一个非零元素。rowhead 和 colhead 分别存放指向行链表和列链表的指针，m 和 n 分别表示稀疏矩阵的行数和列数，len 表示稀疏矩阵中非零元素的个数。

7.6.2　十字链表的实现

下面给出稀疏矩阵的十字链表的基本操作算法实现。算法实现保存在 CrossList.h 中。

(1) 稀疏矩阵的初始化操作。稀疏矩阵的初始化需要将十字链表的行链表和列链表的指针置为 NULL，并将稀疏矩阵的行数、列数和非零元素个数置为零。代码如下：

```
void InitMatrix(CrossList *M)   /*初始化稀疏矩阵*/
{
    M->rowhead = M->colhead = NULL;
    M->m = M->n = M->len = 0;
}
```

(2) 稀疏矩阵的创建操作。创建稀疏矩阵之前，需要将十字链表的行链表指针和列链表指针置为空，然后根据输入，动态生成一个结点 p，最后进行行插入结点和列插入结点。

在插入结点之前，判断新结点的行号或列号大于表头指针指向的一个结点，或者插入的是第一个结点，则将该结点直接插入即可。否则，还需要找到插入位置，然后进行插入操作。稀疏矩阵的创建操作实现代码如下：

```
void CreateMatrix(CrossList *M)   /*使用十字链表的存储方式创建稀疏矩阵*/
{
    int i, k;
    int m, n, num;
    OLNode *p, *q;
    if(M->rowhead)                 /*如果链表不空，则释放链表空间*/
        DestroyMatrix(M);
    printf("请输入稀疏矩阵的行数、列数、非零元素的个数: ");
    scanf("%d,%d,%d", &m, &n, &num);
    M->m = m;
    M->n = n;
```

258

```
    M->len = num;
    M->rowhead = (OLink*)malloc(m*sizeof(OLink));
    if(!M->rowhead)
        exit(-1);
    M->colhead = (OLink*)malloc(n*sizeof(OLink));
    if(!M->colhead)
        exit(-1);
    for(k=0; k<m; k++)          /*初始化十字链表,将链表的行指针置为空*/
        M->rowhead[k] = NULL;
    for(k=0; k<n; k++)          /*初始化十字链表,将链表的列指针置为空*/
        M->colhead[k] = NULL;
    printf("请按任意次序输入%d 个非零元的行号、列号及元素值:\n", M->len);
    for(k=0; k<num; k++)
    {
        p = (OLink*)malloc(sizeof(OLNode));        /*动态生成结点*/
        if(!p)
            exit(-1);
        scanf("%d,%d,%d", &p->i, &p->j, &p->e); /*依次输入行号、列号和元素值*/
        /*在行链表中插入 p 结点*/
        /*如果是第一个结点或当前元素的列号小于表头指向的一个的元素*/
        if(M->rowhead[p->i]==NULL || M->rowhead[p->i]->j>p->j)
        {
            p->right = M->rowhead[p->i];
            M->rowhead[p->i] = p;
        }
        else
        {
            q = M->rowhead[p->i];
            while(q->right && q->right->j<p->j)/*找到要插入结点的位置*/
                q = q->right;
            p->right = q->right;            /*将 p 插入到 q 结点之后*/
            q->right = p;
        }
        /*在列链表中插入 p 结点*/
        q = M->colhead[p->j];    /*将 q 指向待插入的链表*/
        if(!q || p->i<q->i)
            /*如果 p 的行号小于表头指针的行号或 p 为该列的第一个结点,则直接插入*/
        {
            p->down = M->colhead[p->j];
            M->colhead[p->j] = p;
        }
        else
        {
            while(q->down&&q->down->i<p->i)
                /*如果 q 的行号小于 p 的行号,则在链表中查找插入位置*/
                q = q->down;
            p->down = q->down;                /*将 p 插入到 q 结点之下*/
            q->down = p;
        }
    }
}
```

(3) 稀疏矩阵的插入操作。稀疏矩阵的插入操作与创建操作类似。稀疏矩阵的插入操作就是要将一个新结点插入到稀疏矩阵中，分为两个步骤插入新结点：在行链表中插入结点和列链表中插入结点。在行链表中插入结点与在列链表中插入结点的操作步骤是类似的，如果插入的是行或列的第一个元素，则直接插入；否则，找到要插入的位置，然后插入。稀疏矩阵的操作与链表的操作是一样的。

稀疏矩阵的插入操作实现代码如下：

```
void InsertMatrix(CrossList *M, OLink p)
 /*按照行序将p插入到稀疏矩阵中*/
{
    OLink q = M->rowhead[p->i];      /* q指向待插行表*/
    if(!q || p->j<q->j)
     /*待插的行表空或p所指结点的列值小于首结点的列值，则直接插入*/
    {
        p->right = M->rowhead[p->i];
        M->rowhead[p->i] = p;
    }
    else
    {
        while(q->right && q->right->j<p->j)
         /* q所指不是尾结点且q的下一结点的列值小于p所指结点的列值*/
            q = q->right;
        p->right = q->right;
        q->right = p;
    }
    q = M->colhead[p->j];            /* q指向待插列表*/
    if(!q || p->i<q->i)         /*待插的列表空或p所指结点的行值小于首结点的行值*/
    {
        p->down = M->colhead[p->j];
        M->colhead[p->j] = p;
    }
    else
    {
        while(q->down && q->down->i<p->i)
         /* q所指不是尾结点且q的下一结点的行值小于p所指结点的行值*/
            q = q->down;
        p->down = q->down;
        q->down = p;
    }
    M->len++;
}
```

(4) 稀疏矩阵的销毁操作。销毁稀疏矩阵需要按行依次释放结点。代码如下：

```
void DestroyMatrix(CrossList *M)   /*销毁稀疏矩阵*/
{
    int i;
    OLink p, q;
    for(i=0; i<M->m; i++)             /*按行释放结点空间*/
    {
```

```
        p = *(M->rowhead+i);
        while(p)
        {
            q = p;
            p = p->right;
            free(q);
        }
    }
    free(M->rowhead);
    free(M->colhead);
    InitMatrix(M);
}
```

7.7　稀疏矩阵的十字链表实现应用举例

十字链表在稀疏矩阵的相加、相减和相乘操作是比较恰当的。本节通过两个稀疏矩阵的相加案例来讲解稀疏矩阵的十字链表的具体使用。

例 7-3 有两个稀疏矩阵 A 和 B，相加得到 C，如图 7.21 所示。试利用十字链表实现两个稀疏矩阵的相加，并输出结果。

$$A_{4\times4} = \begin{bmatrix} 2 & 0 & 0 & 0 \\ 0 & 3 & 0 & 0 \\ 0 & 0 & 0 & 2 \\ 1 & 0 & 0 & 0 \end{bmatrix} \quad B_{4\times4} = \begin{bmatrix} 0 & 3 & 0 & 1 \\ 0 & -3 & 0 & 0 \\ 0 & 0 & 0 & 0 \\ 0 & 0 & 1 & 0 \end{bmatrix} \quad C_{4\times4} = \begin{bmatrix} 2 & 3 & 0 & 1 \\ 0 & 0 & 0 & 0 \\ 0 & 0 & 0 & 2 \\ 1 & 0 & 1 & 0 \end{bmatrix}$$

图 7.21　十字链表表示的稀疏矩阵的相加

两个矩阵 A 和 B 的相加得到结果 C。两个矩阵 A 和 B 相加，就是要将 A 和 B 对应的行和列的元素相加，结果存入 C，相加的结果仍然是 4×4 的矩阵。两个矩阵相加，首先要动态生成一个结点 p，然后逐行扫描两个矩阵，如果出现矩阵中的非零元素的行号和列号相同，则将两元素值相加。稀疏矩阵 A 和 B 的十字链表表示如图 7.22 所示，C 的十字链表表示如图 7.23 所示。

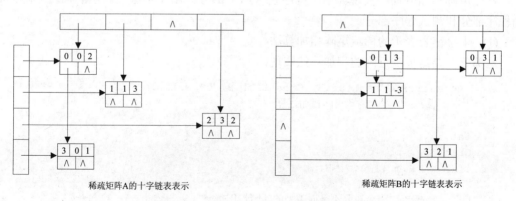

稀疏矩阵A的十字链表表示　　　　稀疏矩阵B的十字链表表示

图 7.22　稀疏矩阵 A 和 B 的十字链表表示

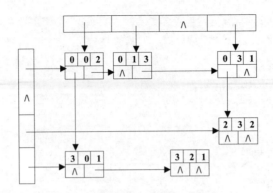

图 7.23　稀疏矩阵 C 的十字链表表示

两个元素相加可能会出现三种情况。

第一种情况，A 中的元素 $a_{ij} \neq 0$ 且 B 中的元素 $b_{ij} \neq 0$，但是结果可能为零，如果结果为零，则将该动态生成的结点释放掉；如果结果不为零，则将该结点插入到十字链表中，成为 C 的一个新结点。

第二种情况，A 中的第(i, j)个位置存在非零元素 a_{ij}，而 B 中不存在非零元素，则只需要将该值赋值给新结点 p，将 p 插入到 C 中。

第三种情况，B 中的第(i, j)个位置存在非零元素 b_{ij}，而 A 中不存在非零元素，则只需要将 b_{ij} 赋值给新结点 p，将 p 插入到 C 中。

具体实现：设置两个指针 pa 和 pb，分别指向 A 和 B 的第一行的第一个结点，从第一行开始扫描矩阵中的非零元素，比较 pa 和 pb 指向的非零元素的列号，如果 pa 指向的元素的列号小于 pb 指向的元素的列号，则将 pa 指向的元素插入到十字链表 C 中；如果 pa 指向的元素的列号等于 pb 指向的元素的列号，则将 pa 指向的元素值与 pb 指向的元素值相加，如果其和不为零，则将其值的结点插入到 C；如果 pa 指向的元素的列号大于 pb 指向的元素的列号，则将 pb 指向的元素插入到十字链表 C 中。

然后分别将指针后移，继续扫描，直到将 A 和 B 中的第一行扫描结束。接着扫描第二行，重复执行此操作，直到 A 和 B 中有一个扫描完毕。最后，A 和 B 中剩余的非零元素插入到 C 中。

稀疏矩阵相加的程序实现如下。程序包含两个部分：用十字链表表示的稀疏矩阵的相加程序部分和测试程序部分。

(1)　十字链表表示的稀疏矩阵相加算法

这部分主要是稀疏矩阵的相加算法实现：

```
void AddMatrix(CrossList A, CrossList B, CrossList *C)
 /*十字链表表示的两个稀疏矩阵相加运算*/
{
    int i;
    OLink pa, pb, pc;
    if(A.m!=B.m || A.n!=B.n)
    {
        printf("两个矩阵不是同类型的,不能相加\n");
        exit(-1);
    }
```

```
/*初始化矩阵 Q */
C->m = A.m;
C->n = A.n;
C->len = 0;                    /*矩阵 C 的元素个数的初值为 0 */
/*初始化十字链表*/
if(!(C->rowhead=(OLink*)malloc(C->m*sizeof(OLink))))
 /*动态生成行表头数组*/
    exit(-1);
if(!(C->colhead=(OLink*)malloc(C->n*sizeof(OLink))))
 /*动态生成列表头数组*/
    exit(-1);
for(i=0; i<C->m; i++)    /*初始化矩阵 C 的行表头指针数组，各行链表为空*/
    C->rowhead[i] = NULL;
for(i=0; i<C->n; i++)    /*初始化矩阵 C 的列表头指针数组，各列链表为空*/
    C->colhead[i] = NULL;
/*将稀疏矩阵按行的顺序相加*/
for(i=0; i<A.m; i++)
{
    pa = A.rowhead[i];  /* pa 指向矩阵 A 的第 i 行的第 1 个结点*/
    pb = B.rowhead[i];  /* pb 指向矩阵 B 的第 i 行的第 1 个结点*/
    while(pa && pb)
    {
        pc = (OLink)malloc(sizeof(OLNode)); /*生成新结点*/
        switch(CompareElement(pa->j, pb->j))
        {
        case -1:     /*如果 A 的列号小于 B 的列号，将矩阵 A 的当前元素值插入 C */
            *pc = *pa;
            InsertMatrix(C, pc);
            pa = pa->right;
            break;
        case  0:     /*如果矩阵 A 和 B 的列号相等，元素值相加*/
            *pc = *pa;
            pc->e += pb->e;
            if(pc->e != 0)      /*如果和为非零，则将结点插入 C 中*/
                InsertMatrix(C, pc);
            else
                free(pc);
            pa = pa->right;
            pb = pb->right;
            break;
        case  1:     /*如果 A 的列号大于 B 的列号，将矩阵 B 的当前元素值插入 C 中*/
            *pc = *pb;
            InsertMatrix(C, pc);
            pb = pb->right;
        }
    }
    while(pa)        /*如果矩阵 A 还有未处理完的非零元素，则将剩余元素插入 C 中*/
    {
        pc = (OLink)malloc(sizeof(OLNode));
        *pc = *pa;
        InsertMatrix(C, pc);
```

```
            pa = pa->right;
        }
        while(pb)         /*如果矩阵 B 还有未处理完的非零元素，则将剩余元素插入 C 中*/
        {
            pc = (OLink)malloc(sizeof(OLNode));
            *pc = *pb;
            InsertMatrix(C, pc);
            pb = pb->right;
        }
    }
    if(C->len == 0)       /*矩阵 C 的非零元素个数为零，则直接消耗 C */
        DestroyMatrix(C);
}
```

(2) 测试程序部分

这部分主要包括主函数、元素值的比较(在矩阵相加函数中调用)、矩阵的打印输出函数 (矩阵的创建和插入操作函数实现参见 7.6.2 节)。代码如下：

```
/*包含头文件*/
#include <stdlib.h>
#include <stdio.h>
#include <malloc.h>

/*稀疏矩阵类型定义*/
typedef int DataType;
typedef struct OLNode
{
    int i, j;
    DataType e;
    struct OLNode *right, *down;
} OLNode, *OLink;

typedef struct
{
    OLink *rowhead, *colhead;
    int m, n, len;
} CrossList;

#include "CrossMatrix.h"
void AddMatrix(CrossList A, CrossList B, CrossList *C);
int CompareElement(int a, int b);
void main()
{
    CrossList M, N, Q;
    int row, col;
    DataType value;
    OLink p;
    InitMatrix(&M);       /*初始化稀疏矩阵*/
    CreateMatrix(&M);     /*创建稀疏矩阵*/
    printf("矩阵 M: \n");
    PrintMatrix(M);       /*以矩阵的形式输出稀疏矩阵*/
```

```
        InitMatrix(&N);        /*初始化稀疏矩阵*/
        CreateMatrix(&N);      /*创建稀疏矩阵*/
        printf("矩阵 N：\n");
        PrintMatrix(N);  /*以矩阵的形式输出稀疏矩阵*/
        /*两个矩阵的相加*/
        AddMatrix(M, N, &Q);
        printf("两个稀疏矩阵相加结果：M+N=\n");
        PrintMatrix(Q);
        /*在矩阵 M 中插入一个元素*/
        printf("请输入要插入元素的行号、列号和元素值：");
        scanf("%d,%d,%d", &row, &col, &value);
        p = (OLNode*)malloc(sizeof(OLNode));
        p->i = row;
        p->j = col;
        p->e = value;
        InsertMatrix(&M, p);
        printf("插入元素后，矩阵 M：\n");
        PrintMatrix(M);
}
int CompareElement(int a, int b)
  /*比较两个元素值的大小。如果 a>b，返回 1，a=b，则返回 0，a<b，则返回-1 */
{
        if(a < b)
                return -1;
        if(a == b)
                return 0;
        return 1;
}
void PrintMatrix(CrossList M)
  /*按矩阵形式输出十字链表*/
{
        int i, j;
        OLink p;
        for(i=0; i<M.m; i++)
        {
                p = M.rowhead[i];              /* p 指向该行的第 1 个非零元素*/
                for(j=0; j<M.n; j++)           /*从第一列到最后一列进行输出*/
                        if(!p || p->j!=j)
                        /*已到该行表尾或当前结点的列值不等于当前列值，则输出 0 */
                                printf("%-3d", 0);
                        else
                        {
                                printf("%-3d", p->e);
                                p = p->right;
                        }
                printf("\n");
        }
}
```

程序的运行结果如图 7.24 所示。

图 7.24　十字链表表示的稀疏矩阵相加程序的运行结果

7.8　小　　结

本章主要介绍了一种扩展的线性表——数组。

数组是由 n 个相同数据类型的数据元素$(a_0,a_1,a_2,...a_{n-1})$组成的有限序列。其中，数组中的元素占用一块连续的内存单元，数据元素 a_i 可以是原子类型，也可以是一个线性表。因此，数组是一种扩展类型的线性表。

数组分为一维数组和多维数组，多维数组的存储存在非线性的排列向线性排列转换的问题，最常见的是二维数组地址向一维数组地址的转换，二维数组向一维数组转换分为以行优先和以列优先两种。

一般情况下，数组的存放是以顺序存储结构的形式存放。采用顺序存储结构的数组具有随机存取的特点，方便数组中元素的查找等操作。但是，如果数组中的大多数的元素是值为零的元素，或者值相同的元素，这种情况出现在二维数组中，那么把它称为特殊矩阵。在 C 语言中，矩阵通常以二维数组存储。

特殊矩阵可以通过转换，存储在一个一维数组中，这种存储方式可以节省存储空间，称为特殊矩阵的压缩存储。特殊矩阵的压缩存储一般分为三种：对称矩阵的压缩存储、三角矩阵的压缩存储和对角矩阵的压缩存储。

稀疏矩阵也是一种特殊的矩阵，稀疏矩阵指的是矩阵中非零元素的个数远远小于矩阵中零元素的个数。稀疏矩阵也存在压缩存储，稀疏矩阵的压缩存储通常分为两种方式：稀疏矩阵的三元组顺序表表示和稀疏矩阵的十字链表表示。

三元组顺序表通过存储矩阵中非零元素的行号、列号和非零元素值，来唯一确定该元素及在矩阵中的位置。三元组顺序表通常利用一个一维数组实现，采用的是顺序存储结构。

十字链表采用链式存储结构实现稀疏矩阵的压缩存储，通过定义一个链表，链表中的每一个结点包含三个数据域和两个指针域。其中三个数据域分别存放矩阵中非零元素的行号、列号和非零元素值，两个指针域分别是指向同一行的下一个元素和同一列的下一个元素。

三元组顺序表在实现创建、复制、转置、输出等操作上比较方便，但是在进行矩阵的相加和相乘运算中，时间复杂度比较高。十字链表在各种操作实现时比较麻烦，但是在进行稀疏矩阵的相加和相乘等操作时，主要是进行插入和删除操作，因此，时间复杂度较低。

7.9　习　　题

(1) 已知一个稀疏矩阵是以三元组顺序表存储的，试写一个将三元组按矩阵形式输出的算法。

提示： 主要考察三元组顺序表的存储结构。

(2) 以下是 5×5 的螺旋方阵，试编写一个算法输出该形式的 n×n 阶方阵。

$$A_{5\times5}=\begin{bmatrix} 1 & 2 & 3 & 4 & 5 \\ 16 & 17 & 18 & 19 & 6 \\ 15 & 24 & 25 & 20 & 7 \\ 14 & 23 & 22 & 21 & 8 \\ 13 & 12 & 11 & 10 & 9 \end{bmatrix}$$

提示： 主要考察矩阵的灵活使用。观察以上 5×5 螺旋矩阵，不难发现，螺旋矩阵是由 3 圈构成的，每圈又由上、下、右、左 4 个方向组成。可以通过两层循环实现：外层循环控制圈数，内层循环由 4 个循环构成，分别输出上、下、右、左 4 个方向的数。

(3) 打印蛇形方阵，将自然数 1，2，...，N^2 按照蛇形方式依次存入 N×N 矩阵中。例如，N=5 时的蛇形方阵如图 7.25 所示。

1	3	4	10	11
2	5	9	12	19
6	8	13	18	20
7	14	17	21	24
15	16	22	23	25

图 7.25　5×5 蛇形方阵

提示： 从 a_{11} 开始到 a_{nn} 为止，依次填入自然数，交替对每一斜行从左上元素到右下元素或从右下元素到左上元素填数。通过观察，发现蛇形矩阵有以下特点：①对于奇数的斜行来说，下一个数的行号比上一个数的行号增 1，列号减 1。②对于偶数的斜行来说，下一个数的行号比上一个数的行号减 1，列号增 1。③对于前 n 个斜行来说，奇数斜行的元素从矩阵的第 1 行开始计数，偶数斜行的元素从矩阵第 1 列开始计数。④对于大于 n 个斜行来说，奇数斜行的元素从矩阵的第 n 列开始计数，偶数斜行的元素从矩阵的第 n 行开始计数。

(4) 已知稀疏矩阵是以十字链表形式存储，试写一个两个矩阵相乘的算法。

提示： 主要考察十字链表的存储结构与矩阵相乘算法思想。两个矩阵相乘，只有在第一个矩阵的行数和第二个矩阵的列数相同时才有意义。若 A 为 m×n 矩阵，B 为 n×p 矩阵，则它们的乘积 AB 是一个 m×p 矩阵。AB 中的元素是这样得来的：设 AB 中的 AB(i,j) = A 第 i 行乘以 B 的第 j 列，就是 A 第 i 行的每个元素分别对应乘以 B 的第 j 列的每个元素，再全部相加所得到的和。使用十字链表作为存储结构求矩阵 A 与 B 的乘积时，利用两个指针 pa 和 pb 分别指向十字链表的行向量与列向量，当 pa 指向结点的列号等于 pb 指向结点的行号时，计算两个结点元素的乘积。继续比较两个链表的结点列号与行号，如果列号与行号相等，则将结点元素乘积累加，成为 AB(i, j) 中的一个结点。

第8章 广义表

与数组一样，广义表是一种扩展的线性数据结构，是线性表的推广。广义表被广泛应用于人工智能等领域，在 Lisp 语言中，广义表是一种基本的数据结构。本章主要介绍广义表的定义、广义表的顺序存储与实现、广义表的递归算法。

通过阅读本章，您可以：

- 了解广义表的定义及抽象数据类型。
- 掌握广义表的头尾链表表示与实现。
- 掌握广义表的扩展线性链表表示与实现。

8.1 广 义 表

广义表是一种特殊的线性表，是线性表的扩展。广义表中的元素可以是单个元素，也可以是一个广义表。本节主要介绍广义表的定义和广义表的抽象数据类型。

8.1.1 广义表的定义

广义表(Lists)是由 n 个类型相同的数据元素$(a_1,a_2,a_3,...,a_n)$组成的有限序列。其中，广义表中的元素 a_i 可以是单个元素，也可以是一个广义表。通常，广义表记作 $GL=(a_1,a_2,a_3,...,a_n)$。其中，GL 是广义表的名字，n 是广义表的长度。如果广义表中的 a_i 是单个元素，则称 a_i 是原子。如果广义表中的 a_i 是一个广义表，则称 a_i 是广义表的子表。习惯上广义表的名字用大写字母来表示，原子用小写字母来表示。

在广义表 GL 中，a1 称为广义表 GL 的表头，其余元素组成的表$(a_2,a_3,...,a_n)$称为广义表 GL 的表尾。广义表的定义又用到了广义表，因此广义表的定义是一个递归的定义。下面给出一些例子，以加强读者对广义表的认识。

(1) A=()，广义表 A 是一个空表，A 的长度为零。

(2) B=(a)，广义表 B 中只有一个原子 a，B 的长度为 1。

(3) C=(a,(b,c))，广义表 C 中有两个元素。其中，第一个元素是原子 a，第二个元素是一个子表(b,c)，C 的长度为 2。

(4) D=(A,B,C)，广义表 D 中有三个元素，这三个元素都是子表，第一个元素是一个空表 A，D 的长度为 3。

(5) E=(a,b,E)，广义表 E 中有三个元素，前两个元素都是原子，第三个元素是一个子表 E。E 是一个无穷的表 E=(a,b,(a,b,(a,b,(a,b,(a,b,...)))))。原子是不可再分的，而子表则是由原子和表构成的。

从上面的例子可以看出：

● 广义表的元素可以是原子，也可以是子表，子表的元素还可以是子表。广义表的结构是一个多层次的结构。

● 广义表的元素可以是其他广义表的元素，也就是说，广义表可以被其他广义表共享。例如，A、B 和 C 是 D 的子表，在表 D 中不需要列出 A、B 和 C 的元素。

● 广义表可以是递归的表，即广义表可以是本身的一个子表。例如，E 就是一个递归的广义表。

根据前面对表头和表尾的定义可知，任何一个非空的广义表的表头可能是一个原子，也可以是一个广义表，而表尾则一定是一个广义表。例如：

head(B)=a，tail(B)=()，head(C)=a, tail(C)=((b,c))，head(D)=A，tail(D)=(B,C)

其中，head(B)表示取广义表 B 的表头元素，tail(B)表示取广义表 B 的表尾元素。

☼ 注意： ()和(())不同，前者是空表，长度为 0; 后者是含有一个空表的元素，长度为 1。

8.1.2 广义表的抽象数据类型

广义表的抽象数据类型包括数据对象集合和基本操作集合。其中，数据对象集合定义了广义表的数据元素及元素之间的关系，基本操作集合定义了在该数据集合上的一些基本操作。

1. 数据对象集合

广义表的数据对象集合为$\{a_i| 1{\leqslant}i{\leqslant}n，a_i$可以是原子，也可以是广义表$\}$。因此，广义表是线性表的扩展，是另一种特殊的线性表。例如，A=(a,(b,c,d))是一个广义表，A 是广义表的名字，广义表的长度是 2。从整体上看，A 中包含两个元素 a 和(b,c,d)，而第二个元素即子表又包含了三个元素 b、c 和 d。从整体上看，a 和(b,c,d)是线性结构，在子表的内部，b、c 和 d 又是线性结构。

2. 基本操作集合

广义表的基本操作主要有如下几种。

(1) GetHead(L)

初始条件：广义表 L 已存在。

操作结果：如果广义表是空表，则返回 NULL；否则，返回指向表头结点的指针。

(2) GetTail(L)

初始条件：广义表 L 已存在。

操作结果：如果广义表是空表，则返回 NULL；否则，返回指向表尾结点的指针。

(3) GListLength(L)

初始条件：广义表 L 已存在。

操作结果：如果广义表是空表，则返回 0；否则，返回广义表的长度。

(4) GListDepth(L)

初始条件：广义表 L 已存在。

操作结果：如果广义表是空表，则返回 1；否则返回广义表的深度。广义表的深度就是广义表中括号嵌套的层数。

(5) CopyGList(&T, L)

初始条件：广义表 L 已存在。

操作结果：由广义表 L 复制得到广义表 T。复制成功返回 1；否则，返回 0。

8.2 广义表的头尾链表表示与实现

在广义表中，数据元素可以是原子，也可以是广义表，因此，利用定长的顺序存储结构很难表示。通常情况下，广义表采用链式存储结构，即每个数据元素只用一个结点来表示。本节主要讲解广义表的头尾链表存储结构及实现。

跟我学数据结构

8.2.1　广义表的头尾链表存储结构

广义表中的每个元素可以用一个结点来表示。表中有两类结点：原子结点和子表结点。广义表可以分解为表头和表尾，一个表头和一个表尾可以唯一确定一个广义表。因此，一个表结点可以由三个域组成：标志域、指向表头的指针域和指向表尾的指针域。一个原子结点可以由两个域组成：标志域和值域。表结点和原子结点的存储结构如图 8.1 所示。

图 8.1　表结点和原子结点的存储结构

其中，tag=1 表示是子表，hp 和 tp 分别指向表头结点和表尾结点，tag=0 表示原子，atom 用于存储原子的值。

广义表的这种存储结构称为头尾链表存储表示。在上一节定义的几个广义表 A=()，B=(a)，C=(a,(b,c))，D=(A,B,C)，E=(a,b,E)的存储结构如图 8.2 所示。

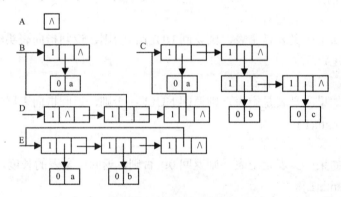

图 8.2　广义表的存储结构

广义表的头尾链表存储结构的类型定义描述如下：

```
typedef enum { ATOM, LIST } ElemTag; /* ATOM=0，表示原子，LIST=1，表示子表*/
typedef struct
{
    ElemTag tag;              /*标志位 tag 用于区分元素是原子还是子表*/
    union
    {
        AtomType atom;        /* AtomType 是原子结点的值域，用户自己定义类型*/
        struct
        {
            struct GLNode *hp, *tp;    /* hp 指向表头，tp 指向表尾*/
        } ptr;
    };
} *GList, GLNode;
```

272

8.2.2 广义表的基本运算

采用头尾链表存储结构表示的广义表的基本运算实现如下所示。以下算法的实现保存在文件 GList.h 中。

(1) 求广义表的表头操作。如果广义表为空，则返回 NULL，否则返回指向广义表的表头结点的指针。代码如下：

```
GLNode* GetHead(GList L)   /*求广义表的表头结点操作*/
{
   GLNode *p;
   if(!L)                           /*如果广义表为空表，则返回1 */
   {
      printf("该广义表是空表! ");
      return NULL;
   }
   p = L->ptr.hp;                    /*将广义表的表头指针赋值给p */
   if(!p)
      printf("该广义表的表头是空表");
   else if(p->tag == LIST)
      printf("该广义表的表头是非空的子表。");
   else
      printf("该广义表的表头是原子。");
   return p;
}
```

(2) 求广义表的表尾操作。如果广义表的表尾为空，则返回 NULL，否则，返回指向表尾结点的指针。代码如下：

```
GLNode* GetTail(GList L)   /*求广义表的表尾操作*/
{
   if(!L)                             /*如果广义表为空表，则返回1 */
   {
      printf("该广义表是空表! ");
      return NULL;
   }
   return L->ptr.hp;              /*如果广义表不是空表，则返回指向表尾结点的指针*/
}
```

(3) 求广义表的长度操作。如果广义表是空表，则广义表的长度为 0。否则，将指针 p 指向结点的表尾指针，统计广义表的长度。代码如下：

```
int GListLength(GList L)   /*求广义表的长度操作*/
{
   int length = 0;
   while(L)            /*如果广义表非空，则将p指向表尾指针，统计表的长度*/
   {
      L = L->ptr.tp;
      length++;
   }
```

```
    return length;
}
```

(4) 求广义表的深度操作。如果广义表是空表，则返回 1。如果是原子，则返回 0。如果是一个非空的广义表，则需要把求解广义表的深度分解成若干个小问题进行处理。

广义表的深度指的是广义表中括号的层数。假设广义表为 GL=($a_1,a_2,a_3,...,a_n$)，其中 a_i 可能是原子，也可能是子表，求广义表 GL 的深度可以分解为 n 个子问题，每个子问题就是求 a_i 的深度。如果 a_i 是原子，则深度为 0；如果 a_i 是子表，则继续求 a_i 的深度。广义表 GL 的深度为各元素 a_i 的深度的最大值加 1。根据定义，空表的深度为 1。

具体实现：广义表的定义是递归的，因此，求广义表的深度可以利用递归实现。递归的基本问题，也就是递归的返回条件有两个：当 L 为空表时，有 GListDepth(L)=1；当 L 为原子时，有 GListDepth(L)=0。如果 L 为非空的子表，则令 p 指向表头结点，即 L 的第一个元素 a_1(如果 a_1 是子表)，求 a_1 的深度，当 a_1 的深度求出后，再求 L 的第二个元素 a_2 的深度。依次类推，最后返回广义表 GL 的深度。求广义表深度操作的实现代码如下：

```
int GListDepth(GList L)  /*求广义表的深度操作*/
{
    int max, depth;
    GLNode *p;
    if(!L)                          /*如果广义表非空，则返回 1 */
        return 1;
    if(L->tag == ATOM)              /*如果广义表是原子，则返回 0 */
        return 0;
    for(max=0,p=L; p; p=p->ptr.tp)  /*逐层处理广义表*/
    {
        depth = GListDepth(p->ptr.hp);
        if(max < depth) max = depth;
    }
    return max+1;
}
```

广义表深度的递归算法的执行过程，其实就是访问广义表的每个结点，首先求得每个子表的深度，然后得到整个广义表的深度。例如，递归实现求广义表 A=((a),(),(a,(b,c)))的深度的过程如图 8.3 所示。

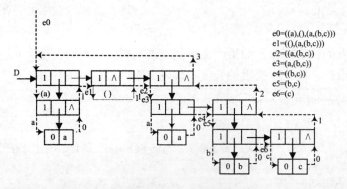

图 8.3　递归求解广义表深度的过程

图 8.3 中的虚线表示递归的路线，旁边的数字表示返回当前的子表的深度。可以看出，每当一个子表结束，就要对本层加 1。例如，对于子表(b, c)，当本层要返回时，返回到上一层，即(a(b, c))这一层，因为这是一个子表，所以返回 1。

(5) 广义表的复制操作。由广义表 L 复制得到广义表 T。任何一个非空的广义表都可以分解为表头和表尾，一个表头和表尾可以唯一确定一个广义表。因此，复制广义表只需要复制表头和表尾，然后合在一起就构成一个广义表。代码如下：

```
void CopyList(GList *T, GList L)
 /*广义表的复制操作。由广义表 L 复制得到广义表 T */
{
    if(!L)                          /*如果广义表为空，则 T 为空表*/
        *T = NULL;
    else
    {
        *T = (GList)malloc(sizeof(GLNode)); /*表 L 不空，为 T 建立一个表结点*/
        if(*T == NULL)
            exit(-1);
        (*T)->tag = L->tag;
        if(L->tag == ATOM)          /*复制原子*/
            (*T)->atom = L->atom;
        else                        /*递归复制子表*/
        {
            CopyList(&((*T)->ptr.hp), L->ptr.hp);
            CopyList(&((*T)->ptr.tp), L->ptr.tp);
        }
    }
}
```

8.2.3　广义表的应用举例

例 8-1　使用头尾链表存储结构建立一个广义表，并求出广义表的长度和深度。

分析：主要考察广义表的头尾链表的使用。要创建一个广义表，因为广义表是递归定义的，所以可以采用递归的方式创建广义表。实现代码分为 3 个部分：创建广义表、输出广义表和测试函数部分。

1．创建广义表

广义表的创建分为三个步骤。第一步，分离出表头和表尾：根据输入的字符串，通过找到串的第一个逗号，逗号之前的元素为表头，逗号之后的元素为表尾。第二步，将表头作为参数，通过递归创建表结点。第三步，如果表尾不空，则将已经创建的表结点的表尾指针指向表尾结点。然后重新分离出表头和表尾，为新的表头创建结点。重复执行以上步骤，直到串为空为止。创建广义表的实现代码如下：

```
void CreateList(GList *L, SeqString S)  /*采用头尾链表创建广义表*/
{
    SeqString Sub, HeadSub, Empty;
    GList p, q;
```

```
    StrAssign(&Empty, "()");
    if(!StrCompare(S, Empty))      /*如果输入的串是空串,则创建一个空的广义表*/
        *L = NULL;
    else
    {
        if(!(*L=(GList)malloc(sizeof(GLNode))))  /*为广义表生成一个结点*/
            exit(-1);
        if(StrLength(S) == 1)      /*广义表是原子,则将原子的值赋值给广义表结点*/
        {
            (*L)->tag = ATOM;
            (*L)->atom = S.str[0];
        }
        else                        /*如果是子表*/
        {
            (*L)->tag = LIST;
            p = *L;
            SubString(&Sub, S, 2, StrLength(S)-2);
             /*将 S 去除最外层的括号,然后赋值给 Sub */
            do
            {
                DistributeString(&Sub, &HeadSub);
                 /*将 Sub 分离出表头和表尾,分别赋值给 HeadSub 和 Sub */
                CreateList(&(p->ptr.hp), HeadSub);      /*递归调用生成广义表*/
                q = p;
                if(!StrEmpty(Sub)) /*如果表尾不空,则生成结点 p,并将尾指针域指向 p */
                {
                    if(!(p=(GLNode*)malloc(sizeof(GLNode))))
                        exit(-1);
                    p->tag = LIST;
                    q->ptr.tp = p;
                }
            } while(!StrEmpty(Sub));
            q->ptr.tp = NULL;
        }
    }
}
```

2. 输出广义表

利用广义表的递归定义进行输出。如果该元素是原子,则直接输出。否则,则先输出广义表的表头,然后输出广义表的表尾。这与求广义表的深度操作类似。输出广义表的程序代码如下:

```
void PrintGList(GList L)    /*输出广义表的元素*/
{
    if(L)                               /*如果广义表不空*/
    {
        if(L->tag == ATOM)              /*如果是原子,则输出*/
            printf("%c ", L->atom);
        else
        {
```

```
            PrintGList(L->ptr.hp);          /*递归访问 L 的表头*/
            PrintGList(L->ptr.tp);          /*递归访问 L 的表尾*/
        }
    }
}
```

3. 测试函数

包括主函数和串的处理函数。串的处理函数在创建广义表中被调用，函数 DistributeString 根据串中的第一个逗号将串分离成表头和表尾。其中串的基本操作在文件 SeqString.h 中。测试函数的程序代码实现如下：

```c
/*包含头文件和广义表、串的基本操作的实现文件*/
#include <stdio.h>
#include <malloc.h>
#include <stdlib.h>
#include <string.h>
typedef char AtomType;
#include "GList.h"
#include "SeqString.h"
/*函数声明*/
void CreateList(GList *L, SeqString S);
void DistributeString(SeqString *Str, SeqString *HeadStr);
void PrintGList(GList L);
void main()
{
    GList L, T;
    SeqString S;
    int depth, length;
    StrAssign(&S, "(a,(a,(b,c)))");       /*将字符串赋值给串 S */
    CreateList(&L, S);                    /*由串创建广义表 L */
    printf("输出广义表 L 中的元素:\n");
    PrintGList(L);                        /*输出广义表中的元素*/
    length = GListLength(L);              /*求广义表的长度*/
    printf("\n 广义表 L 的长度 length=%2d\n", length);
    depth = GListDepth(L);                /*求广义表的深度*/
    printf("广义表 L 的深度 depth=%2d\n", depth);
    CopyList(&T, L);
    printf("由广义表 L 复制得到广义表 T.\n 广义表 T 的元素为:\n");
    PrintGList(T);
    length = GListLength(T);              /*求广义表的长度*/
    printf("\n 广义表 T 的长度 length=%2d\n", length);
    depth = GListDepth(T);                /*求广义表的深度*/
    printf("广义表 T 的深度 depth=%2d\n", depth);
}
void DistributeString(SeqString *Str, SeqString *HeadStr)
 /*将串 Str 分离成两个部分，HeadStr 为第一个逗号之前的子串，Str 为逗号后的子串*/
{
    int len, i, k;
    SeqString Ch, Ch1, Ch2, Ch3;
    len = StrLength(*Str);        /* len 为 Str 的长度*/
```

```
StrAssign(&Ch1, ",");           /*将字符','、'('和')'分别赋给 Ch1、Ch2 和 Ch3 */
StrAssign(&Ch2, "(");
StrAssign(&Ch3, ")");
SubString(&Ch, *Str, 1, 1);  /* Ch 保存 Str 的第一个字符*/
for(i=1,k=0; i<=len&&StrCompare(Ch,Ch1)||k!=0; i++)
   /*搜索 Str 最外层的第一个括号*/
{
    SubString(&Ch, *Str, i, 1);  /*取出 Str 的第一个字符*/
    if(!StrCompare(Ch, Ch2))     /*如果第一个字符是'(',则令 k 加 1 */
       k++;
    else if(!StrCompare(Ch, Ch3)) /*如果当前字符是')',则令 k 减去 1 */
       k--;
}
if(i <= len)                     /*串 Str 中存在',',它是第 i-1 个字符*/
{
    SubString(HeadStr, *Str, 1, i-2); /* HeadStr 保存串 Str','前的字符*/
    SubString(Str, *Str, i, len-i+1); /* Str 保存串 Str','后的字符*/
}
else                             /*串 Str 中不存在',' */
{
    StrCopy(HeadStr, *Str);      /*将串 Str 的内容复制到串 HeadStr */
    StrClear(Str);               /*清空串 Str */
}
}
```

程序运行结果如图 8.4 所示。

图 8.4　广义表的基本操作运行结果

8.3　广义表的扩展线性链表表示与实现

广义表还有一种链式的存储结构，即广义表的扩展线性链表结构。本节主要讲解广义表的扩展性链表的表示与实现。

8.3.1　广义表的扩展线性链表存储

在扩展性链表的存储结构中，表结点和原子结点都由三个域构成。表结点包括三个域：标志域、表头指针域和表尾指针域。原子结点包括三个域：标志域、原子的值域和表尾指

针域。其中，标志域 tag 用来区分表结点和原子结点，tag=1 表示表结点，tag=0 表示原子结点，hp 和 tp 分别指向广义表的表头和表尾，atom 存储原子结点的值。扩展性链表的结点结构如图 8.5 所示。

图 8.5 扩展性链表结点存储结构

例如，广义表 D 的扩展性链表存储结构如图 8.6 所示。

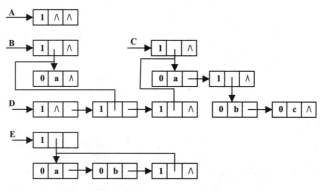

图 8.6 广义表的扩展性链表表示

广义表的扩展性链表存储结构的类型定义描述如下：

```
typedef enum {ATOM, LIST} ElemTag; /* ATOM=0，表示原子，LIST=1，表示子表*/
typedef struct
{
    ElemTag tag;                /* 标志位 tag 用于区分元素是原子还是子表*/
    union
    {
        AtomType atom;          /* AtomType 是原子结点的值域，用户自己定义类型*/
        struct GLNode *hp;      /* hp 指向表头*/
    } ptr;
    struct GLNode *tp;          /* tp 指向表尾*/
} *GList, GLNode;
```

8.3.2 广义表的基本运算

采用扩展性链表存储结构表示的广义表的基本运算实现如下所示。以下算法的实现保存在文件 GList2.h 中。

(1) 求广义表的表头操作。如果广义表为空，则返回 NULL，否则返回指向广义表的表头结点的指针。代码如下：

```
GLNode* GetHead(GList L)   /*求广义表的表头结点操作*/
{
    GLNode *p;
```

```
    p = L->ptr.hp;                      /*将广义表的表头指针赋值给 p */
    if(!p)                              /*如果广义表为空表，则返回 1 */
    {
        printf("该广义表是空表！");
        return NULL;
    }
    else if(p->tag == LIST)
        printf("该广义表的表头是非空的子表。");
    else
        printf("该广义表的表头是原子。");
    return p;
}
```

(2) 求广义表的表尾操作。如果广义表的表尾为空，则返回 NULL，否则，返回指向表尾结点的指针。代码如下：

```
GLNode* GetTail(GList L)    /*求广义表的表尾操作*/
{
    GLNode *p, *tail;
    p = L->ptr.hp;
    if(!p)                              /*如果广义表为空表，则返回 1 */
    {
        printf("该广义表是空表！");
        return NULL;
    }
    tail = (GLNode*)malloc(sizeof(GLNode));  /*生成 tail 结点*/
    tail->tag = LIST;                        /*将标志域置为 LIST */
    tail->ptr.hp = p->tp;                    /*将 tail 的表头指针域指向广义表的表尾*/
    tail->tp = NULL;                         /*将 tail 的表尾指针域置为空*/
    return tail;                             /*返回指向广义表表尾结点的指针*/
}
```

(3) 求广义表的长度操作。如果广义表是空表，则广义表的长度为 0。否则，将指针 p 指向结点的表尾指针，统计广义表的长度。代码如下：

```
int GListLength(GList L)    /*求广义表的长度操作*/
{
    int length = 0;             /*初始化化广义表的长度*/
    GLNode *p = L->ptr.hp;
    while(p)                    /*如果广义表非空，则将 p 指向表尾指针，统计表的长度*/
    {
        length++;
        p = p->tp;
    }
    return length;
}
```

(4) 求广义表的深度操作。如果广义表是空表，则返回 1。如果是原子，则返回 0。如果是一个非空的广义表，则需要把求解广义表的深度分解成若干个小问题进行处理。

采用扩展线性链表的存储结构的广义表的子表为空时，有 L->tag==LIST&&L->ptr.hp==NULL，即头指针域为 NULL。采用扩展线性链表表示的广义表的递归求广义表的深度，类似于采用头尾链表表示的广义表。先利用头指针域找到下一层的子表，如果该层还有子表，则继续利用头指针域找到下一层，直到该层次结点为原子或者是空表，返回到上一层，并返回求解的深度值。然后在该层中利用表尾指针找到该表的表尾，继续利用表头指针进行扫描，重复执行以上操作，直到所有层都返回。

求广义表的深度操作的实现代码如下：

```
int GListDepth(GList L)    /*求广义表的深度操作*/
{
    int max, depth;
    GLNode *p;
    if(L->tag==LIST && L->ptr.hp==NULL)        /*如果广义表非空，则返回1 */
        return 1;
    if(L->tag == ATOM)                         /*如果广义表是原子，则返回0 */
        return 0;
    p = L->ptr.hp;
    for(max=0; p; p=p->tp)                     /*逐层处理广义表*/
    {
        depth = GListDepth(p);
        if(max < depth)
            max = depth;
    }
    return max+1;
}
```

采用扩展线性链表结构求解广义表的深度与采用头尾链表求解广义表深度类似。例如，采用扩展线性链表结构递归求广义表 A=((a),(),(a,(b,c))) 的深度的过程如图 8.7 所示。

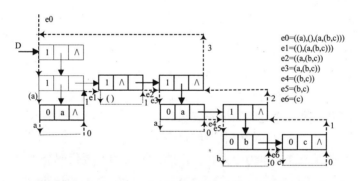

e0=((a),(),(a,(b,c)))
e1=((),(a,(b,c)))
e2=((a,(b,c))
e3=(a,(b,c))
e4=((b,c))
e5=(b,c)
e6=(c)

图 8.7　采用扩展线性链表递归求解广义表的深度的过程

图中的虚线表示递归所走的路线，旁边的数字表示返回当前的子表的深度。可以看出，每当一个子表结束，就要对本层加 1。

(5) 广义表的复制操作。由广义表 L 复制得到广义表 T。与采用头尾链表存储结构类似，任何一个非空的广义表都可以分解为表头和表尾，一个表头和表尾可以唯一确定一个广义表。因此，复制广义表只需要复制表头和表尾，然后合在一起就构成一个广义表。

代码如下：

```
void CopyList(GList *T, GList L) /*广义表的复制操作。由广义表L复制得到广义表 T */
{
```

```
    if(!L)                                    /*如果广义表为空，则 T 为空表*/
        *T = NULL;
    else
    {
        *T = (GList)malloc(sizeof(GLNode));   /*表 L 不空，为 T 建立一个表结点*/
        if(*T == NULL)
            exit(-1);
        (*T)->tag = L->tag;
        if(L->tag == ATOM)                    /*复制原子*/
            (*T)->ptr.atom = L->ptr.atom;
        else
            CopyList(&((*T)->ptr.hp), L->ptr.hp);  /*递归复制表头*/
        if(L->tp == NULL)
            (*T)->tp = L->tp;
        else
            CopyList(&((*T)->tp), L->tp);          /*递归复制表尾*/
    }
}
```

8.3.3 采用扩展线性链表存储结构的广义表应用举例

例 8-2 使用扩展线性链表存储结构建立一个广义表，并求出广义表的长度和深度。

分析：主要考察广义表的扩展线性链表的使用。要创建一个广义表，因为广义表是递归定义的，所以可以采用递归的方式创建广义表。实现代码分为三个部分：创建广义表、输出广义表和测试函数部分。

1. 创建广义表

广义表的创建分为 3 个步骤。

(1) 分离出表头和表尾：根据输入的字符串，通过找到串的第一个逗号，逗号之前的元素为表头，逗号之后的元素为表尾。

(2) 将表头作为参数，通过递归创建表头结点。

(3) 如果表尾不空，则递归创建表尾结点。

重复执行以上步骤，直到串为空为止。创建广义表的实现代码如下：

```
void CreateList(GList *L, SeqString S)    /*采用扩展线性链表创建广义表*/
{
    SeqString Sub, HeadSub, Empty;
    GList p, q;
    StrAssign(&Empty, "()");
    if(!(*L=(GList)malloc(sizeof(GLNode))))    /*为广义表生成一个结点*/
        exit(-1);
    if(!StrCompare(S, Empty))              /*如果输入的串是空串，则创建一个空的广义表*/
    {
        (*L)->tag = LIST;
        (*L)->ptr.hp = (*L)->tp = NULL;
    }
    else
```

```
{
    if(StrLength(S) == 1)      /*广义表是原子，则将原子的值赋值给广义表结点*/
    {
        (*L)->tag = ATOM;
        (*L)->ptr.atom = S.str[0];
        (*L)->tp = NULL;
    }
    else                    /*如果是子表*/
    {
        (*L)->tag = LIST;
        (*L)->tp = NULL;
        SubString(&Sub, S, 2, StrLength(S)-2);
          /*将 S 去除最外层的括号，然后赋值给 Sub */
        DistributeString(&Sub, &HeadSub);
          /*将 Sub 分离出表头和表尾，分别赋值给 HeadSub 和 Sub */
        CreateList(&((*L)->ptr.hp), HeadSub);      /*递归调用生成广义表*/
        p = (*L)->ptr.hp;
        while(!StrEmpty(Sub))/*如果表尾不空，则生成结点 p，并将尾指针域指向 p */
        {
            DistributeString(&Sub, &HeadSub);
            CreateList(&(p->tp), HeadSub);
            p = p->tp;
        }
    }
}
```

2．输出广义表

以广义表的形式输出。具体实现代码如下：

```
void PrintGList(GList L)    /*以广义表的形式输出*/
{
  if(L->tag == LIST)
  {
     printf("(");              /*如果子表存在，先输出左括号*/
     if(L->ptr.hp == NULL)     /*如果子表为空，则输出空格*/
        printf(" ");
     else                    /*递归输出表头*/
        PrintGList(L->ptr.hp);
     printf(")");             /*在子表的最后输出右括号*/
  }
  else                      /*如果是原子，则输出结点的值*/
     printf("%c", L->ptr.atom);
  if(L->tp != NULL)
  {
     printf(", ");           /*输出逗号*/
     PrintGList(L->tp);      /*递归输出表尾*/
  }
}
```

3. 测试部分

这部分主要包括要包含的头文件、函数声明和主函数。其中所用到的串操作在 SeqString.h 文件中。代码如下：

```c
#include <stdio.h>
typedef char AtomType;
#include "GList2.h"
#include "SeqString.h"
void CreateList(GList *L, SeqString S);
void DistributeString(SeqString *Str, SeqString *HeadStr);
void PrintGList(GList L);
void main()
{
    GList L,T;
    int length, depth;
    SeqString S;
    StrAssign(&S, "((a),(),(a,(b,c)))");
    CreateList(&L, S);
    printf("广义表 L 为：\n");
    PrintGList(L);
    printf("\n 由广义表 L 复制得到 T,广义表 T 为：\n");
    CopyList(&T, L);
    PrintGList(T);
    length = GListLength(L);
    printf("\n 广义表 L 的长度为:Length=%2d\n", length);
    depth = GListLength(L);
    printf("广义表 L 的深度为:Depth=%2d\n", depth);
}
```

8.4 小 结

本章主要介绍了另一种扩展的线性表——广义表。

广义表与数组都是一种扩展的线性表。广义表是由 n 个相同数据类型的数据元素 $(a_0,a_1,a_2,...,a_{n-1})$ 组成的有限序列。其中，广义表中的元素 a_i 可以是单个元素，也可以是一个广义表。如果广义表中的元素 a_i 是单个原子，则称 a_i 是原子。如果广义表中的 a_i 是一个广义表，则称 a_i 是广义表的子表。

习惯上广义表的名字用大写字母表示，原子用小写字母表示。

由于广义表中的数据元素既可以是原子，也可以是广义表，因此，利用定长的顺序存储结构很难表示。广义表通常采用链式存储结构表示。广义表的链式存储结构包括两种：广义表的头尾链表存储表示和广义表的扩展线性链表存储表示。

广义表的基本运算包括广义表的创建、求广义表的表头和表尾操作、广义表的深度和长度及复制广义表。广义表的深度指的是括号的嵌套层数。广义表的长度指的是最外层元素的个数。例如，广义表 D=(a,(a,(b,c))) 的长度为 2，深度为 3。

本章的主要学习内容是广义表的头尾链表表示和扩展线性链表表示。针对这两种存储表示，本章都给出了广义表的基本操作的算法描述，并给出了完整的程序。因为广义表的定义是递归的，所以，广义表的创建、求广义表的深度和长度等操作都是利用递归实现的。

8.5 习　　题

(1) 假设广义表以头尾链表方式存储，请写出以广义表形式输出的算法。

提示： 主要考察广义表的头尾链表结构及遍历算法。如果为空表，则输出 "()"；如果是原子，则直接输出元素；否则，输出左括号 "("。然后递归调用遍历算法，分别输出表头和表尾。

(2) 写出求广义表长度的非递归算法。

提示： 主要考察广义表的存储结构。通过 L=L->ptr.tp 操作并计数，就可以得到广义表的长度。

(3) 编写算法，要求计算一个广义表的原子结点个数。

提示： 主要考察广义表的存储结构和遍历算法。如果广义表为空，则原子结点个数为 0；如果是原子，则递归调用检查兄弟结点；如果是子表，则需要计算兄弟结点个数与下一层原子结点个数的和。

第 9 章　树

从第 3 章到第 8 章，我们介绍的线性表、栈、队列、串、数组和广义表都属于线性结构。从本章开始要介绍的树和下一章的图都属于非线性数据结构。线性数据结构中的每个元素有唯一的前驱元素和唯一的后继元素，即前驱元素和后继元素是一对一的关系。而本章要介绍的树中的元素有唯一的前驱元素和多个后继元素，即前驱元素和后继元素是一对多的关系。树形结构是非常重要的一种数据结构，在实际应用中也非常广泛，它主要应用在文件系统、目录组织等大量的数据处理中。

本章主要介绍树的定义、二叉树的定义与性质、二叉树的表示与实现、二叉树的遍历、二叉树的线索化、树与森林的转换及哈夫曼树。

通过阅读本章，您可以：

- 了解树的定义及抽象数据类型。
- 掌握二叉树的定义、性质及抽象数据类型。
- 掌握二叉树的存储表示与实现。
- 掌握二叉树的各种遍历算法。
- 掌握二叉树的线索化。
- 掌握树、二叉树与森林的转化。

9.1 树

树是一种非线性的数据结构，树中元素之间的关系是一对多的层次关系。树是一种抽象的内容，读者也许还没有听说过树，其实树的概念并不陌生，因为日常生活中到处可见。本节主要介绍树的定义和树的抽象数据类型。

9.1.1 树的定义

树(Tree)是 n(n≥0)个结点的有限序列。其中，n=0 时，称为空树。当 n>0 时，称为非空树，满足以下条件：

- 有且只有一个称为根的结点。
- 当 n>1 时，其余 n-1 个结点可以划分为 m 个有限集合 T_1, T_2, ..., T_m，且这 m 个有限集合不相交，其中 $T_i(1≤i≤m)$ 又是一棵树，称为根的子树。

由此可以看出，树是一个递归的定义。树的逻辑结构如图 9.1 所示。

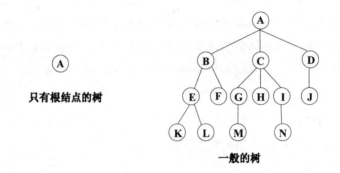

图 9.1 树的逻辑结构

在图 9.1 中，A 为根结点，左边树只有根结点，右边的树有 14 个结点，除了根结点，其余的 13 个结点分为 3 个不相交的子集：T_1={B,E,F,K,L}、T_2={C,G,H,I,M,N}和 T_3={D,J}。其中，T_1、T_2 和 T_3 是根结点 A 的子树，并且它们本身也是一棵树。例如，T2 的根结点是 C，其余的 5 个结点又分为三个不相交的子集：T_{21}={G,M}、T_{22}={H}和 T_{23}={I,N}。其中，T_{21}、T_{22} 和 T_{23} 是 T_2 的子树，G 是 T_{21} 的根结点，{M}是 G 的子树，I 是 T_{23} 的根结点，{N}是 I 的子树。

数据结构中的树看上去像一棵颠倒过来的树。根结点就像是树根，一棵树只有一个树根。根结点的各个子树类似于树的各个枝杈。位于树的最末端，就是没有子树的结点，称为叶子结点，即 K、L、F、M、H、N 和 J 都是叶子结点，类似树的叶子。树中的根结点与子树的结点存在一对多的关系，例如，B 结点有两棵子树：T_{11}={E,K,L}和 T_{12}={F}，而 T11 和 T12 只有一个根结点。

下面介绍关于树的一些基本概念。

(1) 树的结点：包含一个数据元素及若干指向子树分支的信息。

(2) 结点的度：一个结点拥有子树的个数称为结点的度。例如，结点 C 有 3 个子树，度为 3。

(3) 叶子结点：也称为终端结点，没有子树的结点，也就是度为零的结点，称为叶子结点。例如，结点 K 和 L 不存在子树，度为 0，称为叶子结点，F、M、H、N 和 J 也是叶子结点。

(4) 分支结点：也称为非终端结点，度不为零的结点称为非终端结点。例如，B、C、D、E 等都是分支结点。

(5) 孩子结点：一个结点的子树的根结点称为孩子结点。例如，{E,K,L}是根结点 B 的子树，而 E 又是这棵子树的根结点，因此，E 是 B 的孩子结点。

(6) 双亲结点：也称父结点，如果一个结点存在孩子结点，则该结点就称为孩子结点的双亲结点。例如，E 是 B 的孩子结点，而 B 又是 E 的双亲结点。

(7) 子孙结点：在一个根结点的子树中的任何一个结点都称为该根结点的子孙结点。例如，{G,H,I,M,N}是 C 的子树，子树中的结点 G、H、I、M 和 N 都是 C 的子孙结点。

(8) 祖先结点：从根结点开始到达一个结点，所经过的所有分支结点，都称为该结点的祖先结点。例如，N 的祖先结点为 A、C 和 I。

(9) 兄弟结点：一个双亲结点的所有孩子结点之间互相称为兄弟结点。例如，E 和 F 是 B 的孩子结点，因此，E 和 F 互为兄弟结点。

(10) 树的度：树中所有结点的度的最大值。例如，图 9.1 中右边的树的度为 3，因为结点 C 的度为 3，该结点的度是树中拥有最大度的结点。

(11) 树的层次：从根结点开始，根结点为第一层，根结点的孩子结点为第二层，依此类推，如果某一个结点是第 L 层，则其孩子结点位于第 L+1 层。

(12) 树的深度：也称为树的高度，树中所有结点的层次最大值称为树的深度。例如，图 9.1 中的右边的树的深度为 4。

(13) 有序树：如果树中各个子树是有先后次序的，则称该树为有序树。

(14) 无序树：如果树中各个子树是没有先后次序的，则称该树为无序树。

(15) 森林：m 棵互不相交的树构成一个森林。如果把一棵非空的树的根结点删除，则该树就变成了一个森林，森林中的树由原来的根结点各个子树构成。如果把一个森林加上一个根结点，将森林中的树变成根结点的子树，则该森林就转换成一棵树。

9.1.2　树的逻辑表示

树的逻辑表示方法可以分为 4 种：树形表示法、文氏图表示法、广义表表示法和凹入表示法。

(1) 树形表示法。图 9.1 就是树形表示法。树形表示法是最常用的一种表示法，它能直观、形象地表示出树的逻辑结构，能够清晰地反映出树中结点之间的逻辑关系。树中的结点使用圆圈表示，结点间的关系使用直线表示，位于直线上方的结点是双亲结点，直线下方的结点是孩子结点。

(2) 文氏图表示法。文氏图表示是利用数学中的集合的图形化表示来描述树的逻辑关系。图 9.1 的树可用文氏图表示成如图 9.2 所示。

(3) 广义表表示法。采用广义表的形式表示树的逻辑结构，广义表的子表表示结点的子树。图 9.1 的树利用广义表表示如下所示：

$$(A(B(E(K,L),F),C(G(M),H,I(N)),D(J)))$$

(4) 凹入表示法。凹入表示法类似于书的目录，章、节、小节逐个凹入。图 9.1 的树采用凹入表示法如图 9.3 所示。

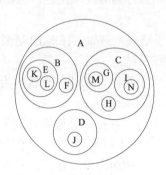

图 9.2　树的文氏图表示法

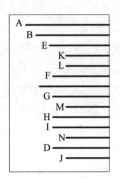

图 9.3　树的凹入表示法

在这 4 种树的表示法中，树形表示法最为常用。

9.1.3　树的抽象数据类型

树的抽象数据类型包括数据对象集合和基本操作集合。其中，数据对象集合定义了树的数据元素及元素之间的关系，基本操作集合定义了在该数据集合上的一些基本操作。

1. 数据对象集合

树的数据对象集合为树的各个结点的集合。一个数据元素可能有 m(m≥0)个后继元素，但只有一个前驱元素。元素之间是一对多的关系。

例如，在树(A(B(E(K,L),F),C(G(M),H,I(N)),D(J)))中，K 和 L 是结点 E 的后继结点，结点 E 是 K 和 L 的前驱结点。

2. 基本操作集合

树的基本操作主要有如下几种。

(1) InitTree(&T)：将 T 初始化为一棵空树。

(2) CreateTree(&T)：创建树 T。初始条件：树 T 不存在。

(3) DestroyTree(&T)：销毁树 T。初始条件：树 T 已存在。

(4) TreeEmpty(T)：如果 T 是空树，则返回 1；否则返回零。初始条件：树 T 已存在。

(5) Root(T)：如果树 T 非空，则返回树的根结点，否则返回 NULL。初始条件：树 T 已存在。

(6) Parent(T, e)：如果 e 不是根结点，则返回该结点的双亲。否则，返回空。初始条件：树 T 已存在，e 是 T 中的某个结点。

(7) FirstChild(T, e)：如果 e 不是叶子结点，则返回该结点的第一个孩子结点，否则，返回 NULL。初始条件：树 T 已存在，e 是 T 中的某个结点。

(8) NextSibling(T, e)：如果 e 不是其双亲结点的最后一个孩子结点，则返回它的下一个兄弟结点，否则返回空。初始条件：树 T 已存在，e 是树 T 中的某个结点。

(9) InsertChild(&T, p, Child)：在树 T 中，指针 p 指向 T 中的某个结点，将非空树 Child 插入到 T 中，使 Child 成为 p 指向的结点的子树。初始条件：树 T 已存在，p 指向 T 中的某个结点。

(10) DeleteChild(&T, p, i)：在树 T 中，指针 p 指向 T 的某个结点，将 p 所指向的结点的第 i 棵子树删除。如果删除成功，返回 1，否则返回 0。初始条件：树 T 已存在，p 指向 T 中的某个结点。

(11) TraverseTree(T)：按照某种次序对树中的每个结点进行访问(如输出)，并且每个结点访问且仅访问一次，即树的遍历。初始条件：树 T 已存在。

(12) TreeDepth(T)：如果树非空，返回树的深度，如果是空树，返回 0。树的深度即树的结点层次的最大值。初始条件：树 T 已存在。

9.2　二　叉　树

在对一般树进行深入学习之前，先学习一下一种比较简单的树——二叉树。本节主要介绍二叉树的定义、基本性质及二叉树的抽象数据类型。

9.2.1　二叉树的定义

二叉树是由 n(n≥0)个结点构成的另外一种树结构。二叉树中的每个结点最多只有两棵子树，并且二叉树中的每个结点都有左右次序之分，即次序不能颠倒。因此，在二叉树中，每个结点的度只可能是 0、1 和 2，每个结点的孩子结点有左右之分，位于左边的孩子结点称为左孩子结点或左孩子，位于右边的孩子结点称为右孩子结点或右孩子。如果 n=0，则称该二叉树为空二叉树。下面给出二叉树的 5 种基本形态，如图 9.4 所示。

图 9.4　二叉树的 5 种基本形态

一个由 12 个结点构成的二叉树如图 9.5 所示。从图 9.5 中可以看出，在二叉树中，一个结点至多有两个孩子结点，并且两孩子有左右之分。例如，F 是 C 的左孩子结点，G 是 C 的右孩子结点，L 是 G 的右孩子结点，G 的左孩子结点不存在。

在二叉树中，还存在着两种特殊的树：满二叉树和完全二叉树。每层结点都是满的二叉树称为满二叉树，即在满二叉树中，每一层的结点都具有最大的结点个数。

图 9.6 就是一棵满二叉树。在满二叉树中，每个结点的度或者为 2，或者为 0(即叶子结点)，不存在度为 1 的结点。

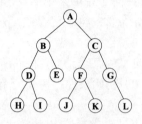

图 9.5　二叉树

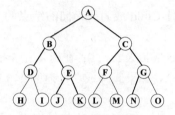

图 9.6　满二叉树

从满二叉树的根结点开始，从上到下，从左到右，依次对每个结点进行连续编号，如图 9.7 所示。如果一棵二叉树有 n 个结点，并且二叉树的 n 个结点的结构与满二叉树的前 n 个结点的结构完全相同，则称这样的二叉树为完全二叉树。完全二叉树及对应编号如图 9.8 所示。而如图 9.9 所示就不是一棵完全二叉树。

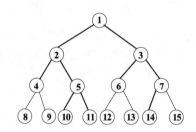

图 9.7　带编号的满二叉树

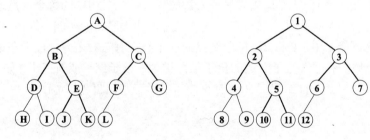

图 9.8　完全二叉树及编号

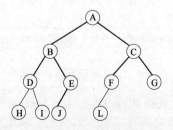

图 9.9　非完全二叉树

由此可以看出，如果二叉树的层数为 k，则满二叉树的叶子结点一定是在第 k 层，而完全二叉树的叶子结点一定在第 k 层或者第 k-1 层出现。满二叉树一定是完全二叉树，而完全二叉树却不一定是满二叉树。

9.2.2　二叉树的性质

二叉树具有以下重要的性质。

性质 1　在二叉树中，第 m(m≥1)层上至多有 2^{m-1} 个结点(规定根结点为第一层)。

证明：利用数学归纳法证明。

当 m=1 时，即根结点所在的层次，有 $2^{m-1}=2^{1-1}=2^0=1$，命题成立。

假设当 m=k 时，命题成立，即第 k 层至多有 2^{k-1} 个结点。因为在二叉树中，每个结点的度最大为 2，则在第 k+1 层，结点的个数最多是第 k 层的 2 倍，即 $2\times2^{k-1}=2^{k-1+1}=2^k$。即当 m=k+1 时，命题成立。

性质 2　深度为 k(k≥1)的二叉树至多有 2^k-1 个结点。

证明：第 i 层结点的最多个数为 2^{i-1}，将深度为 k 的二叉树中的每一层的结点的最大值相加，就得到二叉树中结点的最大值，因此深度为 k 的二叉树的结点总数至多为：

$$\sum_{i=1}^{k}(第\,i\,层的结点最大个数)=\sum_{i=1}^{k}2^{i-1}=2^0+2^1+...+2^{k-1}=\frac{2^0(2^k-1)}{2-1}=2^k-1$$

命题成立。

性质 3　对任何一棵二叉树 T，如果叶子结点总数为 n_0，度为 2 的结点总数为 n_2，则有 $n_0=n_2+1$。

证明：假设在二叉树中，结点总数为 n，度为 1 的结点总数为 n_1。二叉树中结点的总数 n 等于度为 0、度为 1 和度为 2 的结点总数的和，即 $n=n_0+n_1+n_2$。

假设二叉树的分支数为 Y。在二叉树中，除了根结点外，每个结点都存在一个进入的分支，所以有 n=Y+1。

又因为二叉树的所有分支都是由度为 1 和度为 2 的结点发出，所以分支数 $Y=n_1+2\times n_2$。故 $n=Y+1=n_1+2\times n_2+1$。

联合 $n=n_0+n_1+n_2$ 和 $n=n_1+2\times n_2+1$ 两式，得到 $n_0+n_1+n_2=n_1+2\times n_2+1$，即 $n_0=n_2+1$。所以命题成立。

性质 4　如果完全二叉树有 n 个结点，则深度为 $\lfloor \log_2 n \rfloor+1$。符号 $\lfloor x \rfloor$ 表示不大于 x 的最大整数。

证明：假设具有 n 个结点的完全二叉树的深度为 k。k 层完全二叉树的结点个数介于 k-1 层满二叉树与 k 层满二叉树结点个数之间。根据性质 2，k-1 层满二叉树的结点总数为 $n_1=2^{k-1}-1$，k 层满二叉树的结点总数为 $n_2=2^k-1$。因此 $n_1<n\leq n_2$，即 $n_1+1\leq n<n_2+1$，又 $n_1=2^{k-1}-1$ 和 $n_2=2^k-1$，故得到 $2^{k-1}-1\leq n<2^k-1$，同时对不等式两边取对数，有 $k-1\leq\log_2 n<k$。因为 k 是整数，k-1 也是整数，所以 $k-1=\lfloor \log_2 n \rfloor$，即 $k=\lfloor \log_2 n \rfloor+1$。命题成立。

性质 5　如果完全二叉树有 n 个结点，按照从上到下，从左到右的顺序对二叉树中的每个结点从 1 到 n 进行编号，则对于任意结点 i，有以下性质。

①　如果 i=1，则序号 i 对应的结点就是根结点，该结点没有双亲结点。如果 i>1，则

序号为 i 的结点的双亲结点的序号为 $\lfloor i/2 \rfloor$。

② 如果 2×i>n，则序号为 i 的结点没有左孩子结点。如果 2×i≤n，则序号为 i 的结点的左孩子结点的序号为 2×i。

③ 如果 2×i+1>n，则序号为 i 的结点没有右孩子结点。如果 2×i+1≤n，则序号为 i 的结点的右孩子结点序号为 2×i+1。

证明：

(1) 利用性质②和性质③证明性质①。当 i=1 时，该结点一定是根结点，根结点没有双亲结点。当 i>1 时，假设序号为 m 的结点是序号为 i 结点的双亲结点。如果序号为 i 的结点是序号为 m 的结点的左孩子结点，则根据性质②有 2×m=i，即 m=i/2。如果序号为 i 的结点是序号为 m 的结点的右孩子结点，则根据性质③有 2×m+1=i，即 m=(i-1)/2=i/2-1/2。综合以上两种情况，当 i>1 时，序号为 i 的结点的双亲结点序号为 $\lfloor i/2 \rfloor$。结论成立。

(2) 利用数学归纳法证明。当 i=1 时，有 2×i=2，如果 2>n，则二叉树中不存在序号为 2 的结点，也就不存在序号为 i 的左孩子结点。如果 2≤n，则该二叉树中存在两个结点，序号 2 是序号为 i 的结点的左孩子结点的序号。

假设序号 i=k，当 2×k≤n 时，序号为 k 的结点的左孩子结点存在且序号为 2×k，当 2×k>n 时，序号为 k 的结点的左孩子结点不存在。

当 i=k+1 时，在完全二叉树中，如果序号为 k+1 的结点的左孩子结点存在(2×i≤n)，则其左孩子结点的序号为序号为 k 的结点的右孩子结点序号加 1，即序号为 k+1 的结点的左孩子结点序号为(2×k+1)+1=2×(k+1)=2×i。因此，当 2×i>n 时，序号为 i 的结点的左孩子不存在。结论成立。

(3) 同理，利用数学归纳法证明。当 i=1 时，如果 2×i+1=3>n，则该二叉树中不存在序号为 3 的结点，即序号为 i 的结点的右孩子不存在。如果 2×i+1=3≤n，则该二叉树存在序号为 3 的结点，且序号为 3 的结点是序号 i 的结点的右孩子结点。

假设当序号 i=k 时，当 2×k+1≤n 时，序号为 k 的结点的右孩子结点存在且序号为 2×k+1，当 2×k+1>n 时，序号为 k 的结点的右孩子结点不存在。

当 i=k+1 时，在完全二叉树中，如果序号为 k+1 的结点的右孩子结点存在(2×i+1≤n)，则其右孩子结点的序号为序号为 k 的结点的右孩子结点序号加 2，即序号为 k+1 的结点的右孩子结点序号为(2×k+1)+2=2×(k+1)+1=2×i+1。因此，当 2×i+1>n 时，序号为 i 的结点的右孩子不存在。结论成立。

9.2.3 二叉树的抽象数据类型

二叉树的抽象数据类型包括数据对象集合和基本操作集合。其中，数据对象集合定义了二叉树的数据元素及元素之间的关系，基本操作集合定义了在该数据集合上的一些基本操作。

1. 数据对象集合

二叉树的数据对象集合为二叉树中的各个结点的集合。二叉树中的每个结点的孩子结点可能是 0 个、1 个和 2 个。如果结点没有孩子结点，则这个结点为叶子结点。否则，这个结点是非叶子结点或称为非终端结点。每个结点只有一个双亲结点，其中根结点没有双亲结点。

2. 基术操作集合

二叉树的基本操作主要有如下几种。

(1) InitBitTree(&T)：构造空二叉树 T。

(2) CreateBitTree(&T)：创建二叉树 T。初始条件：二叉树 T 不存在。

(3) DestroyBitTree(&T)：如果二叉树存在，则将该二叉树销毁。

(4) InsertLeftChild(p, c)：如果二叉树 c 非空，则将 c 插入到 p 所指向的左子树，使 p 所指结点的左子树成为 c 的右子树。

(5) InsertRightChild(p, c)：如果二叉树 c 存在且非空，则将 c 插入到 p 所指向的右子树，使 p 所指结点的右子树成为 c 的右子树。

(6) LeftChild(&T, e)：如果结点 e 存在左孩子结点，则将 e 的左孩子结点返回，否则返回空。初始条件：二叉树 T 存在，e 是 T 中的某个结点。

(7) RigthChild(&T, e)：如果结点 e 存在右孩子结点，则将 e 的右孩子结点返回，否则返回空。初始条件：二叉树 T 存在，e 是 T 中的某个结点。

(8) DeleteLeftChild(&T, p)：将 p 所指向的结点的左子树删除。如果删除成功，返回 1，否则返回 0。初始条件：二叉树 T 存在，p 指向 T 中的某个结点。

(9) DeleteRightChild(&T, p)：将 p 所指向的结点的右子树删除。如果删除成功，返回 1，否则返回 0。初始条件：二叉树 T 存在，p 指向 T 中的某个结点。

(10) PreOrderTraverse(T)：先序遍历二叉树 T。二叉树的先序遍历，就是按照先访问根结点、再访问左子树、最后访问右子树的顺序，对每个结点访问一次的操作。初始条件：二叉树 T 存在。

(11) InOrderTraverse(T)：中序遍历二叉树。二叉树的中序遍历，就是按照先访问左子树、再访问根结点、最后访问右子树的次序对二叉树中的每个结点访问，且仅访问一次的操作。初始条件：二叉树 T 存在。

(12) PostOrderTraverse(T)：后序遍历二叉树 T。二叉树的后序遍历，就是按照先访问左子树、再访问右子树、最后访问根结点的次序对二叉树中的每个结点访问，且仅访问一次的操作。初始条件：二叉树 T 存在。

(13) LevelTraverse(T)：层次遍历二叉树 T。二叉树的层次遍历，就是按照从上到下、从左到右，依次对二叉树中的每个结点进行访问。初始条件：二叉树 T 存在。

(14) BitTreeDepth(T)：求二叉树 T 的深度。二叉树的深度即二叉树的结点层次的最大值。如果二叉树非空，返回二叉树的深度；如果是空二叉树，返回 0。初始条件：二叉树 T 存在。

9.3 二叉树的存储表示与实现

二叉树的存储结构有两种：顺序存储表示和链式存储表示。本节主要介绍二叉树的顺序存储表示、二叉树的链式存储表示及二叉树的基本操作实现。

9.3.1 二叉树的顺序存储

我们已经知道，完全二叉树中每个结点的编号可以通过公式计算得到，因此，完全二叉树的存储可以按照从上到下、从左到右的顺序依次存储在一维数组中。完全二叉树的顺序存储如图 9.10 所示。

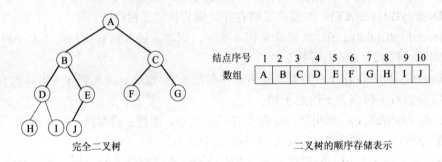

图 9.10　完全二叉树的顺序存储表示

如果按照从上到下、从左到右的顺序把非完全二叉树也进行同样的编号，将结点依次存放在一维数组中，为了能够正确反映二叉树中结点之间的逻辑关系，需要在一维数组中将二叉树中不存在的结点位置空出，并用∧填充。非完全二叉树的顺序存储结构如图 9.11 所示。

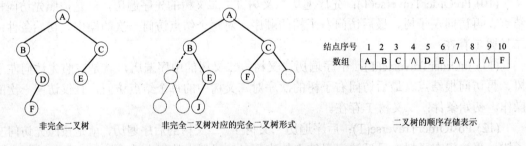

图 9.11　非完全二叉树的顺序存储表示

顺序存储对于完全二叉树来说是比较适合的，因为采用顺序存储能够节省内存单元，并能够利用公式得到每个结点的存储位置。但是，对于非完全二叉树来说，这种存储方式会浪费内存空间。在最坏的情况下，如果每个结点只有右孩子结点，而没有左孩子结点，则需要占用 2^k-1 个存储单元，而实际上，该二叉树只有 k 个结点。

9.3.2 二叉树的链式存储

在二叉树中，每个结点有一个双亲结点和两个孩子结点。从一棵二叉树的根结点开始，通过结点的左右孩子地址就可以找到二叉树的每一个结点。因此二叉树的链式存储结构包括三个域：数据域、左孩子指针域和右孩子指针域。其中，数据域存放结点的值，左孩子

指针域指向左孩子结点，右孩子指针域指向右孩子结点。这种链式存储结构称为二叉链表
存储结构，如图 9.12 所示。

lchild	data	rchild

左孩子指针域 数据域 右孩子指针域

图 9.12 二叉链表存储结构结点示意

如果二叉树采用二叉链表存储结构表示，其二叉树的存储表示如图 9.13 所示。

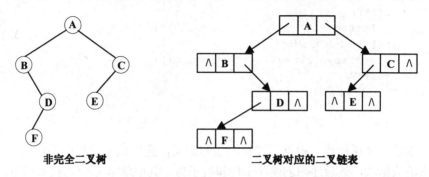

非完全二叉树　　　　　　　　　二叉树对应的二叉链表

图 9.13 二叉树的二叉链表存储表示

有时为了方便找到结点的双亲结点，在二叉链表的存储结构中增加一个指向双亲结点
的指针域 parent。该结点的存储结构如图 9.14 所示。这种存储结构称为三叉链表结点存储
结构。

lchild	data	rchild	parent

左孩子　数据域　右孩子　双亲结点
指针域　　　　　指针域　指针域

图 9.14 三叉链表结点结构

通常情况下，二叉树采用二叉链表进行表示。二叉链表存储结构的类型定义如下：

```
typedef struct Node              /*二叉链表存储结构类型定义*/
{
    DataType data;               /*数据域*/
    struct Node *lchild;         /*指向左孩子结点*/
    struct Node *rchild;         /*指向右孩子结点*/
} *BiTree, BitNode;
```

9.3.3 二叉树的基本运算

采用二叉链表存储结构表示的二叉树的基本运算实现如下所示。以下算法的实现保存
在文件 LinkBiTree.h 中。

(1) 二叉树的初始化操作。二叉树的初始化需要将指向二叉树的根结点指针置为空：

```
void InitBitTree(BiTree *T)    /*二叉树的初始化操作*/
```

```
{
    *T = NULL;
}
```

(2) 二叉树的销毁操作。如果二叉树存在，将二叉树的存储空间释放：

```
void DestroyBitTree(BiTree *T)    /*销毁二叉树操作*/
{
    if(*T)                             /*如果是非空二叉树*/
    {
        if((*T)->lchild)
            DestroyBitTree(&((*T)->lchild));
        if((*T)->rchild)
            DestroyBitTree(&((*T)->rchild));
        free(*T);
        *T = NULL;
    }
}
```

(3) 创建二叉树操作。根据二叉树的递归定义，先生成二叉树的根结点，将元素值赋值给结点的数据域，然后递归创建左子树和右子树。其中'#'表示空。代码如下：

```
void CreateBitTree(BiTree *T)    /*递归创建二叉树*/
{
    DataType ch;
    scanf("%c", &ch);
    if(ch == '#')
        *T = NULL;
    else
    {
        *T = (BiTree)malloc(sizeof(BitNode));    /*生成根结点*/
        if(!(*T))
            exit(-1);
        (*T)->data = ch;
        CreateBitTree(&((*T)->lchild));          /*构造左子树*/
        CreateBitTree(&((*T)->rchild));          /*构造右子树*/
    }
}
```

(4) 二叉树的左插入操作。指针 p 指向二叉树 T 的某个结点，将子树 c 插入到 T 中，使 c 成为 p 指向结点的左子树，p 指向结点的原来左子树成为 c 的右子树。代码如下：

```
int InsertLeftChild(BiTree p,BiTree c)    /*二叉树的左插入操作*/
{
    if(p)                                  /*如果指针 p 不空*/
    {
        c->rchild = p->lchild;             /* p 的原来的左子树成为 c 的右子树*/
        p->lchild = c;                     /*子树 c 作为 p 的左子树*/
        return 1;
    }
    return 0;
}
```

(5) 二叉树的右插入操作。指针 p 指向二叉树 T 的某个结点，将子树 c 插入到 T 中，使 c 成为 p 指向结点的右子树，p 指向结点的原来左子树成为 c 的右子树。代码如下：

```
int InsertRightChild(BiTree p, BiTree c)      /*二叉树的右插入操作*/
{
    if(p)                                      /*如果指针 p 不空*/
    {
        c->rchild = p->rchild;                 /* p 的原来的右子树作为 c 的右子树*/
        p->rchild = c;                         /*子树 c 作为 p 的右子树*/
        return 1;
    }
    return 0;
}
```

(6) 返回二叉树结点的指针操作。在二叉树中查找指向元素值为 e 的结点，如果找到该结点，则将该结点的指针返回，否则，返回 NULL。

具体实现：定义一个队列 Q，用来存放二叉树中结点的指针，从根结点开始，判断结点的值是否等于 e，如果相等，则返回该结点的指针；否则，将该结点的左孩子结点的指针和右孩子结点的指针入队列。如果结点存在左孩子结点，则将其左孩子的指针入队列；如果结点存在右孩子结点，则将其右孩子的指针入队列。然后将队头的指针出队列，判断该指针指向的结点的元素值是否等于 e，如果相等，返回该结点的指针，否则继续将结点的左孩子结点的指针和右孩子结点的指针入队列。重复执行此操作，直到队列为空。

返回二叉树指定结点的指针操作的实现代码如下：

```
BiTree Point(BiTree T, DataType e)   /*查找元素值为 e 的结点的指针*/
{
    BiTree Q[MAXSIZE];              /*定义一个队列，用于存放二叉树中结点的指针*/
    int front=0, rear=0;            /*初始化队列*/
    BitNode *p;
    if(T)                           /*如果二叉树非空*/
    {
        Q[rear] = T;
        rear++;

        while(front!=rear)          /*如果队列非空*/
        {
            p = Q[front];           /*取出队头指针*/
            front++;                /*将队头指针出队*/
            if(p->data == e)
                return p;
            if(p->lchild)           /*如果左孩子结点存在，将左孩子指针入队*/
            {
                Q[rear] = p->lchild;  /*左孩子结点的指针入队*/
                rear++;
            }
            if(p->rchild)           /*如果右孩子结点存在，将右孩子指针入队*/
            {
                Q[rear] = p->rchild;  /*右孩子结点的指针入队*/
                rear++;
```

```
        }
      }
    }
    return NULL;
}
```

(7) 返回二叉树的结点的左孩子元素值操作。如果元素值为 e 的结点存在,并且该结点的左孩子结点存在,则将该结点的左孩子结点的元素值返回。代码如下:

```
DataType LeftChild(BiTree T, DataType e)   /*返回二叉树的左孩子结点元素值操作*/
{
    BiTree p;
    if(T)                              /*如果二叉树不空*/
    {
        p = Point(T, e);               /* p 是元素值 e 的结点的指针*/
        if(p && p->lchild)             /*如果 p 不为空且 p 的左孩子结点存在*/
            return p->lchild->data;    /*返回 p 的左孩子结点的元素值*/
    }
    return;
}
```

(8) 返回二叉树的结点的右孩子元素值操作。如果元素值为 e 的结点存在,并且该结点的右孩子结点存在,则将该结点的右孩子结点的元素值返回。代码如下:

```
DataType RightChild(BiTree T, DataType e)   /*返回二叉树的右孩子结点元素值操作*/
{
    BiTree p;
    if(T)                              /*如果二叉树不空*/
    {
        p = Point(T, e);               /* p 是元素值 e 的结点的指针*/
        if(p && p->rchild)             /*如果 p 不为空且 p 的右孩子结点存在*/
            return p->rchild->data;    /*返回 p 的右孩子结点的元素值*/
    }
    return;
}
```

(9) 二叉树的左删除操作。在二叉树中,指针 p 指向二叉树中的某个结点,将 p 所指向的结点的左子树删除。如果删除成功,返回 1,否则返回 0。代码如下:

```
int DeleteLeftChild(BiTree p)     /*二叉树的左删除操作*/
{
    if(p)                                   /*如果 p 不空*/
    {
        DestroyBitTree(&(p->lchild));       /*删除左子树*/
        return 1;
    }
    return 0;
}
```

(10) 二叉树的右删除操作。在二叉树中,指针 p 指向二叉树中的某个结点,将 p 所指向的结点的右子树删除。如果删除成功,返回 1,否则返回 0。代码如下:

```
int DeleteRightChild(BiTree p)   /*二叉树的左删除操作*/
{
  if(p)                                          /*如果 p 不空*/
  {
    DestroyBitTree(&(p->rchild));                /*删除右子树*/
    return 1;
  }
  return 0;
}
```

9.4 二叉树的遍历

在二叉树的应用中，常常需要对二叉树中每个结点进行访问，即二叉树的遍历。本节主要介绍二叉树的先序遍历、二叉树的中序遍历及二叉树的后序遍历。

9.4.1 二叉树遍历的定义

二叉树的遍历，即按照某种规律对二叉树的每个结点进行访问，使得每个结点仅被访问一次的操作。这里的访问，可以是对结点的输出、统计结点的个数等。

二叉树的遍历过程其实也是将二叉树的非线性序列转换成一个线性序列的过程。二叉树是一种非线性的结构，通过遍历二叉树，按照某种规律对二叉树中的每个结点进行访问，且仅访问一次，得到一个顺序序列。

由二叉树的定义可知，二叉树是由根结点、左子树和右子树构成。如果将这三个部分依次遍历，就完成了整个二叉树的遍历。二叉树的结点的基本结构如图 9.15 所示。如果用 D、L、R 分别代表遍历根结点、遍历左子树和遍历右子树，根据组合原理，有 6 种遍历方案：DLR、DRL、LDR、LRD、RDL 和 RLD。

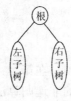

图 9.15 二叉树的结点的基本结构

如果限定先左后右的次序，则在以上 6 种遍历方案中，只剩下 3 种方案：DLR、LDR 和 LRD。其中，DLR 称为先序遍历，LDR 称为中序遍历，LRD 称为后序遍历。

9.4.2 二叉树的先序遍历

二叉树的先序遍历的递归定义如下。

如果二叉树为空，则执行空操作。如果二叉树非空，则执行以下操作。

(1) 访问根结点。

(2) 先序遍历左子树。

(3) 先序遍历右子树。

根据二叉树的先序递归定义，得到如图 9.16 所示的二叉树的先序序列为：A、B、D、G、E、H、I、C、F、J。

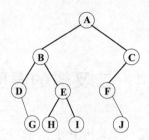

图 9.16　二叉树

在二叉树先序遍历的过程中，对每一棵二叉树重复执行以上的递归遍历操作，就可以得到先序序列。例如，在遍历根结点 A 的左子树{B,D,E,G,H,I}时，根据先序遍历的递归定义，先访问根结点 B，然后遍历 B 的左子树为{D,G}，最后遍历 B 的右子树为{E,H,I}。访问过 B 之后，开始遍历 B 的左子树{D,G}，在子树{D,G}中，先访问根结点 D，因为 D 没有左子树，所以遍历其右子树，右子树只有一个结点 G，所以访问 G。B 的左子树遍历完毕，按照以上方法遍历 B 的右子树。最后得到结点 A 的左子树先序序列：B、D、G、E、H、I。

依据二叉树的先序递归定义，可以得到二叉树的先序递归算法：

```
void PreOrderTraverse(BiTree T)   /*先序遍历二叉树的递归实现*/
{
    if(T)                         /*如果二叉树不为空*/
    {
        printf("%2c", T->data);       /*访问根结点*/
        PreOrderTraverse(T->lchild);  /*先序遍历左子树*/
        PreOrderTraverse(T->rchild);  /*先序遍历右子树*/
    }
}
```

下面来介绍二叉树的非递归算法实现。在第 4 章学习栈的时候，已经对递归的消除做了具体讲解，现在利用栈来实现二叉树的非递归算法。

算法实现：从二叉树的根结点开始，访问根结点，然后将根结点的指针入栈，重复执行以下两个步骤。

(1) 如果该结点的左孩子结点存在，访问左孩子结点，并将左孩子结点的指针入栈。重复执行此操作，直到结点的左孩子不存在。

(2) 将栈顶的元素(指针)出栈，如果该指针指向的右孩子结点存在，则将当前指针指向右孩子结点。

重复执行以上两个步骤，直到栈空为止。

以上算法思想的执行流程如图 9.17 所示。

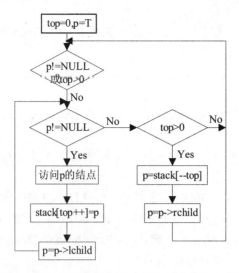

图 9.17 二叉树的先序遍历非递归算法执行流程

二叉树的先序遍历非递归算法实现如下：

```c
void PreOrderTraverse(BiTree T)    /*先序遍历二叉树的非递归实现*/
{
    BiTree stack[MAXSIZE];          /*定义一个栈，用于存放结点的指针*/
    int top;                        /*定义栈顶指针*/
    BitNode *p;                     /*定义一个结点的指针*/
    top = 0;                        /*初始化栈*/
    p = T;
    while(p!=NULL || top>0)
    {
        while(p != NULL)            /*如果 p 不空，访问根结点，遍历左子树*/
        {
            printf("%2c", p->data); /*访问根结点*/
            stack[top++] = p;       /*将 p 入栈*/
            p = p->lchild;          /*遍历左子树*/
        }
        if(top > 0)                 /*如果栈不空*/
        {
            p = stack[--top];       /*栈顶元素出栈*/
            p = p->rchild;          /*遍历右子树*/
        }
    }
}
```

以上算法是直接利用数组来模拟栈的实现，当然也可以定义一个栈类型实现。如果用第 4 章的链式栈实现，需要将数据类型改为指向二叉树结点的指针类型。

9.4.3 二叉树的中序遍历

二叉树的中序遍历的递归定义如下。

如果二叉树为空，则执行空操作。如果二叉树非空，则执行以下操作。

(1) 中序遍历左子树。

(2) 访问根结点。

(3) 中序遍历右子树。

根据二叉树的中序递归定义，前面如图 9.16 所示的二叉树的中序序列为：D、G、B、H、E、I、A、F、J、C。

在二叉树中序遍历过程中，对每一棵二叉树重复执行以上的递归遍历操作，就可以得到二叉树的中序序列。

例如，如果要中序遍历 A 的左子树{B,D,E,G,H,I}，根据中序遍历的递归定义，需要先中序遍历 B 的左子树{D,G}，然后访问根结点 B，最后中序遍历 B 的右子树为{E,H,I}。在子树{D,G}中，D 是根结点，没有左子树，因此访问根结点 D，接着遍历 D 的右子树，因为右子树只有一个结点 G，所以直接访问 G。

在左子树遍历完毕之后，访问根结点 B。最后要遍历 B 的右子树{E,H,I}，E 是子树{E,H,I}的根结点，需要先遍历左子树{H}，因为左子树只有一个 H，所以直接访问 H，然后访问根结点 E，最后要遍历右子树{I}，右子树也只有一个结点，所以直接访问 I，B 的右子树访问完毕。因此，A 的右子树的中序序列为：D、G、B、H、E 和 I。

从中序遍历的序列可以看出，A 左边的序列是 A 的左子树元素，右边是 A 的右子树序列。同样，B 的左边是其左子树的元素序列，右边是其右子树序列。根结点把二叉树的中序序列分为左右两棵子树序列，左边为左子树序列，右边是右子树序列。

依据二叉树的中序递归定义，可以得到二叉树的中序递归算法：

```
void InOrderTraverse(BiTree T)   /*中序遍历二叉树的递归实现*/
{
    if(T)                              /*如果二叉树不为空*/
    {

        InOrderTraverse(T->lchild);    /*中序遍历左子树*/
        printf("%2c", T->data);        /*访问根结点*/
        InOrderTraverse(T->rchild);    /*中序遍历右子树*/

    }
}
```

下面来介绍二叉树中序遍历的非递归算法实现。

二叉树的中序遍历非递归算法实现如下。

从二叉树的根结点开始，将根结点的指针入栈，执行以下两个步骤。

(1) 如果该结点的左孩子结点存在，将左孩子结点的指针入栈。重复执行此操作，直到结点的左孩子不存在。

(2) 将栈顶的元素(指针)出栈，并访问该指针指向的结点，如果该指针指向的右孩子结点存在，则将当前指针指向右孩子结点。

重复执行以上步骤 1 和 2，直到栈空为止。

以上算法思想的执行流程如图 9.18 所示。

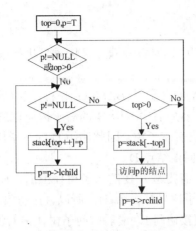

图 9.18　二叉树的中序遍历非递归算法执行流程

二叉树的中序遍历非递归算法实现如下：

```c
void InOrderTraverse(BiTree T)    /*中序遍历二叉树的非递归实现*/
{
    BiTree stack[MAXSIZE];              /*定义一个栈，用于存放结点的指针*/
    int top;                            /*定义栈顶指针*/
    BitNode *p;                         /*定义一个结点的指针*/
    top = 0;                            /*初始化栈*/
    p = T;
    while(p!=NULL || top>0)
    {
        while(p != NULL)                /*如果p不空，访问根结点，遍历左子树*/
        {
            stack[top++] = p;           /*将p入栈*/
            p = p->lchild;              /*遍历左子树*/
        }
        if(top > 0)                     /*如果栈不空*/
        {
            p = stack[--top];           /*栈顶元素出栈*/
            printf("%2c", p->data);     /*访问根结点*/
            p = p->rchild;              /*遍历右子树*/
        }
    }
}
```

9.4.4　二叉树的后序遍历

二叉树的后序遍历的递归定义如下。

如果二叉树为空，则执行空操作。如果二叉树非空，则执行以下操作。

(1) 后序遍历左子树。

(2) 后序遍历右子树。

(3) 访问根结点。

根据二叉树的后序递归定义，前面如图 9.16 所示的二叉树的后序序列为：G、D、H、I、

E、B、J、F、C、A。

在二叉树后序的遍历过程中，对每一棵二叉树重复执行以上的递归遍历操作，就可以得到二叉树的后序序列。

例如，如果要后序遍历 A 的左子树{B,D,E,G,H,I}，根据后序遍历的递归定义，需要先后序遍历 B 的左子树{D,G}，然后后序遍历 B 的右子树为{E,H,I}，最后访问根结点 B。在子树{D,G}中，D 是根结点，没有左子树，因此遍历 D 的右子树，因为右子树只有一个结点 G，所以直接访问 G，接着访问根结点 D。

在左子树遍历完毕之后，需要遍历 B 的右子树{E,H,I}，E 是子树{E,H,I}的根结点，需要先遍历左子树{H}，因为左子树只有一个 H，所以直接访问 H，然后遍历右子树{I}，右子树也只有一个结点，所以直接访问 I，最后访问子树{E,H,I}的根结点 E。此时，B 的左、右子树均访问完毕。最后访问结点 B。因此，A 的右子树的后序序列为：G、D、H、I、E和 B。

依据二叉树的后序递归定义，可以得到二叉树的后序递归算法：

```
void PostOrderTraverse(BiTree T)    /*后序遍历二叉树的递归实现*/
{
    if(T)                           /*如果二叉树不为空*/
    {
        PostOrderTraverse(T->lchild);    /*后序遍历左子树*/
        PostOrderTraverse(T->rchild);    /*后序遍历右子树*/
        printf("%2c", T->data);          /*访问根结点*/
    }
}
```

下面来介绍二叉树后序遍历的非递归算法实现。二叉树的后序遍历非递归算法实现如下。从二叉树的根结点开始，将根结点的指针入栈，执行以下两个步骤。

(1) 如果该结点的左孩子结点存在，将左孩子结点的指针入栈。重复执行此操作，直到结点的左孩子不存在。

(2) 取栈顶元素(指针)并赋给 p，如果 p->rchild==NULL 或 p->rchild=q，即 p 没有右孩子或右孩子结点已经访问过，则访问根结点，即 p 指向的结点，并用 q 记录刚刚访问过的结点指针，将栈顶元素退栈。如果 p 有右孩子且右孩子结点没有被访问过，则执行 p=p->rchild。

重复执行以上步骤 1 和 2，直到栈空为止。

以上算法思想的执行流程如图 9.19 所示。二叉树的后序遍历非递归算法实现如下：

```
void PostOrderTraverse(BiTree T)    /*后序遍历二叉树的非递归实现*/
{
    BiTree stack[MAXSIZE];          /*定义一个栈，用于存放结点的指针*/
    int top;                        /*定义栈顶指针*/
    BitNode *p, *q;                 /*定义结点的指针*/
    top = 0;                        /*初始化栈*/
    p=T, q=NULL;                    /*初始化结点的指针*/
    while(p!=NULL || top>0)
    {
        while(p != NULL)            /*如果p不空，访问根结点，遍历左子树*/
```

```
        {
            stack[top++] = p;          /*将 p 入栈*/
            p = p->lchild;             /*遍历左子树*/
        }
        if(top > 0)                    /*如果栈不空*/
        {
            p = stack[top-1];          /*取栈顶元素*/
            if(p->rchild==NULL || p->rchild==q)
                /*如果 p 没有右孩子结点，或右孩子结点已经访问过*/
            {
                printf("%2c", p->data);   /*访问根结点*/
                q = p;
                p = NULL;
                top--;                 /*出栈*/
            }
            else
                p = p->rchild;
        }
    }
}
```

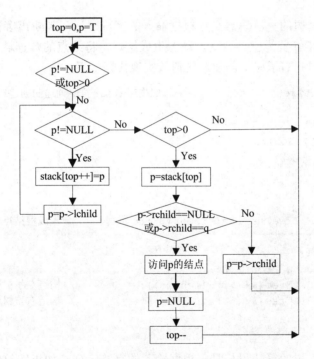

图 9.19　二叉树的后序遍历非递归算法执行流程

9.5　二叉树的遍历的应用举例

二叉树的遍历应用非常广泛，本节主要通过几个例子来说明二叉树遍历的典型应用。

本节主要介绍利用二叉树的遍历思想，进行二叉树的创建、二叉树的输出、二叉树的结点的计数。

9.5.1 二叉树的创建

下面通过实例来说明两种方式创建二叉链表：①通过先序的输入字符的方式建立二叉链表；②通过广义表的字符串形式建立二叉链表。

例 9-1 编写算法，创建一个如图 9.16 所示的二叉树，并按照先序遍历、中序遍历和后序遍历的方式输出二叉树的每个结点的值。

分析：主要考察采用二叉链表存储结构的二叉树的遍历。第一种方法可以利用二叉树的先序遍历思想，按照先序的输入次序输入字符序列，来创建二叉树。假设#表示空字符。要建立如图 9.16 所示的二叉树，其输入序列应该是：ABD#G##EH##I##CF#J###。第二种方法是将字符串表示成广义表的形式创建二叉树。程序分为两个部分：创建二叉树和测试代码部分。

1. 创建二叉树

第一种创建二叉树的算法思想是：根据输入的字符序列，判断该字符是不是'#'，如果是'#'，则将结点的指针置为空。否则，动态生成结点，将结点的数据域置为输入的字符。然后递归创建左子树和右子树。创建二叉树的实现代码如下：

```
void CreateBitTree(BiTree *T)    /*按照先序输入字符序列递归创建二叉树*/
{
    DataType ch;
    scanf("%c", &ch);
    if(ch == '#')
        *T = NULL;
    else
    {
        *T = (BiTree)malloc(sizeof(BitNode));       /*生成根结点*/
        if(!(*T))
            exit(-1);
        (*T)->data = ch;
        CreateBitTree(&((*T)->lchild));             /*构造左子树*/
        CreateBitTree(&((*T)->rchild));             /*构造右子树*/
    }
}
```

第二种创建二叉树的算法思想是：根据输入的字符序列，如果字符序列没有结束，则执行以下操作——依次扫描字符序列，如果当前字符是'('，则将已经创建的结点的指针作为双亲结点指针入栈，并将标志 flag 置为 1，表示下一个结点将是左孩子结点。如果当前字符是','，表示要创建的是右孩子结点，将标志位 flag 置为 2。如果当前字符是')'，表示左、右孩子结点处理完毕。在其余情况下，创建一个结点，并将当前字符赋值给结点的数据域，然后根据标志域 flag 建立栈中结点与左右孩子结点的关系。

创建二叉树的实现代码如下：

```
void CreateBitTree2(BiTree *T, char str[])
  /*利用广义表的形式(括号嵌套的字符串)建立二叉链表*/
{
    char ch;
    BiTree stack[MAXSIZE];              /*定义栈，用于存放指向二叉树中结点的指针*/
    int top = -1;                       /*初始化栈顶指针*/
    int flag, k;
    BitNode *p;
    *T=NULL, k=0;
    ch = str[k];
    while(ch != '\0')                   /*如果字符串没有结束*/
    {
        switch(ch)
        {
        case '(':
            stack[++top] = p;
            flag = 1; break;
        case ')':
            top--; break;
        case ',':
            flag = 2;
            break;
        default:
            p = (BiTree)malloc(sizeof(BitNode));
            p->data = ch;
            p->lchild = NULL;
            p->rchild = NULL;
            if(*T == NULL)          /*如果是第一个结点，表示是根结点*/
                *T = p;
            else
            {
                switch(flag)
                {
                case 1:
                    stack[top]->lchild = p;
                    break;
                case 2:
                    stack[top]->rchild = p;
                    break;
                }
            }
        }
        ch = str[++k];
    }
}
```

2. 测试代码部分

这部分主要包括函数的头文件、宏定义、二叉树的基本算法文件和主函数。测试部分的程序代码如下：

```
/*包含头文件及宏定义*/
#include <stdio.h>
#include <malloc.h>
#include <stdlib.h>
typedef char DataType;
#define MAXSIZE 100                 /*定义栈的最大容量*/
#include "LinkBiTree.h"             /*包含二叉树的二叉链表的基本操作*/
/*函数的声明*/
void PreOrderTraverse(BiTree T);        /*二叉树的先序遍历的递归函数声明*/
void InOrderTraverse(BiTree T);         /*二叉树的中序遍历的递归函数声明*/
void PostOrderTraverse(BiTree T);       /*二叉树的后序遍历的递归函数声明*/
void PreOrderTraverse2(BiTree T);       /*二叉树的先序遍历的非递归函数声明*/
void InOrderTraverse2(BiTree T);        /*二叉树的中序遍历的非递归函数声明*/
void PostOrderTraverse2(BiTree T);      /*二叉树的后序遍历的非递归函数声明*/
void CreateBitTree2(BiTree *T, char str[]);
   /*利用括号嵌套的字符串建立二叉树的函数声明*/
void main()
{
    BiTree T, root;
    InitBitTree(&T);
    printf("根据输入二叉树的先序序列创建二叉树('#'表示结束)：\n");
    CreateBitTree(&T);
    printf("二叉树的先序序列：\n");
    printf("递归：\t");
    PreOrderTraverse(T);
    printf("\n");
    printf("非递归：");
    PreOrderTraverse2(T);
    printf("\n");
    printf("二叉树的中序序列：\n");
    printf("递归：\t");
    InOrderTraverse(T);
    printf("\n");
    printf("非递归：");
    InOrderTraverse2(T);
    printf("\n");
    printf("二叉树的后序序列：\n");
    printf("递归：\t");
    PostOrderTraverse(T);
    printf("\n");
    printf("非递归：");
    PostOrderTraverse2(T);
    printf("\n");
    printf("根据括号嵌套的字符串建立二叉树:\n");
    CreateBitTree2(&root, "(a(b(c,d),e(f(,g),h(i))))");
    printf("二叉树的先序序列：\n");
    PreOrderTraverse(root);
    printf("\n");
    printf("二叉树的中序序列：\n");
    InOrderTraverse(root);
```

```
    printf("\n");
    printf("二叉树的后序序列: \n");
    PostOrderTraverse(root);
    printf("\n");
    DestroyBitTree(&T);
    DestroyBitTree(&root);
}
```

程序中的字符串"(a(b(c,d),e(f(,g),h(i))))"对应的二叉树如图 9.20 所示。

程序的运行结果如图 9.21 所示。

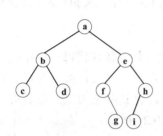

图 9.20　二叉树

图 9.21　二叉树的遍历程序运行结果

9.5.2　二叉树的输出

二叉树的打印输出方式，除了按照先序遍历、中序遍历和后序遍历的输出方式外，还有按照层次输出和树状输出的方式。下面具体介绍这两种输出方式的实现算法。

例 9-2 创建一个二叉树，按照层次输出二叉树的每个结点，并按照树状打印二叉树。例如，一棵二叉树如图 9.22 所示，按照层次输出的序列为：A、B、C、D、E、F、G、H、I，按照树状形式输出的二叉树如图 9.23 所示。

分析：主要考察采用二叉链表存储结构的二叉树的遍历。按照层次输出二叉树的每个结点的算法可以通过利用一个队列，将每一层的结点依次进入队列，然后输出队列元素的同时，将其孩子结点入队。以这种思想来实现二叉树的层次遍历。按照树状形式打印二叉树，其实就是将二叉树逆时针旋转 90 度后显示出来，如图 9.23 所示，从图中可以看出，结点的输出顺序是：先输出右孩子结点，然后输出根结点，最后输出左孩子结点。

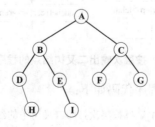

图 9.22　二叉树

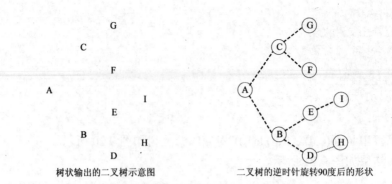

树状输出的二叉树示意图　　　　二叉树的逆时针旋转90度后的形状

图 9.23　二叉树的树状输出

程序分为三个部分：按层次输出二叉树的结点、按树状打印二叉树和测试代码部分。

1. 按层次输出二叉树的结点

算法思想：定义一个队列 queue，从二叉树的根结点开始，依次将每一层指向结点的指针入队。然后将队头元素出队，并输出该指针指向的结点值，如果该结点的左、右孩子不空，则将左右孩子结点的指针入队。重复执行以上操作，直到队空为止。最后得到的序列就是二叉树层次的输出序列。以上算法的执行流程如图 9.24 所示。

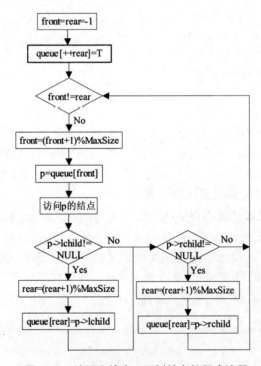

图 9.24　按层次输出二叉树结点的程序流程

按层次输出二叉树的结点的程序代码如下：

```
void LevelPrint(BiTree T)   /*按层次打印二叉树中的结点*/
{
    BiTree queue[MAXSIZE];          /*定义一个队列，用于存放结点的指针*/
```

```
    BitNode *p;
    int front,rear;                          /*定义队列的队头指针和队尾指针*/
    front = rear = -1;                       /*队列初始化为空*/
    rear++;                                  /*队尾指针加 1 */
    queue[rear] = T;                         /*将根结点指针入队*/
    while(front != rear)                     /*如果队列不为空*/
    {
        front = (front+1)%MAXSIZE;
        p = queue[front];                    /*取出队头元素*/
        printf("%c ", p->data);              /*输出根结点*/
        if(p->lchild != NULL)                /*如果左孩子不为空,将左孩子结点指针入队*/
        {
            rear = (rear+1)%MAXSIZE;
            queue[rear] = p->lchild;
        }
        if(p->rchild != NULL)                /*如果右孩子不为空,将右孩子结点指针入队*/
        {
            rear = (rear+1)%MAXSIZE;
            queue[rear] = p->rchild;
        }
    }
}
```

2. 按树状形式打印二叉树

算法思想:如果二叉树为空,则执行返回。否则,递归执行打印右子树,同时将层次加 1。然后根据层次打印空格数,输出根结点。最后递归打印左子树。

按树状形式打印二叉树的程序代码如下:

```
void TreePrint(BiTree T, int level)    /*按树状形式打印二叉树*/
{
    int i;
    if(T == NULL)                            /*如果指针为空,返回上一层*/
        return;
    TreePrint(T->rchild, level+1);           /*打印右子树,并将层次加 1 */
    for(i=0; i<level; i++)                   /*按照递归的层次打印空格*/
        printf("   ");
    printf("%c\n", T->data);                 /*输出根结点*/
    TreePrint(T->lchild, level+1);           /*打印左子树,并将层次加 1 */
}
```

3. 测试代码部分

这部分主要包括包含头文件、宏定义及主函数。其中,销毁二叉树的函数定义在文件 LinkBiTree.h 中。测试代码如下:

```
/*包含头文件及宏定义*/
#include <stdio.h>
#include <malloc.h>
#include <stdlib.h>
typedef char DataType;
```

```
#define MAXSIZE 100                    /*定义队列的最大容量*/
#include "LinkBiTree.h"                /*包含二叉树的二叉链表的基本操作*/

/*函数的声明*/
void CreateBitTree2(BiTree *T, char str[]);
  /*利用括号嵌套的字符串建立二叉树的函数声明*/
void LevelPrint(BiTree T);                     /*按层次输出二叉树的结点*/
void TreePrint(BiTree T, int nLayer);          /*按树状打印二叉树*/
void main()
{
    BiTree T, root;
    printf("根据括号嵌套(a(b(c,d),e(f(,g),h(i))))建立二叉树:\n");
    CreateBitTree2(&T, "(a(b(c,d),e(f(,g),h(i))))");
    printf("按层次输出二叉树的序列: \n");
    LevelPrint(T);
    printf("\n");
    printf("按树状打印二叉树: \n");
    TreePrint(T, 1);
    printf("根据括号嵌套(A(B(D(,H),E(,I)),C(F,G)))建立二叉树:\n");
    CreateBitTree2(&root, "(A(B(D(,H),E(,I)),C(F,G)))");
    printf("按层次输出二叉树的序列: \n");
    LevelPrint(root);
    printf("\n");
    printf("按树状打印二叉树: \n");
    TreePrint(root, 1);
    DestroyBitTree(&T);
    DestroyBitTree(&root);
}
```

程序运行结果如图 9.25 所示。

图 9.25　二叉树的输出程序运行结果

9.5.3 二叉树的计数

二叉树的遍历也常常用来对二叉树进行计数。下面通过实例来说明统计二叉树的叶子结点数目、非叶子结点数目等应用。

例 9-3 创建一个二叉树，计算二叉树的叶子结点数目、非叶子结点数目和二叉树的深度。如图 9.26 所示的二叉树的叶子结点数目为 5 个，非叶子结点数目为 7 个，深度为 5。

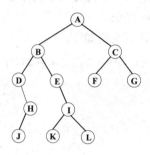

图 9.26 二叉树

程序分为 4 个部分：

- 统计二叉树的叶子结点个数。
- 统计二叉树的非叶子结点个数。
- 计算二叉树的深度。
- 测试代码部分。

(1) 统计二叉树的叶子结点个数

分析：二叉树的叶子结点数目递归定义为：

$$leaf(T) = \begin{cases} 0 & \text{当T=NULL时} \\ 1 & \text{当T的左右孩子均为空时} \\ leaf(T\text{->}lchild)+leaf(T\text{->}rchild) & \text{其他情况} \end{cases}$$

当二叉树为空时，叶子结点个数为 0。当二叉树只有一个根结点时，根结点就是叶子结点，叶子结点个数为 1。在其他情况下，计算左子树与右子树中叶子结点的和。由此，得到统计叶子结点个数的算法。

二叉树叶子结点数目的算法实现如下：

```
int LeafNum(BiTree T)    /*统计二叉树中叶子结点的数目*/
{
    if(!T)                            /*如果是空二叉树，返回 0 */
        return 0;
    else
        if(!T->lchild&&!T->rchild)    /*如果左子树和右子树都为空，返回 1 */
            return 1;
    else
        return LeafNum(T->lchild)+LeafNum(T->rchild);
            /*将左子树叶子结点个数与右子树叶子结点个数相加*/
}
```

(2)　统计二叉树的非叶子结点个数

二叉树的非叶子结点数目递归定义如下：

$$
NotLeaf(T) = \begin{cases} 0 & \text{当T=NULL时} \\ 1 & \text{当T的左右孩子均为空时} \\ NotLeaf(T\text{->}lchild)+NotLeaf(T\text{->}rchild)+1 & \text{其他情况} \end{cases}
$$

当二叉树为空时，非叶子结点个数为 0。当二叉树只有根结点时，根结点为叶子结点，非叶子结点个数为 0。其他情况计算左子树与右子树中非叶子结点的个数再加 1(根结点)。由此，得到统计非叶子结点个数的算法。

二叉树的非叶子结点数目的算法实现如下：

```
int NotLeafCount(BiTree T)    /*统计二叉树中非叶子结点的数目*/
{
    if(!T)                                /*如果是空二叉树，返回 0 */
        return 0;
    else if(!T->lchild && !T->rchild)     /*如果是叶子结点，返回 0 */
        return 0;
    else
        return NotLeafCount(T->lchild)+NotLeafCount(T->rchild)+1;
        /*左右子树的非叶子结点数目加上根结点的个数*/
}
```

(3)　计算二叉树的深度

二叉树的深度递归定义为：

$$
depth(T) = \begin{cases} 0 & \text{当T=NULL时} \\ 1 & \text{当T的左右孩子均为空时} \\ max(depth(T\text{->}lchild)+depth(T\text{->}rchild))+1 & \text{其他情况} \end{cases}
$$

当二叉树为空时，其深度为 0。当二叉树只有根结点时，即结点的左、右子树均为空，二叉树的深度为 1。在其他情况下，求二叉树的左、右子树的最大值再加1(根结点)。由此，得到二叉树的深度的算法如下：

```
int BitTreeDepth(BiTree T)    /*计算二叉树的深度*/
{
    if(T == NULL)
        return 0;
    return
    BitTreeDepth(T->lchild)>BitTreeDepth(T->rchild) ?
      1+BitTreeDepth(T->lchild)  : 1+BitTreeDepth(T->rchild);
}
```

(4)　测试代码部分

这部分主要包括头文件、宏定义及主函数。

程序的代码实现如下：

```
/*包含头文件及宏定义*/
#include <stdio.h>
#include <malloc.h>
#include <stdlib.h>
```

```
typedef char DataType;
#define MAXSIZE 100                     /*定义栈的最大容量*/
#include "LinkBiTree.h"                 /*包含二叉树的二叉链表的基本操作*/

/*函数的声明*/
void CreateBitTree2(BiTree *T, char str[]);
   /*利用括号嵌套的字符串建立二叉树的函数声明*/
void LevelPrint(BiTree T);
void TreePrint(BiTree T, int nLayer);
int LeafCount(BiTree T);
int NotLeafCount(BiTree T);
int BitTreeDepth(BiTree T);

void main()
{
    BiTree T, root;
    int num, depth;

    printf("根据括号嵌套(a(b(c,d),e(f(,g),h(i))))建立二叉树:\n");
    CreateBitTree2(&root, "(a(b(c,d),e(f(,g),h(i))))");
    num = LeafCount(root);
    printf("叶子结点个数=%2d\n", num);
    num = NotLeafCount(root);
    printf("非叶子结点个数=%2d\n", num);
    depth = BitTreeDepth(root);
    printf("二叉树的深度=%2d\n", depth);
    printf("根据括号嵌套(A(B(D(,H(J)),E(,I(K,L))),C(F,G)))建立二叉树:\n");
    CreateBitTree2(&T, "(A(B(D(,H(J)),E(,I(K,L))),C(F,G)))");
    num = LeafCount(T);
    printf("叶子结点个数=%2d\n", num);
    num = NotLeafCount(T);
    printf("非叶子结点个数=%2d\n", num);
    depth = BitTreeDepth(T);
    printf("二叉树的深度=%2d\n", depth);
    DestroyBitTree(&T);
    DestroyBitTree(&root);
}
```

程序的运行结果如图 9.27 所示。

图 9.27　二叉树的计数程序运行结果

9.6 二叉树的线索化

在二叉树中，采用二叉链表作为存储结构，只能找到结点的左孩子结点和右孩子结点，不能找到该结点的直接前驱结点和后继结点信息。如果要找到结点的直接前驱或者直接后继，必须对二叉树进行遍历，在遍历得到的序列中，很容易得到结点的直接前驱或者直接后继。但是这并不是最直接、最简便的方法。为了能够找到结点的直接前驱和直接后继信息，需要将二叉树线索化。本节主要介绍二叉树的线索化的定义、二叉树的中序线索化、线索二叉树的遍历及线索二叉树的应用。

9.6.1 二叉树的线索化定义

为了在二叉树的遍历过程中能够找到结点的直接前驱结点或者直接后继结点，可以在结点的定义中再增加两个指针域：一个用来指示结点的前驱，另一个用来指向结点的后继。但是如果这样做的话，需要为结点增加存储单元，同时会使结点结构的利用率大大下降。

在二叉链表的存储结构中，具有 n 个结点的二叉链表有 n+1 个空指针域(根据二叉树的分支特点可以证明)。由此，可以利用这些空指针域存放结点的直接前驱和直接后继的信息。规定如下：如果结点存在左子树，则指针域 lchild 指示其左孩子结点，否则，指针域 lchild 指示其直接前驱结点。如果结点存在右子树，则指针域 rchild 指示其右孩子结点，否则，指针域 rchild 指示其直接后继结点。

为了区分指针域指向的是左孩子结点还是直接前驱结点，及是右孩子结点还是直接后继结点，增加两个标志域 ltag 和 rtag。

结点的存储结构如图 9.28 所示。

图 9.28 结点的存储结构

其中，当 ltag=0 时，lchild 指示结点的左孩子；当 ltag=1 时，lchild 指示结点的直接前驱结点。当 rtag=0 时，rchild 指示结点的右孩子；当 rtag=1 时，lchild 指示结点的直接后继结点。

由这种存储结构构成的二叉链表称为二叉树的线索二叉树。采用这种存储结构的二叉链表称为线索链表。其中，指向结点直接前驱和直接后继的指针，称为线索。

在二叉树的先序遍历过程中，加上线索之后，得到先序线索二叉树。

同理，在二叉树的中序(后序)遍历过程中，加上线索之后，得到中序(后序)线索二叉树。二叉树按照某种遍历方式使二叉树变为线索二叉树的过程称为二叉树的线索化。图 9.29 就是将二叉树进行先序、中序和后序遍历得到的线索二叉树。

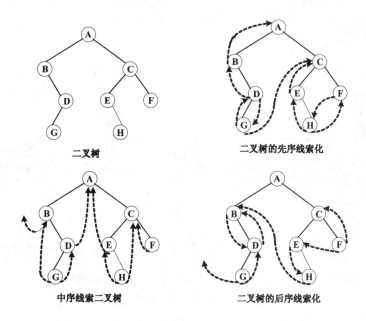

图 9.29 二叉树的线索化

线索二叉树的存储结构类型定义描述如下：

```
typedef enum {Link, Thread} PointerTag;
  /* Link=0 表示指向孩子结点，Thread=1 表示指向前驱结点或后继结点*/
typedef struct Node              /*线索二叉树存储结构类型定义*/
{
    DataType data;               /*数据域*/
    struct Node *lchild, rchild;    /*指向左孩子结点的指针和右孩子结点的指针*/
    PointerTag ltag, rtag;          /*标志域*/
} *BiThrTree, BiThrNode;
```

9.6.2　二叉树的线索化

　　二叉树的线索化就是利用二叉树中结点的空指针域表示结点的前驱或后继信息。而要得到结点的前驱信息和后继信息，需要对二叉树进行遍历，同时将结点的空指针域修改为其直接前驱或直接后继信息。因此，二叉树的线索化就是对二叉树的遍历过程。这里以二叉树的中序线索化为例介绍二叉树的线索化。

　　为了方便，在二叉树线索化时，在二叉链表中增加一个头结点。头结点的数据域可以为空，也可以存放二叉树的结点信息。同时，使头结点的指针域 lchild 指向二叉树的根结点，指针域 rchild 指向二叉树中序遍历时的最后一个结点，二叉树中的第一个结点的线索指针指向头结点。在初始化时，使二叉树的头结点指针域 lchild 和 rchild 均指向头结点，并将头结点的标志域 ltag 置为 Link，标志域 rtag 置为 Thread。

　　线索化以后的二叉树类似于一个循环链表，操作线索二叉树就像操作循环链表一样，既可以从线索二叉树中的第一个结点开始，根据结点的后继线索指针遍历整个二叉树，也可以从线索二叉树的最后一个结点开始，根据结点的前驱线索指针遍历整个二叉树。经过线索化的二叉树及存储结构如图 9.30 所示。

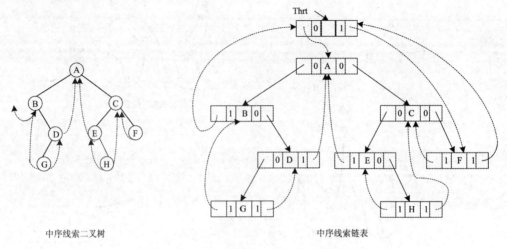

中序线索二叉树　　　　　　　　　　　　中序线索链表

图 9.30　中序线索二叉树及链表

中序线索二叉树的算法实现代码如下：

```
BiThrTree pre;                          /* pre 始终指向已经线索化的结点*/
int InOrderThreading(BiThrTree *Thrt, BiThrTree T)
 /*通过中序遍历二叉树 T，使 T 中序线索化。Thrt 是指向头结点的指针*/
{
   if(!(*Thrt=(BiThrTree)malloc(sizeof(BiThrNode))))
    /*为头结点分配内存单元*/
      exit(-1);
   /*将头结点线索化*/
   (*Thrt)->ltag = Link;                /*修改前驱线索标志*/
   (*Thrt)->rtag = Thread;              /*修改后继线索标志*/
   (*Thrt)->rchild = *Thrt;             /*将头结点的 rchild 指针指向自己*/
   if(!T)                               /*如果二叉树为空，则将 lchild 指针指向自己*/
      (*Thrt)->lchild = *Thrt;
   else
   {
      (*Thrt)->lchild = T;              /*将头结点的左指针指向根结点*/
      pre = *Thrt;                      /*将 pre 指向已经线索化的结点*/
      InThreading(T);                   /*中序遍历进行中序线索化*/
      /*将最后一个结点线索化*/
      pre->rchild = *Thrt;              /*将最后一个结点的右指针指向头结点*/
      pre->rtag = Thread;               /*修改最后一个结点的 rtag 标志域*/
      (*Thrt)->rchild = pre;            /*将头结点的 rchild 指针指向最后一个结点*/
   }
   return 1;
}
void InThreading(BiThrTree p)   /*二叉树的中序线索化*/
{
   if(p)
   {
      InThreading(p->lchild);           /*左子树线索化*/
```

```
        if(!p->lchild)                /*前驱线索化*/
        {
            p->ltag = Thread;
            p->lchild = pre;
        }
        if(!pre->rchild)         /*后继线索化*/
        {
            pre->rtag = Thread;
            pre->rchild = p;
        }
        pre = p;                  /* pre 指向的结点线索化完毕, 使 p 指向的结点成为前驱*/
        InThreading(p->rchild);   /*右子树线索化*/
    }
}
```

9.6.3　线索二叉树的遍历

线索二叉树的遍历, 就是在已经建立后的线索二叉树中, 根据线索查找结点的前驱和后继。利用在线索二叉树中查找结点的前驱和后继的思想, 遍历线索二叉树。

1. 查找指定结点的中序直接前驱

在中序线索二叉树中, 对于指定的结点*p, 即指针 p 指向的结点, 如果 p->ltag=1, 那么 p->lchild 指向的结点就是 p 的中序直接前驱结点。例如, 在图 9.30 中, 结点 E 的前驱标志域为 1, 即 Thread, 则中序直接前驱为 A, 即 lchild 指向的结点。如果 p->ltag=0, 那么 p 的中序直接前驱就是 p 的左子树的最右下端的结点。例如, 结点 A 的中序直接前驱结点为 D, 即结点 A 的左子树的最右下端结点。查找指定结点的中序直接前驱的实现代码如下:

```
BiThrNode* InOrderPre(BiThrNode *p)   /*在中序线索树中找结点*p的中序直接前趋*/
{
    BiThrNode *pre;
    if (p->ltag == Thread)/*如果p的标志域ltag为线索, 则p的左子树结点即为前驱*/
        return p->lchild;
    else {
        pre = p->lchild;            /*查找p的左孩子的最右下端结点*/
        while (pre->rtag == Link)   /*右子树非空时, 沿右链往下查找*/
            pre = pre->rchild;
        return pre;                 /* pre 就是最右下端结点*/
    }
}
```

2. 查找指定结点的中序直接后继

在中序线索二叉树中, 查找指定的结点*p 的中序直接后继, 与查找指定结点的中序直接前驱类似。如果 p->rtag=1, 那么 p->rchild 指向的结点就是 p 的直接后继结点。例如, 在图 9.30 中, 结点 G 的后继标志域为 1, 即 Thread, 则中序直接后继为 D, 即 rchild 指向的结点。如果 p->rtag=0, 那么 p 的中序直接后继就是 p 的右子树的最左下端的结点。例如, 结点 B 的中序直接后继为 G, 即结点 B 的右子树的最左下端结点。查找指定结点的中序直

跟我学数据结构

接后继的实现代码如下：

```
BiThrNode* InorderSuccessor(BinThrNode *p)
 /*或 BiThrNode *InOrderPost(BiThrNode *p)*/
  /*在中序线索树中查找结点*p 的中序直接后继*/
{
    BiThrNode *pre;
    if (p->rtag == Thread)
     /*如果p的标志域ltag为线索，则p的右子树结点即为后继*/
        return p->rchild;
    else
    {
        pre = p->rchild;            /*查找 p 的右孩子的最左下端结点*/
        while (pre->ltag == Link)   /*左子树非空时，沿左链往下查找*/
            pre = pre->lchild;
        return pre;                 /* pre 就是最左下端结点*/
    }
}
```

3. 中序遍历线索二叉树

中序遍历线索二叉树的实现思想分为 3 个步骤。

(1) 从第一个结点开始，找到二叉树的最左下端结点，并访问之。

(2) 判断该结点的右标志域是否为线索指针，如果是线索指针，即 p->rtag==Thread，说明 p->rchild 指向结点的中序后继，则将指针指向右孩子结点，并访问右孩子结点。

(3) 将当前指针指向该右孩子结点。

重复指向以上 3 个步骤，直到遍历完毕。整个中序遍历线索二叉树的过程，就是线索查找后继和查找右子树的最左下端结点的过程。中序遍历线索二叉树的实现代码如下：

```
int InOrderTraverse(BiThrTree T, int (*visit)(BiThrTree e))
 /*中序遍历线索二叉树。其中 visit 是函数指针，指向访问结点的函数实现*/
{
    BiThrTree p;
    p = T->lchild;                       /* p 指向根结点*/
    while(p != T)                        /*空树或遍历结束时，p==T */
    {
        while(p->ltag == Link)
            p = p->lchild;
        if(!visit(p))                    /*打印*/
            return 0;
        while(p->rtag==Thread && p->rchild!=T) /*访问后继结点*/
        {
            p = p->rchild;
            visit(p);
        }
        p = p->rchild;
    }
    return 1;
}
```

9.6.4　线索二叉树的应用举例

例 9-4 建立如图 9.30 所示的二叉树，并将其中序线索化。任给一个结点，找到结点的中序前驱和中序后继。例如，结点 D 的中序直接前驱是 G，其中序直接后继是 A。

分析：主要考察二叉树的中序线索化操作和在线索二叉树中查找结点的中序前驱和中序后继。

程序实现分为两个部分：二叉树的线索化和测试部分。其中，二叉树的中序线索化 BiThrNode *InOrderPost(BiThrNode *p)与 int InOrderThreading(BiThrTree *Thrt, BiThrTree T)、中序遍历线索二叉树 int InOrderTraverse(BiThrTree T, int (* visit)(BiThrTree e))、查找指定结点的中序前驱 BiThrNode* InOrderPre(BiThrNode *p)和查找指定结点的中序后继 BiThrNode* InOrderPost(BiThrNode *p)在程序中省略。程序实现代码如下。

(1)　二叉树的线索化

这部分主要包括二叉树的中序线索化、中序遍历中序线索二叉树、查找指定结点的中序前驱、中序后继、创建线索二叉树和查找指定结点的指针。其中，创建线索二叉树时，要将二叉树中的线索标志域都置为 Link。查找指定结点的指针是利用中序遍历线索二叉树实现的。二叉树的线索化实现代码如下：

```
void CreateBitTree2(BiThrTree *T, char str[])
 /*利用括号嵌套的字符串建立二叉链表*/
{
  char ch;
  BiThrTree stack[MAXSIZE];        /*定义栈，用于存放指向二叉树中结点的指针*/
  int top = -1;                    /*初始化栈顶指针*/
  int flag, k;
  BiThrNode *p;
  *T=NULL, k=0;
  ch = str[k];
  while(ch != '\0')               /*如果字符串没有结束*/
  {
    switch(ch)
    {
    case '(':
      stack[++top] = p;
      flag = 1;
      break;
    case ')':
      top--;
      break;
    case ',':
      flag = 2;
      break;
    default:
      p = (BiThrTree)malloc(sizeof(BiThrNode));
      p->data = ch;
      p->lchild = NULL;
```

```
            p->rchild = NULL;

            if(*T == NULL)                 /*如果是第一个结点，表示是根结点*/
                *T = p;
            else
            {
                switch(flag)
                {
                case 1:
                    stack[top]->lchild = p;
                    break;
                case 2:
                    stack[top]->rchild = p;
                    break;
                }
                if(stack[top]->lchild)
                    stack[top]->ltag = Link;
                if(stack[top]->rchild)
                    stack[top]->rtag = Link;
            }
        }
        ch = str[++k];
    }
}
BiThrNode* FindPoint(BiThrTree T, DataType e)
  /*中序遍历线索二叉树，返回元素值为e的结点的指针*/
{
    BiThrTree p;
    p = T->lchild;                          /* p指向根结点*/
    while(p != T)                           /*如果不是空二叉树*/
    {
        while(p->ltag == Link)
            p = p->lchild;
        if(p->data == e)                    /*找到结点，返回指针*/
            return p;
        while(p->rtag==Thread && p->rchild!=T)   /*访问后继结点*/
        {
            p = p->rchild;
            if(p->data == e)                /*找到结点，返回指针*/
                return p;
        }
        p = p->rchild;
    }
    return NULL;
}
```

(2) 测试代码部分

这部分主要包括函数的声明、打印线索二叉树的结点和主函数。测试部分代码如下：

```
/*包含头文件*/
#include <stdio.h>
```

```c
#include <malloc.h>
#include <stdlib.h>
#define MAXSIZE 100
/*线索二叉树类型定义*/
typedef char DataType;
typedef enum {Link, Thread} PointerTag;
typedef struct Node /*结点类型*/
{
    DataType data;
    struct Node *lchild, *rchild;                       /*左右孩子子树*/
    PointerTag ltag, rtag;                              /*线索标志域*/
} BiThrNode;
typedef BiThrNode *BiThrTree;                           /*二叉树类型*/
/*函数声明*/
void CreateBitTree2(BiThrTree *T, char str[]);          /*创建线索二叉树*/
void InThreading(BiThrTree p);                          /*中序线索化二叉树*/
int InOrderThreading(BiThrTree *Thrt, BiThrTree T);
  /*通过中序遍历二叉树 T，使 T 中序线索化。Thrt 是指向头结点的指针*/
int InOrderTraverse(BiThrTree T, int (*visit)(BiThrTree e));
  /*中序遍历线索二叉树*/
int Print(BiThrTree T);                         /*打印二叉树中的结点及线索标志*/
BiThrNode* FindPoint(BiThrTree T, DataType e);
  /*在线索二叉树中查找结点为 e 的指针*/
BiThrNode* InOrderPre(BiThrNode *p);        /*查找中序线索二叉树的中序前驱*/
BiThrNode* InOrderPost(BiThrNode *p);       /*查找中序线索二叉树的中序后继*/
BiThrTree pre;                          /* pre 始终指向已经线索化的结点*/
void main()   /*测试程序*/
{
    BiThrTree T, Thrt;
    BiThrNode *p, *pre, *post;
    CreateBitTree2(&T, "(A(B(,D(G)),C(E(,H),F)))");
    printf("线索二叉树的输出序列：\n");
    InOrderThreading(&Thrt, T);
    printf("序列   前驱标志   结点   后继标志\n");
    InOrderTraverse(Thrt, Print);
    p = FindPoint(Thrt, 'D');
    pre = InOrderPre(p);
    printf("元素 D 的中序直接前驱元素是:%c\n", pre->data);
    post = InOrderPost(p);
    printf("元素 D 的中序直接后继元素是:%c\n", post->data);
    p = FindPoint(Thrt, 'E');
    pre = InOrderPre(p);
    printf("元素 E 的中序直接前驱元素是:%c\n", pre->data);
    post = InOrderPost(p);
    printf("元素 E 的中序直接后继元素是:%c\n", post->data);
    DestroyBitTree(&Thrt);
}
int Print(BiThrTree T)   /*打印线索二叉树中的结点及线索*/
{
    static int k = 1;
    printf("%2d\t%s\t %2c\t %s\t\n", k++, T->ltag==0 ? "Link"
```

```
                : "Thread", T->data, T->rtag==1 ? "Thread" : "Link");
    return 1;
}
```

在程序的最后，要将二叉树销毁，释放内存空间。

程序运行结果如图 9.31 所示。

图 9.31　线索二叉树的操作程序运行结果

9.7　树、森林与二叉树

树、森林和二叉树本身都是树的一种，它们之间是可以相互转换的。本节主要讲解树的存储结构、森林与二叉树的转换、树与森林的遍历。

9.7.1　树的存储结构

通常，树的存储结构有 3 种：双亲表示法、孩子表示法和孩子兄弟表示法。

1. 双亲表示法

双亲表示法是利用一组连续的存储单元存储树的每个结点，并利用一个指示器表示结点的双亲结点在树中的相对位置。通常在 C 语言中，利用数组实现连续的单元的存储，类似于静态链表的实现。树的双亲表示法如图 9.32 所示。

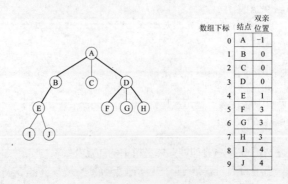

图 9.32　树的双亲表示法

其中，树的根结点的双亲位置用-1表示。

树的双亲表示法使得已知结点查找其双亲结点非常容易。通过反复调用求双亲结点，可以找到树的树根结点。树的双亲表示法的存储表示描述如下：

```
#define MAXSIZE 200
typedef struct PNode     /*双亲表示法的结点定义*/
{
   DataType data;
   int parent;           /*指示结点的双亲*/
} PNode;
typedef struct           /*双亲表示法的类型定义*/
{
   PNode node[MAXSIZE];
   int num;              /*结点的个数*/
} PTree;
```

2. 孩子表示法

孩子表示法是将孩子结点排列在其双亲结点的后面，构成一个单链表。这样的链表称为孩子链表。树中有n个结点，就有n个孩子链表。n个结点的数据及头指针构成一个顺序表。针对图9.32所示的树，其孩子表示法如图9.33所示，其中∧表示空。

树的孩子表示法使得已知一个结点，则查找结点的孩子结点非常容易。通过查找某结点的链表，可以找到该结点的每个孩子。但是查找双亲结点不方便，可以将双亲表示法与孩子表示法结合起来使用，图9.34就是将两者结合起来的带双亲的孩子链表。

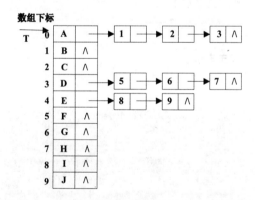

图9.33 树的孩子表示法

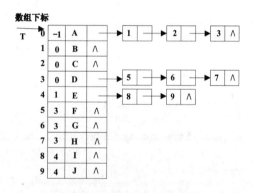

图9.34 带双亲的孩子链表

树的孩子表示法的类型定义如下：

```
#define MAXSIZE 200
typedef struct CNode              /*孩子结点的类型定义*/
{
   int child;
   struct CNode*next;             /*指向下一个结点*/
} ChildNode;
typedef struct                    /* n个结点数据与孩子链表的指针构成一个结构*/
{
   DataType data;
```

```
    ChildNode *firstchild;        /*孩子链表的指针*/
} DataNode;
typedef struct                    /*孩子表示法类型定义*/
{
    DataNode node[MAXSIZE];
    int num,root;                 /*结点的个数,根结点在顺序表中的位置*/
} CTree;
```

3. 孩子兄弟表示法

孩子兄弟表示法也称为树的二叉链表表示法。孩子兄弟表示法采用链式存储结构,链表由一个数据域和两个指针域组成。其中,数据域存放结点的数据信息,一个指针域用来指示结点的第一个孩子结点,另一个指针域用来指示结点的下一个兄弟结点。

图 9.32 所示的树对应的孩子兄弟表示如图 9.35 所示。

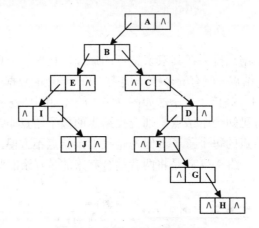

图 9.35 树的孩子兄弟表示法

树的孩子兄弟表示法的类型定义如下:

```
typedef struct CSNode                         /*孩子兄弟表示法的类型定义*/
{
    DataType data;
    struct CSNode *firstchild,*nextsibling;   /*指向第一个孩子和下一个兄弟*/
} CSNode, *CSTree;
```

其中,指针 firstchild 指向结点的第一个孩子结点,nextsibling 指向结点的下一个兄弟结点。孩子兄弟表示法是树的最常用的存储结构。利用树的孩子兄弟表示法可以实现树的各种操作。例如,要查找树中 D 的第 3 个孩子结点,则只需要从 D 的 firstchild 找到第一个孩子结点,然后顺着结点的 nextsibling 域走 2 步,就可以找到 D 的第 3 个孩子结点。

9.7.2　树转换为二叉树

从树的孩子兄弟表示和二叉树的二叉链表表示来看,它们在物理上的存储方式是相同的,也就是说,从它们的相同的物理结构可以得到一棵树,也可以得到一棵二叉树。因此,树与二叉树存在着一种对应关系。从图 9.36 可以看出，树与二叉树存在相同的存储结构。

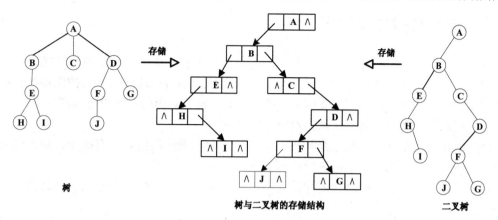

图 9.36 树与二叉树的存储结构

下面来讨论树是如何转换为二叉树的。树中双亲结点的孩子结点是无序的，二叉树中的左右孩子是有序的。为了说明的方便，规定树中的每一个孩子结点从左至右按照顺序编号。例如，图 9.36 中，结点 A 有三个孩子结点 B、C 和 D，其中规定 B 是 A 的第一个孩子结点，C 是 A 的第二个孩子结点，D 是 A 的第三个孩子结点。

按照以下步骤，可以将一棵树转换为对应的二叉树。

(1) 在树中的兄弟结点之间加一条连线。

(2) 在树中，只保留双亲结点与第一个孩子结点之间的连线，将双亲结点与其他孩子结点的连线删除。

(3) 将树中的各个分支，以某个结点为中心进行旋转，子树以根结点成对称形状。

按照以上步骤，图 9.36 中的树可以转换为对应的二叉树，如图 9.37 所示。

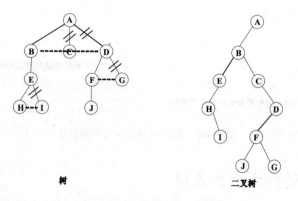

图 9.37 将树转换为二叉树

将树转换为对应的二叉树后，树中的每个结点与二叉树中的结点一一对应，树中每个结点的第一个孩子变为二叉树的左孩子结点，第二个孩子结点变为第一个孩子结点的右孩子结点，第三个孩子结点变为第二个孩子结点右孩子结点，以此类推。例如，结点 C 变为结点 B 的右孩子结点，结点 D 变为结点 C 的右孩子结点。

9.7.3　森林转换为二叉树

　　森林是由若干棵树组成的集合，树可以转换为二叉树，那么森林也可以转换为对应的二叉树。如果将森林中的每棵树转换为对应的二叉树，则再将这些二叉树按照规则转换为一棵二叉树，就实现了森林到二叉树的转换。森林转换为对应的二叉树的步骤如下。

　　（1）把森林中的所有树都转换为对应的二叉树。

　　（2）从第二棵树开始，将转换后的二叉树作为前一棵树根结点的右孩子，插入到前一棵树中。然后将转换后的二叉树进行相应的旋转。

　　按照以上两个步骤，可以将森林转换为一棵二叉树。如图 9.38 所示为森林转换为二叉树的过程。

　　在图 9.38 中，将森林中的每棵树转换为对应的二叉树之后，将第二棵二叉树，即根结点为 F 的二叉树，作为第一棵二叉树根结点 A 的右子树，插入到第一棵树中。第三棵二叉树即根结点为 I 的二叉树，作为第二棵二叉树根结点 F 的右子树，插入到第一棵树中。这样，就构成了图 9.38 中的二叉树。

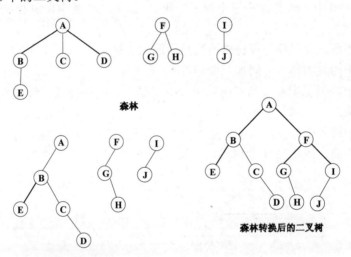

图 9.38　森林转换为二叉树的过程

9.7.4　二叉树转换为树和森林

　　二叉树转换为树或者森林，就是将树和森林转换为二叉树的逆过程。树转换为二叉树，二叉树的根结点一定没有右孩子。森林转换为二叉树，根结点有右孩子。按照树或森林转换为二叉树的逆过程，可以将二叉树转换为树或森林。将一棵二叉树转换为树或者森林的步骤如下。

　　（1）在二叉树中，将某结点的所有右孩子结点、右孩子的右孩子结点……都与该结点的双亲结点用线条连接。

(2) 删除掉二叉树中双亲结点与右孩子结点的原来的连线。

(3) 调整转换后的树或森林，使结点的所有孩子结点处于同一层次。

利用以上方法，一棵二叉树转换为树的过程如图 9.39 所示。

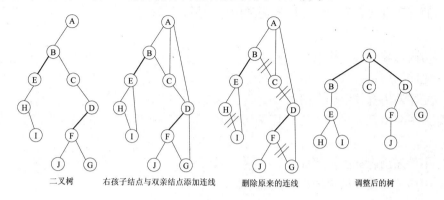

二叉树　　　右孩子结点与双亲结点添加连线　　删除原来的连线　　调整后的树

图 9.39　二叉树转换为树的过程

同理，利用以上方法，可以将一棵二叉树转换为森林，如图 9.40 所示。

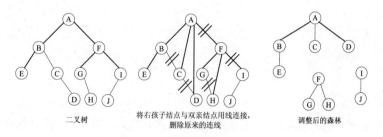

二叉树　　将右孩子结点与双亲结点用线连接，删除原来的连线　　调整后的森林

图 9.40　二叉树转换为森林的过程

9.7.5　树和森林的遍历

与二叉树的遍历类似，树和森林的遍历也是按照某种规律对树或者森林中的每个结点进行访问且仅访问一次的操作。

1．树的遍历

通常情况下，按照访问树中根结点的先后次序，树的遍历方式分为两种：先根遍历和后根遍历。

(1) 先根遍历的步骤如下。

① 访问根结点。

② 按照从左到右的顺序依次先根遍历每一棵子树。

例如，图 9.39 所示树的先根遍历得到的结点序列是：A、B、E、H、I、C、D、F、J、G。

(2) 后根遍历的步骤如下。

① 按照从左到右的顺序依次后根遍历每一棵子树。

② 访问根结点。

例如，图 9.39 所示树后根遍历得到的结点序列是：H、I、E、B、C、J、F、G、D、A。

2．森林的遍历

森林的遍历方法有两种：先序遍历和中序遍历。

(1) 先序遍历森林的步骤如下。

① 访问森林中第一棵树的根结点。

② 先序遍历第一棵树的根结点的子树。

③ 先序遍历森林中剩余的树。

例如，图 9.40 所示的森林的先序遍历得到的结点序列是：A、B、E、C、D、F、G、H、I、J。

(2) 中序遍历森林的步骤如下。

① 中序遍历第一棵树的根结点的子树。

② 访问森林中第一棵树的根结点。

③ 中序遍历森林中剩余的树。

例如，图 9.40 所示的森林的中序遍历得到的结点序列是：E、B、C、D、A、G、H、F、J、I。

9.8 哈 夫 曼 树

哈夫曼树也称最优二叉树。它是一种带权路径长度最短的树，应用非常广泛。本节主要介绍哈夫曼树的定义、哈夫曼编码及哈夫曼编码算法的实现。

9.8.1 哈夫曼树的定义

在介绍哈夫曼树之前，先了解一下几个与哈夫曼树相关的定义。

1．路径和路径长度

路径是指在树中，从一个结点到另一个结点所走过的路程。路径长度是一个结点到另一个结点的分支数目。树的路径长度是指从树的树根到每一个结点的路径长度的和。

2．树的带权路径长度

在一些实际应用中，根据结点的重要程度，将树中的某一个结点赋予一个有意义的值，则这个值就是结点的权。带权路径长度是指在一棵树中，将某一个结点的路径长度与该结点的权的乘积，称为该结点的带权路径长度。而树的带权路径长度是指树中所有叶子结点的带权路径长度的和。树的带权路径长度公式记作：

$$WPL = \sum_{i=1}^{n} w_i \times l_i$$

其中，n 是树中叶子结点的个数，w_i 是第 i 个叶子结点的权值，l_i 是第 i 个叶子结点的路径长度。

例如，图 9.41 所示的二叉树的带权路径长度分别如下。

(1)　WPL = 8×2+4×2+2×2+3×2 = 38

(2)　WPL = 8×2+4×3+2×3+3×1 = 37

(3)　WPL = 8×1+4×2+2×3+3×3 = 31

从图 9.41 可以看出，第三个树的带权路径长度最小，它其实就是一棵哈夫曼树。

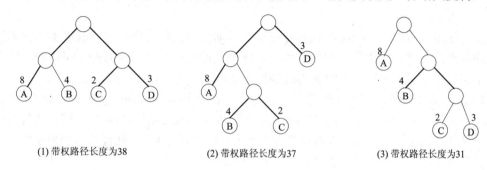

(1) 带权路径长度为38　　　(2) 带权路径长度为37　　　(3) 带权路径长度为31

图 9.41　二叉树的带权路径长度

3．哈夫曼树

哈夫曼树就是带权路径长度最小的树，权值最小的结点远离根结点，权值越大的结点越靠近根结点。哈夫曼树的构造算法如下。

(1)　由给定的 n 个权值 $\{w_1, w_2, ..., w_n\}$，构成 n 棵只有根结点的二叉树集合 F= $\{T_1, T_2, ..., T_n\}$，每个结点的左右子树均为空。

(2)　在二叉树集合 F 中，找两个根结点的权值最小和次小的树，作为左、右子树构造一棵新的二叉树，新二叉树的根结点的权重为左、右子树根结点的权重之和。

(3)　在二叉树集合 F 中，删除作为左、右子树的两个二叉树，并将新二叉树加入到集合 F 中。

(4)　重复执行步骤 2 和 3，直到集合 F 中只剩下一棵二叉树为止。这颗二叉树就是要构造的哈夫曼树。

例如，假设给定一组权值{1,3,6,9}，按照哈夫曼构造的算法对集合的权重构造哈夫曼树的过程如图 9.42 所示。

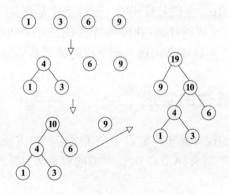

图 9.42　哈夫曼树的构造过程

9.8.2　哈夫曼编码

哈夫曼编码常应用在数据通信中，在数据传送时，需要将字符转换为二进制的字符串。例如，假设传送的电文是 ABDAACDA，电文中有 A、B、C 和 D 四种字符，如果规定 A、B、C 和 D 的编码分别为 00、01、10 和 11，则上面的电文代码为 0001110000101100，总共 16 个二进制数。

在传送电文时，希望电文的代码尽可能短。如果按照每个字符进行长度不等的编码，将出现频率高的字符采用尽可能短的编码，则电文的代码长度就会减少。可以利用哈夫曼树对电文进行编码，最后得到的编码就是长度最短的编码。具体构造方法如下。

假设需要编码的字符集合为 $\{c_1,c_2,...,c_n\}$，相应地，字符在电文中的出现次数为 $\{w_1,w_2,...,w_n\}$，以字符 $c_1,c_2,...,c_n$ 作为叶子结点，以 $w_1,w_2,...,w_n$ 为对应叶子结点的权值构造一棵二叉树，规定哈夫曼树的左孩子分支为 0，右孩子分支为 1，从根结点到每个叶子结点经过的分支组成的 0 和 1 序列就是结点对应的编码。

按照以上构造方法，字符集合为 {A,B,C,D}，各个字符相应的出现次数为 {4,1,1,2}，这些字符作为叶子结点构成的哈夫曼树如图 9.43 所示。字符 A 的编码为 0，字符 B 的编码为 110，字符 C 的编码为 111，字符 D 的编码为 10。

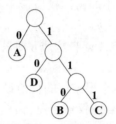

图 9.43　哈夫曼编码

因此，可以得到电文 ABDAACDA 的哈夫曼编码为 01101000111100，共 13 个二进制字符。这样就保证了电文的编码达到最短。

在设计不等长编码时，必须使任何一个字符的编码都不是另外一个字符编码的前缀。例如，字符 A 的编码为 10，字符 B 的编码为 100，则字符 A 的编码就称为字符 B 的编码的前缀。如果一个代码为 10010，在进行译码时，无法确定是将前两位译为 A，还是要将前三位译为 B。但是在利用哈夫曼树进行编码时，每个编码是叶子结点的编码，一个字符是不会出现在另一个字符前面的，也就不会出现一个字符的编码是另一个字符编码的前缀编码。

9.8.3　哈夫曼编码算法的实现

下面利用哈夫曼编码的设计思想，通过一个实例实现哈夫曼编码的算法实现。

例 9-5　假设一个字符序列为 {A,B,C,D}，对应的权重为 {1,3,6,9}。设计一个哈夫曼树，并输出相应的哈夫曼编码。

分析：在实现哈夫曼的算法时，为了设计的方便，利用一个二维数组实现。需要保存字符的权重、双亲结点的位置、左孩子结点的位置和右孩子结点的位置。因此需要设计 n 行四列。因此，哈夫曼树的类型定义如下：

```
typedef struct                    /*哈夫曼树类型定义*/
{
    unsigned int weight;
    unsigned int parent, lchild, rchild;
} HTNode, *HuffmanTree;
typedef char **HuffmanCode;   /*存放哈夫曼编码*/
```

算法实现：定义一个类型为 HuffmanCode 的变量 HT，用来存放每一个叶子结点的哈夫曼编码。初始时，将每一个叶子结点的双亲结点域、左孩子域和右孩子域初始化为 0。如果有 n 个叶子结点，则非叶子结点有 n-1 个，所以总共结点数目是 2×n-1 个。同时也要将剩下的 n-1 个双亲结点域初始化为 0，这主要是为了查找权值最小的结点方便。

依次选择两个权值最小的结点，分别作为左子树结点和右子树结点，修改它们的双亲结点域，使它们指向同一个双亲结点，同时修改双亲结点的权值，使其等于两个左、右子树结点权值的和，并修改左、右孩子结点域，使其分别指向左、右孩子结点。重复执行这种操作 n-1 次，即求出 n-1 个非叶子结点的权值。这样就得到了一棵哈夫曼树。

通过求得的哈夫曼树，得到每一个叶子结点的哈夫曼编码。从叶子结点 c 开始，通过结点 c 的双亲结点域，找到结点的双亲，然后通过双亲结点的左孩子域和右孩子域判断该结点 c 是其双亲结点的左孩子还是右孩子，如果是左孩子，则编码为 0，否则编码为 1。按照这种方法，直到找到根结点，即可以求出叶子结点的编码。

哈夫曼编码的算法实现分为 3 个部分：哈夫曼编码的实现、选择权值最小和权值次小的结点和测试代码部分。

(1) 哈夫曼编码的实现

这部分主要是哈夫曼树的实现和哈夫曼编码的实现。程序的代码如下所示：

```
void HuffmanCoding(HuffmanTree *HT, HuffmanCode *HC, int *w, int n)
  /*构造哈夫曼树HT，哈夫曼树的编码存放在HC中，w为n个字符的权值*/
{
    int m, i, s1, s2, start;
    unsigned int c, f;
    HuffmanTree p;
    char *cd;
    if(n <= 1)
        return;
    m = 2*n - 1;
    *HT = (HuffmanTree)malloc((m+1)*sizeof(HTNode)); /*第零个单元未用*/
    for(p=*HT+1,i=1; i<=n; i++,p++,w++)              /*初始化n个叶子结点*/
    {
        (*p).weight = *w;
        (*p).parent = 0;
        (*p).lchild = 0;
        (*p).rchild = 0;
    }
    for(; i<=m; i++,p++)           /*将n-1个非叶子结点的双亲结点初始化化为0 */
        (*p).parent = 0;
```

```
    for(i=n+1; i<=m; ++i)                /*构造哈夫曼树*/
    {
        Select(HT, i-1, &s1, &s2);       /*查找树中权值最小的两个结点*/
        (*HT)[s1].parent = (*HT)[s2].parent = i;
        (*HT)[i].lchild = s1;
        (*HT)[i].rchild = s2;
        (*HT)[i].weight = (*HT)[s1].weight + (*HT)[s2].weight;
    }
    /*从叶子结点到根结点求每个字符的哈夫曼编码*/
    *HC = (HuffmanCode)malloc((n+1) * sizeof(char*));
    cd = (char*)malloc(n*sizeof(char));           /*为哈夫曼编码动态分配空间*/
    cd[n-1] = '\0';
    /*求 n 个叶子结点的哈夫曼编码*/
    for(i=1; i<=n; i++)
    {
        start = n-1;                              /*编码结束符位置*/
        for(c=i,f=(*HT)[i].parent; f!=0; c=f,f=(*HT)[f].parent)
          /*从叶子结点到根结点求编码*/
            if((*HT)[f].lchild == c)
                cd[--start] = '0';
            else
                cd[--start] = '1';
        (*HC)[i] = (char*)malloc((n-start)*sizeof(char));
          /*为第 i 个字符编码分配空间*/
        strcpy((*HC)[i], &cd[start]); /*将当前求出结点的哈夫曼编码复制到 HC */
    }
    free(cd);
}
```

(2) 查找权值最小和次小的两个结点

这部分主要是在结点的权值中，选择两个权值最小的和次小的结点作为二叉树的叶子结点。其程序代码实现如下所示：

```
int Min(HuffmanTree t, int n)    /*返回树中 n 个结点中权值最小的结点序号*/
{
    int i, flag;
    int f = infinity;                /* f 为一个无限大的值*/
    for(i=1; i<=n; i++)
        if(t[i].weight<f && t[i].parent==0)
            f=t[i].weight, flag=i;
    t[flag].parent = 1; /*给选中的结点的双亲结点赋值 1，避免再次查找该结点*/
    return flag;
}
void Select(HuffmanTree *t, int n, int *s1, int *s2)
  /*在 n 个结点中选择两个权值最小的结点序号，其中 s1 最小，s2 次小*/
{
    int x;
    *s1 = Min(*t, n);
    *s2 = Min(*t, n);
    if((*t)[*s1].weight > (*t)[*s2].weight)
```

```
    /*如果序号 s1 的权值大于序号 s2 的权值, 将两者交换, 使 s1 最小, s2 次小*/
    {
        x = *s1;
        *s1 = *s2;
        *s2 = x;
    }
}
```

(3)　测试代码部分

这部分主要包括头文件、宏定义、函数的声明和主函数。程序代码实现如下所示:

```
/*包含头文件*/
#include <stdio.h>
#include <stdlib.h>
#include <string.h>
#include <malloc.h>
#define infinity 10000              /*定义一个无限大的值*/
/*哈夫曼树类型定义*/
typedef struct
{
    unsigned int weight;
    unsigned int parent, lchild, rchild;
} HTNode, *HuffmanTree;
typedef char **HuffmanCode; /*存放哈夫曼编码*/
int Min(HuffmanTree t, int n);
void Select(HuffmanTree *t, int n, int *s1, int *s2);
void HuffmanCoding(HuffmanTree *HT, HuffmanCode *HC, int *w, int n);
void main()
{
    HuffmanTree HT;
    HuffmanCode HC;
    int *w, n, i;
    printf("请输入叶子结点的个数: ");
    scanf("%d", &n);
    w = (int*)malloc(n*sizeof(int));     /*为 n 个结点的权值分配内存空间*/
    for(i=0; i<n; i++)
    {
        printf("请输入第%d 个结点的权值:", i+1);
        scanf("%d", w+i);
    }
    HuffmanCoding(&HT, &HC, w, n);
    for(i=1; i<=n; i++)
    {
        printf("哈夫曼编码:"); puts(HC[i]);
    }
    /*释放内存空间*/
    for(i=1; i<=n; i++)
        free(HC[i]);
    free(HC);
    free(HT);
}
```

在程序的最后，要记得将动态申请的内存空间释放。

在算法的实现过程中，其中数组 HT 在初始时的状态和哈夫曼树生成后如图 9.44 所示。

数组下标	weight	parent	lchild	rchild
1	1	0	0	0
2	3	0	0	0
3	6	0	0	0
4	9	0	0	0
5		0		
6		0		
7		0		

HT数组初始化状态

数组下标	weight	parent	lchild	rchild
1	1	5	0	0
2	3	5	0	0
3	6	6	0	0
4	9	7	0	0
5	4	6	1	2
6	10	7	5	3
7	19	0	4	6

生成哈夫曼树后HT的状态

图 9.44　数组 HT 在初始化和生成哈夫曼树后的状态变化

生成的哈夫曼树如图 9.45 所示。从图中可以看出，权值为 1、3、6 和 9 的哈夫曼编码分别是 100、101、11 和 0。

以上算法是从叶子结点开始到根结点逆向求哈夫曼编码的算法。当然也可以从根结点开始到叶子结点正向求哈夫曼编码。

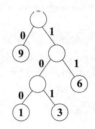

图 9.45　哈夫曼树

算法思想：从编号为 2×n-1 的结点开始，即从根结点开始，依次通过判断左孩子和右孩子是否存在，进行编码。如果左孩子存在，则编码为 0；如果右孩子存在，则编码为 1。同时，利用 weight 域作为结点是否已经访问的标志位，如果左孩子结点已经访问，则将相应的 weight 域置为 1；如果右孩子结点也已经访问过，则将相应的 weight 域置为 2；如果左孩子和右孩子都已经访问过，则回退至双亲结点。按照这个思路，直到所有的结点都已经访问过，并回退至根结点，算法结束。

从根结点到叶子结点求哈夫曼编码的算法实现如下：

```
void HuffmanCoding2(HuffmanTree *HT, HuffmanCode *HC, int *w, int n)
 /*构造哈夫曼树 HT，并从根结点到叶子结点求哈夫曼编码并保存在 HC 中*/
{
  int s1, s2, i, m;
  unsigned int r, cdlen;
  char *cd;
  HuffmanTree p;
  if(n <= 1)
     return;
  m = 2*n-1;
  *HT = (HuffmanTree)malloc((m+1)*sizeof(HTNode));
```

```
for(p=*HT+1,i=1; i<=n; i++,p++,w++)
{
    (*p).weight = *w;
    (*p).parent = 0;
    (*p).lchild = 0;
    (*p).rchild = 0;
}
for(; i<=m; ++i,++p)
    (*p).parent = 0;
/*构造哈夫曼树 HT */
for(i=n+1; i<=m; i++)
{
    Select(HT, i-1, &s1, &s2);
    (*HT)[s1].parent = (*HT)[s2].parent = i;
    (*HT)[i].lchild = s1;
    (*HT)[i].rchild = s2;
    (*HT)[i].weight = (*HT)[s1].weight + (*HT)[s2].weight;
}
/*从根结点到叶子结点求哈夫曼编码并保存在 HC 中*/
*HC = (HuffmanCode)malloc((n+1)*sizeof(char*));
cd = (char*)malloc(n*sizeof(char));
r = m;                      /*从根结点开始*/
cdlen = 0;                  /*编码长度初始化为 0 */
for(i=1; i<=m; i++)
    (*HT)[i].weight = 0;        /*将 weight 域作为状态标志*/
while(r)
{
    if((*HT)[r].weight == 0)/*如果 weight 域等于零，说明左孩子结点没有遍历*/
    {
        (*HT)[r].weight = 1; /*修改标志*/
        if((*HT)[r].lchild != 0) /*如果存在左孩子结点，则将编码置为 0 */
        {
            r = (*HT)[r].lchild;
            cd[cdlen++] = '0';
        }
        else if((*HT)[r].rchild == 0)
          /*如果是叶子结点，则将当前求出的编码保存到 HC 中*/
          {
              (*HC)[r] = (char*)malloc((cdlen+1)*sizeof(char));
              cd[cdlen] = '\0';
              strcpy((*HC)[r], cd);
          }
    }
    else if((*HT)[r].weight == 1)/*若已经访问过左孩子结点，则访问右孩子结点*/
    {
        (*HT)[r].weight = 2;        /*修改标志*/
        if((*HT)[r].rchild != 0)
        {
            r = (*HT)[r].rchild;
            cd[cdlen++] = '1';
        }
```

```
        }
        else      /*如果左孩子结点和右孩子结点都已经访问过，则退回到双亲结点*/
        {
            r = (*HT)[r].parent;
            --cdlen;  /*编码长度减 1 */
        }
    }
    free(cd);
}
```

程序运行结果如图 9.46 所示。

图 9.46 哈夫曼编码程序的运行结果

9.9 树与二叉树的应用举例

本节将通过几个具体实例来说明二叉树与树的使用。本节主要介绍相似二叉树、由二叉树的先序和中序序列确定二叉树的确定、树的孩子兄弟表示法。

9.9.1 相似二叉树

相似二叉树指的是二叉树的结构相似。假设存在两棵二叉树 T1 和 T2，T1 和 T2 都是空二叉树或者 T1 和 T2 都不为空树，且 T1 和 T2 的左、右子树的结构分别相似。则称 T1 和 T2 是相似二叉树。

与相似二叉树相对应的是等价二叉树，两棵二叉树等价是指不仅两棵二叉树相似，且所有二叉树上对应结点的数据元素也相等。

例如，两棵二叉树相似和两棵二叉树等价如图 9.47 所示。

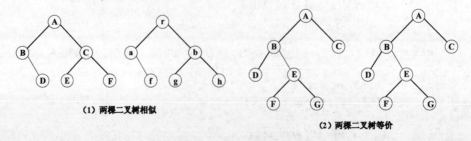

(1) 两棵二叉树相似   (2) 两棵二叉树等价

图 9.47 相似二叉树与等价二叉树

两棵二叉树 T1 和 T2 相似的算法描述如下。

(1) 如果 T1 和 T2 都是空二叉树(T1 和 T2 相似)，则返回 1。

(2) 如果 T1 为空二叉树 T2 不为空二叉树，或者 T2 为空二叉树 T1 不为空二叉树，则返回 0。

(3) 如果 T1 和 T2 都不是空二叉树，则判断 T1 和 T2 的左、右子树是否相似。

如果二叉树采用二叉链表表示法，则相应的 T1 和 T2 相似算法用 C 语言描述如下：

```c
int Similar(BiTree T1, BiTree T2)
{
   if(T1==NULL && T2==NULL)
       return 1;
   else if((T1==NULL&&T2!=NULL) || (T1!=NULL&&T2==NULL))
       return 0;
   return
     (Similar(T1->lchild,T2->lchild) * Similar(T1->rchild,T2->rchild));
}
```

9.9.2　由先序和中序、中序和后序确定二叉树

在二叉树的遍历中，任何一棵二叉树的先序序列、中序序列和后序序列都是唯一确定的。那么，反过来，给定先序序列和中序序列也可以唯一确定一棵二叉树，已知中序序列和后序序列也可以唯一确定一棵二叉树。

1. 由先序序列和中序序列确定一棵二叉树

根据二叉树遍历的递归定义，二叉树的先序遍历是先访问根结点，然后先序遍历左子树，最后先序遍历右子树。因此，在先序遍历的过程中，访问的第一个结点一定是根结点。在二叉树的中序遍历过程中，先中序遍历左子树，然后是根结点，最后遍历右子树。因此，在二叉树的中序序列中，根结点将中序序列分割为左子树序列和右子树序列两个部分。由中序序列的左子树结点个数，又可以将二叉树的先序序列分为左子树序列和右子树序列。

然后，根据先序序列的左子树部分和右子树的根结点，继续将中序序列分割为左子树和右子树两个部分，反过来，再根据中序序列的左子树结点个数确定先序序列的左子树和右子树，依次类推，就可以构造出二叉树。

例如，给定结点的先序序列(A,B,C,D,E,F,G)和中序序列(B,D,C,A,F,E,G)，则可以确定一棵二叉树，如图 9.48 所示。

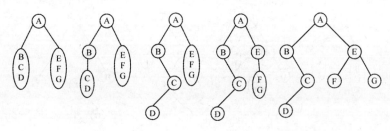

图 9.48　由先序序列和中序序列确定二叉树的过程

由先序序列，A 是二叉树的根结点，再根据中序序列得知，A 的左子树中序序列为(B,D,C)，右子树中序序列为(F,E,G)。然后，在先序序列中，可以确定 A 的左子树先序序列为(B,C,D)，右子树先序序列为(E,F,G)。进一步，由 A 的左子树先序序列得知，B 是子树(B,C,D)的根结点，由中序序列(B,D,C)知道，B 没有左子树，只有右子树，其右子树的中序序列为(D,C)，而先序序列为(C,D)。子树(C,D)的根结点为 C，因为子树的中序序列为(D,C)，所以 C 的左子树为 D。因此，确定了 A 的左子树，同理，可以确定 A 的右子树。

下面给出由先序序列和中序序列构造二叉树的算法。算法实现的代码如下：

```
void CreateBiTree1(BiTree *T, char *pre, char *in, int len)
  /*由先序序列和中序序列构造二叉树*/
{
    int k;
    char *temp;
    if(len <= 0)
    {
        *T = NULL;
        return;
    }
    *T = (BitNode*)malloc(sizeof(BitNode)); /*生成根结点*/
    (*T)->data = *pre;
    for(temp=in; temp<in+len; temp++)   /*在中序序列 in 中找到根结点所在的位置*/
        if(*pre == *temp) break;
    k = temp - in;                      /*左子树的长度*/
    CreateBiTree1(&((*T)->lchild), pre+1, in, k); /*建立左子树*/
    CreateBiTree1(&((*T)->rchild), pre+1+k, temp+1, len-1-k);/*建立右子树*/
}
```

2. 由中序序列和后序序列确定一棵二叉树

同样，由中序序列和后序序列也可以唯一确定一棵二叉树。根据二叉树遍历的递归定义，二叉树的后序遍历是先后序遍历左子树，然后后序遍历右子树，最后是访问根结点。因此，在后序遍历的过程中，根结点位于后序序列的最后。在二叉树的中序遍历过程中，先中序遍历左子树，然后是根结点，最后遍历右子树。因此，在二叉树的中序序列中，根结点将中序序列分割为左子树序列和右子树序列两个部分。由中序序列的左子树结点个数，通过扫描后序序列，可以将后序序列分为左子树序列和右子树序列。依次类推，就可以构造出二叉树。例如，给定结点的中序序列(D,B,G,E,A,C,F)和后序序列(D,G,E,B,F,C,A)，则可以唯一确定一棵二叉树，如图 9.49 所示。

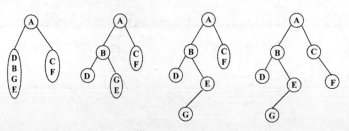

图 9.49　由中序序列和后序序列确定二叉树的过程

由后序序列可知，A 是二叉树的根结点，再根据中序序列得知，A 的左子树中序序列为(D,B,G,E)，右子树中序序列为(C,F)。然后，在后序序列中，可以确定 A 的左子树后序序列为(D,G,E,B)，右子树后序序列为(F,C)。进一步，由 A 的左子树后序序列得知，B 是子树(D,G,E)的根结点，由中序序列(D,B,G,E)可知，B 的左子树是 D，右子树中序序列是(G,E)，而后序序列为(G,E)。子树(G,E)的根结点为 E，从而左子树为 G。因此，确定了 A 的左子树。同理，可以确定 A 的右子树。

下面给出由中序序列和后序序列构造二叉树的算法。算法实现的代码如下：

```
void CreateBiTree2(BiTree *T, char *in, char *post, int len)
 /*由中序序列和后序序列构造二叉树*/
{
    int k;
    char *temp;
    if(len <= 0)
    {
        *T = NULL;
        return;
    }
    for(temp=in; temp<in+len; temp++)  /*在中序序列 in 中找到根结点所在的位置*/
        if(*(post+len-1) == *temp)
        {
            k = temp-in;                 /*左子树的长度*/
            (*T) = (BitNode*)malloc(sizeof(BitNode));
            (*T)->data = *temp;
            break;
        }
    CreateBiTree2(&((*T)->lchild), in, post,k);              /*建立左子树*/
    CreateBiTree2(&((*T)->rchild), in+k+1, post+k,len-k-1); /*建立右子树*/
}
```

那么，给定先序序列和后序序列可以唯一确定一棵二叉树吗？不能。假设给定一个先序序列为(A,B,C)，后序序列为(C,B,A)，可以构造出两棵树，如图 9.50 所示。

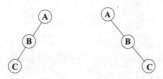

图 9.50　由先序序列和后序序列确定的两棵二叉树

由此可以看出，给定先序序列和后序序列不能唯一确定一棵二叉树。

3. 程序举例

下面给出由先序序列和中序序列、中序序列和后序序列构造二叉树的程序代码。

例 9-6 已知先序序列(A,B,C,D,E,F,G)和中序序列(B,D,C,A,F,E,G)、中序序列(D,B,G,E,A,C,F)和后序序列(D,G,E,B,F,C,A)，构造一棵二叉树。试写出相应的算法。

分析：主要考察已知先序序列和中序序列或中序序列和后序序列，构造二叉树的算法思想。算法的实现代码如下所示。其中，相应构造二叉树的算法在这里省略。实现代码分为两个部分：二叉树的遍历和测试代码部分。

(1) 二叉树的遍历

这部分主要包括二叉树的层次遍历、先序遍历、后序遍历和返回结点的双亲结点。该部分的代码实现如下：

```c
void PrintLevel(BiTree T)                      /*按层次输出二叉树的结点*/
{
    BiTree Queue[MAXSIZE];
    int front, rear;
    if(T == NULL)
        return;
    front = -1;                                /*初始化队列*/
    rear = 0;
    Queue[rear] = T;
    while(front != rear)                       /*如果队列不空*/
    {
        front++;                               /*将队头元素出队*/
        printf("%4c", Queue[front]->data);     /*输出队头元素*/
        if(Queue[front]->lchild != NULL)
            /*如果队头元素的左孩子结点不为空，则将左孩子入队*/
        {
            rear++;
            Queue[rear] = Queue[front]->lchild;
        }
        if(Queue[front]->rchild != NULL)
            /*如果队头元素的右孩子结点不为空，则将右孩子入队*/
        {
            rear++;
            Queue[rear] = Queue[front]->rchild;
        }
    }
}
void PrintTLR(BiTree T)    /*先序输出二叉树的结点*/
{
    if(T != NULL)
    {
        printf("%4c ", T->data);     /*输出根结点*/
        PrintTLR(T->lchild);     /*先序遍历左子树*/
        PrintTLR(T->rchild);     /*先序遍历右子树*/
    }
}
void PrintLRT(BiTree T)    /*后序输出二叉树的结点*/
{
    if (T != NULL)
    {
        PrintLRT(T->lchild);     /*先序遍历左子树*/
        PrintLRT(T->rchild);     /*先序遍历右子树*/
        printf("%4c", T->data);  /*输出根结点*/
    }
}
```

```
void Visit(BiTree T, BiTree pre, char e, int i)  /*访问结点 e */
{
    if(T==NULL && pre==NULL)
    {
        printf("\n 对不起! 你还没有建立二叉树, 先建立再进行访问! \n");
        return;
    }
    if(T == NULL)
        return;
    else if(T->data == e)           /*如果找到结点 e, 则输出结点的双亲结点*/
    {
        if(pre != NULL)
        {
            printf("%2c 的双亲结点是:%2c\n", e, pre->data);
            printf("%2c 结点在%2d 层上\n", e, i);
        }
        else
            printf("%2c 位于第 1 层, 无双亲结点! \n", e);
    }
    else
    {
        Visit(T->lchild, T, e, i+1); /*遍历左子树*/
        Visit(T->rchild, T, e, i+1); /*遍历右子树*/
    }
}
```

(2) 测试代码部分

这部分主要包括头文件、二叉树类型定义、函数声明和主函数。测试代码部分如下：

```
/*包含头文件*/
#include "stdio.h"
#include "stdlib.h"
#include "string.h"
#include <conio.h>
#define MAXSIZE 100
/*二叉树类型定义*/
typedef struct Node
{
    char data;
    struct Node *lchild, *rchild;
} BitNode, *BiTree;
/*函数声明*/
void CreateBiTree1(BiTree *T, char *pre, char *in, int len);
void CreateBiTree2(BiTree *T, char *in, char *post, int len);
void Visit(BiTree T, BiTree pre, char e, int i);
void PrintLevel(BiTree T);
void PrintTLR(BiTree T);
void PrintLRT(BiTree T);
void PrintLevel(BiTree T);    .
void main()
{
```

跟我学数据结构

```
BiTree T, ptr=NULL;
char ch;
int len;
char pre[MaxSize], in[MaxSize], post[MaxSize];
T = NULL;
/*由中序序列和后序序列构造二叉树*/
printf("由先序序列和中序序列构造二叉树：\n");
printf("请你输入先序的字符串序列："); gets(pre);
printf("请你输入中序的字符串序列："); gets(in);
len = strlen(pre);
CreateBiTree1(&T, pre, in, len);
/*后序和层次输出二叉树的结点*/
printf("你建立的二叉树后序遍历结果是：\n");
PrintLRT(T);
printf("\n 你建立的二叉树层次遍历结果是：\n");
PrintLevel(T);
printf("\n");
printf("请你输入你要访问的结点："); ch=getchar(); getchar();
Visit(T, ptr, ch, 1);
/*由中序序列和后序序列构造二叉树*/
printf("由先序序列和中序序列构造二叉树：\n");
printf("请你输入中序的字符串序列："); gets(in);
printf("请你输入后序的字符串序列："); gets(post);
len = strlen(post);
CreateBiTree2(&T, in, post, len);
/*先序和层次输出二叉树的结点*/
printf("\n 你建立的二叉树先序遍历结果是：\n");
PrintTLR(T);
printf("\n 你建立的二叉树层次遍历结果是：\n");
PrintLevel(T);
printf("\n");
printf("请你输入你要访问的结点："); ch=getchar(); getchar();
Visit(T, ptr, ch, 1);
}
```

程序的运行结果如图 9.51 所示。

图 9.51　由给定序列构造二叉树程序的运行结果

346

9.9.3　树的孩子兄弟链表应用举例

下面给出树的孩子兄弟表示法的应用举例。

例 9-7 利用孩子兄弟表示法创建一棵树，对树进行层次遍历、先序遍历，并求出树的深度。

分析：主要考察树的孩子兄弟表示法。根据树的先根遍历次序输入创建孩子兄弟链表。孩子兄弟链表程序代码包括两个部分：孩子兄弟链表的相关操作和测试代码部分。

(1) 孩子兄弟链表的相关操作

这部分主要包括孩子兄弟链表的创建、销毁、先根遍历和后根遍历。

程序代码如下：

```
void InitCSTree(CSTree *T)   /*树的初始化*/
{
    *T = 0;
}
void DestroyCSTree(CSTree *T)   /*树的销毁操作*/
{
    CSTree p = *T;
    if(p)
    {
        DestroyCSTree(&(p->firstchild));  /*销毁第一个孩子结点*/
        DestroyCSTree(&(p->nextsibling)); /*销毁兄弟结点*/
        free(p);
        *T = 0;
    }
}
void CreateCSTree(CSTree *T, DataType *e, int *index)   /*创建树操作*/
{
    if(e[*index] == 0)
    {
        *T = 0;
        (*index)++;
    }
    else
    {
        *T = (CSTree)malloc(sizeof(CSNode));          /*生成结点*/
        (*T)->data = e[*index];
        (*index)++;
        CreateCSTree(&((*T)->firstchild), e, index); /*创建第一个孩子结点*/
        CreateCSTree(&((*T)->nextsibling), e, index); /*创建兄弟结点*/
        return;
    }
}
int DepCSTree(CSTree T)   /*求树的深度*/
{
    CSNode *p;
    int k, d=0;
    if(T == NULL)                       /*如果是空树，则返回 0 */
        return 0;
```

```
        p = T->firstchild;        /* p 指向树的第一孩子结点*/
        while(p != NULL)
        {
            k = DepCSTree(p);         /*求子 p 树的深度*/
            if(d < k)
                d = k;                /* d 保存树的最大深度*/
            p = p->nextsibling;       /*进入 p 的下一个结点*/
        }
        return d+1;
}
int PreTraverseCSTree(CSTree T, void (*visit)(DataType *e))/*树的先根遍历*/
{
    if(T)
    {
        (*visit)(&T->data);
        PreTraverseCSTree(T->firstchild, visit);
        PreTraverseCSTree(T->nextsibling, visit);
    }
}
int PostTraverseCSTree(CSTree T, void(*visit)(DataType *e))/*树的后根遍历*/
{
    if(T)
    {
        PostTraverseCSTree(T->firstchild, visit);
        (*visit)(&T->data);
        PostTraverseCSTree(T->nextsibling, visit);
    }
}
void DisplayCSTree(DataType *e)   /*输出树的结点*/
{
    printf("%2c", *e);
}
```

(2) 测试代码部分

这部分主要包括函数的头文件、类型定义、函数声明和主函数。

程序代码如下：

```
/*包含头文件*/
#include <stdio.h>
#include <string.h>
#include <stdlib.h>
#include <malloc.h>

/*树的孩子兄弟链表定义*/
typedef int DataType;
typedef struct CSNode
{
    struct CSNode *firstchild, *nextsibling;
    DataType data;
} CSNode, *CSTree;
void InitCSTree(CSTree *T);
void DestroyCSTree(CSTree *T);
void CreateCSTree(CSTree *T, DataType *e, int *index);
```

```
int DepCSTree(CSTree T);
int PreTraverseCSTree(CSTree T, void(*visit)(DataType *e));
int PostTraverseCSTree(CSTree T, void(*visit)(DataType *e));
void DisplayCSTree(DataType *e);

main()
{
    int test[] =
      {'A','B','E',0,'F','H',0,'I',0,'J',0,0,0,'C',0,'D','G',0,0,0,0};
    int h = 0;
    CSTree T;
    InitCSTree(&T);
    CreateCSTree(&T, test, &h);
    printf("树的先根遍历结果是:\n");
    PreTraverseCSTree(T, DisplayCSTree);
    printf("\n");
    printf("树的后根遍历结果是:\n");
    PostTraverseCSTree(T, DisplayCSTree);
    printf("\n");
    printf("树的深度是:%2d", DepCSTree(T));
    printf("\n");
    DestroyCSTree(&T);
}
```

该程序要创建的树如图 9.52 所示。

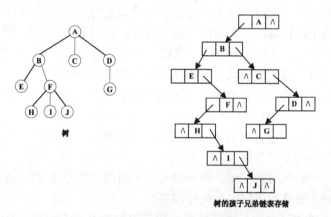

图 9.52　树及树的孩子兄弟链表存储表示

程序的运行结果如图 9.53 所示。

图 9.53　树的孩子兄弟链表程序运行结果

9.10 小 结

本章主要介绍了一种非线性的数据结构——树。

树在数据结构中占据着非常重要的地位，树反映的是一种层次结构的关系。在树中，每个结点只允许有一个直接前驱结点，允许有多个直接后继结点，结点与结点之间是一种一对多的关系。

树的定义是递归的。一棵树或者为空，或者是由 m 棵子树 T_1，T_2，...，T_m组成，这 m 棵子树又是由其他子树构成的。树中的孩子结点没有次序之分，是一种无序树。

二叉树最多有两棵子树，两棵子树分别叫做左子树和右子树。二叉树可以看作树的特例，但是与树不同的是，二叉树的两棵子树有次序之分。二叉树也是递归定义的，二叉树的两棵子树又是由左子树和右子树构成。

在二叉树中，有两种特殊的树：满二叉树和完全二叉树。满二叉树中每个非叶子结点都存在左子树和右子树，所有的叶子结点都处在同一层次上。完全二叉树是指与满二叉树的前 n 个结点结构相同，满二叉树是一种特殊的完全二叉树。

二叉树的存储结构有顺序存储和链式存储两种。完全二叉树可以采用顺序存储，采用顺序存储结构可以实现随机存取，实现比较方便。但是，一般来说，一棵二叉树并不是完全二叉树，采用顺次存储结构会浪费大量的存储空间。因此，一般情况下，二叉树采用链式存储——二叉链表。二叉链表中的结点包括一个数据域和两个指针域。其中，数据存放结点的值信息，两个指针域，一个指向左孩子结点，另一个指向右孩子结点。

二叉树的遍历是一种常用的操作。二叉树的遍历分为先序遍历、中序遍历和后序遍历。二叉树遍历的过程就是将二叉树这种非线性结构转换成线性结构。

二叉树采用链式存储结构在查找结点的前驱时，不是太方便，而在二叉树的二叉链表中，n 个结点的二叉树，会有n+1 个空指针域。为了充分利用这些空指针域，就利用这些空指针域存放结点的前驱信息，这种表示二叉树的方法称为二叉树的线索化，由这种结构来表示的二叉树，称为线索二叉树。

哈夫曼树是一种特殊的二叉树，树中只有叶子结点和度为 2 的结点。哈夫曼树是带权路径最小的二叉树，通常用于解决最优化问题。

树、森林和二叉树可以相互进行转换，树实现起来不是太方便，在实际应用中，可以将问题转化为二叉树的相关问题加以实现。

9.11 习 题

(1) 给出求二叉树的所有结点的算法实现。

提示： 主要考察二叉树的特点。可采用递归实现，当前结点为空时，结点个数为 0；当前结点非空时，结点个数为左子树结点+右子树结点+1。

(2) 编写一个算法，判断二叉树是否是完全二叉树。

提示：　主要考察完全二叉树的性质。可构造一个队列，从根结点出发，依次将结点入队。然后依次取出结点，判断当前结点的左右子树是否为空，如果左子树为空，右子树不为空，或如果左子树不为空，而右子树为空，则说明该树不是完全二叉树；如果左子树都不为空，则将孩子结点入队；如果左、右子树都为空，则说明该子树为完全二叉树。

(3) 在二叉链表存储结构的二叉树中，p 是指向二叉树中的某个结点的指针，编写算法，求 p 的所有祖先结点。

提示：　主要考察二叉树的性质与遍历算法。采用中序优先遍历算法，从根结点开始遍历，r 指向当前的结点，当 r=p 时，说明 r 经过的路径都是 *p 的祖先结点。在遍历的过程中，需要将结点入栈。如果遍历到叶子结点，仍然没找到 *p 结点，需要依次将结点出栈。

第 10 章　图

图是另一种非线性数据结构，是一种更为复杂的数据结构。在图中，数据元素之间是多对多的关系，即一个数据元素对应多个直接前驱元素和多个直接后继元素。图的应用领域十分广泛，如化学分析、工程设计、遗传学、人工智能等。本章主要介绍图的定义、图的存储结构、图的遍历、最小生成树、关键路径和最短路径。

通过阅读本章，您可以：

● 了解图的定义、相关概念及抽象数据类型。

● 掌握图的各种存储结构。

● 学会使用邻接矩阵和邻接表创建图。

● 掌握图的深度优先遍历和广度优先遍历。

● 掌握图的最小生成树算法。

● 掌握图的拓扑排序和关键路径。

● 掌握图的最短路径算法。

10.1 图的定义与相关概念

图是一种非线性的数据结构，图中的数据元素之间的关系是多对多的关系。本节主要介绍图的定义和图的相关概念。

10.1.1 图的定义

图(Graph)是由数据元素集合 V 与边的集合 E 组成的数据结构。数据元素常称为顶点，因此数据元素集合称为顶点集合。其中，顶点集合 V 不能为空，边表示顶点之间的关系，用连线表示。图的形式化定义为：G=(V, E)，其中，V={x | x∈数据元素集合}，E={<x, y>| Path(x, y)∧(x∈V, y∈V)}。Path(x, y)表示从 x 到 y 的关系属性。

如果<x, y>∈E，则<x, y>表示从顶点 x 到顶点 y 存在一条弧，x 称为弧尾或起始点，y 称为弧头或终端点。这种图的边是有方向的，这样的图被称为有向图。如果<x, y>∈E 且有<y, x>∈E，则用无序对(x, y)代替有序对<x, y>和<y, x>，表示 x 与 y 之间存在一条边，将这样的图称为无向图。图 10.1 分别是一个有向图和一个无向图。

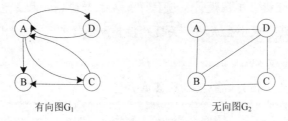

有向图G₁   无向图G₂

图 10.1 有向图 G_1 与无向图 G_2

在图 10.1 中，有向图 G_1 可以表示为 $G_1=(V_1, E_1)$，其中，顶点的集合 V_1={A, B, C, D}，边的集合 E_1={<A, B>, <A, C>, <A, D>, <C, A>, <C, B>, <D, A>}。无向图 G_2 可以表示为 G_2=(V_2, E_2)，其中，顶点的集合 V_2={A, B, C, D}，边的集合 E_2={(A, B), (A, D), (B, C), (B, D), (C, D)}。在图中，通常将有向图的边称为弧，无向图的边称为边。顶点的排列顺序可以是任意的，任何一个顶点都可以作为第一个顶点。

假设图的顶点数目是 n，图的边数或者弧的数目是 e。如果不考虑顶点到自身的边或弧，即如果有<v_i, v_j>，则 $v_i \neq v_j$。对于无向图，边数 e 的取值范围为 0～n(n-1)/2。将具有 n(n-1)/2 条边的无向图称为完全图或无向完全图。对于有向图，弧度 e 的取值范围是 0～n(n-1)。将具有 n(n-1)条弧的有向图称为有向完全图。具有 e<nlog₂n 条弧或边的图，称为稀疏图。具有 e>nlog₂n 条弧或边的图，称为稠密图。

10.1.2 图的相关概念

下面介绍与图有关的一些概念。

1．邻接点

在无向图 $G=(V, E)$ 中，如果存在边 $(v_i, v_j) \in E$，则称 v_i 和 v_j 互为邻接点，即 v_i 和 v_j 相互邻接。边 (v_i, v_j) 依附于顶点 v_i 和 v_j，或者称边 (v_i, v_j) 与顶点 v_i 和 v_j 相互关联。

在有向图 $G=(V, A)$ 中，如果存在弧 $<v_i, v_j> \in A$，则称顶点 v_j 邻接自顶点 v_i，顶点 v_i 邻接到顶点 v_j。弧 $<v_i, v_j>$ 与顶点 v_i 和 v_j 相互关联。

在图 10.1 中，无向图 G_2 的边的集合为 $E=\{(A, B), (A, D), (B, C), (B, D), (C, D)\}$，如顶点 A 和 B 互为邻接点，边 (A, B) 依附于顶点 A 和 B。顶点 B 和 C 互为邻接点，边 (B, C) 依附于顶点 B 和 C。有向图 G_1 的弧的集合为 $A=\{<A, B>, <A, C>, <A, D>, <C, A>, <C, B>, <D, A>\}$，如顶点 A 邻接到顶点 B，弧 $<A, B>$ 与顶点 A 和 B 相互关联。顶点 A 邻接到顶点 C，弧 $<A, C>$ 与顶点 A 和 C 相互关联。

2．顶点的度

在无向图中，顶点 v 的度是指与 v 相关联的边的数目，记作 $TD(v)$。在有向图中，以顶点 v 为弧头的数目称为顶点 v 的入度，记作 $ID(v)$。以顶点 v 为弧尾的数目称为 v 的出度，记作 $OD(v)$。顶点 v 的度为以 v 为顶点的入度和出度之和，即 $TD(v)=ID(v)+OD(v)$。

在图 10.1 中，无向图 G_2 边的集合为 $E=\{(A, B), (A, D), (B, C), (B, D), (C, D)\}$，如顶点 A 的度为 2，顶点 B 的度为 3，顶点 C 的度为 2，顶点 D 的度为 3。有向图 G_1 的弧的集合为 $A=\{<A, B>, <A, C>, <A, D>, <C, A>, <C, B>, <D, A>\}$，顶点 A、B、C 和 D 的入度分别为 2、2、1 和 1，顶点 A、B、C 和 D 的出度分别为 3、0、2 和 1，顶点 A、B、C 和 D 的度分别为 5、2、3 和 2。

在图中，假设顶点的个数为 n，边数或弧数记为 e，顶点 v_i 的度记作 $TD(v_i)$，则顶点的度与弧或者边数满足关系 $e = \dfrac{1}{2} \sum_{i=1}^{n} TD(v_i)$。

3．路径

在图中，从顶点 v_i 出发经过一系列的顶点序列到达顶点 v_j，称为从顶点 v_i 到 v_j 的路径。路径的长度是路径上弧或边的数目。在路径中，如果第一个顶点与最后一个顶点相同，则这样的路径称为回路或环。在路径所经过的顶点序列中，如果顶点不重复出现，则称这样的路径为简单路径。在回路中，除了第一个顶点和最后一个顶点外，如果其他的顶点不重复出现，则称这样的回路为简单回路或简单环。

例如，在图 10.1 的有向图 G_1 中，顶点序列 A、C 和 A 就构成了一个简单回路。在无向图 G_2 中，从顶点 A 到顶点 C 所经过的路径为 A、B 和 C。

4．子图

假设存在两个图 $G=\{V, E\}$ 和 $G'=\{V', E'\}$，如果 G' 的顶点和关系都是 V 的子集，即有 $V' \subseteq V$，$E' \subseteq E$，则 G' 为 G 的子图。子图的示例如图 10.2 所示。

5．连通图和强连通图

在无向图中，如果从顶点 v_i 到顶点 v_j 存在路径，则称顶点 v_i 到 v_j 是连通的。推广到图的所有顶点，如果图中的任何两个顶点之间都是连通的，则称图是连通图。无向图中的极大连通子图称为连通分量。无向图 G_3 与连通分量如图 10.3 所示。

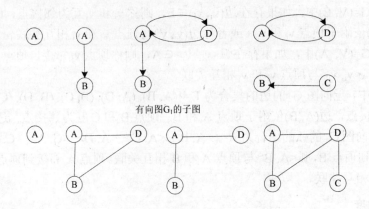

有向图G_1的子图

无向图G_2的子图

图 10.2　有向图 G_1 与无向图 G_2 的子图

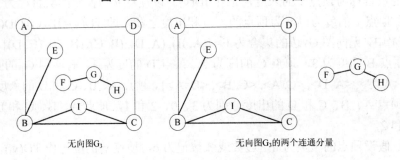

无向图G_3

无向图G_3的两个连通分量

图 10.3　无向图 G_3 的连通分量

在有向图中，如果有任意两个顶点 v_i 和 v_j，且 $v_i \neq v_j$，从顶点 v_i 到顶点 v_j 和顶点 v_j 到顶点 v_i 都存在路径，则该图称为强连通图。在有向图中，极大强连通子图称为强连通分量。有向图 G_4 与强连通分量如图 10.4 所示。

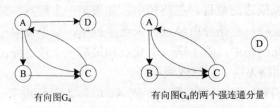

有向图G_4

有向图G_4的两个强连通分量

图 10.4　有向图 G_4 的强连通分量

6．生成树

在含有 n 个顶点的图 G 中，如果 G 是包含 n 个顶点的极小连通子图，该子图只有 n-1 条边，这样的图称为连通图的生成树。如果在该生成树中添加一条边，则一定会在图中出现一个环。一棵包含 n 个顶点的生成树仅有 n-1 条边，如果少于 n-1 条边，则该图是非连通的。如果大于 n-1 条边，则一定有环的出现。反过来，具有 n-1 条边的图不一定能构成生成树。一个图的生成树不一定是唯一的。图 10.5 为图 10.3 的无向图 G_5 的生成树。

7．网

我们在图的边或弧上增加一些有意义的数，这些数称为权，权通常表示从一个顶点到另一个顶点的距离或者花费，带有权的图称为网。一个网如图 10.6 所示。

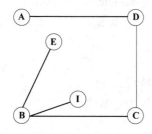

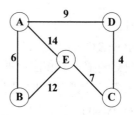

图 10.5　有向图 G_5 的生成树　　　　　图 10.6　网

10.1.3　图的抽象数据类型

图的抽象数据类型包括数据对象集合和基本操作集合。其中，数据对象集合定义了图的数据元素及元素之间的关系，基本操作集合定义了在该数据集合上的一些基本操作。

1．数据对象集合

图的数据对象集合为图的各个元素的集合。图中每个元素之间是没有顺序关系的。元素在图中称为顶点，图分为有向图和无向图，图中结点之间的关系用弧或边来表示，连接弧或边的结点称为顶点，通过弧或边相连的顶点相邻接或相关联。在有向图中，起始的一端称为弧尾，另一端称为弧头。在图中，顶点之间的关系是多对多的关系，即任何一个顶点可以有与之邻接或关联的顶点。

2．基本操作集合

图的基本操作主要有如下几种。

(1) CreateGraph(&G)

初始条件：图 G 不存在。

操作结果：根据顶点和边或弧构造一个图 G。

(2) DestroyGraph(&T)

初始条件：图 G 已存在。

操作结果：如果图 G 存在，则将图 G 销毁。

(3) LocateVertex(G, v)

初始条件：图 G 存在，v 和 G 中顶点有相同特征。

操作结果：在图 G 中查找顶点 v，如果找到该顶点，返回顶点在图 G 中的位置。

(4) GetVertex(G, i)

初始条件：图 G 存在，i 是图 G 中某个顶点的序号。

操作结果：返回图 G 中序号 i 对应的值。

(5) FirstAdjVertex(G, v)

初始条件：图 G 存在，v 是 G 中的某个顶点。

操作结果：在图 G 中查找 v 的第一个邻接顶点，并将其返回。如果在 G 中没有邻接顶点，则返回-1。

(6) NextAdjVertex(G, v, w)

初始条件：图 G 存在，v 是 G 中的某个顶点，w 是 v 的邻接顶点。

操作结果：在图 G 中查找 v 的下一个邻接顶点，即 w 的第一个邻接顶点，找到返回其值，否则，返回-1。

(7) InsertVertex(&G, v)

初始条件：图 G 存在，v 和图中的顶点有相同特征。

操作结果：在图 G 中增加新的顶点 v，并将图的顶点数增 1。

(8) DeleteVertex(&G, v)

初始条件：图 G 存在，v 是 G 中的某个顶点。

操作结果：将图 G 中的顶点 v 及相关联的弧删除。

(9) InsertArc(&G, v, w)

初始条件：图 G 存在，v 和 w 是 G 中的两个顶点。

操作结果：在图 G 中增加弧<v, w>。对于无向图，还要插入弧<w, v>。

(10) DeleteArc(&G, v, w)

初始条件：图 G 存在，v 和 w 是 G 中的两个顶点。

操作结果：在图 G 中删除弧<v, w>。对于无向图，还要删除弧<w, v>。

(11) DFSTraverseGraph(G)

初始条件：图 G 存在。

操作结果：从图 G 中的某个顶点出发，对图进行深度遍历。

(12) BFSTraverseGraph(G)

初始条件：图 G 存在。

操作结果：从图 G 中的某个顶点出发，对图进行广度遍历。

10.2　图的存储结构

图的存储方式有 4 种：邻接矩阵表示法、邻接表表示法、十字链表表示法和多重链表表示法。本节主要介绍图的这 4 种存储结构。

10.2.1　邻接矩阵表示法

图的邻接矩阵表示也称为数组表示，图的邻接矩阵就是利用 C 语言中的两个数组来实现的。其中一个是一维数组，用来存储图中的顶点信息；另一个是二维数组，用来存储图中的顶点之间的关系，该二维数组被称为邻接矩阵。如果图是一个无权图，则邻接矩阵表示为：

$$A[i][j]=\begin{cases} 1 & \text{当}<v_i,v_j>\in E \text{或}(v_i,v_j)\in E \\ 0 & \text{反之} \end{cases}$$

对于带权图，有：

$$A[i][j]=\begin{cases} w_{ij} & \text{当} <v_i,v_j>\in E \text{或} (v_i,v_j)\in E \\ \infty & \text{反之} \end{cases}$$

其中，w_{ij} 表示顶点 i 与顶点 j 构成的弧或边的权值，如果顶点之间不存在弧或边，则用 ∞ 表示。

在图 10.1 中，两个图弧和边的集合分别为 A={<A, B>, <A, C>, <A, D>, <C, A>, <C, B>, <D, A>}和 E={(A, B), (A, D), (B, C), (B, D), (C, D)}。它们的邻接矩阵表示如图 10.7 所示。

$$G_1 = \begin{array}{c} \begin{array}{cccc} A & B & C & D \end{array} \\ \begin{bmatrix} 0 & 1 & 1 & 1 \\ 0 & 0 & 0 & 0 \\ 1 & 1 & 0 & 0 \\ 1 & 0 & 0 & 0 \end{bmatrix} \begin{array}{c} A \\ B \\ C \\ D \end{array} \end{array} \qquad G_2 = \begin{array}{c} \begin{array}{cccc} A & B & C & D \end{array} \\ \begin{bmatrix} 0 & 1 & 0 & 1 \\ 1 & 0 & 1 & 1 \\ 0 & 1 & 0 & 1 \\ 1 & 1 & 1 & 0 \end{bmatrix} \begin{array}{c} A \\ B \\ C \\ D \end{array} \end{array}$$

有向图 G_1 的邻接矩阵表示　　　　无向图 G_2 的邻接矩阵表示

图 10.7　图的邻接矩阵表示

无向图的邻接矩阵中，如果有边(A, B)存在，需要将<A, B>和<B, A>的对应位置都置为 1。带权图的邻接矩阵表示如图 10.8 所示。

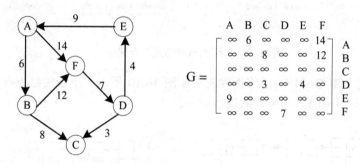

图 10.8　带权图的邻接矩阵表示

图的邻接矩阵存储结构可以用 C 语言描述如下：

```
#define INFINITY 10000      /*定义一个无限大的值*/
#define MAXSIZE 100         /*最大顶点个数*/
typedef enum {DG,DN,UG,UN} GraphKind;
  /*图的类型：有向图、有向网、无向图和无向网*/
typedef struct
{
    VRType adj;       /*对于无权图，用 1 表示相邻，0 表示不相邻；对于带权图，存储权值*/
    InfoPtr *info;    /*与弧或边的相关信息*/
} ArcNode, AdjMatrix[MAXSIZE][ MAXSIZE];
typedef struct                   /*图的类型定义*/
{
    VertexType vex[MAXSIZE];     /*用于存储顶点*/
    AdjMatrix arc;               /*邻接矩阵，存储边或弧的信息*/
    int vexnum, arcnum;          /*顶点数和边 (弧) 的数目*/
    GraphKind kind;              /*图的类型*/
} MGraph;
```

其中，数组 vex 用于存储图中的顶点信息，如 A、B、C、D，arcs 用于存储图中的顶点信息，称为邻接矩阵。

10.2.2 邻接表表示法

图的邻接表表示法是一种链式存储方式。在图的邻接表中，对图中的每个顶点都建立一个单链表，用来表示边或弧，这种表示顶点之间关系的链表称为边表，相应地，结点称为边结点。在每个单链表前面设置一个头结点，存放图中的各个顶点结点，这种表称为表头结点表，相应地，结点称为表头结点。

通常情况下，表头结点采用顺序存储结构来实现，这样可以随机地访问任意顶点。表头结点由两个域组成：数据域和指针域。其中，数据域用来存放顶点信息，指针域用来指向边表中的第一个结点。边表由三个域组成：邻接点域、数据域和指针域。其中，邻接点域表示与相应的表头顶点邻接点的位置，数据域存储与边或弧相关的信息，指针域用来指示下一个边或弧的结点。头结点与表结点的存储结构如图 10.9 所示。

图 10.9 头结点与表结点的存储结构

图 10.1 的两个图 G_1 和 G_2 用邻接表表示如图 10.10 所示。用表头结点存储图中的各个顶点，边表存储与对应结点相关联的顶点编号。

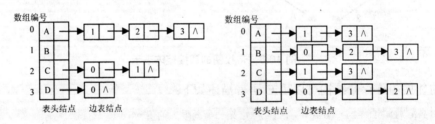

图 10.10 图的邻接表表示

图 10.8 的带权图用邻接表表示如图 10.11 所示。

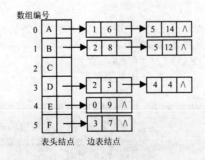

图 10.11 带权图的邻接表表示

图的邻接表存储结构可以用 C 语言描述如下：

```
#define MAXSIZE 100              /*最大顶点个数*/
typedef enum {DG,DN,UG,UN} GraphKind;
  /*图的类型：有向图、有向网、无向图和无向网*/
typedef struct ArcNode          /*边结点的类型定义*/
{
    int adjvex;                 /*弧指向的顶点的位置*/
    InfoPtr *info;              /*与弧相关的信息*/
    struct ArcNode *nextarc;    /*指示下一个与该顶点相邻接的顶点*/
} ArcNode;
typedef struct VNode            /*头结点的类型定义*/
{
    VertexType data;            /*用于存储顶点*/
    ArcNode *firstarc;          /*指示第一个与该顶点邻接的顶点*/
} VNode, AdjList[MAXSIZE];
typedef struct                  /*图的类型定义*/
{
    AdjList vertex;
    int vexnum, arcnum;         /*图的顶点数目与弧的数目*/
    GraphKind kind;             /*图的类型*/
} AdjGraph;
```

如果无向图 G 中有 n 个顶点和 e 条边，则图采用邻接表表示，需要 n 个头结点和 2e 个表结点。在 e 远小于 n(n-1)/2 时，采用邻接表存储表示显然要比采用邻接矩阵表示更能节省空间。

在图的邻接表存储表示的结构中，表结点并没有存储顺序的要求。某个顶点的度正好等于该顶点对应链表的结点个数。在有向图的邻接表存储结构中，某个顶点的出度等于该顶点对应链表的结点个数。在邻接表中，边表结点的邻接点域的值为 i 的个数，就是顶点 v_i 的入度。因此如果要求某个顶点的入度，则需要对整个邻接表进行遍历。有时为了方便求某个顶点的入度，需要建立一个有向图的逆邻接链表，也就是为每个顶点 v_i 建立一个以 v_i 为弧头的链表。图 10.1 中有向图 G_1 的逆邻接链表如图 10.12 所示。

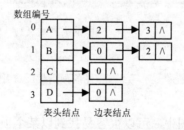

图 10.12 有向图 G_1 的逆邻接链表

10.2.3 十字链表表示法

十字链表是有向图的又一种链式存储结构，它是将有向图的邻接表与逆邻接链表结合起来的存储结构表示。因此，在十字链表中，同样包括表头结点和边结点。在十字链表中，将表头结点称为顶点结点，边结点称为弧结点。其中，顶点结点包含三个域：数据域和两个指针域。两个指针域，一个指向以顶点为弧头的顶点，另一个指向以顶点为弧尾的顶点，数据域存放顶点的信息。

弧结点包含 5 个域：尾域 tailvex、头域 headvex、infor 域和两个指针域 hlink、tlink。其中，尾域 tailvex 用于表示弧尾顶点在图中的位置，头域 headvex 表示弧头顶点在图中的位置，infor 域表示弧的相关信息，指针域 hlink 指向弧头相同的下一条弧，tlink 指向弧尾相同的下一条弧。

有向图 G_1 的十字链表存储表示如图 10.13 所示。

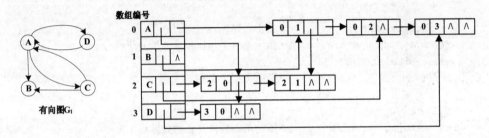

图 10.13　有向图 G_1 的十字链表

有向图的十字链表存储结构可以用 C 语言描述如下：

```
#define MAXSIZE 100              /*最大顶点个数*/
typedef struct ArcNode          /*弧结点的类型定义*/
{
    int headvex, tailvex;       /*弧的头顶点和尾顶点位置*/
    InfoPtr *info;              /*与弧相关的信息*/
    struct *hlink, *tlink;      /*指示弧头和弧尾相同的结点*/
} ArcNode;
typedef struct VNode            /*顶点结点的类型定义*/
{
    VertexType data;            /*用于存储顶点*/
    ArcNode *firstin, *firstout;  /*分别指向顶点的第一条入弧和出弧*/
} VNode;
typedef struct                  /*图的类型定义*/
{
    VNode vertex[MAXSIZE];
    int vexnum, arcnum;         /*图的顶点数目与弧的数目*/
} OLGraph;
```

在十字链表存储表示的图中，可以很容易找到以某个顶点为弧尾和弧头的弧。

10.2.4　邻接多重链表表示法

邻接多重链表表示是无向图的另一种链式存储结构。在无向图的邻接表存储表示中，虽然可以很容易对邻接表进行操作，但是图的每一条边在邻接表中需要存储两个结点，如果要检查某个边是否被访问过，则需要在邻接表中找到两个结点。而邻接多重表是将图的一条边用一个结点表示。邻接多重表与十字链表非常类似，它的存储结构如图 10.14 所示。

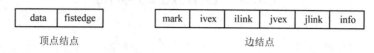

图 10.14　邻接多重表的存储结构

顶点结点由两个域构成：data 域和 firstedge 域。数据域 data 用于存储顶点的数据信息，firstedga 域指示依附于顶点的第一条边。边结点包含 6 个域：mark、ivex、ilink、jvex、jlink 和 info 域。其中，mark 域用来表示边是否被检索过，ivex 域和 jvex 域表示依附于边的两个顶点在图中的位置，ilink 域指向依附于顶点 ivex 的下一条边，jlink 域指向依附于顶点 jvex 的下一条边，info 域表示与边相关的信息。

无向图 G_2 的多重链表表示如图 10.15 所示。

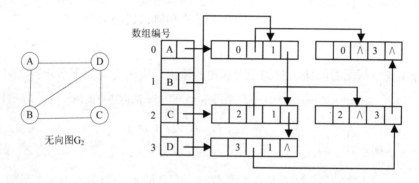

图 10.15　无向图 G_2 的多重链表表示

无向图的多重链表存储结构可以用 C 语言描述如下：

```
#define MAXSIZE 100            /*最大顶点个数*/
typedef struct EdgeNode        /*边结点的类型定义*/
{
    int mark, ivex, jvex;      /*访问标志和边的两个顶点位置*/
    InfoPtr *info;             /*与边相关的信息*/
    struct *ilink, *jlink;     /*指示与边顶点相同的结点*/
} EdgeNode;
typedef struct VNode           /*顶点结点的类型定义*/
{
    VertexType data;           /*用于存储顶点*/
    EdgeNode *firstedge;       /*指向依附于顶点的第一条边*/
} VexNode;
typedef struct                 /*图的类型定义*/
{
    VexNode vertex[MAXSIZE];
    int vexnum, edgenum;       /*图的顶点数目与边的数目*/
} AdjMultiGraph;
```

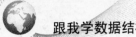

10.3　图的应用举例

本节主要采用邻接矩阵和邻接表作为存储结构，讲解图的创建和图的输出等相关操作。

10.3.1　采用邻接矩阵创建图

下面通过一个实例来说明采用邻接矩阵的图的创建。

例 10-1　编写算法，采用邻接矩阵创建一个有向网 N。

分析：主要考察图的邻接矩阵表示。图的创建主要利用输入的各个顶点，并存储到一个向量(一维数组)中，然后通过输入两个顶点及权重创建弧，利用二维数组表示。因此，利用邻接矩阵实现图的存储需要两个数组：一个一维数组和一个二维数组。

程序的实现代码分为两个部分：图的相关操作和测试代码部分。

1．图的相关操作

这部分主要包括图的创建、图的销毁和图的输出。代码实现如下所示：

```c
void CreateGraph(MGraph *N)   /*采用邻接矩阵表示法创建有向网 N */
{
    int i, j, k, w, InfoFlag, len;
    char s[MaxSize];
    VertexType v1, v2;
    printf("请输入有向网 N 的顶点数,弧数,弧的信息(是:1,否:0)： ");
    scanf("%d,%d,%d", &(*N).vexnum, &(*N).arcnum, &InfoFlag);
    printf("请输入%d 个顶点的值(<%d 个字符):\n", N->vexnum, MaxSize);
    for(i=0; i<N->vexnum; i++)          /*创建一个数组，用于保存网的各个顶点*/
        scanf("%s", N->vex[i]);
    for(i=0; i<N->vexnum; i++)          /*初始化邻接矩阵*/
        for(j=0; j<N->vexnum; j++)
        {
            N->arc[i][j].adj = INFINITY;
            N->arc[i][j].info = NULL;     /*弧的信息初始化为空*/
        }
    printf("请输入%d 条弧的弧尾 弧头 权值(以空格作为间隔)： \n", N->arcnum);
    for(k=0; k<N->arcnum; k++)
    {
        scanf("%s%s%d", v1, v2, &w);       /*输入两个顶点和弧的权值*/
        i = LocateVertex(*N, v1);
        j = LocateVertex(*N, v2);
        N->arc[i][j].adj = w;
        if(InfoFlag)                /*如果弧包含其他信息*/
        {
            printf("请输入弧的相关信息: ");
            gets(s);
            len = strlen(s);
```

```
            if(len)
            {
                N->arc[i][j].info =
                    (char*)malloc((len+1)*sizeof(char));   /*有向*/
                strcpy(N->arc[i][j].info, s);
            }
        }
    }
    N->kind = DN;                              /*图的类型为有向网*/
}
int LocateVertex(MGraph N, VertexType v)
 /*在顶点向量中查找顶点 v，找到返回在向量的序号，否则返回-1 */
{
    int i;
    for(i=0; i<N.vexnum; ++i)
        if(strcmp(N.vex[i],v) == 0)
            return i;
    return -1;
}
void DestroyGraph(MGraph *N)   /*销毁网 N */
{
    int i, j;
    for(i=0; i<N->vexnum; i++)              /*释放弧的相关信息*/
        for(j=0; j<N->vexnum; j++)
            if(N->arc[i][j].adj != INFINITY) /*如果存在弧*/
                if(N->arc[i][j].info != NULL)
                    /*如果弧有相关信息，释放该信息所占用空间*/
                {
                    free(N->arc[i][j].info);
                    N->arc[i][j].info = NULL;
                }
    N->vexnum = 0;        /*将网的顶点数置为 0 */
    N->arcnum = 0;        /*将网的弧的数目置为 0 */
}
void DisplayGraph(MGraph N)   /*输出邻接矩阵存储表示的图 N */
{
    int i, j;
    printf("有向网具有%d 个顶点%d 条弧，顶点依次是: ", N.vexnum, N.arcnum);
    for(i=0; i<N.vexnum; ++i)          /*输出网的顶点*/
        printf("%s ", N.vex[i]);
    printf("\n 有向网 N 的:\n");         /*输出网 N 的弧*/
    printf("序号 i=");
    for(i=0; i<N.vexnum; i++)
        printf("%8d", i);
    printf("\n");
    for(i=0; i<N.vexnum; i++)
    {
        printf("%8d", i);
        for(j=0; j<N.vexnum; j++)
            printf("%8d", N.arc[i][j].adj);
        printf("\n");
```

```
    }
}
```

2．测试部分

这部分主要包括程序所需要的头文件、宏定义、图的类型定义、函数声明和主函数。
这部分的代码如下所示：

```
/*包含头文件及图的类型定义*/
#include <stdio.h>
#include <string.h>
#include <malloc.h>
#include <stdlib.h>
typedef char VertexType[4];
typedef char InfoPtr;
typedef int VRType;
#define INFINITY 10000              /*定义一个无限大的值*/
#define MAXSIZE 100                 /*最大顶点个数*/
typedef enum {DG,DN,UG,UN} GraphKind;
  /*图的类型：有向图、有向网、无向图和无向网*/
typedef struct
{
    VRType adj;      /*对于无权图，用1表示相邻，0表示不相邻；对于带权图，存储权值*/
    InfoPtr *info;   /*与弧或边的相关信息*/
} ArcNode, AdjMatrix[MAXSIZE][MAXSIZE];
typedef struct        /*图的类型定义*/
{
    VertexType vex[MAXSIZE];        /*用于存储顶点*/
    AdjMatrix arc;                  /*邻接矩阵，存储边或弧的信息*/
    int vexnum, arcnum;            /*顶点数和边(弧)的数目*/
    GraphKind kind;                /*图的类型*/
} MGraph;

void CreateGraph(MGraph *N);
int LocateVertex(MGraph N, VertexType v);
void DestroyGraph(MGraph *N);
void DisplayGraph(MGraph N);

void main()
{
    MGraph N;
    printf("创建一个网：\n");
    CreateGraph(&N);
    printf("输出网的顶点和弧：\n");
    DisplayGraph(N);
    printf("销毁网：\n");
    DestroyGraph(&N);
}
```

程序运行结果如图 10.16 所示。

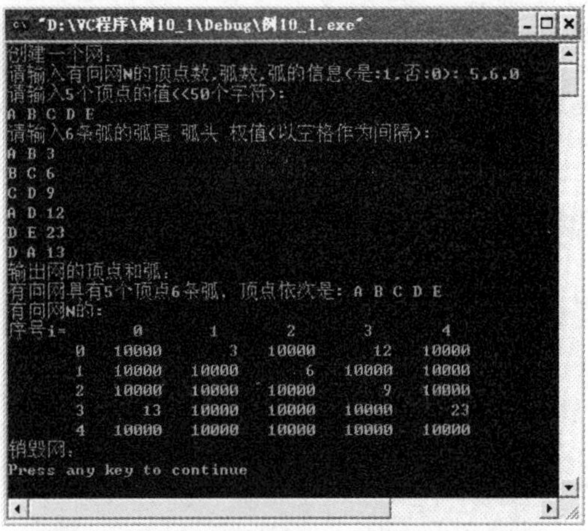

图 10.16　采用邻接矩阵创建图的运行结果

10.3.2　采用邻接表创建图

下面通过一个实例来说明如何采用邻接表创建图。

例 10-2　编写算法，采用邻接表创建一个无向图 G。

分析：主要考察图的邻接表存储结构。图的创建包括两个部分：创建头结点和表结点。其中，头结点利用一个数组来实现，数组包括两个域：一个保存顶点的值；另一个是指针，用于指向与顶点相关联的顶点对应结点。表结点利用链表实现，主要存储与对应表头中的顶点关联的顶点。创建邻接表类似于单链表的创建。程序的实现代码分为两个部分：图的相关操作和测试代码部分。

1. 图的相关操作

这部分主要包括图的创建、图的销毁和图的输出。程序代码如下所示：

```
void CreateGraph(AdjGraph *G)    /*采用邻接表存储结构，创建无向图 G */
{
    int i, j, k;
    VertexType v1, v2;                    /*定义两个顶点 v1 和 v2 */
    ArcNode *p;
    printf("请输入图的顶点数,边数(逗号分隔): ");
    scanf("%d,%d", &(*G).vexnum, &(*G).arcnum);
    printf("请输入%d 个顶点的值:\n", G->vexnum);
    for(i=0; i<G->vexnum; i++)        /*将顶点存储在头结点中*/
    {
        scanf("%s", G->vertex[i].data);
        G->vertex[i].firstarc = NULL;    /*将相关联的顶点置为空*/
    }
    printf("请输入弧尾和弧头(以空格作为间隔):\n");
    for(k=0; k<G->arcnum; k++)        /*建立边链表*/
    {
        scanf("%s%s", v1, v2);
```

```
        i = LocateVertex(*G, v1);
        j = LocateVertex(*G, v2);
        /* j 为入边, i 为出边, 创建邻接表*/
        p = (ArcNode*)malloc(sizeof(ArcNode));
        p->adjvex = j;
        p->info = NULL;
        p->nextarc = G->vertex[i].firstarc;
        G->vertex[i].firstarc = p;
        /* i 为入边, j 为出边, 创建邻接表*/
        p = (ArcNode*)malloc(sizeof(ArcNode));
        p->adjvex = i;
        p->info = NULL;
        p->nextarc = G->vertex[j].firstarc;
        G->vertex[j].firstarc = p;
    }
    (*G).kind = UG;
}
int LocateVertex(AdjGraph G, VertexType v)   /*返回图中顶点对应的位置*/
{
    int i;
    for(i=0; i<G.vexnum; i++)
        if(strcmp(G.vertex[i].data,v) == 0)
            return i;
        return -1;
}
void DestroyGraph(AdjGraph *G)   /*销毁无向图 G */
{
    int i;
    ArcNode *p, *q;
    for(i=0; i<(*G).vexnum; ++i)       /*释放图中的边表结点*/
    {
        p = G->vertex[i].firstarc; /* p 指向边表的第一个结点*/
        if(p != NULL)                  /*如果边表不为空, 则释放边表的结点*/
        {
            q = p->nextarc;
            free(p);
            p = q;
        }
    }
    (*G).vexnum = 0;                /*将顶点数置为 0 */
    (*G).arcnum = 0;                /*将边的数目置为 0 */
}
void DisplayGraph(AdjGraph G)   /*图的邻接表存储结构的输出*/
{
    int i;
    ArcNode *p;
    printf("%d 个顶点: \n", G.vexnum);
    for(i=0; i<G.vexnum; i++)
        printf("%s ", G.vertex[i].data);
    printf("\n%d 条边:\n", 2*G.arcnum);
    for(i=0; i<G.vexnum; i++)
```

```
    {
        p = G.vertex[i].firstarc;    /*将 p 指向边表的第一个结点*/
        while(p)                     /*输出无向图的所有边*/
        {
            printf("%s→%s ", G.vertex[i].data, G.vertex[p->adjvex].data);
            p = p->nextarc;
        }
        printf("\n");
    }
}
```

2. 测试部分

这部分主要包括需要的头文件、类型定义、函数声明和主函数。程序代码如下所示：

```
/*包含头文件*/
#include <stdlib.h>
#include <stdio.h>
#include <malloc.h>
#include <string.h>
/*图的邻接表类型定义*/
typedef char VertexType[4];
typedef char InfoPtr;
typedef int VRType;
#define MAXSIZE 100                /*最大顶点个数*/
typedef enum {DG, DN, UG, UN} GraphKind;
  /*图的类型：有向图、有向网、无向图和无向网*/
typedef struct ArcNode              /*边结点的类型定义*/
{
   int adjvex;                      /*弧指向的顶点的位置*/
   InfoPtr *info;                   /*与弧相关的信息*/
   struct ArcNode *nextarc;         /*指示下一个与该顶点相邻接的顶点*/
} ArcNode;
typedef struct VNode                /*头结点的类型定义*/
{
   VertexType data;                 /*用于存储顶点*/
   ArcNode *firstarc;               /*指示第一个与该顶点邻接的顶点*/
} VNode, AdjList[MAXSIZE];
typedef struct                      /*图的类型定义*/
{
   AdjList vertex;
   int vexnum,arcnum;               /*图的顶点数目与弧的数目*/
   GraphKind kind;                  /*图的类型*/
} AdjGraph;
/*函数声明*/
int LocateVertex(AdjGraph G, VertexType v);
void CreateGraph(AdjGraph *G);
void DisplayGraph(AdjGraph G);
void DestroyGraph(AdjGraph *G);
void main()
{
```

```
    AdjGraph G;
    printf("采用邻接矩阵创建无向图G: \n");
    CreateGraph(&G);
    printf("输出无向图G: ");
    DisplayGraph(G);
    DestroyGraph(&G);
}
```

程序的运行结果如图 10.17 所示。

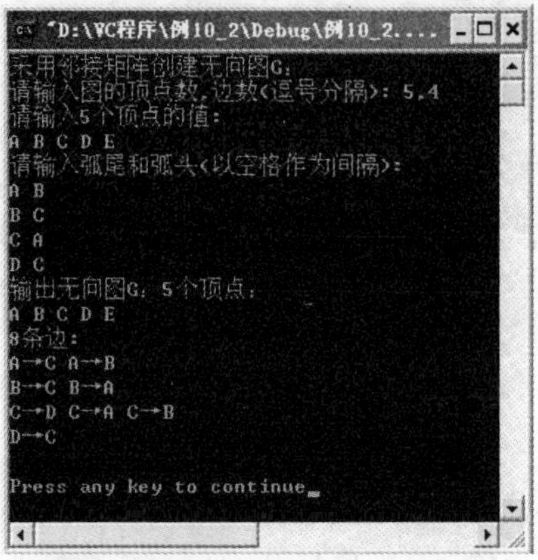

图 10.17　采用邻接表创建图的运行结果

10.4　图 的 遍 历

与树类似，遍历也是图的一种重要的操作，图的遍历是对图中每个顶点仅访问一次的操作。图的遍历方式主要有两种：深度优先遍历和广度优先遍历。本节的主要内容包括图的深度优先遍历、图的广度优先遍历。

10.4.1　图的深度优先遍历

下面介绍图的深度优先遍历的定义和算法实现。

1. 图的深度遍历的定义

图的深度优先遍历与树的深度优先遍历类似，是树的先根遍历的推广。图的深度优先遍历的思想是：从图中某个顶点 v_0 出发，访问顶点 v_0。访问顶点 v_0 的第一个邻接点，然后以该邻接点为新的顶点，访问该顶点的邻接点。重复执行以上操作，直到当前顶点没有邻接点为止。返回到上一个已经访问过还有未被访问的邻接点的顶点，按照以上步骤继续访问该顶点的其他未被访问的邻接点。以此类推，直到图中所有的顶点都被访问过。

图的深度优先遍历如图 10.18 所示。访问顶点的方向用实箭头表示，回溯用虚箭头表示，旁边的数字表示访问或回溯的次序。

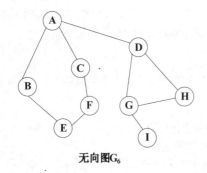 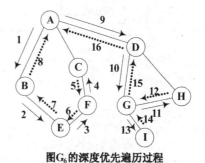

无向图G₆ 　　　　　图G₆的深度优先遍历过程

图 10.18　图 G₆ 及深度优先遍历过程

图的深度优先遍历过程如下。

(1)　首先访问 A，顶点 A 的邻接点有 B、C、D，然后访问 A 的第一个邻接点 B。

(2)　顶点 B 未访问的邻接点只有顶点 E，因此访问顶点 E。

(3)　顶点 E 的邻接点只有 F 且未被访问过，因此访问顶点 F。

(4)　顶点 F 的邻接点只有 C 且未被访问过，因此访问顶点 C。

(5)　顶点 C 的邻接点只有 A 但已经被访问过，因此要回溯到上一个顶点 F。

(6)　同理，顶点 F、E、B 都已经被访问过，且没有其他未访问的邻接点，因此，回溯到顶点 A。

(7)　顶点 A 的未被访问的顶点只有顶点 D，因此访问顶点 D。

(8)　顶点 D 的邻接点有顶点 G 和顶点 H，访问第一个顶点 G。

(9)　顶点 G 的邻接点有顶点 H 和顶点 I，访问第一个顶点 H。

(10) 顶点 H 的邻接点只有 D 且已经被访问过，因此回溯到上一个顶点 G。

(11) 顶点 G 的未被访问过的邻接点有顶点 I，因此访问顶点 I。

(12) 顶点 I 已经没有未被访问的邻接点，因此回溯到顶点 G。

(13) 同理，顶点 G、D 都没有未被访问的邻接点，因此回溯到顶点 A。

(14) 顶点 A 也没有未被访问的邻接点。因此，图的深度优先遍历的序列为：A、B、E、F、C、D、G、H、I。

在图的深度优先的遍历过程中，图中可能存在回路，因此，在访问了某个顶点之后，沿着某条路径遍历，有可能又回到该顶点。例如，在访问了顶点 A 之后，接着访问顶点 B、E、F、C，顶点 C 的邻接点是顶点 A，沿着边(C, A)会再次访问顶点 A。为了避免再次访问已经访问过的顶点，需要设置一个数组 visited[n]，作为一个标志，记录结点是否被访问过。

2. 图的深度遍历的算法实现

图的深度优先遍历(邻接表实现)的算法描述如下：

```
int visited[MAXSIZE];   /*访问标志数组*/
void DFSTraverse(AdjGraph G)   /*从第 1 个顶点起，深度优先遍历图 G */
{
    int v;
    for(v=0; v<G.vexnum; v++)
        visited[v] = 0;        /*访问标志数组初始化为未被访问*/
    for(v=0; v<G.vexnum; v++)
```

```
            if(!visited[v])
                DFS(G, v);          /*对未访问的顶点 v 进行深度优先遍历*/
        printf("\n");
}
void DFS(AdjGraph G, int v)    /*从顶点 v 出发递归深度优先遍历图 G */
{
    int w;
    visited[v] = 1;                /*访问标志设置为已访问*/
    Visit(G.vertex[v].data);             /*访问第 v 个顶点*/
    for(w=FirstAdjVertex(G,G.vertex[v].data); w>=0;
     w=NextAdjVertex(G,G.vertex[v].data,G.vertex[w].data))
        if(!visited[w])
            DFS(G, w);           /*递归调用 DFS */
}
```

如果该图是一个无向连通图或者该图是一个强连通图，则只需要调用一次 DFS(G, v)就可以遍历整个图，否则需要多次调用 DFS(G, v)。在上面的算法中，对于查找序号为 v 的顶点的第一个邻接点算法 FirstAdjVex(G, G.vexs[v])、查找序号为 v 的相对于序号 w 的下一个邻接点的算法 NextAdjVex(G, G.vexs[v], G.vexs[w])的实现，采用不同的存储表示，其时间耗费也是不一样的。当采用邻接矩阵作为图的存储结构时，如果图的顶点个数为 n，则查找顶点的邻接点需要的时间为 $O(n^2)$。如果无向图中的边数或有向图的弧的数目为 e，当采用邻接表作为图的存储结构时，则查找顶点的邻接点需要的时间为 $O(e)$。

以邻接表作为存储结构，查找 v 的第一个邻接点的算法实现如下：

```
int FirstAdjVertex(AdjGraph G, VertexType v)
 /*返回顶点 v 的第一个邻接顶点的序号*/
{
    ArcNode *p;
    int v1;
    v1 = LocateVertex(G,v);        /* v1 为顶点 v 在图 G 中的序号*/
    p = G.vertex[v1].firstarc;
    if(p)          /*如果顶点 v 的第一个邻接点存在，返回邻接点的序号，否则返回-1 */
        return p->adjvex;
    else
        return -1;
}
```

以邻接表作为存储结构，查找 v 的相对于 w 的下一个邻接点的算法实现如下：

```
int NextAdjVertex(AdjGraph G, VertexType v, VertexType w)
 /*返回 v 的相对于 w 的下一个邻接顶点的序号*/
{
    ArcNode *p, *next;
    int v1, w1;
    v1 = LocateVertex(G, v);          /* v1 为顶点 v 在图 G 中的序号*/
    w1 = LocateVertex(G, w);          /* w1 为顶点 w 在图 G 中的序号*/
    for(next=G.vertex[v1].firstarc; next; )
        if(next->adjvex != w1)
            next = next->nextarc;
    p = next;                         /* p 指向顶点 v 的邻接顶点 w 的结点*/
```

```
        if(!p || !p->nextarc)              /*如果 w 不存在或 w 是最后一个邻接点，则返回-1 */
            return -1;
        else
            return p->nextarc->adjvex;  /*返回 v 的相对于 w 的下一个邻接点的序号*/
}
```

图的非递归实现深度优先遍历的算法如下：

```
int DFSTraverse2(AdjGraph G, int v)  /*图的非递归深度优先遍历*/
{
    int i, visited[MAXSIZE], top;
    ArcNode *stack[MAXSIZE], *p;
    for(i=0; i<G.vexnum; i++)              /*将所有顶点都添加未访问标志*/
        visited[i] = 0;
    Visit(G.vertex[v].data);      /*访问顶点 v 并将访问标志置为 1，表示已经访问*/
    visited[v] = 1;
    top = -1;                               /*初始化栈*/
    p = G.vertex[v].firstarc;              /*p 指向顶点 v 的第一个邻接点*/
    while(top>-1 || p!=NULL)
    {
        while(p != NULL)
            if(visited[p->adjvex] == 1)
              /*如果 p 指向的顶点已经访问过，则 p 指向下一个邻接点*/
                p = p->nextarc;
            else
            {
                Visit(G.vertex[p->adjvex].data);    /*访问 p 指向的顶点*/
                visited[p->adjvex] = 1;
                stack[++top] = p;           /*保存 p 指向的顶点*/
                p = G.vertex[p->adjvex].firstarc;
                 /* p 指向当前顶点的第一个邻接点*/
            }
        if(top > -1)
        {
            p = stack[top--];               /*如果当前顶点都已经被访问，则退栈*/
            p = p->nextarc;                 /* p 指向下一个邻接点*/
        }
    }
}
```

10.4.2　图的广度优先遍历

下面介绍图的广度优先遍历的定义和算法实现。

1. 图的广度优先遍历的定义

图的广度优先遍历与树的层次遍历类似。图的广度优先遍历的思想是：从图的某个顶点 v 出发，首先访问顶点 v，然后按照次序访问顶点 v 的未被访问的每一个邻接点，接着访问这些邻接点的邻接点，并保证遵循先被访问的邻接点的邻接点先访问，后被访问的邻接点的邻接点后访问的原则，依次访问邻接点的邻接点。按照这种思想，直到图的所有顶点都被访问，这样就完成了对图的广度优先遍历。

例如，图 G_6 的广度优先遍历的过程如图 10.19 所示。其中，箭头表示广度遍历的方向，旁边的数字表示遍历的次序。图 G_6 的广度优先遍历的过程如下。

(1) 首先访问顶点 A，顶点 A 的邻接点有 B、C、D，然后访问 A 的第一个邻接点 B。

(2) 访问顶点 A 的第二个邻接点 C，再访问顶点 A 的第三个邻接点 D。

(3) 顶点 B 邻接点只有顶点 E，因此访问顶点 E。

(4) 顶点 C 的邻接点只有 F 且未被访问过，因此访问顶点 F。

(5) 顶点 D 的邻接点有 G 和 H，且都未被访问过，因此先访问第一个顶点 G，然后访问第二个顶点 H。

(6) 顶点 E 和 F 不存在未被访问的邻接点，顶点 G 的未被访问的邻接点有 I，因此访问顶点 I。至此，图 G_6 所有的顶点已经被访问完毕。

因此，图 G_6 的广度优先遍历的序列为：A、B、C、D、E、F、G、H、I。

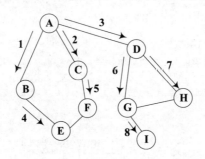

图 10.19　图 G_6 的广度优先遍历过程

2. 图的广度优先遍历的算法实现

在图的广度优先遍历过程中，同样也需要一个数组 visited[MaxSize] 指示顶点是否被访问过。图的广度优先遍历的算法实现思想：将图中的所有顶点对应的标志数组 visited[v_i] 都初始化为 0，表示顶点未被访问。从第一个顶点 v_0 开始，访问该顶点且将标志数组置为 1。然后将 v_0 入队，当队列不为空时，将队头元素(顶点)出队，依次访问该顶点的所有邻接点，并将邻接点依次入队，同时将标志数组对应位置为 1，表示已经访问过，依次类推，直到图中的所有顶点都已经被访问过。

图的广度优先遍历的算法实现如下：

```
void BFSTraverse(AdjGraph G)      /*从第 1 个顶点出发，按广度优先非递归遍历图 G */
{
    int v, u, w, front, rear;
    ArcNode *p;
    int queue[MAXSIZE];                /*定义一个队列 Q */
    front = rear = -1;                 /*初始化队列 Q */
    for(v=0; v<G.vexnum; v++)          /*初始化标志位*/
        visited[v] = 0;
    v = 0;
    visited[v] = 1;                    /*设置访问标志为 1，表示已经被访问过*/
    Visit(G.vertex[v].data);
```

```
    rear = (rear+1)%MAXSIZE;
    queue[rear] = v;                  /* v入队列*/
    while(front < rear)               /*如果队列不空*/
    {
        front = (front+1)%MAXSIZE;
        v = queue[front];             /*队头元素出队赋值给v */
        p = G.vertex[v].firstarc;
        while(p != NULL)              /*遍历序号为v的所有邻接点*/
        {
            if(visited[p->adjvex] == 0)/*如果该顶点未被访问过*/
            {
                visited[p->adjvex] = 1;
                Visit(G.vertex[p->adjvex].data);
                rear = (rear+1)%MAXSIZE;
                queue[rear] = p->adjvex;
            }
            p = p->nextarc;           /* p指向下一个邻接点*/
        }
    }
}
```

假设图的顶点个数为 n，边数(弧)的数目为 e，则采用邻接表实现图的广度优先遍历的时间复杂度为 O(n+e)。图的深度优先遍历和广度优先遍历的结果并不是唯一的，这主要与图的存储结点的位置有关。

10.4.3　图的遍历应用举例

下面利用一个例子来说明图的深度优先遍历和广度优先遍历的应用。

例 10-3 采用邻接表创建一个无向图 G_6，并实现对图的深度优先遍历和广度优先遍历。

分析：主要考察图的深度优先遍历和图的广度优先遍历的算法实现。采用邻接表实现图的遍历，图的广度优先遍历直接依次遍历每个头结点指向的边链表即可，但是要通过一个数组作为顶点的访问标志。图的深度优先遍历可根据其存储结构进行遍历，依次访问顶点 v 的第一个邻接顶点，接着访问该邻接顶点的第一个邻接顶点，依次类推，直到某个顶点的第一个邻接顶点不存在。然后回溯至上一步，访问第二个邻接顶点。按照这种思路，直到所有的顶点都访问一遍且仅访问一遍。其实这是一种递归的调用方式。

图的遍历程序实现的代码如下(其中，图的创建、图的销毁等操作见 10.3.2 节)：

```
/*包含头文件*/
#include <stdlib.h>
#include <stdio.h>
#include <malloc.h>
#include <string.h>

/*图的邻接表类型定义*/
typedef char VertexType[4];
typedef char InfoPtr;
typedef int VRType;
```

```
#define MAXSIZE 100               /*最大顶点个数*/
typedef enum {DG,DN,UG,UN} GraphKind;
  /*图的类型：有向图、有向网、无向图和无向网*/
typedef struct ArcNode            /*边结点的类型定义*/
{
    int adjvex;                   /*弧指向的顶点的位置*/
    InfoPtr *info;                /*与弧相关的信息*/
    struct ArcNode *nextarc;      /*指示下一个与该顶点相邻接的顶点*/
} ArcNode;
typedef struct VNode              /*头结点的类型定义*/
{
    VertexType data;              /*用于存储顶点*/
    ArcNode *firstarc;            /*指示第一个与该顶点邻接的顶点*/
} VNode, AdjList[MAXSIZE];
typedef struct                    /*图的类型定义*/
{
    AdjList vertex;
    int vexnum,arcnum;            /*图的顶点数目与弧的数目*/
    GraphKind kind;               /*图的类型*/
} AdjGraph;
int visited[MAXSIZE];  /*访问标志数组*/
void DFSTraverse(AdjGraph G);
void DFS(AdjGraph G,int v);
int FirstAdjVertex(AdjGraph G, VertexType v);
int NextAdjVex(AdjGraph G, VertexType v, VertexType w);
int DFSTraverse2(AdjGraph G, int v);
void BFSTraverse(AdjGraph G);
void Visit(VertexType v);
int LocateVertex(AdjGraph G, VertexType v);
void CreateGraph(AdjGraph *G);
void DestroyGraph(AdjGraph *G);

int FirstAdjVertex(AdjGraph G, VertexType v)
  /*返回顶点 v 的第一个邻接顶点的序号*/
{
    ArcNode *p;
    int v1;
    v1 = LocateVertex(G,v);       /* v1 为顶点 v 在图 G 中的序号*/
    p = G.vertex[v1].firstarc;
    if(p)           /*如果顶点 v 的第一个邻接点存在，返回邻接点的序号，否则返回-1 */
        return p->adjvex;
    else
        return -1;
}

int NextAdjVertex(AdjGraph G, VertexType v, VertexType w)
  /*返回 v 的相对于 w 的下一个邻接顶点的序号*/
{
    ArcNode *p, *next;
    int v1, w1;
    v1 = LocateVertex(G,v);       /* v1 为顶点 v 在图 G 中的序号*/
    w1 = LocateVertex(G,w);       /* w1 为顶点 w 在图 G 中的序号*/
```

```
    for(next=G.vertex[v1].firstarc; next; )
        if(next->adjvex != w1)
            next = next->nextarc;
    p = next;                      /* p 指向顶点 v 的邻接顶点 w 的结点*/
    if(!p || !p->nextarc)          /*如果 w 不存在或 w 是最后一个邻接点，则返回-1 */
            return -1;
    else
        return p->nextarc->adjvex;   /*返回 v 的相对于 w 的下一个邻接点的序号*/
}

void Visit(VertexType v)   /*访问函数，输出图中的顶点*/
{
    printf("%s ", v);
}

void main()
{
    AdjGraph G;
    printf("采用邻接矩阵创建无向图 G: \n");
    CreateGraph(&G);
    printf("图 G 的深度优先遍历: ");
    DFSTraverse2(G, 0);
    printf("\n");
    printf("图 G 的广度优先遍历: ");
    BFSTraverse(G);
    printf("\n");
    DestroyGraph(&G);
}
```

程序运行结果如图 10.20 所示。

图 10.20　图 G_6 的深度优先和广度优先遍历程序的运行结果

10.5　图的连通性问题

前面已经介绍过连通图和强连通图，在图的具体应用中也会经常涉及到图的连通性问题。本节的主要学习内容包括无向图的连通性和最小生成树。

10.5.1 无向图的连通分量与生成树

在无向图的深度优先和广度优先遍历的过程中，对于连通图，从任何一个顶点出发，就可以遍历图中的每一个顶点。而对于非连通图，则需要从多个顶点出发对图进行遍历，每次从新顶点开始遍历得到的序列就是图的各个连通分量的顶点集合。图 10.3 中的非连通图 G_3 的邻接表如图 10.21 所示。对图 G_3 进行深度优先遍历，因为图 G_3 是非连通图且有两个连通分量，所以需要从图的至少两个顶点(顶点 A 和顶点 F)出发，才能完成对图中的每个顶点的访问。对图 G_3 进行深度遍历，得到的序列为：A、B、C、D、I 和 F、G、H。

由此可以看出，对非连通图进行深度或广度优先遍历，就可以分别得到连通分量的顶点序列。对于连通图，从某一个顶点出发，对图进行深度优先遍历，按照访问路径得到一棵生成树，称为深度优先生成树。从某一个顶点出发，对图进行广度优先遍历，得到的生成树称为广度优先生成树。图 10.22 就是对应图 G_6 的深度优先生成树和广度优先生成树。

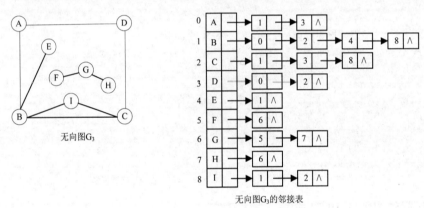

图 10.21 图 G_3 的邻接表

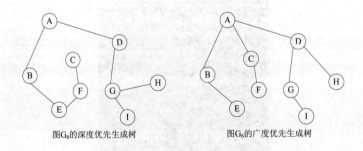

图 10.22 图 G6 的深度优先生成树和广度优先生成树

对于非连通图而言，从某一个顶点出发，对图进行深度优先遍历或者广度优先遍历，按照访问路径会得到一系列的生成树，这些生成树在一起构成生成森林。对图 G_3 进行深度优先遍历构成的深度优先生成森林如图 10.23 所示。

利用图的深度优先或广度优先遍历，可以判断一个图是否是连通图。如果不止一次地调用遍历图，则说明该图是非连通的，否则该图是连通图。进一步，对图的遍历还可以得到图的生成树。

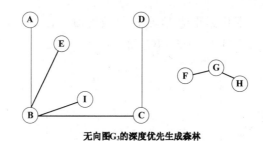

无向图G₃的深度优先生成森林

图 10.23　图 G₃ 的深度优先生成森林

10.5.2　最小生成树

最小生成树就是指在一个连通网的所有生成树中所有边的代价之和的那棵生成树。代价在网中通过权值来表示，一个生成树的代价就是生成树各边的代价之和。最小生成树的研究意义是，例如，要在 n 个城市建立一个交通图，就是要在 $n(n-1)/2$ 条线路中选择 $n-1$ 条代价最小的线路，在这里可以将各个城市看成是图的顶点，城市的线路看成边。

最小生成树具有以下重要的性质：假设一个连通网 N=(V, E)，V 是顶点的集合，E 是边的集合，V 有一个非空子集 U。如果(u, v)是一条具有最小权值的边，其中，u∈U，v∈V-U，那么一定存在一个最小生成树包含边(u, v)。

下面用反证法来证明以上性质。

假设所有的最小生成树都不存在这样的一条边(u, v)。设 T 是连通网 N 中的一棵最小生成树，如果将边(u, v)加入到 T 中，根据生成树的定义，T 一定出现包含(u, v)的回路。另外 T 中一定存在一条边(u', v')的权值大于或等于(u, v)的权值，如果删除边(u', v')，则得到一棵代价小于或等于 T 的生成树 T'。T'是包含边(u, v)的最小生成树，这与假设矛盾。由此，性质得证。

最小生成树的构造算法有两个：普里姆算法和克鲁斯卡尔算法。

1．普里姆算法

普里姆算法描述如下。

假设 N={V, E}是连通网，TE 是 N 的最小生成树边的集合。执行以下操作。

(1)　初始时，令 U={u₀}(u₀∈V)，TE=Φ。

(2)　对于所有的边 u∈U，v∈V-U 的边(u, v)∈E，将一条代价最小的边(u₀, v₀)放到集合 TE 中，同时将顶点 v₀ 放进集合 U 中。

(3)　重复执行步骤 2，直到 U=V 为止。

这时，边集合 TE 一定有 n-1 条边，T={V, TE}就是连通网 N 的最小生成树。

例如，图 10.24 就是利用普里姆算法构造最小生成树的过程。

初始时，集合 U={A}，集合 V-U={B, C, D, E}，边集合为Φ。A∈U 且 U 中只有一个元素，将 A 从 U 中取出，比较顶点 A 与集合 V-U 中顶点构成的代价最小边，在(A, B)、(A, D)、(A, E)中，最小的边是(A, B)。将顶点 B 加入到集合 U 中，边(A, B)加入到 TE 中，因此有 U={A, B}，V-U={C, D, E}，TE=={(A, B)}。然后在集合 U 与集合 V-U 构成的所有边(A, E)、

(A, D)、(B, E)、(B, C)中,其中最小边为(A, D),故将顶点 D 加入到集合 U 中,边(A, D)加入到 TE 中,因此有 U={A, B, D},V−U={C, E},TE=={(A, B, D)}。依次类推,直到所有的顶点都加入到 U 中。

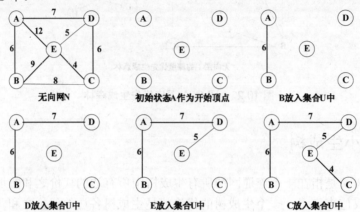

图 10.24　利用普里姆算法构造最小生成树的过程

在算法实现时,需要设置一个数组 closeedge[MaxSize],用来保存 U 到 V−U 最小代价的边。对于每个顶点 v∈V−U,在数组中存在一个分量 closeedge[v],它包括两个域 adjvex 和 lowcost,其中,adjvex 域用来表示该边中属于 U 中的顶点,lowcost 域存储该边对应的权值。用公式描述如下:

```
closeedge[v].lowcost = Min({cost(u, v) | u∈U})
```

根据普里姆算法构造最小生成树,其对应过程中各个参数的变化情况如表 10.1 所示。

表 10.1　普里姆算法各个参数的变化

i / closeedge[i]	0	1	2	3	4	U	V−U	k	(u_0, v_0)
adjvex / lowcost	0	A / 6	A / ∞	A / 7	A / 12	{A}	{B,C,D,E}	1	(A,B)
adjvex / lowcost	0	0	B / 8	A / 7	B / 9	{A,B}	{C,D,E}	3	(A,D)
adjvex / lowcost	0	0	B / 8	0	D / 5	{A,B,D}	{C,E}	4	(D,E)
adjvex / lowcost	0	0	E / 4	0	0	{A,B,D,E}	{C}	2	(E,C)
adjvex / lowcost	0	0	0	0	0	{A,B,D,E,C}	{}		

普里姆算法用 C 语言描述如下:

```
/*记录从顶点集合 U 到 V−U 的代价最小的边的数组定义*/
typedef struct
{
    VertexType adjvex;
    VRType lowcost;
} closeedge[MAXSIZE];
void Prim(MGraph G, VertexType u)
    /*利用普里姆算法求从第 u 个顶点出发构造网 G 的最小生成树 T */
```

```
{
    int i, j, k;
    closeedge closedge;
    k = LocateVertex(G, u);           /* k 为顶点 u 对应的序号*/
    for(j=0; j<G.vexnum; j++)          /*数组初始化*/
    {
        strcpy(closedge[j].adjvex, u);
        closedge[j].lowcost = G.arc[k][j].adj;
    }
    closedge[k].lowcost = 0;           /*初始时集合 U 只包括顶点 u */
    printf("最小代价生成树的各条边为:\n");
    for(i=1; i<G.vexnum; i++)          /*选择剩下的 G.vexnum-1 个顶点*/
    {
        k = MiniNum(closedge, G);       /* k 为与 U 中顶点相邻接的下一个顶点的序号*/
        printf("(%s-%s)\n", closedge[k].adjvex, G.vex[k]);/*输出生成树的边*/
        closedge[k].lowcost = 0;        /*第 k 顶点并入 U 集*/
        for(j=0; j<G.vexnum; j++)
            if(G.arc[k][j].adj < closedge[j].lowcost)
                /*新顶点加入 U 集后重新将最小边存入到数组*/
            {
                strcpy(closedge[j].adjvex, G.vex[k]);
                closedge[j].lowcost = G.arc[k][j].adj;
            }
    }
}
```

　　普里姆算法中有两个嵌套的 for 循环,假设顶点的个数是 n,则第一层循环的频度为 n-1,第二层循环的频度为 n,因此该算法的时间复杂度为 $O(n^2)$。

　　下面通过一个例子来说明普里姆算法的应用。

　　例 10-4 利用邻接矩阵创建一个如图 10.24 所示的无向网 N,然后利用普里姆算法求无向网的最小生成树。

　　分析:主要考察普里姆算法生成网的最小生成树算法。数组 closedge 有两个域:adjvex 域和 lowcost 域。其中,adjvex 域用来存放依附于集合 U 的顶点,lowcost 域用来存放数组下标对应的顶点到顶点(adjvex 中的值)的最小权值。因此,查找无向网 N 中的最小权值的边就是在数组 lowcost 中找到最小值,输出生成树的边后,要将新的顶点对应的数组值赋值为 0,即将新顶点加入到集合 U。依次类推,直到所有的顶点都加入到集合 U 中。

　　代码如下:

```
void main()
{
    MGraph N;
    printf("创建一个无向网:\n");
    CreateGraph(&N);
    DisplayGraph(N);
    Prim(N, "A");
    DestroyGraph(&N);
}
```

　　数组 closedge 中的 adjvex 域和 lowcost 域变化情况如图 10.25 所示。

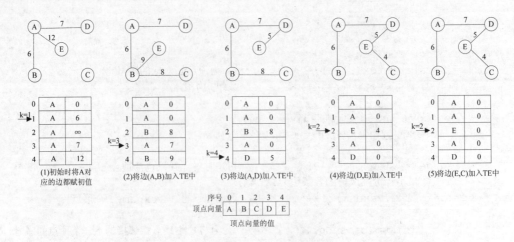

图 10.25　数组 closedge 值的变化

程序运行结果如图 10.26 所示。

图 10.26　普里姆算法程序的运行结果

2．克鲁斯卡尔算法

克鲁斯卡尔算法的基本思想是：假设 N={V, E} 是连通网，TE 是 N 的最小生成树边的集合。执行以下操作。

(1)　初始时，最小生成树中只有 n 个顶点，这 n 个顶点分别属于不同的集合，而边的集合 TE=Φ。

(2)　从连通网 N 中选择一个代价最小的边，如果边所依附的两个顶点在不同的集合中，将该边加入到最小生成树 TE 中，并将该边依附的两个顶点合并到同一个集合中。

(3)　重复执行步骤 2，直到所有的顶点都属于同一个顶点集合为止。

例如，图 10.27 就是利用克鲁斯卡尔算法构造最小生成树的过程。

初始时，边的集合 TE 为空集，顶点 A、B、C、D、E 分别属于不同的集合，假设 $U_1=\{A\}$，$U_2=\{B\}$，$U_3=\{C\}$、$U_4=\{D\}$、$U_5=\{E\}$。图中含有 8 条边，将这 8 条边按照权值从小到大排列，依次取出最小的边且依附于边的两个顶点属于不同的结合，则将该边加入到集合 TE 中，并将这两个顶点合并为一个集合，重复执行类似操作，直到所有顶点都属于一个集合为止。

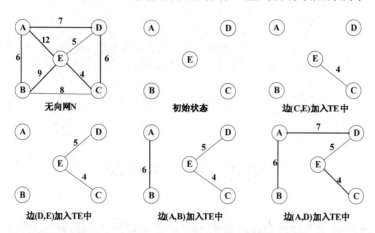

图 10.27 克鲁斯卡尔算法构造最小生成树的过程

这 8 条边中，权值最小的是边(C, E)，其权值 cost(C, E)=4，并且 $C\in U_3$，$E\in U_5$，$U_3\neq U_5$，因此，将边(C, E)加入到集合 TE 中，并将两个顶点集合合并为一个集合，TE=\{(C, E)\}，$U_3=U_5=\{C, E\}$。在剩下的边的集合中，边(D, E)权值最小，其权值 cost(D, E)=5，并且 $D\in U_4$，$E\in U_3$，$U_3\neq U_4$，因此，将边(D, E)加入到边的集合 TE 中并合并顶点集合，有 TE=\{(C, E), (D, E)\}，$U_3=U_5=U_4=\{C, E, D\}$。然后继续从剩下的边的集合中选择权值最小的边，依次加入到 TE 中，并且合并顶点集合，直到所有的顶点都加入到顶点集合中。

克鲁斯卡尔算法用 C 语言描述如下：

```
void Kruskal(MGraph G)   /*克鲁斯卡尔算法求最小生成树*/
{
    int set[MAXSIZE], i, j;
    int a=0, b=0, min=G.arc[a][b].adj, k=0;
    for(i=0; i<G.vexnum; i++)           /*初始时，各顶点分别属于不同的集合*/
        set[i] = i;
    printf("最小生成树的各条边为:\n");
    while(k < G.vexnum-1)               /*查找所有最小权值的边*/
    {
        for(i=0; i<G.vexnum; i++)       /*在矩阵的上三角查找最小权值的边*/
            for(j=i+1; j<G.vexnum; j++)
                if(G.arc[i][j].adj < min)
                {
                    min = G.arc[i][j].adj;
                    a = i;
                    b = j;
                }
                min = G.arc[a][b].adj = INFINITY;
```

```
                    /*删除上三角中最小权值的边，下次不再查找*/
    if(set[a] != set[b])     /*如果边的两个顶点在不同的集合中*/
    {
        printf("%s-%s\n", G.vex[a], G.vex[b]);
          /*输出最小权值的边*/
        k++;
        for(i=0; i<G.vexnum; i++)
            if(set[i] == set[b])
             /*将顶点b所在集合并入顶点a集合中*/
                set[i] = set[a];
    }
  }
}
```

10.6   有向无环图

有向无环图是描述工程或系统过程的一个非常重要的工具。有向无环图是指一个没有环的有向图。有向无环图在描述工程的过程中，将工程分为若干个活动，即子工程。在这些子工程(即活动)之间，它们互相制约，例如，一些活动必须在另一些活动完成之后才能开始。整个工程涉及到两个问题：一个是工程的顺序进行，另一个是整个工程的最短完成时间。这其实就是有向图的两个应用：拓扑排序和关键路径。本节的主要学习内容包括 AOV 网与拓扑排序、AOE 网与关键路径。

10.6.1   AOV 网与拓扑排序

由 AOV 网可以得到拓扑排序。在学习拓扑排序之前，先来介绍一下 AOV 网。

1. AOV 网

在每一个工程过程中，可以将工程分为若干个子工程，这些子工程称为活动。如果用图中的顶点表示活动，以有向图的弧表示活动之间的优先关系，这样的有向图称为 AOV 网，即顶点表示活动的网。在 AOV 网中，如果从顶点 v_i 到顶点 v_j 之间存在一条路径，则顶点 v_i 是顶点 v_j 的前驱，顶点 v_j 为顶点 v_i 的后继。如果 $<v_i, v_j>$ 是有向网的一条弧，则称顶点 v_i 是顶点 v_j 的直接前驱，顶点 v_j 是顶点 v_i 的直接后继。

活动中的制约关系可以通过 AOV 网中的弧表示。例如，计算机科学与技术专业的学生必须修完一系列专业基础课程和专业课程才能毕业，学习这些课程的过程可以被看成是一项工程，每一门课程可以被看成是一个活动。计算机科学与技术专业的基本课程及先修课程的关系如表 10.2 所示。

表 10.2　计算机科学与技术专业的基本课程及先修课程的关系

课程编号	课程名称	先修课程编号
C_1	程序设计语言	无
C_2	汇编语言	C_1
C_3	离散数学	C_1
C_4	数据结构	C_1,C_3
C_5	编译原理	C_2,C_4
C_6	高等数学	无
C_7	大学物理	C_6
C_8	数字电路	C_7
C_9	计算机组成结构	C_8
C_{10}	操作系统	C_9

在这些课程中，"高等数学"是基础课，它独立于其他课程。在修完了"高级语言程序设计"和"离散数学"之后才能学习"数据结构"。这些课程构成的有向无环图如图 10.28 所示。

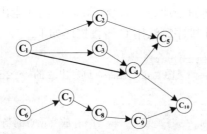

图 10.28　表示课程之间优先关系的有向无环图

在 AOV 网中，不允许出现环，如果出现环就表示某个活动是自己的先决条件。因此，需要对 AOV 网判断是否存在环，可以利用有向图的拓扑排序进行判断。

2. 拓扑排序

拓扑排序就是将 AOV 网中的所有顶点排列成一个线性序列，并且序列满足以下条件：在 AOV 网中，如果从顶点 v_i 到 v_j 存在一条路径，则在该线性序列中，顶点 v_i 一定出现在顶点 v_j 之前。因此，拓扑排序的过程就是将 AOV 网排成线性序列的操作。AOV 网表示一个工程图，而拓扑排序则是将 AOV 网中的各个活动组成一个可行的实施方案。

对 AOV 网进行拓扑排序的方法如下。

(1)　在 AOV 网中任意选择一个没有前驱的顶点，即顶点入度为零，将该顶点输出。

(2)　从 AOV 网中删除该顶点，及从该顶点出发的弧。

(3)　重复执行步骤 1 和 2，直到 AOV 网中所有顶点都已经被输出，或者 AOV 网中不存在无前驱的顶点为止。

按照以上步骤，图 10.28 的 AOV 网的拓扑序列为$(C_1,C_2,C_3,C_4,C_5,C_6,C_7,C_8,C_9,C_{10})$，或者$(C_6,C_7,C_8,C_9,C_1,C_2,C_3,C_4,C_5,C_{10})$。

图 10.29 是 AOV 网的拓扑序列的构造过程。其拓扑序列为 V_1、V_2、V_3、V_5、V_4、V_6。

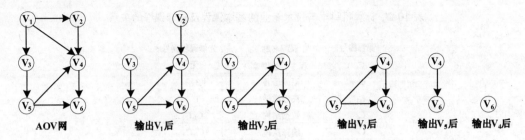

| AOV网 | 输出V₁后 | 输出V₂后 | 输出V₃后 | 输出V₅后 | 输出V₄后 |

图 10.29 AOV 网构造拓扑序列的过程

在对 AOV 网进行拓扑排序结束后，可能会出现两种情况：一种是 AOV 网中的顶点全部输出，表示网中不存在回路；另一种是 AOV 网中还存在没有输出的顶点，剩余的未输出顶点的入度都不为零，表示网中存在回路。

采用邻接表存储结构的 AOV 网的拓扑排序的算法实现：遍历邻接表，将各个顶点的入度保存在数组 indegree 中。将入度为零的顶点入栈，依次将栈顶元素出栈并输出该顶点，对该顶点的邻接顶点的入度减 1，如果邻接顶点的入度为零，则入栈，否则，将下一个邻接顶点的入度减 1 并进行相同的处理。然后继续将栈中的元素出栈，重复执行以上操作，直到栈空为止。AOV 网的拓扑排序算法用 C 语言描述如下：

```c
int TopologicalSort(AdjGraph G)
 /*有向图 G 的拓扑排序。如果图 G 没有回路，则输出 G 的一个拓扑序列并返回 1，否则返回 0 */
{
    int i, k, count=0;
    int indegree[MAXSIZE];              /*存放各顶点的当前入度*/
    SeqStack S;
    ArcNode *p;
    /*将图中各顶点的入度保存在数组 indegree 中*/
    for(i=0; i<G.vexnum; i++)           /*将数组 indegree 赋初值*/
        indegree[i] = 0;
    for(i=0; i<G.vexnum; i++)
    {
        p = G.vertex[i].firstarc;
        while(p != NULL)
        {
            k = p->adjvex;
            indegree[k]++;
            p = p->nextarc;
        }
    }
    /*对图 G 进行拓扑排序*/
    InitStack(&S);                      /*初始化栈 S */
    for(i=0; i<G.vexnum; i++)           /*将所有入度为零的顶点入栈*/
        if(!indegree[i])
            PushStack(&S, i);
    while(!StackEmpty(S))     /*如果栈 S 不为空，则将栈顶元素出栈，输出该顶点*/
    {
        PopStack(&S, &i);        /*将栈顶元素出栈*/
        printf("%s ", G.vertex[i].data);        /*输出编号为 i 的顶点*/
```

```
        count++;                /*将已输出顶点数加 1 */
        for(p=G.vertex[i].firstarc; p; p=p->nextarc)
          /*处理编号为 i 的顶点的所有邻接顶点*/
        {
            k = p->data.adjvex;
            if(!(--indegree[k]))
              /*如果编号为 i 的邻接顶点的入度减 1 后变为 0, 则将其入栈*/
                PushStack(&S, k);
        }
    }
    if(count < G.vexnum)
      /*图 G 中还有未输出的顶点, 则存在回路, 否则可以构成一个拓扑序列*/
    {
        printf("该有向图有回路\n");
        return 0;
    }
    else
    {
        printf("该图可以构成一个拓扑序列。\n");
        return 1;
    }
}
```

在拓扑排序的实现过程中，入度为零的顶点入栈的时间复杂度为 O(n)，有向图的顶点进栈、出栈操作及 while 循环语句的执行次数是 e 次，因此，拓扑排序的时间复杂度为 O(n+e)。

10.6.2　AOE 网与关键路径

AOE 网是以边表示活动的有向无环网，在 AOE 网中，具有最大路径长度的路径称为关键路径，关键路径表示了完成工程的最短工期。

1. AOE 网

AOE 网是一个带权的有向无环图。其中，用顶点表示事件，弧表示活动，权值表示两个活动持续的时间。AOE 网是以边表示活动的网。

前面的 AOV 网描述了活动之间的优先关系，可以认为是一个定性的研究，但有时候还需要定量地研究工程的进度，如整个工程的最短完成时间、各个子工程影响整个工程的程度、每个子工程的最短完成时间和最长完成时间。在 AOE 网中，通过研究事件与活动之间的关系，从而可以确定整个工程的最短完成时间，明确活动之间的相互影响，确保整个工程的顺利进行。

在用 AOE 网表示一个工程计划时，用顶点表示各个事件，弧表示子工程的活动，权值表示子工程的活动需要的时间。在顶点表示事件发生之后，从该顶点出发的有向弧所表示的活动才能开始。在进入某个顶点的有向弧所表示的活动完成之后，该顶点表示的事件才能发生。

图 10.30 是一个具有 10 个活动、8 个事件的 AOE 网。v_1, v_2, ..., v_8 表示 8 个事件，$<v_1, v_2>$, $<v_1, v_3>$, ..., $<v_7, v_8>$ 表示 10 个活动，a_1, a_2, ..., a_{10} 表示活动的执行时间。进入

顶点的有向弧表示的活动已经完成，从顶点出发的有向弧表示的活动可以开始。顶点 v_1 表示整个工程的开始，v_8 表示整个工程的结束。顶点 v_5 表示活动 a_4、a_5、a_6 已经完成，活动 a_7 和 a_8 可以开始。其中，完成活动 a_5 和活动 a_6 分别需要 5 天和 6 天。

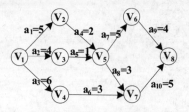

图 10.30　一个 AOE 网

对于一个工程来说，只有一个开始状态和一个结束状态，因此，在 AOE 网中，只有一个入度为零的点表示工程的开始，称为源点；只有一个出度为零的点表示工程的结束，称为汇点。

2. 关键路径

关键路径是指在 AOE 网中从源点到汇点路径最长的路径。这里的路径长度是指路径上各个活动持续时间之和。在 AOE 网中，有些活动是可以并行执行的，关键路径其实就是完成工程的最短时间所经过的路径。关键路径上的活动称为关键活动。

下面先来介绍与关键路径有关的几个概念。

(1) 事件 v_i 的最早发生时间：从源点到顶点 v_i 的最长路径长度，称为事件 v_i 的最早发生时间，记作 ve(i)。求解 ve(i) 可以从源点 ve(0)=0 开始，按照拓扑排序规则根据递推得到：

$$ve(i) = \text{Max}\{ve(k)+dut(<k,i>) \mid <k,i> \in T, 1 \leqslant i \leqslant n-1\}$$

其中，T 是所有以第 i 个顶点为弧头的弧的集合，dut(<k, i>) 表示弧<k, i>对应的活动的持续时间。

(2) 事件 v_i 的最晚发生时间：在保证整个工程完成的前提下，活动必须最迟的开始时间，记作 vl(i)。在求解事件 v_i 的最早发生时间 ve(i) 的前提 vl(n-1)=ve(n-1) 下，从汇点开始，向源点推进得到 vl(i)：

$$vl(i) = \text{Min}\{vl(k)-dut(<i,k>) \mid <i,k> \in S, 0 \leqslant i \leqslant n-2\}$$

其中，S 是所有以第 i 个顶点为弧尾的弧的集合，dut(<i, k>) 表示弧<i, k>对应的活动的持续时间。

(3) 活动 a_i 的最早开始时间 e(i)：如果弧<v_k, v_j>表示活动 a_i，当事件 v_k 发生之后，活动 a_i 才开始。因此，事件 v_k 的最早发生时间也就是活动 a_i 的最早开始时间，即 e(i)=ve(k)。

(4) 活动 a_i 的最晚开始时间 l(i)：在不推迟整个工程完成时间的基础上，活动 a_i 最迟必须开始的时间。如果弧<v_k, v_j>表示活动 a_i，持续时间为 dut(<k, j>)，则活动 a_i 的最晚开始时间 l(i)=vl(j)-dut(<k, j>)。

(5) 活动 a_i 的松弛时间：活动 a_i 的最晚开始时间与最早开始时间之差就是活动 a_i 的松弛时间，记作 l(i)-e(i)。

在图 10.30 中的 AOE 网中，从源点 v_1 到汇点 v_8 的关键路径是(v_1,v_2,v_5,v_6,v_8)，路径长度为 16，也就是说 v_8 的最早发生时间为 16。活动 a_7 的最早开始时间是 7，最晚开始时间也是

7。活动 a_8 的最早开始时间是 7，最晚开始时间是 8，如果 a_8 推迟 1 天开始，不会影响整个工程的进度。

当 e(i)=l(i)时，对应的活动 a_i 称为关键活动。在关键路径上的所有活动都称为关键活动，非关键活动提前完成或推迟完成并不会影响到整个工程的进度。例如，活动 a_8 是非关键活动，a_7 是关键活动。

求 AOE 网的关键路径的算法如下。

(1) 对 AOE 网中的顶点进行拓扑排序，如果得到的拓扑序列顶点个数小于网中顶点数，则说明网中有环存在，不能求关键路径，终止算法。否则，从源点 v_0 开始，求出各个顶点的最早发生时间 ve(i)。

(2) 从汇点 v_n 出发 vl(n-1)=ve(n-1)，按照逆拓扑序列求其他顶点的最晚发生时间 vl(i)。

(3) 由各顶点的最早发生时间 ve(i)和最晚发生时间 vl(i)，求出每个活动 a_i 的最早开始时间 e(i)和最晚开始时间 l(i)。

(4) 找出所有满足条件 e(i)=l(i)的活动 a_i，a_i 即是关键活动。

利用求 AOE 网的关键路径的算法，图 10.30 中的网中顶点对应事件最早发生时间 ve、最晚发生时间 vl 及弧对应活动最早发生时间 e、最晚发生时间如图 10.31 所示。

顶点	ve	vl	活动	e	l	-el
v_1	0	0	a_1	0	0	0
v_2	5	5	a_2	0	2	2
v_3	4	6	a_3	0	2	2
v_4	6	8	a_4	5	5	0
v_5	7	7	a_5	4	6	2
v_6	12	12	a_6	6	8	2
v_7	10	11	a_7	7	7	0
v_8	16	16	a_8	7	8	1
			a_9	12	12	0
			a_{10}	10	11	1

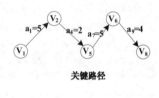

关键路径

图 10.31　图 10.30 所示的 AOE 网顶点发生时间与活动的开始时间

显然，网的关键路径是(v_1,v_2,v_5,v_6,v_8)，关键活动是 a_1、a_4、a_7 和 a_9。

关键路径经过的顶点是满足条件 ve(i)==vl(i)，即当事件的最早发生时间与最晚发生时间相等时，该顶点一定在关键路径之上。同样，关键活动者的弧满足条件 e(i)=l(i)，即当活动的最早开始时间与最晚开始时间相等时，该活动一定是关键活动。因此，要求关键路径，需要首先求出网中每个顶点的对应事件的最早开始时间，然后再推出事件的最晚开始时间和活动的最早、最晚开始时间，最后再判断顶点是否在关键路径之上，得到网的关键路径。

要求每一个顶点的最早开始时间，首先要将网中的顶点进行拓扑排序。在对顶点进行拓扑排序过程中，同时计算顶点的最早发生时间 ve(i)。从源点开始，由与源点相关联的弧的权值，可以得到该弧相关联顶点对应事件的最早发生时间。同时定义一个栈 T，保存顶点的逆拓扑序列。拓扑排序和求 ve(i)的算法实现如下：

```
int TopologicalOrder(AdjGraph N, SeqStack *T)
  /*采用邻接表存储结构的有向网 N 的拓扑排序，并求各顶点对应事件的最早发生时间 ve */
  /*如果 N 无回路，则用栈 T 返回 N 的一个拓扑序列，并返回 1，否则为 0 */
{
```

```
    int i, k, count=0;
    int indegree[MAXSIZE];              /*数组 indegree 存储各顶点的入度*/
    SeqStack S;
    ArcNode *p;
    /*将图中各顶点的入度保存在数组 indegree 中*/
    FindInDegree(N, indegree);
    InitStack(&S);                      /*初始栈 S */
    for(i=0; i<N.vexnum; i++)
        if(!indegree[i])                /*将入度为零的顶点入栈*/
            PushStack(&S, i);
    InitStack(T);                       /*初始化拓扑序列顶点栈*/
    for(i=0; i<N.vexnum; i++)           /*初始化 ve */
        ve[i] = 0;
    while(!StackEmpty(S))               /*如果栈 S 不为空*/
    {
        PopStack(&S, &i);               /*从栈 S 将已拓扑排序的顶点 j 弹出*/
        printf("%s ", N.vertex[i].data);
        PushStack(T, i);                /* j 号顶点入逆拓扑排序栈 T */
        count++;                        /*对入栈 T 的顶点计数*/
        for(p=N.vertex[i].firstarc; p; p=p->nextarc)
         /*处理序号为 i 的顶点的每个邻接点*/

        {
            k = p->adjvex;             /*顶点序号为 k */
            if(--indegree[k] == 0)
             /*如果 k 的入度减 1 后变为 0,则将 k 入栈 S */
                PushStack(&S, k);
            if(ve[i]+*(p->info) > ve[k]) /*计算顶点 k 对应的事件的最早发生时间*/
                ve[k] = ve[i] + *(p->info);
        }
    }
    if(count < N.vexnum)
    {
        printf("该有向网有回路\n");
        return 0;
    }
    else
        return 1;
}
```

在上面的算法中，语句 if(ve[i]+*(p->info)>ve[k]) ve[k]=ve[i]+*(p->info)就是求顶点 k 的对应事件的最早发生时间，其中域 info 保存的是对应弧的权值，在这里将图的邻接表类型定义做了简单的修改。

在求出事件的最早发生时间之后，按照逆拓扑序列就可以推出事件的最晚发生时间、活动的最早开始时间和最晚开始时间。在求出所有的参数之后，如果 ve(i)==vl(i)，输出关键路径经过的顶点。如果 e(i)=l(i)，将与对应弧关联的两个顶点存入数组 e，用来输出关键活动。关键路径算法实现如下：

```
int CriticalPath(AdjGraph N)    /*输出 N 的关键路径*/
{
    int vl[MAXSIZE];                    /*事件最晚发生时间*/
```

```
    SeqStack T;
    int i, j, k, e, l, dut, value, count, e1[MaxSize], e2[MaxSize];
    ArcNode *p;
    if(!TopologicalOrder(N, &T))        /*如果有环存在，则返回 0 */
        return 0;
    value = ve[0];
    for(i=1; i<N.vexnum; i++)
        if(ve[i] > value)
            value = ve[i];              /* value 为事件的最早发生时间的最大值*/
    for(i=0; i<N.vexnum; i++)           /*将顶点事件的最晚发生时间初始化*/
        vl[i] = value;
    while(!StackEmpty(T))               /*按逆拓扑排序求各顶点的 vl 值*/
        for(PopStack(&T,&j),p=N.vertex[j].firstarc; p; p=p->nextarc)
        /*弹出栈 T 的元素，赋给 j，p 指向 j 的后继事件 k */
        {
            k = p->adjvex;
            dut = *(p->info);           /* dut 为弧<j, k>的权值*/
            if(vl[k]-dut < vl[j])       /*计算事件 j 的最迟发生时间*/
                vl[j] = vl[k] - dut;
        }
    printf("\n 事件的最早发生时间和最晚发生时间\ni ve[i] vl[i]\n");
    for(i=0; i<N.vexnum; i++)           /*输出顶点对应的事件的最早发生时间最晚发生时间*/
        printf("%d  %d   %d\n", i, ve[i], vl[i]);
    printf("关键路径为：(");
    for(i=0; i<N.vexnum; i++)           /*输出关键路径经过的顶点*/
        if(ve[i] == vl[i])
            printf("%s ", N.vertex[i].data);
    printf(")\n");
    count = 0;
    printf("活动最早开始时间和最晚开始时间\n  弧   e  l  l-e\n");
    for(j=0; j<N.vexnum; j++)           /*求活动的最早开始时间 e 和最晚开始时间 l */
        for(p=N.vertex[j].firstarc; p; p=p->nextarc)
        {
            k = p->adjvex;
            dut = *(p->info);       /* dut 为弧<j, k>的权值*/
            e = ve[j];              /* e 就是活动<j, k>的最早开始时间*/
            l = vl[k] - dut;        /* l 就是活动<j, k>的最晚开始时间*/
            printf("%s→%s %3d %3d %3d\n",
              N.vertex[j].data, N.vertex[k].data, e, l, l-e);
            if(e == l)              /*将关键活动保存在数组中*/
            {
                e1[count] = j;
                e2[count] = k;
                count++;
            }
        }
printf("关键活动为：");
for(k=0; k<count; k++)              /*输出关键路径*/
{
    i = e1[k];
    j = e2[k];
```

```
        printf("(%s→%s) ", N.vertex[i].data, N.vertex[j].data);
    }
    printf("\n");
    return 1;
}
```

在以上两个算法中，其求解事件的最早发生时间和最晚发生时间为 O(n+e)。如果网中存在多个关键路径，则需要同时改进所有的关键路径才能提高整个工程的进度。

10.6.3 关键路径应用举例

例 10-5 采用邻接表创建如图 10.30 所示的有向网，并求网中顶点的拓扑序列，然后计算该有向网的关键路径。

分析：主要考察有向网的拓扑排序和关键路径的计算。先计算出顶点对应事件的最早发生时间 ve[i]，然后由 ve[i]和顶点的逆拓扑序列得到其他参数，最后得到关键路径。

程序实现分为 3 个部分：有向网的关键路径、有向网的创建和测试部分。其中，第一部分包括拓扑排序和有向网的关键路径实现。在这里修改了 10.6.2 节中的有向网的拓扑排序的算法实现，求有向网的关键路径算法不变，在这里省略。

1．有向网的关键路径

这部分主要包括有向网的拓扑排序和求有向网的关键路径。程序实现代码如下：

```
int TopologicalOrder(AdjGraph N, SeqStack *T)
  /*采用邻接表存储结构的有向网 N 的拓扑排序，并求各顶点对应事件的最早发生时间 ve */
  /*如果 N 无回路，则用用栈 T 返回 N 的一个拓扑序列，并返回 1，否则为 0 */
{
    int i, k, count=0;
    int indegree[MAXSIZE];          /*数组 indegree 存储各顶点的入度*/
    SeqStack S;
    ArcNode *p;
    /*将图中各顶点的入度保存在数组 indegree 中*/
    for(i=0; i<N.vexnum; i++)         /*将数组 indegree 赋初值*/
        indegree[i] = 0;
    for(i=0; i<N.vexnum; i++)
    {
        p = N.vertex[i].firstarc;
        while(p != NULL)
        {
            k = p->adjvex;
            indegree[k]++;
            p = p->nextarc;
        }
    }
    InitStack(&S);                  /*初始化栈 S */
    printf("拓扑序列: ");
    for(i=0; i<N.vexnum; i++)
        if(!indegree[i])            /*将入度为零的顶点入栈*/
            PushStack(&S, i);
```

```
    InitStack(T);               /*初始化拓扑序列顶点栈*/
    for(i=0; i<N.vexnum; i++)    /*初始化 ve */
        ve[i] = 0;
    while(!StackEmpty(S))        /*如果栈 S 不为空*/
    {
        PopStack(&S, &i);        /*从栈 S 将已拓扑排序的顶点 j 弹出*/
        printf("%s ", N.vertex[i].data);
        PushStack(T, i);         /* j 号顶点入逆拓扑排序栈 T */
        count++;                 /*对入栈 T 的顶点计数*/
        for(p=N.vertex[i].firstarc; p; p=p->nextarc)
            /*处理编号为 i 的顶点的每个邻接点*/
        {
            k = p->adjvex;               /*顶点序号为 k */
            if(--indegree[k] == 0)    /*如果 k 的入度减 1 后变为 0，则将 k 入栈 S */
                PushStack(&S, k);
            if(ve[i]+*(p->info) > ve[k]) /*计算顶点 k 对应的事件的最早发生时间*/
                ve[k] = ve[i] + *(p->info);
        }
    }
    if(count < N.vexnum)
    {
        printf("该有向网有回路\n");
        return 0;
    }
    else
        return 1;
}
```

2. 有向网的创建与输出

这部分主要包括有向网的创建、输出和销毁。其中，有向网的创建和输出是在前面图的创建和输出基础上修改得到。程序代码如下所示：

```
int LocateVertex(AdjGraph G, VertexType v)   /*返回图中顶点对应的位置*/
{
    int i;
    for(i=0; i<G.vexnum; i++)
        if(strcmp(G.vertex[i].data,v) == 0)
            return i;
    return -1;
}
void CreateGraph(AdjGraph *N) /*采用邻接表存储结构，创建有向网 N */
{
    int i, j, k, w;
    VertexType v1, v2;                       /*定义两个弧 v1 和 v2 */
    ArcNode *p;
    printf("请输入图的顶点数,边数(以逗号分隔): ");
    scanf("%d,%d", &(*N).vexnum, &(*N).arcnum);
    printf("请输入%d 个顶点的值:", N->vexnum);
    for(i=0; i<N->vexnum; i++)               /*将顶点存储在头结点中*/
    {
```

```
        scanf("%s", N->vertex[i].data);
        N->vertex[i].firstarc = NULL;   /*将相关联的顶点置为空*/
    }
    printf("请输入弧尾、弧头和权值(以空格作为分隔):\n");
    for(k=0; k<N->arcnum; k++)              /*建立边链表*/
    {
        scanf("%s%s%*c%d", v1, v2, &w);
        i = LocateVertex(*N, v1);
        j = LocateVertex(*N, v2);
        /*以 j 为弧头 i 为弧尾创建邻接表*/
        p = (ArcNode*)malloc(sizeof(ArcNode));
        p->adjvex = j;
        p->info = (InfoPtr*)malloc(sizeof(InfoPtr));
        *(p->info) = w;
        /*将 p 指向的结点插入到边表中*/
        p->nextarc = N->vertex[i].firstarc;
        N->vertex[i].firstarc = p;
    }
    (*N).kind = DN;
}
void DestroyGraph(AdjGraph *N)   /*销毁无向图 N */
{
    int i;
    ArcNode *p, *q;
    for(i=0; i<N->vexnum; ++i)   /*释放网中的边表结点*/
    {
        p = N->vertex[i].firstarc;   /* p 指向边表的第一个结点*/
        if(p != NULL)                /*如果边表不为空,则释放边表的结点*/
        {
            q = p->nextarc;
            free(p);
            p = q;
        }
    }
    (*N).vexnum = 0;              /*将顶点数置为 0 */
    (*N).arcnum = 0;             /*将边的数目置为 0 */
}
void DisplayGraph(AdjGraph N)   /*网 N 的邻接表输出*/
{
    int i;
    ArcNode *p;
    printf("该网中有%d 个顶点: ", N.vexnum);
    for(i=0; i<N.vexnum; i++)
        printf("%s ", N.vertex[i].data);
    printf("\n 网中共有%d 条弧:\n", N.arcnum);
    for(i=0; i<N.vexnum; i++)
    {
        p = N.vertex[i].firstarc;
        while(p)
        {
            printf("<%s,%s,%d> ",
```

```
            N.vertex[i].data, N.vertex[p->adjvex].data, *(p->info));
            p = p->nextarc;
        }
        printf("\n");
    }
}
```

3. 测试代码部分

这部分主要包括包含的头文件、图的类型定义、函数的声明和主函数。其中，这里修改了图的邻接表类型定义，将类型 ArcNode 中的 info 域指向整型类型。

测试部分程序代码如下：

```
/*包含头文件*/
#include <stdlib.h>
#include <stdio.h>
#include <malloc.h>
#include <string.h>
typedef int DataType;          /*栈中的元素类型定义*/
#include "SeqStack.h"
/*图的邻接表类型定义*/
typedef char VertexType[4];
typedef int InfoPtr;           /*定义为整型，为了存放权值*/
typedef int VRType;
#define MAXSIZE 100            /*最大顶点个数*/
typedef enum {DG,DN,UG,UN} GraphKind;
    /*图的类型：有向图、有向网、无向图和无向网*/
typedef struct ArcNode          /*边结点的类型定义*/
{
    int adjvex;                /*弧指向的顶点的位置*/
    InfoPtr *info;             /*弧的权值*/
    struct ArcNode *nextarc;   /*指示下一个与该顶点相邻接的顶点*/
} ArcNode;
typedef struct VNode            /*头结点的类型定义*/
{
    VertexType data;           /*用于存储顶点*/
    ArcNode *firstarc;         /*指示第一个与该顶点邻接的顶点*/
} VNode, AdjList[MAXSIZE];
typedef struct                  /*图的类型定义*/
{
    AdjList vertex;
    int vexnum, arcnum;        /*图的顶点数目与弧的数目*/
    GraphKind kind;            /*图的类型*/
} AdjGraph;
int LocateVertex(AdjGraph N,VertexType v);
void CreateGraph(AdjGraph *N);
void DisplayGraph(AdjGraph N);
void DestroyGraph(AdjGraph *N);
int TopologicalOrder(AdjGraph N, SeqStack *T);
int CriticalPath(AdjGraph N);
int ve[MAXSIZE];               /* ve 存放事件最早发生时间*/
```

```
void main()
{
    AdjGraph N;
    CreateGraph(&N);          /*采用邻接表存储结构创建有向网 N */
    DisplayGraph(N);          /*输出有向网 N */
    CriticalPath(N);          /*求网 N 的关键路径*/
    DestroyGraph(&N);         /*销毁网 N */
}
```

程序运行结果如图 10.32 所示。

```
"D:\VC程序\例10_5\Debug\例10_5.exe"
请输入图的顶点数,边数(以逗号分隔): 8,10
请输入8个顶点的值:v1 v2 v3 v4 v5 v6 v7 v8
请输入弧尾、弧头和权值(以空格作为分隔):
v1 v2 5
v1 v3 4
v1 v4 6
v2 v5 2
v3 v5 1
v4 v7 3
v5 v7 3
v5 v6 5
v6 v8 4
v7 v8 5
拓扑序列: v1 v2 v3 v5 v6 v4 v7 v8
事件的最早发生时间和最晚发生时间
i ve[i] vl[i]
0   0    0
1   5    5
2   4    6
3   6    8
4   7    7
5   12   12
6   10   11
7   16   16
关键路径为: (v1 v2 v5 v6 v8 )
活动最早开始时间和最晚开始时间
    弧    e    l    l-e
v1→v4   0    2    2
v1→v3   0    2    2
v1→v2   0    0    0
v2→v5   5    5    0
v3→v5   4    6    2
v4→v7   6    8    2
v5→v6   7    7    0
v5→v7   7    8    1
v6→v8   12   12   0
v7→v8   10   11   1
关键活动为: (v1→v2) (v2→v5) (v5→v6) (v6→v8)
Press any key to continue
```

图 10.32　有向网的关键路径运行结果

📑 说明：　运行结果太长，因此没有输出有向网。

10.7　最　短　路　径

　　在日常生活中，经常会遇到求两个地点之间的最短路径的问题，如在交通网络中城市 A 与城市 B 的最短路径。可以将每个城市作为图的顶点，两个城市的线路作为图的弧或者边，城市之间的距离作为权值，这样就把一个实际的问题转化为求图的顶点之间的最短路径问题。本节主要介绍求从某个顶点到其余各顶点的最短路径及任一对顶点之间的最短路径。

10.7.1 从某个顶点到其余各顶点的最短路径

先来讨论一下从一个顶点到其他顶点的最短路径算法思想，然后利用邻接矩阵实现该算法。

1. 从某个顶点到其他顶点的最短路径算法思想

假设求从有向图的顶点 v_0 出发到其余各个顶点的最短路径。带权有向图 G_7 及从 v_0 出发到其他各个顶点的最短路径如图 10.33 所示。

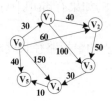

始点	终点	最短路径	路径长度
V_0	V_1	(V_0,V_1)	30
V_0	V_2	(V_0,V_2)	60
V_0	V_3	(V_0,V_2,V_3)	110
V_0	V_4	(V_0,V_2,V_3,V_4)	140
V_0	V_5	(V_0,V_5)	40

图 10.33 图 G_7 从顶点 v_0 到其他各个顶点的最短路径

从图中可以看出，从顶点 v_0 到顶点 v_2 有两条路径：(v_0,v_1,v_2) 和 (v_0,v_2)。其中，前者的路径长度为 70，后者的路径长度为 60。因此，(v_0,v_2) 是从顶点 v_0 到顶点 v_2 的最短路径。从顶点 v_0 到顶点 v_3 有三条路径：(v_0,v_1,v_2,v_3)、(v_0,v_2,v_3) 和 (v_0,v_1,v_3)。其中，第一条路径长度为 120，第二条路径长度为 110，第三条路径长度为 130。因此，(v_0,v_2,v_3) 是从顶点 v_0 到顶点 v_3 的最短路径。

下面介绍由迪杰斯特拉提出的求最短路径算法。它的基本思想是根据路径长度递增求解从顶点 v_0 到其他各顶点的最短路径。

设有一个带权有向图 $D=(V, E)$，定义一个数组 dist，数组中的每个元素 dist[i] 表示顶点 v_0 到顶点 v_i 的最短路径长度。则长度为 dist[j] = Min{dist[i] | $v_i \in V$} 的路径表示从顶点 v_0 出发到顶点 v_j 的最短路径。也就是说，在所有的顶点 v_0 到顶点 v_j 的路径中，dist[j] 是最短的一条路径。而数组 dist 的初始状态是：如果从顶点 v_0 到顶点 v_i 存在弧，则 dist[i] 是弧 $<v_0, v_j>$ 的权值；否则，dist[j] 的值为 ∞。

假设 S 表示求出的最短路径对应终点的集合。在按递增次序已经求出从顶点 v_0 出发到顶点 v_j 的最短路径之后，那么下一条最短路径，即从顶点 v_0 到顶点 v_k 的最短路径或者是弧 $<v_0, v_k>$，或者是经过集合 S 中某个顶点然后到达顶点 v_k 的路径。从顶点 v_0 出发到顶点 v_k 的最短路径长度或者是弧 $<v_0, v_k>$ 的权值，或者是 dist[j] 与 v_j 到 v_k 的权值之和。

求最短路径长度满足：终点为 v_x 的最短路径或者是弧 $<v_0, v_x>$，或者是中间经过集合 S 中某个顶点然后到达顶点 v_x 所经过的路径。下面用反证法证明此结论。假设该最短路径有一个顶点 $v_z \in S$，则最短路径为 $(v_0, ..., v_z, ..., v_x)$。但是，这种情况是不可能出现的。因为最短路径是按照路径长度的递增顺序产生的，所以长度更短的路径已经出现，其终点一定在集合 S 中。因此假设不成立，结论得证。

例如，从图 10.33 可以看出，(v_0, v_2) 是从 v_0 到 v_2 的最短路径，(v_0, v_2, v_3) 是从 v_0 到 v_3 的最短路径，经过了顶点 v_2；(v_0, v_2, v_3, v_4) 是从 v_0 到 v_4 的最短路径，经过了顶点 v_3。

在一般情况下，下一条最短路径的长度一定是：

$$dist[j] = Min\{dist[i] \mid v_i \in V-S\}$$

其中，dist[i]或者是弧$<v_0, v_i>$的权值，或者是 dist[k]($v_k \in S$)与弧$<v_k, v_i>$的权值之和。V-S 表示还没有求出的最短路径的终点集合。

迪杰斯特拉算法求解最短路径的步骤如下(假设有向图用邻接矩阵存储)。

(1) 初始时，S 只包括源点 v_0，即 S={v_0}，V-S 包括除 v_0 以外的图中的其他顶点。v_0 到其他顶点的路径初始化为 dist[i]=G.arc[0][i].adj。

(2) 选择距离顶点 v_i 最短的顶点 v_j，使得 dist[j]=Min\{dist[i] \mid $v_i \in V-S$\}。dist[j]表示从 v_0 到 v_j 最短路径长度，v_j 表示对应的终点。

(3) 修改从 v_0 到到顶点 v_i 的最短路径长度，其中 $v_i \in S$。如果有 dist[k]+G.arc[k][i]<dist[i]，则修改 dist[i]，使得 dist[i]=dist[k]+G.arc[k][i].adj。

(4) 重复执行步骤 2 和 3，直到所有从 v_0 到其他顶点的最短路径长度求出。

2．从某个顶点到其他顶点的最短路径算法实现

求解最短路径的迪杰斯特拉算法用 C 语言描述如下：

```
typedef int PathMatrix[MAXSIZE][MAXSIZE];  /*定义一个保存最短路径的二维数组*/
Typedef int ShortPathLength[MAXSIZE];
 /*定义一个保存从顶点 v0 到顶点 v 的最短距离的数组*/
void Dijkstra(MGraph N, int v0, PathMatrix path, ShortPathLength dist)
 /*用 Dijkstra 算法求有向网 N 的 v0 顶点到其余各顶点 v 的最短路径 path[v]和
   最短路径长度 dist[v] */
 /* final[v]为 1 表示 v∈S，即已经求出从 v0 到 v 的最短路径*/
{
    int v, w, i, k, min;
    int final[MAXSIZE];           /*记录 v0 到该顶点的最短路径是否已求出*/
    for(v=0; v<N.vexnum; v++)
       /*数组 dist 存储 v0 到 v 的最短距离，初始化为 v0 到 v 的弧的距离*/
    {
        final[v] = 0;
        dist[v] = N.arc[v0][v].adj;
        for(w=0; w<N.vexnum; w++)
            path[v][w] = 0;
        if(dist[v] < INFINITY)  /*如果从 v0 到 v 有直接路径，则初始化路径数组*/
        {
            path[v][v0] = 1;
            path[v][v] = 1;
        }
    }
    dist[v0] = 0;                 /* v0 到 v0 的路径为 0 */
    final[v0] = 1;                /* v0 顶点并入集合 S */
    /*从 v0 到其余 G.vexnum-1 个顶点的最短路径，并将该顶点并入集合 S */
    for(i=1; i<N.vexnum; i++)
    {
        min = INFINITY;
        for(w=0; w<N.vexnum; w++)
            if(!final[w] && dist[w]<min)
```

```
            /*在不属于集合 S 的顶点中找到离 v0 最近的顶点*/
        {
            v = w;          /*将其离 v0 最近的顶点 w 赋给 v, 其距离赋给 min */
            min = dist[w];
        }
    final[v] = 1;                   /*将 v 并入集合 S */
    for(w=0; w<N.vexnum; w++)
        /*利用新并入集合 S 的顶点,
          更新 v0 到不属于集合 S 的顶点的最短路径长度和最短路径数组*/
        if(!final[w] && min<INFINITY && N.arc[v][w].adj<INFINITY
            && (min+N.arc[v][w].adj<dist[w]))
        {
            dist[w] = min + N.arc[v][w].adj;
            for(k=0; k<N.vexnum; k++)
                path[w][k] = path[v][k];
            path[w][w] = 1;
        }
    }
}
```

其中, 如果二维数组 path[v][w] 为 1, 则表示从顶点 v_0 到顶点 v 的最短路径经过顶点 w。一维数组 dist[v] 表示从顶点 v_0 到顶点 v 的当前求出的最短路径长度。先利用 v_0 到其他顶点的弧的对应的权值将数组 path 和 dist 初始化, 然后找出从 v_0 到顶点 v(不属于集合 S)的最短路径, 并将 v 并入集合 S, 最短路径长度赋给 min。接着利用新并入的顶点 v, 更新 v_0 到其他顶点(不属于集合 S)的最短路径长度和最短路径数组。重复执行以上步骤, 直到从 v_0 到所有其他顶点的最短路径求出为止。

该算法的时间耗费主要在三个 for 循环语句, 第一个 for 循环共执行 n 次, 第二个 for 循环共执行 n-1 次, 第三个 for 循环执行 n 次, 如果不考虑每次求解最短路径的耗费, 则该算法的时间复杂度是 $O(n^2)$。利用以上迪杰斯特拉算法求最短路径的思想, 如图 10.33 所示图 G_7 的带权邻接矩阵和从顶点 v_0 到其他顶点的最短路径求解过程如图 10.34 所示。

$$G_7 = \begin{bmatrix} \infty & 30 & 60 & \infty & 150 & 40 \\ \infty & \infty & 40 & 100 & \infty & \infty \\ \infty & \infty & \infty & 50 & \infty & \infty \\ \infty & \infty & \infty & \infty & 30 & \infty \\ \infty & \infty & \infty & \infty & \infty & 10 \\ \infty & \infty & \infty & \infty & \infty & \infty \end{bmatrix}$$

终点	路径长度和路径数组	从顶点v_0到其它各顶点的最短路径的求解过程				
		i=1	i=2	i=3	i=4	i=5
v_1	dist	30				
	path	(v_0,v_1)				
v_2	dist	60	60	60		
	path	(v_0,v_2)	(v_0,v_2)	(v_0,v_2)		
v_3	dist	∞	130	130	110	
	path		(v_0,v_1,v_3)	(v_0,v_1,v_3)	(v_0,v_2,v_3)	
v_4	dist	150	150	150	150	140
	path	(v_0,v_4)	(v_0,v_4)	(v_0,v_4)	(v_0,v_4)	(v_0,v_2,v_3,v_4)
v_5	dist	40	40			
	path	(v_0,v_5)	(v_0,v_5)			
最短路径终点		v_1	v_5	v_2	v_3	v_4
集合S		$\{v_0,v_1\}$	$\{v_0,v_1,v_5\}$	$\{v_0,v_1,v_5,v_2\}$	$\{v_0,v_1,v_5,v_2,v_3\}$	$\{v_0,v_1,v_5,v_2,v_3,v_4\}$

图 10.34　带权图 G_7 的从顶点 v_0 到其他各顶点的最短路径求解过程

下面通过一个具体例子来说明迪杰斯特拉算法的应用。

例 10-6 建立一个如图 10.33 所示的有向网 N, 输出该有向网 N 中从 v_0 开始到其他各顶点的最短路径及从 v_0 到各个顶点的最短路径长度。

分析: 主要考察用迪杰斯特拉算法求解从顶点到其余顶点的最短路径。这里主要是测试上面的迪杰斯特拉算法, 其算法实现在这里省略。为了方便, 将 10.3.1 节的创建有向网算法进行了修改, 不需要进行输入的过程。程序实现代码如下所示:

```c
/*包含头文件及图的类型定义*/
#include <stdio.h>
#include <string.h>
#include <malloc.h>
#include <stdlib.h>
typedef char VertexType[4];
typedef char InfoPtr;
typedef int VRType;
#define INFINITY 100000         /*定义一个无限大的值*/
#define MAXSIZE 100             /*最大顶点个数*/
typedef int PathMatrix[MAXSIZE][ MAXSIZE]; /*定义一个保存最短路径的二维数组*/
typedef int ShortPathLength[MAXSIZE];
   /*定义一个保存从顶点v0到顶点v的最短距离的数组*/
typedef enum {DG,DN,UG,UN} GraphKind;
   /*图的类型: 有向图、有向网、无向图和无向网*/
typedef struct
{
    VRType adj;        /*对于无权图, 用1表示相邻, 0表示不相邻; 对于带权图, 存储权值*/
    InfoPtr *info;                 /*与弧或边相关的信息*/
} ArcNode, AdjMatrix[MAXSIZE][MAXSIZE];
typedef struct                    /*图的类型定义*/
{
    VertexType vex[MAXSIZE];      /*用于存储顶点*/
    AdjMatrix arc;                /*邻接矩阵, 存储边或弧的信息*/
    int vexnum, arcnum;           /*顶点数和边(弧)的数目*/
    GraphKind kind;               /*图的类型*/
} MGraph;
typedef struct                    /*添加一个存储网的行、列和权值的类型定义*/
{
    int row;
    int col;
    int weight;
} GNode;
void CreateGraph(MGraph *N);
void DisplayGraph(MGraph N);
void Dijkstra(MGraph N, int v0, PathMatrix path, ShortPathLength dist);
void main()
{
    int i, j, vnum=6, arcnum=9;
    MGraph N;
    GNode value[] = {{0,1,30},{0,2,60},{0,4,150},{0,5,40},
                {1,2,40},{1,3,100},{2,3,50},{3,4,30},{4,5,10}};
    VertexType ch[] = {"v0","v1","v2","v3","v4","v5"};
    PathMatrix path;                     /*用二维数组存放最短路径所经过的顶点*/
```

```
        ShortPathLength dist;                    /*用一维数组存放最短路径长度*/
        CreateGraph(&N, value, vnum, arcnum, ch); /*创建有向网 N */
        DisplayGraph(N);                         /*输出有向网 N */
        Dijkstra(N, 0, path, dist);
        printf("%s 到各顶点的最短路径长度为：\n", N.vex[0]);
        for(i=0; i<N.vexnum; i++)
            if(i != 0)
                printf("%s-%s:%d\n", N.vex[0], N.vex[i], dist[i]);
}
void CreateGraph(MGraph *N,GNode *value,int vnum,int arcnum,VertexType *ch)
    /*采用邻接矩阵表示法创建有向网 N */
{
        int i, j, k, w, InfoFlag, len;
        char s[MaxSize];
        VertexType v1, v2;
        N->vexnum = vnum;
        N->arcnum = arcnum;
        for(i=0; i<vnum; i++)                    /*将各个顶点赋值给 vex 域*/
            strcpy(N->vex[i], ch[i]);
        for(i=0; i<N->vexnum; i++)               /*初始化邻接矩阵*/
            for(j=0; j<N->vexnum; j++)
            {
                N->arc[i][j].adj = INFINITY;
                N->arc[i][j].info = NULL;        /*弧的信息初始化为空*/
            }
        for(k=0; k<arcnum; k++)
        {
            i = value[k].row;
            j = value[k].col;
            N->arc[i][j].adj = value[k].weight;
        }
        N->kind = DN;                            /*图的类型为有向网*/
}
void DisplayGraph(MGraph N)
    /*输出邻接矩阵存储表示的图 N */
{
        int i, j;
        printf("有向网具有%d 个顶点%d 条弧，顶点依次是: ", N.vexnum, N.arcnum);
        for(i=0; i<N.vexnum; ++i)                /*输出网的顶点*/
            printf("%s ", N.vex[i]);
        printf("\n 有向网 N 的:\n");              /*输出网 N 的弧*/
        printf("序号 i=");
        for(i=0; i<N.vexnum; i++)
            printf("%8d", i);
        printf("\n");
        for(i=0; i<N.vexnum; i++)
        {
            printf("%8d", i);
            for(j=0; j<N.vexnum; j++)
                printf("%8d", N.arc[i][j].adj);
            printf("\n");
```

```
        }
    }
```

程序运行结果如图 10.35 所示。

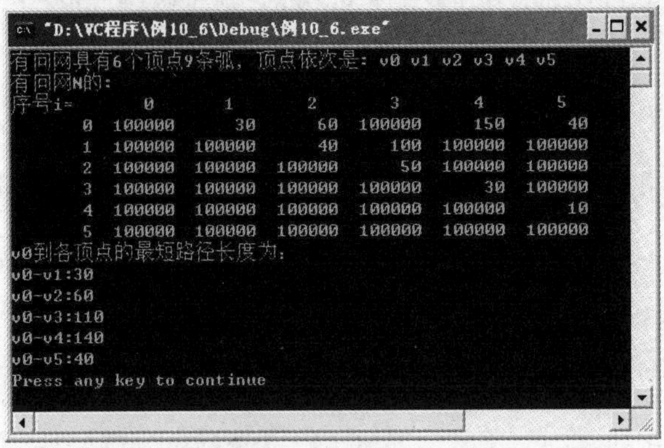

图 10.35　利用迪杰斯特拉求解从 v_0 到其他各顶点的最短路径的程序运行结果

10.7.2　每一对顶点之间的最短路径

如果要计算每一对顶点之间的最短路径，只需要以任何一个顶点为出发点，将迪杰斯特拉算法重复执行 n 次，就可以得到每一对顶点的最短路径。这样求出的每一个顶点之间的最短路径的时间复杂度为 $O(n^3)$。下面介绍另一个算法：弗洛伊德算法，其时间复杂度也是 $O(n^3)$。

1．各个顶点之间的最短路径算法思想

求解各个顶点之间最短路径的弗洛伊德算法的思想是：假设要求顶点 v_i 到顶点 v_j 的最短路径。如果从顶点 v_i 到顶点 v_j 存在弧，但是该弧所在的路径不一定是 v_i 到 v_j 的最短路径，需要进行 n 次比较。首先需要从顶点 v_0 开始，如果有路径(v_i,v_0,v_j)存在，则比较路径(v_i,v_j)和(v_i,v_0,v_j)，选择两者中最短的一个且中间顶点的序号不大于 0。

然后在路径上再增加一个顶点 v_1，得到路径$(v_i,...,v_1)$和$(v_1,...,v_j)$，如果两者都是中间顶点不大于 0 的最短路径，则将该路径$(v_i,...,v_1,...,v_j)$与上面的已经求出的中间顶点序号不大于 0 的最短路径比较，选其中最小的作为从 v_i 到 v_j 的中间路径顶点序号不大于 1 的最短路径。

接着在路径上增加顶点 v_2，得到路径$(v_i,...,v_2)$和$(v_2,...,v_j)$，按照以上方法进行比较，求出从 v_i 到 v_j 的中间路径顶点序号不大于 2 的最短路径。依次类推，经过 n 次比较，可以得到从 v_i 到 v_j 的中间顶点序号不大于 n-1 的最短路径。依照这种方法，可以得到各个顶点之间的最短路径。

假设采用邻接矩阵存储带权有向图 G，则各个顶点之间的最短路径可以保存在一个 n 阶方阵 D 中，每次求出的最短路径可以用矩阵表示为：D^{-1}, D^0, D^1, D^2, ..., D^{n-1}。其中 $D^{-1}[i][j]=G.arc[i][j].adj$，$D^k[i][j]=Min\{D^{k-1}[i][j], D^{k-1}[i][k]+D^{k-1}[k][j] \mid 0 \leqslant k \leqslant n-1\}$。其中，$D^k[i][j]$ 表示从顶点 v_i 到顶点 v_j 的中间顶点序号不大于 k 的最短路径长度，而 $D^{n-1}[i][j]$ 即为从顶点 v_i 到顶点 v_j 的最短路径长度。

2. 各个顶点之间的最短路径算法实现

根据以上弗洛伊德算法思想，求解各个顶点之间的最短路径的算法实现如下所示：

```
void Floyd(MGraph N, PathMatrix path, ShortPathLength dist)
  /*用 Floyd 算法求有向网 N 的各顶点 v 和 w 之间的最短路径，其中 path[v][w][u] 表示 u 是
    从 v 到 w 当前求得最短路径上的顶点*/
{
    int u, v, w, i;
    for(v=0; v<N.vexnum; v++)                    /*初始化数组 path 和 dist */
        for(w=0; w<N.vexnum; w++)
        {
            dist[v][w] = N.arc[v][w].adj;
             /*初始时，顶点 v 到顶点 w 的最短路径为 v 到 w 的弧的权值*/
            for(u=0; u<N.vexnum; u++)
                path[v][w][u] = 0;               /*路径矩阵初始化为零*/
            if(dist[v][w] < INFINITY)
              /*如果 v 到 w 有路径，则由 v 到 w 的路径经过 v 和 w 两点*/
            {
                path[v][w][v] = 1;
                path[v][w][w] = 1;
            }
        }
    for(u=0; u<N.vexnum; u++)
     ·for(v=0; v<N.vexnum; v++)
            for(w=0; w<N.vexnum; w++)
                if(dist[v][u]<INFINITY && dist[u][w]<INFINITY
                 && dist[v][u]+dist[u][w]<dist[v][w])
                 /*从 v 经 u 到 w 的一条路径为当前最短的路径*/
                {
                    dist[v][w] = dist[v][u]+dist[u][w]; /*更新 v 到 w 的最短路径*/
                    for(i=0; i<N.vexnum; i++)
                     /*从 v 到 w 的路径经过从 v 到 u 和从 u 到 w 的所有路径*/
                        path[v][w][i] = path[v][u][i] || path[u][w][i];
                }
}
```

根据弗洛伊德算法，如图 10.36 所示的带权有向图 G_8 的每一对顶点之间的最短路径 P 和最短路径长度 D 的求解过程如图 10.37 所示。

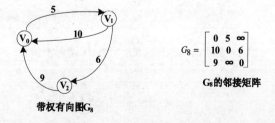

$$G_8 = \begin{bmatrix} 0 & 5 & \infty \\ 10 & 0 & 6 \\ 9 & \infty & 0 \end{bmatrix}$$

G_8 的邻接矩阵

带权有向图 G_8

图 10.36　带权有向图 G_8 及邻接矩阵

D	D^{-1}			D^0			D^1			D^2		
	0	1	2	0	1	2	0	1	2	0	1	2
0	0	5	∞	0	5	∞	0	5	11	0	5	11
1	10	0	6	10	0	6	10	0	6	10	0	6
2	9	∞	0	9	14	0	9	14	0	9	14	0

P	P^{-1}			P^0			P^1			P^2		
	0	1	2	0	1	2	0	1	2	0	1	2
0		v_0v_1			v_0v_1			v_0v_1	$v_0v_1v_2$		v_0v_1	$v_0v_1v_2$
1	v_1v_0		v_1v_2	v_1v_0		v_1v_2	v_1v_0		v_1v_2	v_1v_0		v_1v_2
2	v_2v_0			v_2v_0	$v_2v_0v_1$		v_2v_0	$v_2v_0v_1$		v_2v_0	$v_2v_0v_1$	

图 10.37　带权有向图 G_8 的各个顶点之间的最短路径及长度

3. 弗洛伊德算法应用举例

下面通过一个实例来说明弗洛伊德算法求解图中各个顶点之间的最短路径的应用。

例 10-7 创建如图 10.36 所示的有向图，并利用弗洛伊德算法求解各个顶点之间的最短路径长度，输出最短路径所经过的顶点。

分析：主要考察弗洛伊德算法思想。其中 Floyd 算法在这里省略，这里修改了主函数。求解有向图各个顶点之间的最短路径的程序实现如下所示：

```c
/*包含头文件及图的类型定义*/
#include <stdio.h>
#include <string.h>
#include <malloc.h>
#include <stdlib.h>
typedef char VertexType[4];
typedef char InfoPtr;
typedef int VRType;
#define INFINITY 100000          /*定义一个无限大的值*/
#define MAXSIZE 100              /*最大顶点个数*/
typedef int PathMatrix[MAXSIZE][MAXSIZE][MAXSIZE];
  /*存储图各个顶点的最短路径*/
typedef int ShortPathLength[MAXSIZE][MAXSIZE];
  /*存储图中各个顶点的最短路径长度*/
typedef enum {DG,DN,UG,UN} GraphKind;
  /*图的类型：有向图、有向网、无向图和无向网*/
typedef struct
{
    VRType adj;        /*对于无权图，用1表示相邻，0表示不相邻；对于带权图，存储权值*/
    InfoPtr *info;                /*与弧或边相关的信息*/
} ArcNode, AdjMatrix[MAXSIZE][MAXSIZE];
typedef struct                    /*图的类型定义*/
{
    VertexType vex[MAXSIZE];      /*用于存储顶点*/
    AdjMatrix arc;                /*邻接矩阵，存储边或弧的信息*/
    int vexnum, arcnum;           /*顶点数和边(弧)的数目*/
```

```
        GraphKind kind;                 /*图的类型*/
} MGraph;
typedef struct                  /*添加一个存储网的行、列和权值的类型定义*/
{
    int row;
    int col;
    int weight;
} GNode;
void CreateGraph(MGraph *N);
void DisplayGraph(MGraph N);
void Floyd(MGraph N, PathMatrix path, ShortPathLength dist);
void main()
{
    int w, u, v, vnum=3, arcnum=4;
    MGraph N;
    GNode value[] = {{0,1,5}, {1,0,10}, {1,2,6}, {2,0,9}};
    VertexType ch[] = {"v0", "v1", "v2"};
    PathMatrix path;                        /*用二维数组存放最短路径所经过的顶点*/
    ShortPathLength dist;                   /*用一维数组存放最短路径长度*/
    CreateGraph(&N, value, vnum, arcnum, ch); /*创建有向网 N */
    for(v=0; v<N.vexnum; v++)
        N.arc[v][v].adj = 0;
            /*弗洛伊德算法要求对角元素值为 0，因为两点相同，其距离为 0 */
    DisplayGraph(N);                        /*输出有向网 N */
    Floyd(N, path, dist);
    printf("顶点之间的最短路径长度矩阵 dist:\n");
    for(u=0; u<N.vexnum; u++)
    {
        for(v=0; v<N.vexnum; v++)
            printf("%6d", dist[u][v]);
        printf("\n");
    }
    for(u=0; u<N.vexnum; u++)
        for(v=0; v<N.vexnum; v++)
            if(u != v)
                printf("%s 到%s 的最短距离为%d\n",
                    N.vex[u], N.vex[v], dist[u][v]);
    printf("各顶点之间的最短路径所经过的顶点: \n");
    for(u=0; u<N.vexnum; u++)
        for(v=0; v<N.vexnum; v++)
            if(u != v)
            {
                printf("由%s 到%s 经过: ", N.vex[u], N.vex[v]);
                for(w=0; w<N.vexnum; w++)
                    if(path[u][v][w] == 1)
                        printf("%s ", N.vex[w]);
                printf("\n");
            }
}
```

```
void DisplayGraph(MGraph N)      /*输出邻接矩阵存储表示的图 N */
{
    int i, j;
    printf("有向网具有%d个顶点%d条弧，顶点依次是: ", N.vexnum, N.arcnum);
    for(i=0; i<N.vexnum; ++i)                        /*输出网的顶点*/
        printf("%s ", N.vex[i]);
    printf("\n有向网 N 的:\n");                        /*输出网 N 的弧*/
    printf("序号 i=");
    for(i=0; i<N.vexnum; i++)
        printf("%11d", i);
    printf("\n");
    for(i=0; i<N.vexnum; i++)
    {
        printf("      %-6d    ", i);
        for(j=0; j<N.vexnum; j++)
            printf("%-11d", N.arc[i][j].adj);
        printf("\n");
    }
}
```

程序运行结果如图 10.38 所示。

图 10.38   利用弗洛伊德算法求解各个顶点之间的最短路径程序的运行结果

10.8   图的应用举例

本节将通过几个具体实例来介绍图的具体应用。其中包括求图中距离顶点 v 的最短路径长度为 k 的所有顶点、求图中顶点 u 到顶点 v 的简单路径。

10.8.1   距离某个顶点的最短路径长度为 k 的所有顶点

下面通过实例，来说明距离某个顶点 v_0 的最短路径长度为 k 的所有顶点的算法实现。

例 10-8 创建一个无向图 G，求距离顶点 v_0 的最短路径长度为 k 的所有顶点。

分析：主要考察图的遍历。可以采用图的广度优先遍历，找出第 k 层的所有顶点。例如无向图 G_9 如图 10.39 所示。图 G_9 具有 6 个顶点和 7 条边。

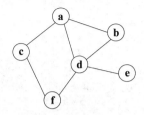

图 10.39　无向图 G_9

算法思想：利用广度优先遍历对图进行遍历，从 v_0 开始，依次访问与 v_0 相邻接的各个顶点，利用一个队列存储所有已经访问过的顶点和该顶点与 v_0 的最短路径，并将该顶点的标志位置为 1，表示已经访问过。依次取出队列的各个顶点，如果该顶点存在未访问过的邻接点，首先判断该顶点是否距离 v_0 的最短路径为 k，如果满足条件，将该邻接点输出，否则，将该邻接点入队，并将距离 v_0 的层次加 1。重复执行以上操作，直到队列为空或者存在满足条件的顶点为止。

求距离 v_0 最短路径为 k 的所有顶点的算法实现如下(其中，包含头文件、图的类型定义及函数的声明在这里省略。图的输出是在 10.3.2 节的图的输出的基础上修改而成)：

```
void BsfLevel(AdjGraph G, int v0, int k)
 /*在图 G 中，求距离顶点 v0 最短路径为 k 的所有顶点*/
{
    int visited[MAXSIZE];    /*一个顶点访问标志数组，0 表示未访问，1 表示已经访问*/
    int queue[MAXSIZE][2];
     /*队列 queue[][0]存储顶点的序号，queue[][1]存储当前顶点距离 v0 的路径长度*/
    int front=0, rear=-1, v, i, level, yes=0;
    ArcNode *p;
    for(i=0; i<G.vexnum; i++)    /*初始化标志数组*/
        visited[i] = 0;
    rear = (rear+1)%MAXSIZE;      /*顶点 v0 入队列*/
    queue[rear][0] = v0;
    queue[rear][1] = 1;
    visited[v0] = 1;             /*访问数组标志置为 1 */
    level = 1;                   /*设置当前层次*/
    do {
        v = queue[front][0];     /*取出队列中的顶点*/
        level = queue[front][1];
        front = (front+1)%MAXSIZE;
        p = G.vertex[v].firstarc;   /* p 指向 v 的第一个邻接点*/
        while(p != NULL)
        {
            if(visited[p->adjvex] == 0)     /*如果该邻接点未被访问*/
            {
                if(level == k)  /*如果该邻接点距离 v0 的最短路径为 k，则将其输出*/
                {
```

```
                        if(yes == 0)
                            printf("距离%s 的最短路径为%2d 的顶点有：%s ",
                                    G.vertex[v0].data, k,
                                    G.vertex[p->adjvex].data);
                        else
                            printf(",%s", G.vertex[p->adjvex].data);
                        yes = 1;
                    }
                    visited[p->adjvex] = 1;  /*访问标志置为 1 */
                    rear = (rear+1)%MAXSIZE;   /*并将该顶点入队*/
                    queue[rear][0] = p->adjvex;
                    queue[rear][1] = level + 1;
                }
                p = p->nextarc;        /*如果当前顶点已经被访问，则 p 移向下一个邻接点*/
            }
    } while(front!=rear && level<k+1);
    printf("\n");
}

void DisplayGraph(AdjGraph G)   /*图 G 的邻接表的输出*/
{
    int i;
    ArcNode *p;
    printf("该图中有%d 个顶点：", G.vexnum);
    for(i=0; i<G.vexnum; i++)
        printf("%s ", G.vertex[i].data);
    printf("\n 图中共有%d 条边:\n", 2*G.arcnum);
    for(i=0; i<G.vexnum; i++)
    {
        p = G.vertex[i].firstarc;
        while(p)
        {
            printf("(%s,%s) ", G.vertex[i].data,
                G.vertex[p->adjvex].data);
            p = p->nextarc;
        }
        printf("\n");
    }
}

void main()
{
    AdjGraph G;
    CreateGraph(&G);            /*采用邻接表存储结构创建图 G */
    DisplayGraph(G);            /*输出无向图 G */
    BsfLevel(G, 0, 2);          /*求图 G 中距离顶点 v0 最短路径为 2 的顶点*/
    DestroyGraph(&G);           /*销毁图 G */
}
```

程序运行结果如图 10.40 所示。

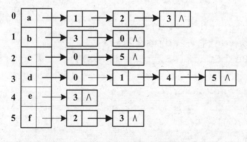

图 10.40　求距离 v_0 最短路径为 k 的顶点程序的运行结果

10.8.2　求图中顶点 u 到顶点 v 的简单路径

要求图中顶点 u 到顶点 v 的简单路径，其实也是有关图的遍历问题。下面通过一个实例来说明求解 u 到 v 的简单路径的具体应用。

例 10-9　创建一个无向图，求图中从顶点 u 到顶点 v 的一条简单路径，并输出所在路径。

分析：主要考察图的广度优先遍历。通过从顶点 u 开始对图进行广度优先遍历，如果访问到顶点 v，则说明从顶点 u 到顶点 v 存在一条路径。因为在图的遍历过程中，要求每个顶点只能访问一次，所以该路径一定是简单路径。在遍历过程中，将当前访问到的顶点都记录下来，就得到了从顶点 u 到顶点 v 的简单路径。可以利用一个一维数组 parent 记录访问过的顶点，如 path[u]=w，表示顶点 w 是 u 的前驱顶点。如果 u 到 v 是一条简单路径，则输出该路径。

以图 10.39 所示的无向图 G_9 为例，其邻接表存储结构如图 10.41 所示。

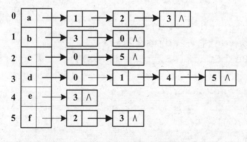

图 10.41　图 G_9 的邻接表存储结构

求解从顶点 u 到顶点 v 的一条简单路径的算法实现如下：

```
void BriefPath(AdjGraph G, int u, int v)
  /*求图 G 中从顶点 u 到顶点 v 的一条简单路径*/
{
    int k, i, visited[MAXSIZE];
    SeqStack S;
```

```
    ArcNode *p;
    int parent[MAXSIZE];          /*存储已经访问顶点的前驱顶点*/
    InitStack(&S);
    for(k=0; k<G.vexnum; k++)     /*访问标志初始化*/
        visited[k] = 0;
    PushStack(&S, u);             /*开始顶点入栈*/
    visited[u] = 1;               /*访问标志置为 1 */
    while(!StackEmpty(S))         /*广度优先遍历图，访问路径用 parent 存储*/
    {
        PopStack(&S, &k);
        p = G.vertex[k].firstarc;
        while(p != NULL)
        {
            if(p->adjvex == v)   /*如果找到顶点 v */
            {
                parent[p->adjvex] = k;  /*顶点 v 的前驱顶点序号是 k */
                printf("顶点%s 到顶点%s 的路径是：",
                    G.vertex[u].data, G.vertex[v].data);
                i = v;
                do               /*从顶点 v 开始将路径中的顶点依次入栈*/
                {
                    PushStack(&S, i);
                    i = parent[i];
                } while(i != u);
                PushStack(&S, u);
                while(!StackEmpty(S))   /*从顶点 u 开始输出 u 到 v 中路径的顶点*/
                {
                    PopStack(&S, &i);
                    printf("%s ", G.vertex[i].data);
                }
                printf("\n");
            }
            else if(visited[p->adjvex] == 0)
                /*如果未找到顶点 v 且邻接点未访问过，则继续寻找*/
            {
                visited[p->adjvex] = 1;
                parent[p->adjvex] = k;
                PushStack(&S, p->adjvex);
            }
            p = p->nextarc;
        }
    }
}
void main()
{
    AdjGraph G;
    CreateGraph(&G);             /*采用邻接表存储结构创建图 G */
    DisplayGraph(G);             /*输出无向图 G */
    BriefPath(G, 0, 4);          /*求图 G 中从顶点 a 到顶点 e 的简单路径*/
    DestroyGraph(&G);            /*销毁图 G */
}
```

程序运行结果如图 10.42 所示。

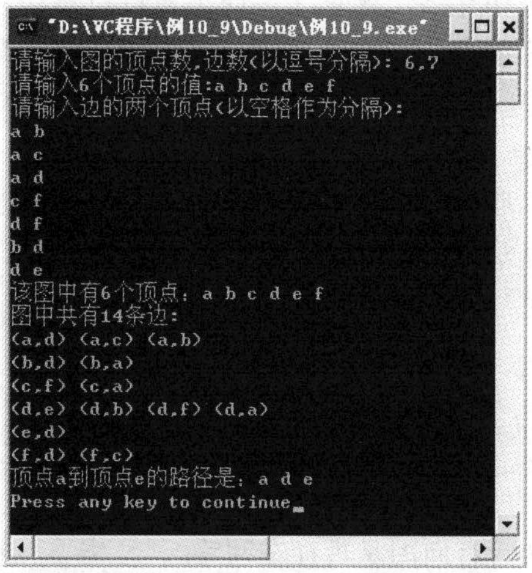

图 10.42　从顶点 u 到顶点 v 的简单路径程序的运行结果

10.9　小　　结

本章主要介绍了另一种非线性的数据结构——图。

图在数据结构中占据着非常重要的地位，图反映的是一种多对多的关系。图由顶点和边(弧)构成，根据边的有向和无向可以将图分为两种：有向图和无向图。

图的存储结构有 4 种：邻接矩阵存储结构、邻接表存储结构、十字链表存储结构和邻接多重表存储结构。其中，最常用的是邻接矩阵存储和邻接表存储。邻接矩阵采用二位数组(即矩阵)存储图，用行号表示在弧尾的顶点序号，用列号表示弧头的顶点序号，在矩阵中对应的值表示边的信息。图的邻接表表示是利用一个一维数组存储图中的各个顶点，各个顶点的后继分别指向一个链表，链表中的结点表示与该顶点相邻接的顶点。

图的遍历分为两种：广度优先遍历和深度优先遍历。图的广度优先遍历类似于树的层次遍历，图的深度优先遍历类似于树的先根遍历。

一个连通图的生成树是指一个极小连通子图，假设图中有 n 个顶点，则它包含图中 n 个顶点和构成一棵树的 n-1 条边。最小生成树是指带权的无向连通图的所有生成树中代价最小的生成树。所谓代价最小，是指构成最小生成树的边的权值之和最小。

构造最小生成树的算法主要有两个：普里姆算法和克鲁斯卡尔算法。普里姆算法思想是：从一个顶点 v_0 出发，将顶点 v_0 加入集合 U，图中的其余顶点都属于 V，然后从集合 U 和 V 中分别选择一个顶点(两个顶点所在的边属于图)，如果边的代价最小，则将该边加入集合 TE，顶点也并入集合 U。克鲁斯卡尔算法思想是：将所有的边的权值按照递增顺序排序，从小到大选择边，同时需要保证边的邻接顶点不属于同一个集合。

关键路径是指路径最长的路径，关键路径表示了完成工程的最短工期。通常用图的顶点表示事件，弧表示活动，权值表示活动的持续时间。关键路径的活动称为关键活动，关键活动可以决定整个工程完成任务的日期。非关键活动不能决定工程的进度。

最短路径是指从一个顶点到另一个顶点路径长度最小的一条路径。最短路径的算法主要有两个：迪杰斯特拉算法和弗洛伊德算法。迪杰斯特拉算法思想是：每次都要选择从源点到其他各顶点路径最短的顶点，然后利用该顶点更新当前的最短路径。弗洛伊德算法思想是：每次通过添加一个中间顶点，比较当前的最短路径长度与刚添加进去中间顶点构成的路径的长度，选择最小的一个。

树和图是数据结构中的难点，学好树和图的第一步就是要搞清楚树和图中的一些概念，然后多看算法，耐心研读算法，本书在上一章和本章给出了非常丰富的典型算法的完整例子，以方便读者理解和掌握。

10.10　习　　题

(1) 编写一个算法，判断有向图是否存在回路。

提示：　主要考察拓扑排序的算法思想。设置一个数组 indegree，用来存放每个顶点的入度。初始时，每个顶点入度为 0。然后遍历整个图，将每个顶点的入度存入数组 indegree。先将入度为 0 的顶点入栈，然后依次取出栈中的顶点 v0(弧尾)，将与之相邻的顶点 v(弧头)的入度减 1。当顶点 v 的入度为 0 时，将顶点 v 入栈。依次类推，如果栈为空，则说明该有向图不存在回路；否则，存在回路。

(2) 编写一个算法，判断无向图是否是一棵树，如果是树，则返回 1，否则返回 0。

提示：　主要考察图的深度或广度优先遍历、树的特征。采用邻接表作为存储结构，对图进行深度优先遍历，分别统计图中顶点的个数与边的个数，如果边的数目等于 2×(G.vexnum-1)，则说明该图是一棵树。

(3) 编写一个算法，判断无向图是否是连通图，如果是连通图，则返回 1，否则返回 0。

提示：　主要考察图的深度或广度优先遍历。对图进行深度优先遍历，每访问一个顶点，将该顶点标志为已访问。最后如果图中的顶点都已经被访问，说明是连通图；否则，该图是非连通的。

第 11 章　查找

　　第 3~10 章已经介绍了数据结构中的所有结构：线性结构、树形结构和图结构，本章将要介绍数据结构中的关键技术——查找。

　　在计算机处理非数值问题时，查找是一种经常使用且非常重要的操作。本章主要介绍查找的基本概念、静态查找、动态查找、哈希表操作。

　　通过阅读本章，您可以：

- 了解查找的基本概念。
- 掌握有序顺序表、索引顺序表的查找算法。
- 掌握二叉排序树和平衡二叉树的查找算法。
- 了解 B-树和 B+树。
- 掌握哈希表的构造方法、处理冲突的方法。

11.1 查找的基本概念

在介绍有关查找的算法之前，先要了解查找的有关基本概念。

(1) 关键字与主关键字：数据元素中某个数据项的值。如果该关键字可以将所有的数据元素区别开来，也就是说可以唯一标识一个数据元素，则该关键字被称为主关键字，否则称为次关键字。特别地，如果数据元素只有一个数据项，则数据元素的值即是关键字。

(2) 查找表：是由同一种类型的数据元素构成的集合。查找表中的数据元素是完全松散的，数据元素之间没有直接的联系。

(3) 查找：根据关键字在特定的查找表中找到一个与给定关键字相同的数据元素的操作。如果在表中找到相应的数据元素，则称查找是成功的，否则，称查找是失败的。

例如，表 11.1 中为学生的学籍信息，如果要查找入学年份为"2008"并且姓名是"刘华平"的学生，则可以先利用姓名将记录定位(如果有重名的)，然后在入学年份中查找为"2008"的记录。

表 11.1   学生学籍信息表

学号	姓名	性别	出生年月	所在院系	家庭住址	入学年份
200609001	张力	男	1988.09	信息管理	陕西西安	2006
200709002	王平	女	1987.12	信息管理	四川成都	2007
200909107	陈红	女	1988.01	通信工程	安徽合肥	2009
200809021	刘华平	男	1988.11	计算机科学	江苏常州	2008
200709008	赵华	女	1987.07	法学院	山东济宁	2007

(4) 静态查找：指的是仅仅在数据元素集合中查找是否存在与关键字相等的数据元素。在静态查找过程中的存储结构称为静态查找表。

(5) 动态查找：在查找过程中，同时在数据元素集合中插入数据元素，或者在数据元素集合中删除某个数据元素，这样的查找称为动态查找。动态查找过程中所使用的存储结构称为动态查找表。

通常为了讨论查找的方便，要查找的数据元素中仅仅包含关键字。

(6) 平均查找长度：是指在查找过程中，需要比较关键字的平均次数，它是衡量查找算法的效率标准。平均查找长度的数学定义为：$ASL=\sum_{i=1}^{n}P_iC_i$。其中，P_i 表示查找表中第 i 个数据元素的概率，C_i 表示在找到第 i 个数据元素时，与关键字比较的次数。

11.2 静 态 查 找

静态查找主要包括：顺序表、有序顺序表和索引顺序表的查找。

11.2.1　顺序表的查找

顺序表的查找是指从表的一端开始，逐个与关键字进行比较，如果某个数据元素的关键字与给定的关键字相等，则查找成功，函数返回该数据元素所在的顺序表的位置；否则，查找失败，返回 0。

顺序表的存储结构用 C 语言描述如下：

```
#define MAXSIZE 100
typedef struct
{
    KeyType key;
} DataType;
typedef struct
{
    DataType list[MAXSIZE];
    int length;
} SSTable;
```

顺序表的查找算法描述如下：

```
int SeqSearch(SSTable S, DataType x)
 /*在顺序表中查找关键字为 x 的元素，如果找到，返回该元素在表中的位置，否则返回 0 */
{
    int i = 0;
    while(i<S.length && S.list[i].key!=x.key) /*从顺序表的第一个元素开始比较*/
        i++;
    if(S.list[i].key == x.key)
        return i+1;
    else
        return 0;
}
```

以上算法也可以通过设置监视哨的方法来实现，其算法描述如下：

```
int SeqSearch2(SSTable S, DataType x)
 /*设置监视哨 S.list[0]，在顺序表中查找关键字为 x 的元素,
   如果找到，返回该元素在表中的位置，否则返回 0 */
{
    int i = S.length;
    S.list[0].key = x.key;            /*将关键字存放在第 0 号位置，防止越界*/
    while(S.list[i].key != x.key)     /*从顺序表的最后一个元素开始向前比较*/
        i--;
    return i;
}
```

以上算法是从表的最后一个元素开始与关键字进行比较，其中，S.list[0]被称为监视哨，可以防止出现数组越界。

下面分析带监视哨查找算法的效率。假设表中有 n 个数据元素，且数据元素在表中的

出现的概率都相等，即 $\frac{1}{n}$，则顺序表在查找成功时的平均查找长度为：

$$ASL_{成功} = \sum_{i=1}^{n} P_i C_i = \sum_{i=1}^{n} \frac{1}{n} * (n-i+1) = \frac{n+1}{2}$$

即查找成功时，平均比较次数约为表长的一半。在查找失败时，即要查找的元素没有在表中，则每次比较都需要进行 n+1 次。

11.2.2 有序顺序表的查找

所谓有序顺序表，就是顺序表中的元素是以关键字进行有序排列的。对于有序顺序表的查找有两种方法：顺序查找和折半查找。

1．顺序查找

有序顺序表的顺序查找算法与顺序表的查找算法类似。但是在通常情况下，不需要比较表中的所有元素。如果要查找的元素在表中，则返回该元素的序号，否则返回 0。

例如，一个有序顺序表的数据元素集合为{10，20，30，40，50，60，70，80}，如果要查找的数据元素关键字为 56，从最后一个元素开始与 50 比较，当比较到 50 时就不需要再往前比较了。前面的元素值都小于关键字 56，因此，该表中不存在要查找的关键字。设置监视哨的有序顺序表的查找算法描述如下：

```
int SeqSearch2(SSTable S, DataType x)
 /*设置监视哨 S.list[0]，在有序顺序表中查找关键字为 x 的元素，
   如果找到，返回该元素在表中的位置，否则返回 0 */
{
   int i = S.length;
   S.list[0].key = x.key;          /*将关键字存放在第 0 号位置，防止越界*/
   while(S.list[i].key > x.key)     /*从有序顺序表的最后一个元素开始向前比较*/
       i--;
   return i;
}
```

假设表中有 n 个元素且要查找的数据元素在数据元素集合中出现的概率相等，即为 $\frac{1}{n}$，

则有序顺序表在查找成功时的平均查找长度为：$ASL_{成功} = \sum_{i=1}^{n} P_i C_i = \sum_{i=1}^{n} \frac{1}{n} * (n-i+1) = \frac{n+1}{2}$。

即查找成功时，平均比较次数约为表长的一半。

在查找失败时，即要查找的元素没有在表中，则有序顺序表在查找失败时的平均查找长度为：$ASL_{失败} = \sum_{i=1}^{n} P_i C_i = \sum_{i=1}^{n} \frac{1}{n} * (n-i+1) = \frac{n+1}{2}$。

即查找失败时，平均比较次数也同样约为表长的一半。

2．折半查找

折半查找的前提条件是表中的数据元素有序排列。所谓折半查找，就是在所要查找元素集合的范围内，依次与表中间的元素进行比较，如果找到与关键字相等的元素，则说明

查找成功，否则利用中间位置将表分成两段。如果查找关键字小于中间位置的元素值，则进一步与前一个子表的中间位置元素比较；否则与后一个子表的中间位置元素进行比较。

重复以上操作，直到找到与关键字相等的元素，表明查找成功。如果子表为空表，表明查找失败。折半查找又称为二分查找。

例如，一个有序顺序表为(9, 23，26，32，36，47，56，63，79，81)，如果要查找 56。利用以上折半查找思想，折半查找的过程如图 11.1 所示。

其中，low 和 high 表示两个指针，分别指向待查找元素的下界和上界，指针 mid 指向 low 和 high 的中间位置，即 mid=(low+high)/2。

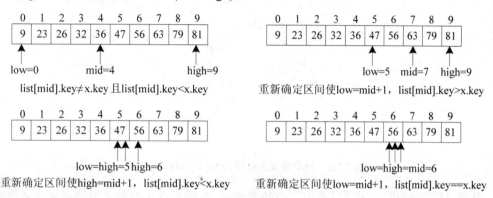

图 11.1 折半查找的过程

在图 11.1 中，当 mid=4 时，因为 36<56，说明要查找的元素应该在 36 之后的位置，所以需要将指针 low 移动到 mid 的下一个位置，即使 low=5，而 high 不需要移动。这时有 mid=(5+9)/2=7，而 63>56，说明要查找的元素应该在 mid 之前，因此需要将 high 移动到 mid 前一个位置，即 high=mid-1=6。这时有 mid=(5+6)/2=5，又因为 47<56，需要修改 low，使 low=6。这时有 low=high=6，mid=(6+6)/2=6，有 list[mid].key==x.key。所以查找成功。如果下界指针 low 大于上界指针 high，则表示表中没有与关键字相等的元素，查找失败。

折半查找的算法描述如下：

```
int BinarySearch(SSTable S, DataType x)
 /*在有序顺序表中折半查找关键字为 x 的元素，
    如果找到，返回该元素在表中的位置，否则返回 0 */
{
  int low, high, mid;
  low=0, high=S.length-1;                  /*设置待查找元素范围的下界和上界*/
  while(low <= high)
  {
    mid = (low+high)/2;
    if(S.list[mid].key == x.key)          /*如果找到元素，则返回该元素所在的位置*/
      return mid+1;
    else if(S.list[mid].key < x.key)
      /*如果 mid 所指示的元素小于关键字，则修改 low 指针*/
      low = mid+1;
    else if(S.list[mid].key > x.key)
      /*如果 mid 所指示的元素大于关键字，则修改 high 指针*/
      high = mid-1;
```

```
    }
    return 0;
}
```

用折半查找算法查找关键字为 56 的元素时，需要比较的次数为 4 次。从图 11.1 中可以看出，查找元素 36 时需要比较 1 次，查找元素 63 时需要比较 2 次，查找元素 47 时需要比较 3 次，查找 56 需要比较 4 次。

整个查找过程可以用如图 11.2 所示的二叉判定树来表示。树中的每个结点表示表中的元素的关键字。

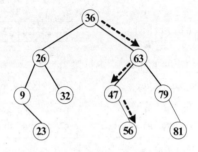

图 11.2　折半查找关键字为 56 的过程的判定树

从图 11.2 中的判定树可以看出，查找关键字 56 的过程正好是从根结点到元素值为 56 的结点的路径。所要查找元素所在判定树的层次就是折半查找要比较的次数。因此，假设表中具有 n 个元素，折半查找成功时，至多需要比较次数为 $\lfloor \log_2 n \rfloor +1$。

对于具有 n 个结点的有序表刚好能够构成一个深度为 h 的满二叉树，则有 $h=\lfloor \log_2(n+1) \rfloor$。二叉树中第 i 层的结点个数是 2^{i-1}，假设表中每个元素的查找概率相等，即 $P_i=\dfrac{1}{n}$，则有序表的折半查找成功时的平均查找长度为：$ASL_{成功}=\sum_{i=1}^{n}P_iC_i=\sum_{i=1}^{h}\dfrac{1}{n}*i*2^i$ $=\dfrac{n+1}{n}\log_2(n+1)+1$。在查找失败时，即要查找的元素没有在表中，则有序顺序表的折半查找失败时的平均查找长度为：$ASL_{失败}=\sum_{i=1}^{n}P_iC_i=\sum_{i=1}^{h}\dfrac{1}{n}*\log_2(n+1)=\log_2(n+1)$。

11.2.3　索引顺序表的查找

索引顺序表的查找就是将顺序表分成几个单元，然后为这几个单元建立一个索引，利用索引在其中一个单元中进行查找。索引顺序表查找也称为分块查找，主要应用在表中存在大量的数据元素的时候，通过为顺序表建立索引和分块来提高查找的效率。

通常将为顺序表提供索引的表称为索引表，索引表分为两个部分：一个用来存储顺序表中每个单元的最大的关键字，另一个用来存储顺序表中每个单元的第一个元素的下标。索引表中的关键字必须是有序的，主表中的元素可以是按关键字有序排列，也可以是在单元内或块中是有序的，即后一个单元中的所有元素的关键字都大于前一个单元中元素的关键字。一个索引顺序表如图 11.3 所示。

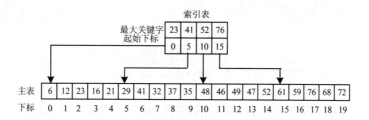

图 11.3　索引顺序表

从图 11.3 中可以看出，索引表将主表分为 4 个单元，每个单元有 5 个元素。要查找主表中的某个元素，需要分为两步查找，第一步需要确定要查找元素所在的单元，第二步在该单元进行查找。

例如，要查找关键字为 47 的元素，首先需要将 47 与索引表中的关键字进行比较，因为 41 小于关键字 47 且小于 52，所以需要在第 3 个单元中查找，该单元的起始下标是 10，因此从主表中的下标为 10 的位置开始查找，直到找到关键字为 47 的元素为止。如果主表中不存在该元素，则只需要将关键字 47 与第 3 个单元中的 5 个元素进行比较，如果都不相等，则说明查找失败。

因为索引表中的元素是按照关键字有序排列的，所以在确定元素所在的单元时，可以用顺序查找法查找索引表，也可以采用折半查找法查找索引表。但是在主表中的元素是无序的，因此只能够采用顺序法查找。

索引顺序表的平均查找长度可以表示为：

$$ASL = L_{index} + L_{unit}$$

其中，L_{index} 是索引表的平均查找长度，L_{unit} 是单元中元素的平均查找长度。

假设主表中的元素个数为 n，并将该主表平均分为 b 个单元，且每个单元有 s 个元素，即 b=n/s，如果表中的元素查找概率相等，则每个单元中元素的查找概率就是 1/s，主表中每个单元的查找概率是 1/b。

如果用顺序查找法查找索引表中的元素，则索引顺序表查找成功时的平均查找长度为：

$$ASL_{成功} = L_{index} + L_{unit} = \frac{1}{b}\sum_{i=1}^{b}i + \frac{1}{s}\sum_{j=1}^{s}j = \frac{b+1}{2} + \frac{s+1}{2} = \frac{1}{2}*(\frac{n}{s}+s)+1$$

如果用折半查找法查找索引表中的元素，则有：

$$L_{index} = \frac{b+1}{b}\log_2(b+1)+1 \approx \log_2(b+1)-1$$

将其带入到 $ASL_{成功} = L_{index}+L_{unit}$ 中，则索引顺序表查找成功时的平均查找长度为：

$$ASL_{成功} = L_{index}+L_{unit} = \log_2(b+1)-1+\frac{1}{s}\sum_{j=1}^{s}j = \log_2(b+1)-1+\frac{s+1}{2} \approx \log_2(n/s+1)+\frac{s}{2}$$

当然，如果主表中每个单元中的元素个数是不相等的，就需要在索引表中增加一项，即用来存储主表中每个单元元素的个数。将这种利用索引表示的顺序表称为不等长索引顺序表。

例如，一个不等长的索引表如图 11.4 所示。

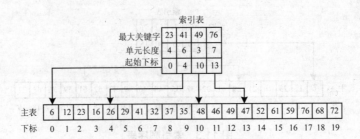

图 11.4　一个不等长索引顺序表

11.2.4　静态查找应用举例

下面通过一个实例来说明静态查找的应用。

例 11-1　给定一组元素，利用顺序表查找、有序顺序表查找和索引顺序表查找值为 x 的元素。

分析：主要考察静态查找的三种方式。程序的实现分为两个部分：顺序表的各种查找方式的实现和测试代码部分。

(1)　顺序表的各种查找方式的实现

这部分主要包括顺序表的查找、有序顺序表的查找和索引顺序表的查找。程序实现代码如下所示：

```
int SeqSearch(SSTable S, DataType x)
  /*在顺序表中查找关键字为 x 的元素，如果找到，返回该元素在表中的位置，否则返回 0 */
{
   int i = 0;
   while(i<S.length && S.list[i].key!=x.key)  /*从顺序表的第一个元素开始比较*/
      i++;
   if(S.list[i].key == x.key)
      return i+1;
   else
      return 0;
}


int BinarySearch(SSTable S, DataType x)
  /*在有序顺序表中折半查找关键字为 x 的元素，
    如果找到，返回该元素在表中的位置，否则返回 0 */
{
   int low, high, mid;
   low=0, high=S.length-1;                /*设置待查找元素范围的下界和上界*/
   while(low <= high)
   {
      mid = (low+high)/2;
      if(S.list[mid].key == x.key) /*如果找到元素，则返回该元素所在的位置*/
         return mid+1;
      else if(S.list[mid].key < x.key)
        /*如果 mid 所指示的元素小于关键字，则修改 low 指针*/
         low = mid+1;
```

```
        else if(S.list[mid].key > x.key)
            /*如果 mid 所指示的元素大于关键字，则修改 high 指针*/
                high = mid-1;
        }
        return 0;
}

int SeqIndexSearch(SSTable S, IndexTable T, int m, DataType x)
    /*在主表 S 中查找关键字为 x 的元素，T 为索引表。
      如果找到，返回该元素在表中的位置，否则返回 0 */
{
    int i, j, bl;

    for(i=0; i<m; i++)    /*通过索引表确定要查找元素所在的单元*/
        if(T[i].maxkey >= x.key)
            break;
    if(i >= m)                /*如果要查找的元素不在索引顺序表中，则返回 0 */
        return 0;
    j = T[i].index;        /*要查找的元素在的主表的第 j 单元*/
    if(i < m-1)            /* bl 为第 j 单元的长度*/
        bl = T[i+1].index - T[i].index;
    else
        bl = S.length - T[i].index;
    while(j < T[i].index+bl)
        if(S.list[j].key == x.key)
            /*如果找到关键字，则返回该关键字在主表中所在的位置*/
                return j+1;
        else
            j++;
    return 0;
}
```

(2)　测试代码

这部分主要包括头文件、顺序表的类型定义、函数声明和主函数。程序实现代码如下所示：

```
/*包含头文件和顺序表的类型定义*/
#include <stdio.h>
#include <stdlib.h>
#define MAXSIZE 100
#define INDEXSIZE 20
typedef int KeyType;
typedef struct   /*元素的定义*/
{
    KeyType key;
} DataType;
typedef struct   /*顺序表的类型定义*/
{
    DataType list[MAXSIZE];
    int length;
} SSTable;
```

```
typedef struct    /*索引表的类型定义*/
{
    KeyType maxkey;
    int index;
} IndexTable[INDEXSIZE];
int SeqSearch(SSTable S, DataType x);
int BinarySearch(SSTable S, DataType x);
int SeqIndexSearch(SSTable S, IndexTable T, int m, DataType x);

void main()
{
    SSTable S1 = {{123,23,34,6,8,355,32,67},8};
    SSTable S2 = {{11,23,32,35,39,41,45,67},8};
    SSTable S3 =
        {{6,12,23,16,21,26,41,32,37,35,48,46,49,47,52,61,59,76,68,72},20};
    IndexTable T = {{23,0},{41,5},{52,10},{76,15}};
    DataType x = {32};
    int pos;
    if((pos=SeqSearch(S1,x)) != 0)
        printf("顺序表的查找：关键字 32 在主表中的位置是：%2d\n", pos);
    else
        printf("查找失败！\n");
    if((pos=BinarySearch(S2,x)) != 0)
        printf("折半查找：关键字 32 在主表中的位置是：%2d\n", pos);
    else
        printf("查找失败！\n");
    if((pos=SeqIndexSearch(S3,T,4,x)) != 0)
        printf("索引顺序表的查找：关键字 32 在主表中的位置是：%2d\n", pos);
    else
        printf("查找失败！\n");
}
```

程序运行结果如图 11.5 所示。

图 11.5　表的静态查找程序的运行结果

11.3　动态查找

　　动态查找是指在查找的过程中动态生成表结构，对于给定的关键字，如果表中存在，则返回其位置，表示查找成功，否则，插入该关键字的元素。动态查找包括二叉树和树结构两种类型的查找。本节主要介绍二叉排序树的查找、平衡二叉树的查找。

11.3.1　二叉排序树

二叉排序树也称为二叉查找树。二叉排序树的查找是一种常用的动态查找方法。下面介绍二叉排序树的查找过程、二叉排序树的插入和删除。

1. 二叉排序树的定义与查找

所谓二叉排序树，或者是一棵空二叉树，或者二叉树具有以下性质。

(1)　如果二叉树的左子树不为空，则左子树上的每一个结点的值都小于其对应根结点的值。

(2)　如果二叉树的右子树不为空，则右子树上的每一个结点的值都大于其对应根结点的值。

(3)　该二叉树的左子树和右子树也满足性质 1 和 2，即左子树和右子树也是一棵二叉排序树。

显然，这是一个递归的定义。如图 11.6 所示为一棵二叉排序树，图中的每个结点是对应元素关键字的值。

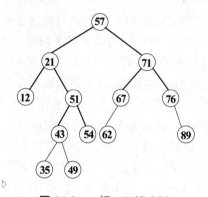

图 11.6　一棵二叉排序树

从图 11.6 中可以看出，每个结点的值都大于其所有左子树结点的值，而小于其所有右子树中结点的值。如果要查找与二叉树中某个关键字相等的结点，可以从根结点开始，与给定的关键字比较，如果相等，则查找成功。如果给定的关键字小于根结点的值，则在该根结点的左子树中查找。如果给定的关键字大于根结点的值，则在该根结点的右子树中查找。采用二叉树的链式存储结构，二叉排序树的类型定义如下：

```
typedef struct Node
{
    DataType data;
    struct Node *lchild, *rchild;
} BiTreeNode, *BiTree;
```

二叉排序树的查找算法描述如下：

```
BiTree BSTSearch(BiTree T, DataType x)
    /*二叉排序树的查找，如果找到元素 x，则返回指向结点的指针，否则返回 NULL */
```

```
{
    BiTreeNode *p;
    if(T != NULL)                         /*如果二叉排序树不为空*/
    {
        p = T;
        while(p != NULL)
        {
            if(p->data.key == x.key)  /*如果找到，则返回指向该结点的指针*/
                return p;
            else if(x.key < p->data.key)
              /*如果关键字小于p指向的结点的值，则在左子树中查找*/
                p = p->lchild;
            else
                p = p->rchild;  /*如果关键字大于p指向的结点的值，则在右子树中查找*/
        }
    }
    return NULL;
}
```

利用二叉排序树的查找算法思想，如果要查找关键字为 x.key=62 的元素。从根结点开始，依次将该关键字与二叉树的根结点比较。因为有 62>57，所以需要在结点为 57 的右子树中进行查找。因为有 62<71，所以需要在以 71 为结点的左子树中继续查找。因为有 62<67，所以需要在结点为 67 的左子树中查找。因为该关键字与结点为 67 的左孩子结点对应的关键字相等，所以查找成功，返回结点 62 对应的指针。如果要查找关键字为 23 的元素，当比较到结点为 12 的元素时，因为关键字 12 对应的结点不存在右子树，所以查找失败，返回 NULL。

在二叉排序树的查找过程中，查找某个结点的过程正好是走了从根结点到要查找结点的路径，其比较的次数正好是路径长度+1，这类似于折半查找，与折半查找不同的是由 n 个结点构成的判定树是唯一的，而由 n 个结点构成的二叉排序树则不唯一。

例如，图 11.7 为两棵二叉排序树，其元素的关键字序列分别是{57，21，71，12，51，67，76}和{12，21，51，57，67，71，76}。

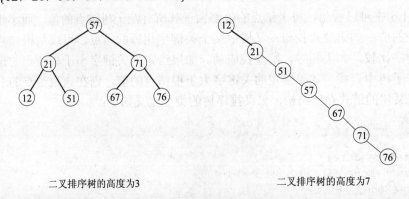

二叉排序树的高度为3　　　　　　　　　二叉排序树的高度为7

图 11.7　两种不同形态的二叉排序树

在图 11.7 中，假设每个元素的查找概率都相等，则左边的图的平均查找长度为：

$$ASL_{成功} = \frac{1}{7} \times (1+2\times 2+4\times 3) = \frac{17}{7}$$

右边的图的平均查找长度为：

$$ASL_{成功} = \frac{1}{7} \times (1+2+3+4+5+6+7) = \frac{28}{7}$$

因此，树的平均查找长度与树的形态有关。如果二叉排序树有 n 个结点，则在最坏的情况下，平均查找长度为 n；在最好的情况下，平均查找长度为 $\log_2 n$。

2．二叉排序树的插入操作

二叉排序树的插入操作过程其实就是二叉排序树的建立过程。在二叉树的插入操作中，从根结点开始，首先要检查当前结点是否是要查找的元素，如果是，则不进行插入操作，否则，将结点插入到查找失败时结点的左指针或右指针处。在算法的实现过程中，需要设置一个指向下一个要访问结点的双亲结点指针 parent，就是需要记下前驱结点的位置，以便在查找失败时进行插入操作。

假设当前结点指针 cur 为空，则说明查找失败，需要插入结点。如果 parent->data.key 小于要插入的结点 x，则需要将 parent 的左指针指向 x，使 x 成为 parent 的左孩子结点。如果 parent->data.key 大于要插入的结点 x，则需要将 parent 的右指针指向 x，使 x 成为 parent 的右孩子结点。如果二叉排序树为空树，则使当前结点成为根结点。在整个二叉排序树的插入过程中，其插入操作都是在叶子结点处进行的。

二叉排序树的插入操作算法描述如下：

```
int BSTInsert(BiTree *T, DataType x)
 /*二叉排序树的插入操作，如果树中不存在元素 x,
    则将 x 插入到正确的位置并返回 1，否则返回 0 */
{
    BiTreeNode *p, *cur, *parent=NULL;
    cur = *T;
    while(cur != NULL)
    {
        if(cur->data.key == x.key) /*如果二叉树中存在元素为 x 的结点，则返回 0 */
            return 0;
        parent = cur;                 /* parent 指向 cur 的前驱结点*/
        if(x.key < cur->data.key)
          /*如果关键字小于 p 指向的结点的值，则在左子树中查找*/
            cur = cur->lchild;
        else
            cur = cur->rchild; /*如果关键字大于 p 指向的结点的值，则在右子树中查找*/
    }
    p = (BiTreeNode*)malloc(sizeof(BiTreeNode));    /*生成结点*/
    if(!p)
        exit(-1);
    p->data = x;
    p->lchild = NULL;
    p->rchild = NULL;
    if(!parent)                       /*如果二叉树为空，则第一结点成为根结点*/
        *T = p;
    else if(x.key < parent->data.key)
```

```
          /*如果关键字小于 parent 指向的结点，则将 x 作为 parent 的左孩子*/
            parent->lchild = p;
        else
          /*如果关键字大于 parent 指向的结点，则将 x 作为 parent 的右孩子*/
            parent->rchild = p;
        return 1;
}
```

对于一个关键字序列{37，32，35，62，82，95，73，12，5}，根据二叉排序树的插入算法思想，对应的二叉排序树插入过程如图 10.8 所示。

从图 11.8 可以看出，通过中序遍历二叉排序树，可以得到一个关键字有序的序列{5，12，32，35，37，62，73，82，95}。因此，构造二叉排序树的过程就是对一个无序的序列排序的过程，且每次插入结点都是叶子结点，在二叉排序树的插入操作过程中，不需要移动结点，仅需要移动结点指针，实现较为容易。

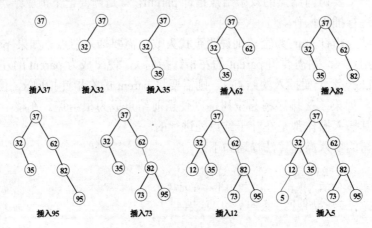

图 11.8　二叉排序树的插入操作过程

3．二叉排序树的删除操作

在二叉排序树中删除一个结点后，剩下的结点仍然构成一棵二叉排序树，即保持原来的特性。删除二叉排序树中的一个结点可以分为三种情况讨论。假设要删除的结点由指针 s 指示，指针 p 指向 s 的双亲结点，设 s 为 f 的左孩子结点。

二叉排序树的各种删除情形如图 11.9 所示。

(1)　如果 s 指向的结点为叶子结点，其左子树和右子树为空，删除叶子结点不会影响到树的结构特性，因此只需要修改 p 的指针即可。

(2)　如果 s 指向的结点只有左子树或只有右子树，在删除了结点*s 后，只需要将 s 的左子树 s_L 或右子树 s_R 作为 f 的左孩子，即 p->lchild=s->lchild 或 p->lchid=s->rchild。

(3)　如果 s 左子树和右子树都存在，在删除结点 S 之前，二叉排序树的中序序列为{...$Q_L Q$...$X_L XY_L YSS_R P$...}，因此，在删除了结点 S 之后，有两种方法调整，使该二叉树仍然保持原来的性质不变。第一种方法是使结点 S 的左子树作为结点 P 的左子树，结点 S 的右子树成为结点 Y 的右子树。第二种方法是使结点 S 的直接前驱取代结点 S，并删除 S 的直接前驱结点 Y，然后令结点 Y 原来的左子树作为结点 X 的右子树。通过这两种方法均可以使二叉排序树的性质不变。

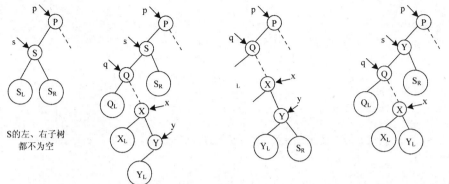

图 11.9　二叉排序树的删除操作的各种情形

二叉排序树的删除操作算法描述如下：

```
int BSTDelete(BiTree *T, DataType x)
 /*在二叉排序树 T 中存在值为 x 的数据元素时，删除该数据元素结点，并返回 1，否则返回 0 */
{
    if(!*T)                              /*如果不存在值为 x 的数据元素，则返回 0 */
        return 0;
    else
    {
        if(x.key == (*T)->data.key) /*如果找到值为 x 的数据元素，则删除该结点*/
            DeleteNode(T);
        else if((*T)->data.key > x.key)
            /*如果当前元素值大于 x 的值，则在该结点的左子树中查找并删除之*/
            BSTDelete(&(*T)->lchild, x);
        else      /*如果当前元素值小于 x 的值，则在该结点的右子树中查找并删除之*/
            BSTDelete(&(*T)->rchild, x);
        return 1;
    }
}
void DeleteNode(BiTree *s)
 /*从二叉排序树中删除结点 s，并使该二叉排序树性质不变*/
{
    BiTree q, x, y;
    if(!(*s)->rchild)
     /*如果 s 的右子树为空，则使 s 的左子树成为被删结点双亲结点的左子树*/
    {
        q = *s;
        *s = (*s)->lchild;
        free(q);
    }
    else if(!(*s)->lchild)
     /*如果 s 的左子树为空，则使 s 的右子树成为被删结点双亲结点的左子树*/
    {
        q = *s;
```

```
            *s = (*s)->rchild;
            free(q);
        }
    else
    /*如果 s 的左、右子树都存在，则使 s 的直接前驱结点代替 s，
      并使其直接前驱结点的左子树成为其双亲结点的右子树结点*/
        {
            x = *s;
            y = (*s)->lchild;
            while(y->rchild)
                /*查找 s 的直接前驱结点，y 为 s 的直接前驱结点，x 为 y 的双亲结点*/
                {
                    x = y;
                    y = y->rchild;
                }
            (*s)->data = y->data;    /*结点 s 被 y 取代*/
            if(x != *s)              /*如果结点 s 的左孩子结点不存在右子树*/
                x->rchild = y->lchild; /*使 y 的左子树成为 x 的右子树*/
            else                     /*如果结点 s 的左孩子结点存在右子树*/
                x->lchild = y->lchild; /*使 y 的左子树成为 x 的左子树*/
            free(y);
        }
}
```

在算法的实现过程中，通过调用 Delete(T)来完成删除当前结点的操作，而函数 BSTDelete(&(*T)->lchild, x)和 BSTDelete(&(*T)->rchild, x)则是实现在删除结点后，利用参数 T->lchild 和 T->rchild 完成连接左子树和右子树，使二叉排序树性质保持不变。

4．二叉排序树的应用举例

下面通过一个实例来说明二叉排序树算法的应用。

例 11-2 给定一组元素序列{37,32,35,62,82,95,73,12,5}，利用二叉排序树的插入算法创建一棵二叉排序树，然后查找元素值为 73 的元素，并删除元素 32，然后以中序序列输出该元素序列。

分析：主要考察二叉排序树的查找和插入算法。通过给定一组元素值，利用插入算法将元素插入到二叉树中，构成一棵二叉排序树，然后利用查找算法实现二叉排序树的查找。程序代码如下所示：

```
/*包含头文件和二叉排序树的类型定义*/
#include <stdio.h>
#include <stdlib.h>
#include <malloc.h>
typedef int KeyType;
typedef struct        /*元素的定义*/
{
    KeyType key;
} DataType;
typedef struct Node /*二叉排序树的类型定义*/
{
    DataType data;
```

```
      struct Node *lchild, *rchild;
} BiTreeNode, *BiTree;
void DeleteNode(BiTree *s);
int BSTDelete(BiTree *T, DataType x);
void InOrderTraverse(BiTree T);
BiTree BSTSearch(BiTree T, DataType x);
int BSTInsert(BiTree *T, DataType x);

void main()
{
    BiTree T=NULL, p;
    DataType table[] = {37,32,35,62,82,95,73,12,5};
    int n = sizeof(table) / sizeof(table[0]);
    DataType x={73}, s={32};
    int i;
    for(i=0; i<n; i++)
        BSTInsert(&T, table[i]);
    printf("中序遍历二叉排序树得到的序列为：\n");
    InOrderTraverse(T);
    p = BSTSearch(T, x);
    if(p != NULL)
        printf("\n二叉排序树查找，关键字%d存在\n", x.key);
    else
        printf("查找失败！\n");
    BSTDelete(&T, s);
    printf("删除元素%d后，中序遍历二叉排序树得到的序列为：\n", s.key);
    InOrderTraverse(T);
    printf("\n");
}

void InOrderTraverse(BiTree T)   /*中序遍历二叉排序树的递归实现*/
{
    if(T)                                 /*如果二叉排序树不为空*/
    {
        InOrderTraverse(T->lchild);       /*中序遍历左子树*/
        printf("%4d", T->data);           /*访问根结点*/
        InOrderTraverse(T->rchild);       /*中序遍历右子树*/
    }
}
```

程序运行结果如图 11.10 所示。

图 11.10 二叉排序树的查找、删除操作程序的运行结果

11.3.2　平衡二叉树

二叉排序树查找在最坏的情况下，二叉排序树的深度为 n，其平均查找长度为 n。因此，为了减小二叉排序树的查找次数，需要进行平衡化处理，平衡化处理得到的二叉树称为平衡二叉树。

1．平衡二叉树的定义

平衡二叉树或者是一棵空二叉树，或者是具有以下性质的二叉树：平衡二叉树的左子树和右子树的深度之差的绝对值小于等于 1，且左子树和右子树也是平衡二叉树。平衡二叉树也称为 AVL 树。

如果将二叉树中结点的平衡因子定义为结点的左子树与右子树之差，则平衡二叉树中每个结点的平衡因子的值只有三种可能：-1、0 和 1。

如图 11.11 所示即为平衡二叉树，结点的右边表示平衡因子，因为该二叉树既是二叉排序树又是平衡树，因此，该二叉树称为平衡二叉排序树。如果在二叉树中有一个结点的平衡因子的绝对值大于 1，则该二叉树是不平衡的。如图 11.12 所示为不平衡的二叉树。

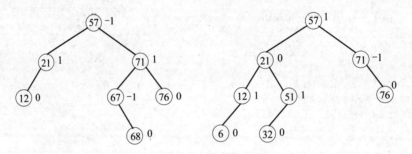

图 11.11　平衡二叉树

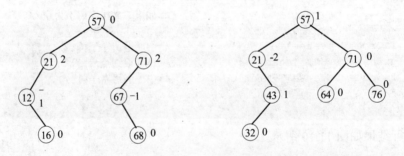

图 11.12　不平衡二叉树

如果二叉排序树是平衡二叉树，则其平均查找长度与 $\log_2 n$ 是同数量级的，就可以尽量减少与关键字比较的次数。

2．二叉排序树的平衡处理

在二叉排序树中插入一个新结点后，如何保证该二叉树是平衡二叉排序树呢？假设有一个关键字序列{5，34，45，76，65}，依照此关键字序列建立二叉排序树，且使该二叉排序树是平衡二叉排序树。构造平衡二叉排序树的过程如图 11.13 所示。

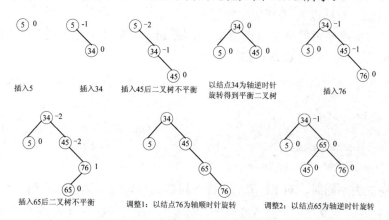

插入5 　　插入34 　　插入45后二叉树不平衡 　　以结点34为轴逆时针旋转得到平衡二叉树 　　插入76

插入65后二叉树不平衡 　　调整1：以结点76为轴顺时针旋转 　　调整2：以结点65为轴逆时针旋转

图 11.13　平衡二叉树的调整过程

初始时，二叉树是空树，因此是平衡二叉树。在空二叉树中插入结点 5，该二叉树依然是平衡的。当插入结点 34 后，该二叉树仍然是平衡的，结点 5 的平衡因子变为-1。当插入结点 45 后，结点 5 的平衡因子变为-2，二叉树不平衡，需要进行调整。只需要以结点 34 为轴进行逆时针旋转，将二叉树变为以 34 为根，这时各个结点的平衡因子都为 0，二叉树转换为平衡二叉树。

继续插入结点 76，二叉树仍然是平衡的。当插入结点 65 时，该二叉树失去了平衡，如果仍然按照上述方法仅仅以结点 45 为轴进行旋转，就会失去二叉排序树的性质。为了保持二叉排序树的性质，又要保证该二叉树是平衡的，需要进行两次调整：先以结点 76 为轴进行顺时针旋转，然后以结点 65 为轴进行逆时针旋转。

一般情况下，新插入结点可能使二叉排序树失去平衡，通过使插入点最近的祖先结点恢复平衡，从而使上一层祖先结点恢复平衡。因此，为了使二叉排序树恢复平衡，需要从离插入点最近的结点开始调整。失去平衡的二叉排序树类型及调整方法可以归纳为以下几种情形。

(1) LL 型。LL 型是指在离插入点最近的失衡结点的左子树的左子树中插入结点，导致二叉排序树失去平衡。如图 11.14 所示。距离插入点最近的失衡结点为 A，插入新结点 X 后，结点 A 的平衡因子由 1 变为 2，该二叉排序树失去平衡。

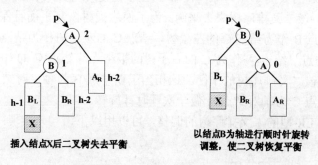

插入结点X后二叉树失去平衡 　　以结点B为轴进行顺时针旋转调整，使二叉树恢复平衡

图 11.14　LL 型二叉排序树的调整

为了使二叉树恢复平衡且保持二叉排序树的性质不变，可以使结点 A 作为结点 B 的右

```
c->lchild = b;                    /*将 B 作为结点 C 的左子树*/
c->rchild = p;                    /*将 A 作为结点 C 的右子树*/
/*修改平衡因子*/
p->bf = -1;
b->bf = 0;
c->bf = 0;
```

(3) RL 型。RL 型是指在离插入点最近的失衡结点的右子树的左子树中插入结点，导致二叉排序树失去平衡，如图 11.16 所示。

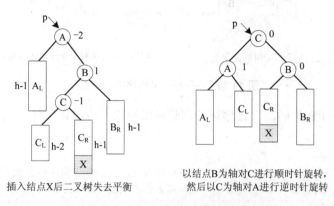

插入结点X后二叉树失去平衡　　　　以结点B为轴对C进行顺时针旋转，然后以C为轴对A进行逆时针旋转

图 11.16　RL 型二叉排序树的调整

距离插入点最近的失衡结点为 A，在 C 的右子树 C_R 下插入新结点 X 后，结点 A 的平衡因子由-1 变为-2，该二叉排序树失去平衡。为了使二叉树恢复平衡且保持二叉排序树的性质不变，可以使结点 B 作为结点 C 的右子树，结点 C 的右子树作为结点 B 的左子树。将结点 C 作为新的根结点，结点 A 作为 C 的右子树的根结点，结点 C 的左子树作为 A 的右子树。这样就恢复了该二叉排序树的平衡。这相当于以结点 B 为轴，对结点 C 先做了一次顺时针旋转；然后以结点 C 为轴对结点 A 做了一次逆时针旋转。

相应地，对于 RL 型的二叉排序树的调整可以用以下语句来实现：

```
BSTree b, c;
b=p->rchild, c=b->lchild;
b->lchild = c->rchild;            /*将结点 C 的右子树作为结点 B 的左子树*/
p->rchild = c->lchild;            /*将结点 C 的左子树作为结点 A 的右子树*/
c->lchild = p;                    /*将 A 作为结点 C 的左子树*/
c->rchild = b;                    /*将 B 作为结点 C 的右子树*/
/*修改平衡因子*/
p->bf = 1;
b->bf = 0;
c->bf = 0;
```

(4) RR 型。RR 型是指在离插入点最近的失衡结点的右子树的右子树中插入结点，导致二叉排序树失去平衡，如图 11.17 所示。距离插入点最近的失衡结点为 A，在结点 B 的右子树 B_R 下插入新结点 X 后，结点 A 的平衡因子由-1 变为-2，该二叉排序树失去平衡。为了使二叉树恢复平衡且保持二叉排序树的性质不变，可以使结点 A 作为 B 的左子树的根结点，结点 B 的左子树作为 A 的右子树。这样就恢复了该二叉排序树的平衡。这相当于以结点 B 为轴，对结点 A 做了一次逆时针旋转。

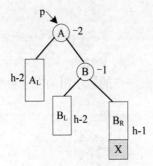

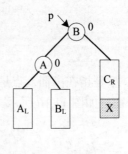

插入结点X后二叉树失去平衡　　　　以结点B为轴对A进行逆时针旋转

图 11.17　RR 型二叉排序树的调整

相应地，对于 RR 型的二叉排序树的调整可以用以下语句来实现：

```
BSTree b, c;
b = p->rchild;
p->rchild = b->lchild;          /*将结点 B 的左子树作为结点 A 的右子树*/
b >lchild - p;                  /*将 A 作为结点 B 的左子树*/
/*修改平衡因子*/
p->bf = 0;
b->bf = 0;
```

综合以上 4 种情况，在平衡二叉排序树中插入一个新结点 e 的算法描述如下。

(1)　如果平衡二叉排序树是空树，则插入的新结点作为根结点，同时将该树的深度增 1。

(2)　如果二叉树中已经存在与结点 e 的关键字相等的结点，则不进行插入。

(3)　如果结点 e 的关键字小于要插入位置的结点的关键字，则将 e 插入到该结点的左子树位置，并将该结点的左子树高度增 1，同时修改该结点的平衡因子；如果该结点的平衡因子绝对值大于 1，则需要进行平衡化处理。

(4)　如果结点 e 的关键字大于要插入位置的结点的关键字，则将 e 插入到该结点的右子树位置，并将该结点的右子树高度增 1，同时修改该结点的平衡因子；如果该结点的平衡因子绝对值大于 1，则需要进行平衡化处理。

二叉排序树的平衡化处理算法实现包括两个部分：平衡二叉排序树的插入操作和平衡处理。平衡二叉排序树的插入算法实现代码如下所示：

```
int InsertAVL(BSTree *T, DataType e, int *taller)
  /*如果在平衡的二叉排序树 T 中不存在与 e 有相同关键字的结点，
    则将 e 插入并返回 1，否则返回 0 */
  /*如果插入新结点后使二叉排序树失去平衡，则进行平衡旋转处理*/
{
    if(!*T)                    /*如果二叉排序树为空，则插入新结点，将 taller 置为 1 */
    {
        *T = (BSTree)malloc(sizeof(BSTNode));
        (*T)->data = e;
        (*T)->lchild = (*T)->rchild = NULL;
        (*T)->bf = 0;
```

```
        *taller = 1;
}
else
{
    if(e.key == (*T)->data.key)
       /*如果树中存在与 e 的关键字相等的结点，则不进行插入操作*/
    {
       *taller = 0;
       return 0;
    }
    if(e.key < (*T)->data.key)
        /*如果 e 的关键字小于当前结点的关键字，则继续在*T 的左子树中进行查找*/
    {
        if(!InsertAVL(&(*T)->lchild, e, taller))
            return 0;
        if(*taller)                    /*已插入到*T 的左子树中且左子树"长高"*/
        {
            switch((*T)->bf)   /*检查*T 的平衡度*/
            {
            case 1:                 /*在插入之前，左子树比右子树高，需要作左平衡处理*/
                LeftBalance(T);
                *taller = 0;
                break;
            case 0:          /*在插入之前，左、右子树等高，树增高将 taller 置为 1 */
                (*T)->bf = 1;
                *taller = 1;
                break;
            case -1:  /*在插入之前，右子树比左子树高，现左、右子树等高*/
                (*T)->bf = 0;
                *taller = 0;
            }
        }
    }
    else
    {                            /*应继续在*T 的右子树中进行搜索*/
        if(!InsertAVL(&(*T)->rchild, e, taller))
            return 0;
        if(*taller)                    /*已插入到 T 的右子树且右子树"长高"*/
        {
            switch((*T)->bf)   /*检查 T 的平衡度*/
            {
            case 1:                 /*在插入之前，左子树比右子树高，现左、右子树等高*/
                (*T)->bf = 0;
                *taller = 0;
                break;
            case 0:      /*在插入之前，左、右子树等高，现因右子树增高而使树增高*/
                (*T)->bf = -1;
                *taller = 1;
                break;
            case -1:  /*在插入之前，右子树比左子树高，需要做右平衡处理*/
                RightBalance(T);
```

```
                *taller = 0;
            }
        }
    }
}
return 1;
}
```

二叉排序树的平衡处理算法实现包括 4 种情形：LL 型、LR 型、RL 型和 RR 型。其实现代码如下所示。

① LL 型的平衡处理

对于 LL 型的失去平衡的情形，只需要对离插入点最近的失衡结点进行一次顺时针旋转处理即可。其实现代码如下所示：

```
void RightRotate(BSTree *p)
  /*对以*p 为根的二叉排序树进行右旋，处理之后 p 指向新的根结点，
    即旋转处理之前的左子树的根结点*/
{
    BSTree lc;
    lc = (*p)->lchild;          /*lc 指向 p 的左子树的根结点*/
    (*p)->lchild = lc->rchild;  /*将 lc 的右子树作为 p 的左子树*/
    lc->rchild = *p;
    (*p)->bf = lc->bf = 0;
    *p = lc;                    /* p 指向新的根结点*/
}
```

② LR 型的平衡处理

对于 LR 型的失去平衡的情形，需要进行两次旋转处理：需要先进行一次逆时针旋转，然后再进行一次顺时针旋转处理。其实现代码如下所示：

```
void LeftBalance(BSTree *T)
  /*对以 T 所指结点为根的二叉树进行左旋转平衡处理，并使 T 指向新的根结点*/
{
    BSTree lc, rd;
    lc = (*T)->lchild;          /* lc 指向*T 的左子树根结点*/
    switch(lc->bf)              /*检查*T 的左子树的平衡度，并做相应平衡处理*/
    {
    case 1:/*调用 LL 型失衡处理。新结点插入*T 的左孩子的左子树上，需要进行单右旋处理*/
        (*T)->bf = lc->bf = 0;
        RightRotate(T);
        break;
    case -1: /* LR 型失衡处理。新结点插入在*T 的左孩子的右子树上，要进行双旋处理*/
        rd = lc->rchild;        /* rd 指向*T 的左孩子的右子树的根结点*/
        switch(rd->bf)          /*修改*T 及其左孩子的平衡因子*/
        {
        case 1:
            (*T)->bf = -1;
            lc->bf = 0;
            break;
        case 0:
```

```
         (*T)->bf = lc->bf = 0;
            break;
      case -1:
         (*T)->bf = 0;
         lc->bf = 1;
      }
      rd->bf = 0;
      LeftRotate(&(*T)->lchild);        /*对*T 的左子树做左旋平衡处理*/
      RightRotate(T);                   /*对*T 做右旋平衡处理*/
   }
}
```

③　RL 型的平衡处理

对于 RL 型的失去平衡的情形，需要进行两次旋转处理：需要先进行一次顺时针旋转，然后再进行一次逆时针旋转处理。其实现代码如下所示：

```
void RightBalance(BSTree *T)
/*对以指针 T 所指结点为根的二叉树做右旋转平衡处理，并使 T 指向新的根结点*/
{
   BSTree rc, rd;
   rc = (*T)->rchild;   /* rc 指向*T 的右子树根结点*/
   switch(rc->bf)
    /*调用 RR 型平衡处理。检查*T 的右子树的平衡度，并做相应的平衡处理*/
     /*新结点插入在*T 的右孩子的右子树上，要做单左旋处理*/
   {
   case -1:
      (*T)->bf = rc->bf = 0;
      LeftRotate(T);
      break;
   case 1:        /* RL 型平衡处理。新结点插入*T 的右孩子的左子树上，需要进行双旋处理*/
      rd = rc->lchild;            /* rd 指向*T 的右孩子的左子树的根结点*/
      switch(rd->bf)             /*修改*T 及其右孩子的平衡因子*/
      {
      case -1:
         (*T)->bf = 1;
         rc->bf = 0;
         break;
      case 0:
         (*T)->bf = rc->bf = 0;
         break;
      case 1:
         (*T)->bf = 0;
         rc->bf = -1;
      }
      rd->bf = 0;
      RightRotate(&(*T)->rchild);       /*对*T 的右子树做右旋平衡处理*/
      LeftRotate(T);                    /*对*T 做左旋平衡处理*/
   }
}
```

④ RR 型的平衡处理

对于 RR 型的失去平衡的情形,只需要对离插入点最近的失衡结点进行一次逆时针旋转处理即可。其实现代码如下所示:

```
void LeftRotate(BSTree *p)
  /*对以*p为根的二叉排序树进行左旋,处理之后 p 指向新的根结点,
    即旋转处理之前的右子树的根结点*/
{
  BSTree rc;
  rc = (*p)->rchild;              /* rc 指向 p 的右子树的根结点*/
  (*p)->rchild = rc->lchild;      /*将 rc 的左子树作为 p 的右子树*/
  rc->lchild = *p;
  *p = rc;                        /* p 指向新的根结点*/
}
```

在平衡二叉排序树的查找过程与二叉排序树类似,其比较次数最多为树的深度,如果树的结点个数为 n,则时间复杂度为 $O(\log_2 n)$。

11.4 B-树与 B+树

B-树与 B+是两种特殊的动态查找树。本节注意给读者介绍 B-树定义、查找、插入与删除操作,最后简单介绍下 B+树。

11.4.1 B-树

B-树与二叉排序树类似,它是一种特殊的动态查找树,是一种 m 叉排序树。下面介绍 B-树的定义、查找、插入与删除操作。

1. B-树的定义

B-是一种平衡的排序树,也称为 m 路(阶)查找树。一棵 m 阶 B-树或者是一棵空树,或者是满足以下性质的 m 叉树。

(1) 树中的任何一个结点最多有 m 棵子树。

(2) 是根结点或者是叶子结点,或者至少有两棵子树。

(3) 除了根结点之外,所有的非叶子结点至少应有 $\lceil m/2 \rceil$ 棵子树。

(4) 所有的叶子结点处于同一层次上,且不包括任何关键字信息。

(5) 所有的非叶子结点的结构如下:

n	P_0	K_1	P_1	K_1	⋯	K_n	P_n

其中,n 表示对应结点中的关键字的个数,P_i 表示指向子树的根结点的指针,并且 P_i 指向的子树中每一个结点的关键字都小于 K_{i+1}(i=0, 1, ..., n-1)。

例如,一棵深度为 4 的 4 阶的 B-树如图 11.18 所示。

在 B-树中,查找某个关键字的过程与二叉排序树的查找过程类似。例如,要查找关键字为 41 的元素,首先从根结点开始,将 41 与 A 结点的关键字 29 比较,因为 41>29,所以应该在 P_1 所指向的子树内查找。指针 P_1 指向结点 C,因此需要将 41 与结点 C 中的关键字

逐个比较，因为有 41<42，所以应该在 P_0 指向的子树内查找。指针 P_0 指向结点 F，因此需要将 41 与结点 F 中的关键字逐个进行比较，在结点 F 中存在关键字为 41 的元素，因此查找成功。

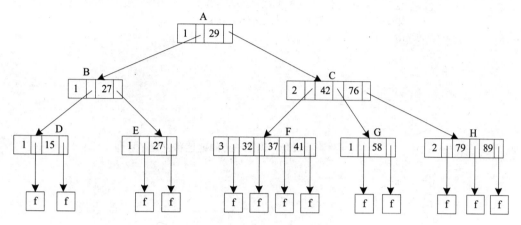

图 11.18　一棵深度为 4 的 4 阶的 B-树

2．B-树的查找

在 B-树中的查找过程其实就是对二叉排序树中查找的扩展，与二叉排序树不同的是，在 B-树中，每个结点有不止一个子树。在 B-树中进行查找需要顺着指针 P_i 找到对应的结点，然后在结点中顺序查找。

B-树的类型定义用 C 语言描述如下：

```
#define m 4                 /* B-树的阶数*/
typedef struct BTNode       /* B-树类型定义*/
{
    int keynum;             /*每个结点中的关键字个数*/
    struct BTNode *parent;       /*指向双亲结点*/
    KeyType data[m+1];           /*结点中的关键字信息*/
    struct BTNode *ptr[m+1];      /*指针向量*/
} BTNode, *BTree;
```

B-树的查找算法用 C 语言描述如下：

```
typedef struct   /*返回结果类型定义*/
{
    BTNode *pt;      /*指向找到的结点*/
    int pos;         /*关键字在结点中的序号*/
    int flag;        /*查找成功与否标志*/
} result;
result BTreeSearch(BTree T, KeyType k)
    /*在 m 阶 B-树 T 上查找关键字 k，返回结果为 r(pt,pos,flag)。如果查找成功，则标志 flag
    为 1，pt 指向关键字为 k 的结点，否则特征值 tag=0，等于 k 的关键字应插入在指针 Pt 所指结
    点中第 pos 个和第 pos+1 个关键字之间*/
{
    BTree p=T, q=NULL;
    int i=0, found=0;
```

```
        result r;
        while(p && !found)
        {
            i = Search(p, k);    /* p->data[i].key≤k<p->data[i+1].key */
            if(i>0 && p->data[i].key==k.key)
                /*如果找到要查找的关键字,标志 found 置为 1 */
                found = 1;
            else
            {
                q = p;
                p = p->ptr[i];
            }
        }
        if(found)                /*查找成功,返回结点的地址和位置序号*/
        {
            r.pt = p;
            r.flag = 1;
            r.pos = i;
        }
        else                     /*查找失败,返回 k 的插入位置信息*/
        {
            r.pt = q;
            r.flag = 0;
            r.pos = i;
        }
        return r;
}
int Search(BTree T, KeyType k)
    /*在 T 指向的结点中查找关键字为 k 的序号*/
{
    int i=1, n=T->keynum;
    while(i<=n && T->data[i].key<=k.key)
        i++;
    return i-1;
}
```

3. B-树的插入操作

B-树的插入操作与二叉排序树的插入操作类似,都是使插入后,结点的左边的子树中每一个结点关键字小于根结点的关键字,右边子树的结点关键字大于根结点的关键字。而与二叉排序树不同的是,插入的关键字不是树的叶子结点,而是树中处于最低层的非叶子结点,同时该结点的关键字个数最少应该是 $\lceil m/2 \rceil-1$,最大应该是 m-1,否则需要对该结点进行分裂。

例如,图 11.19 为一棵 3 阶的 B-树(省略了叶子结点),在该 B-树中依次插入关键字 42、25、78 和 43。

插入关键字 42:首先需要从根结点开始,确定关键字 42 应插入的位置应该是结点 E。因为插入后结点 E 中的关键字个数大于 $1(\lceil m/2 \rceil-1)$ 小于 2(m-1),所以插入成功。插入后 B-树如图 11.20 所示。

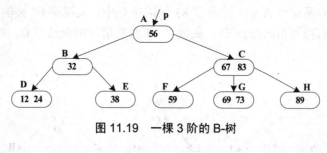

图 11.19　一棵 3 阶的 B-树

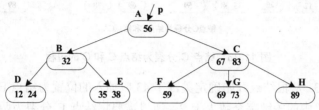

图 11.20　插入关键字 42 的过程

　　插入关键字 25：从根结点开始确定关键字 25 应插入的位置为结点 D。因为插入后结点 D 中的关键字个数大于 2，需要将结点 D 分裂为两个结点，关键字 24 被插入到双亲结点 B 中，关键字 12 被保留在结点 D 中，关键字 25 被插入到新生成的结点 D'中，并使关键字 24 的右指针指向结点 D'。插入关键字 25 的过程如图 11.21 所示。

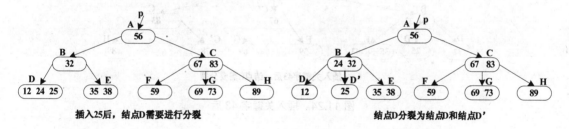

图 11.21　插入关键字 25 的过程

　　插入关键字 78：从根结点开始确定关键字 78 应插入的位置为结点 G。因为插入后结点 G 中的关键字个数大于 2，所以需要将结点 G 分裂为两个结点，其中关键字 73 被插入到结点 C 中，关键字 69 被保留在结点 F 中，关键字 78 被插入到新的结点 G'中，并使关键字 73 的右指针指向结点 G'。插入关键字 78 的过程及结点 C 分裂过程如图 11.22 所示。

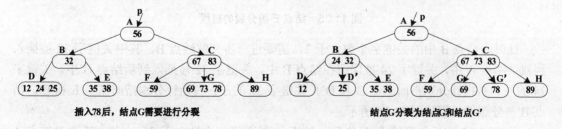

图 11.22　插入关键字 78 及结点 C 的分裂过程

　　此时，结点 C 的关键字个数大于 2，因此，需要将结点 C 分裂为两个结点。将中间的关键字 73 插入到双亲结点 A 中，关键字 83 保留在 C 中，关键字 67 被插入到新结点 C'中，并使关键字 56 的右指针指向结点 C'，关键字 73 的右指针指向结点 C。结点 C 的分裂过程如图 11.23 所示。

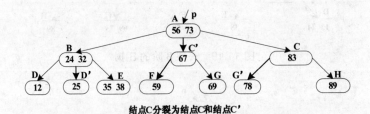

结点C分裂为结点C和结点C'

图 11.23　结点 C 分裂为结点 C 和 C'的过程

　　插入关键字 43：从根结点开始确定关键字 43 应插入的位置为结点 E。如图 11.24 所示。因为插入后结点 E 中的关键字个数大于 2，所以需要将结点 E 分裂为两个结点，其中中间关键字 38 被插入到双亲结点 B 中，关键字 43 被保留在结点 E 中，关键字 35 被插入到新的结点 E'中，并使关键字 32 的右指针指向结点 E'，关键字 38 的右指针指向结点 E。结点 E 被分裂的过程如图 11.25 所示。

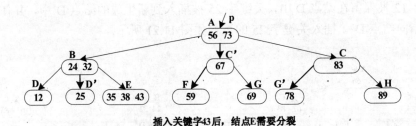

插入关键字43后，结点E需要分裂

图 11.24　插入关键字 43 后

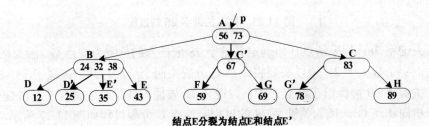

结点E分裂为结点E和结点E'

图 11.25　结点 E 被分裂的过程

　　此时，结点 B 中的关键字个数大于 2，需要进一步分解结点 B，其中关键字 32 被插入到双亲结点 A 中，关键字 24 被保留在结点 B 中，关键字 32 被插入到新结点 B'中，关键字 24 的左、右指针分别指向结点 D 和 D'，关键字 32 的左、右指针分别指向结点 E 和 E'。结点 B 被分裂的过程如图 11.26 所示。

　　关键字 32 被插入到结点 A 中后，结点 A 的关键字个数大于 2，因此，需要对结点 A 分裂为两个结点，因为结点 A 是根结点，所以需要生成一个新结点 R 作为根结点，将结点 A 中的中间的关键字 56 插入到 R 中，关键字 32 被保留在结点 A 中，关键字 73 被插入到新结点 A'中，关键字 56 的左、右指针分别指向结点 A 和 A'。关键字 32 的左、右指针分别指向结点 B 和 B'，关键字 73 的左、右指针分别指向结点 C 和 C'。

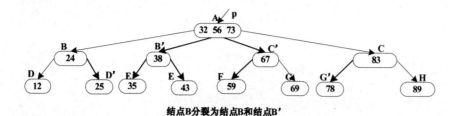

结点B分裂为结点B和结点B'

图 11.26　结点 B 被分裂的过程

结点 A 被分裂的过程如图 11.27 所示。

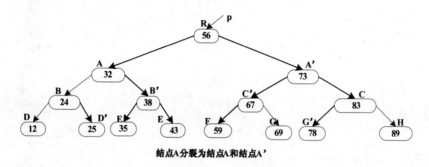

结点A分裂为结点A和结点A'

图 11.27　结点 A 被分裂的过程

相应地，在 B-树插入关键字的算法如下所示：

```
void BTreeInsert(BTree *T, DataType k, BTree p, int i)
 /*在 m 阶 B-树 T 上结点*p 插入关键字 k。
    如果结点关键字个数大于 m-1，则进行结点分裂调整*/
{
    BTree ap=NULL, newroot;
    int finished = 0;
    int s, i;
    DataType rx;
    if(*T == NULL)                    /*如果树*T 为空，则生成的结点作为根结点*/
    {
        *T = (BTree)malloc(sizeof(BTNode));
        (*T)->keynum = 1;
        (*T)->parent = NULL;
        (*T)->data[1] = k;
        (*T)->ptr[0] = NULL;
        (*T)->ptr[1] = NULL;
    }
    else
    {
        rx = k;
        while(p && !finished)
        {
```

```
            Insert(&p, i, rx, ap);
                /*将 rx->key 和 ap 分别插入到 p->key[i+1]和 p->ptr[i+1]中*/
            if(p->keynum < m)   /*如果关键字个数小于 m，则表示插入完成*/
                finished = 1;
            else                    /*分裂结点*p */
            {
                s = (m+1)/2;
                split(&p, &ap);
                  /*将 p->key[s+1..m]，p->ptr[s..m]
                    和 p->recptr[s+1..m]移入新结点*ap */
                rx = p->data[s];
                p = p->parent;
                if(p)
                    i = Search(p, rx);
                        /*在双亲结点*p 中查找 rx->key 的插入位置*/
            }
        }
        if(!finished) /*生成含信息(T,rx,ap)的新的根结点*T，原 T 和 ap 为子树指针*/
        {
            newroot = (BTree)malloc(sizeof(BTNode));
            newroot->keynum = 1;
            newroot->parent = NULL;
            newroot->data[1] = rx;
            newroot->ptr[0] = *T;
            newroot->ptr[1] = ap;
            *T = newroot;
        }
    }
}
void Insert(BTree *p, int i, DataType k, BTree ap)
  /*将 r->key 和 ap 分别插入到 p->key[i+1]和 p->ptr[i+1]中*/
{
    int j;
    for(j=(*p)->keynum; j>i; j--)            /*空出 p->data[i+1] */
    {
        (*p)->data[j+1] = (*p)->data[j];
        (*p)->ptr[j+1] = (*p)->ptr[j];
    }
    (*p)->data[i+1].key = k.key;
    (*p)->ptr[i+1] = ap;
    (*p)->keynum++;
}
void split(BTree *p, BTree *ap)
  /*将结点 p 分裂成两个结点，前一半保留，后一半移入新生成的结点 ap */
{
    int i, s=(m+1)/2;
    *ap = (BTree)malloc(sizeof(BTNode));           /*生成新结点 ap */
    (*ap)->ptr[0] = (*p)->ptr[s];                  /*后一半移入 ap */
    for(i=s+1; i<=m; i++)
    {
        (*ap)->data[i-s] = (*p)->data[i];
```

```
        if((*ap)->ptr[i-s])
            (*ap)->ptr[i-s]->parent = *ap;
    }
    (*ap)->keynum = m-s;
    (*ap)->parent = (*p)->parent;
    (*p)->keynum = s-1;                    /* p 的前一半保留，修改 keynum */
}
```

4．B-树的删除操作

对于要在 B-树中删除一个关键字的操作，首先利用 B-树的查找算法，找到关键字所在的结点，然后将该关键字从该结点删除。如果删除该关键字后，该结点中的关键字个数仍然大于等于 $\lceil m/2 \rceil -1$，则删除完成；否则，需要合并结点。

B-树的删除操作有以下 3 种可能。

(1) 要删除的关键字所在结点的关键字个数大于等于 $\lceil m/2 \rceil$，则只需要将关键字 K_i 和对应的指针 P_i 从该结点中删除即可。因为删除该关键字后，该结点的关键字个数仍然不小于 $\lceil m/2 \rceil -1$。例如，图 11.28 显示了从结点 E 中删除关键字 35 的情形。

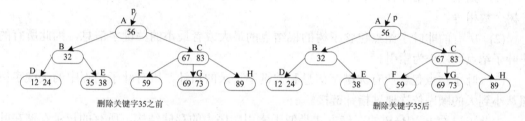

删除关键字35之前　　　　　　　　　　　　　　删除关键字35后

图 11.28　删除关键字 35 的过程

(2) 要删除的关键字所在结点的关键字个数等于 $\lceil m/2 \rceil -1$，而与该结点相邻的的兄弟结点(左兄弟或右兄弟)中的关键字个数大于 $\lceil m/2 \rceil -1$，则删除关键字后，需要将其兄弟结点中最小(或最大)的关键字移动到双亲结点中，将小于(或大于)并且离移动的关键字最近的关键字移动到被删关键字所在的结点中。例如，将关键字 89 删除后，需要将关键字 73 向上移动到双亲结点 C 中，并将关键字 83 下移到结点 H 中，得到如图 11.29 所示的 B-树。

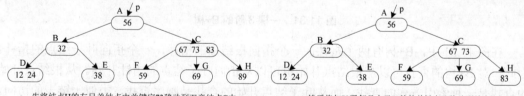

先将结点H的左兄弟结点中关键字73移动到双亲结点C中　　　然后将与73紧邻且大于73的的关键字83移动到结点H中

图 11.29　删除关键字 89 的过程

(3) 要删除的关键字所在结点的关键字个数等于 $\lceil m/2 \rceil -1$，而与该结点相邻的的兄弟结点(左兄弟或右兄弟)中的关键字个数也等于 $\lceil m/2 \rceil -1$，则删除关键字(假设该关键字由指针 P_i 指示)后，需要将剩余关键字与其双亲结点中的关键字 K_i 和兄弟结点(左兄弟或右兄弟)中的关键字进行合并，同时将与其双亲结点的指针 P_i 一块合并。例如，将关键字 83 删除后，需要将关键字 83 的左兄弟结点的关键字 69 与其双亲结点中的关键字 73 合并到一起，得到如图 11.30 所示的 B-树。

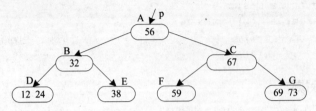

删除关键字83后，将其双亲结点与左兄弟结点中的关键字合并

图 11.30　删除关键字 83 的过程

11.4.2　B+树

B+树是 B-树的一种变型。它与 B-树的主要区别如下。

(1) 如果一个结点有 n 棵子树，则该结点也必有 n 个关键字，即关键字个数与结点的子树个数相等。

(2) 所有的非叶子结点包含子树的根结点的最大或者最小的关键字信息，因此所有的非叶子结点可以作为索引。

(3) 叶子结点包含所有关键字信息和关键字记录的指针，所有叶子结点中的关键字按照从小到大的顺序依次通过指针链接。

由此可以看出，B+树的存储方式类似于索引顺序表的存储结构，所有的记录存储在叶子结点中，非叶子结点作为一个索引表。如图 11.31 所示为一棵 3 阶的 B+树。

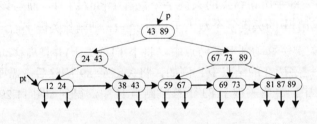

图 11.31　一棵 3 阶的 B+树

在图 11.31 中，B+树有两个指针：一个指向根结点的指针，一个指向叶子结点的指针。因此，对 B+树的查找可以从根结点开始也可以从指向叶子结点的指针开始。从根结点开始的查找是一种索引方式的查找，而从叶子结点开始的查找是顺序查找，类似于链表的访问。

从根结点对 B+树查找给定的关键字，是从根结点开始经过非叶子结点到叶子结点。查找每一个结点，无论查找是否成功，都是走一条从根结点到叶子结点的路径。在 B+树上插入一个关键字和删除一个关键字都是在叶子结点中进行，在插入关键字时，要保证每个结点中的关键字个数不能大于 m，否则需要对该结点进行分裂。在删除关键字时，要保证每个结点中的关键字个数不能小于 $\lceil m/2 \rceil$，否则需要与兄弟结点合并。

11.5 哈 希 表

我们在前面学习过的有关查找的算法中，所有的查找过程都需要经过一系列的比较过程，查找算法效率的高低取决于比较的次数。而较为理想的情况是不经过比较就能确定要查找元素的位置，那么就需要建立一种数据元素的关键字与数据元素存放地址之间的对应关系，通过数据元素的关键字直接确定其存放的位置。这就是本节的主要学习内容——哈希表。本节主要介绍哈希表的定义、哈希函数的构造及解决冲突的方法。

11.5.1 哈希表的定义

那么怎样才能做到不与给定的关键字进行比较，就能确定所查找元素的存放位置呢？这需要在元素的关键字与元素的存储位置之间建立起一种对应关系，使得元素的关键字与唯一的存储位置对应。利用这种确定的对应关系，由给定的关键字就可以直接找到该元素。用 key 表示元素的关键字，f 表示对应关系，则 f(key)表示元素的存储地址，将这种对应关系 f 称为哈希函数，利用哈希函数可以建立哈希表。哈希表也称为散列函数。

例如，一个班级有 30 名学生，将这些学生用各自的姓氏的拼音排序，其中姓氏首字母相同的学生放在一起。根据学生姓名的拼音首字母建立的哈希表如表 11.2 所示。

表 11.2 哈希表示例

序号	姓氏拼音	学生姓名
1	A	安子文
2	B	白小翼
3	C	陈本刚、陈冲
4	D	邓华
5	E	
6	F	冯娟
7	G	耿精忠、巩新靓
8	H	何山、郝建华
...		...

这样，如在查找姓名为"冯娟"的学生时，就可以从序号为 6 的一行直接找到该学生。这种方法要比在一堆杂乱无章的姓名中查找要方便得多，但是，如果要查找姓名为"郝建华"的学生，拼音首字母为 H 的学生有多个，这就需要在该行中顺序查找。像这种不同的关键字 key 出现在同一地址上，即有 key1 ≠ key2，f(key1)=f(key2)的情况称为哈希冲突。

在一般情况下，应当尽可能避免发生冲突或者尽可能少发生冲突。元素的关键字越多，越容易发生冲突。只有少发生冲突，才能够尽可能快地利用关键字找到对应的元素。因此，为了更加高效地查找集合中的某个元素，不仅需要建立一个哈希函数，还需要一个解决哈希函数冲突的方法。所谓哈希表，就是利用哈希函数和解决冲突的方法，将元素的关键字映射在一个有限的且连续的地址上，并将元素存储在该地址上的表。

11.5.2　哈希函数的构造方法

构造哈希函数主要是为了使哈希地址尽可能地均匀分布以减少冲突的可能性，并使计算方法尽可能简便以提高运算效率。哈希函数的构造方法很多，这里主要介绍几种常用的构造哈希函数的方法。

1．直接定址法

直接定址法就是直接取关键字的线性函数值作为哈希函数的地址。直接定址法可以表示如下：

```
h(key) = x*key + y
```

其中 x 和 y 是常数。直接定址法的计算比较简单且不会发生冲突。但是，由于这种方法会使产生的哈希函数地址比较分散，所以造成内存的大量浪费。例如，如果任给一组关键字{230，125，456，46，320，760，610，109}，如果令 x=1，y=0，则需要 714(最大的关键字减去最小的关键字，即 760-46)个内存单元来存储这 8 个关键字。

2．平方取中法

平方取中法就是将关键字的平方得到的值的其中几位作为哈希函数的地址。由于一个数经过平方后，每一位数字都与该数的每一位相关，因此，采用平方取中法得到的哈希地址与关键字的每一位都相关，使得哈希地址有了较好的分散性，从而可避免冲突的发生。

例如，如果给定关键字 key=3456，则关键字取平方后即 key^2=11943936，取中间的四位得到哈希函数的地址，即 h(key)=9439。在得到关键字的平方后，具体取哪几位作为哈希函数的地址，要根据具体情况来决定。

3．折叠法

折叠法是将关键字平均分割为若干等份，最后一个部分如果不够可以空缺，然后将这几个等分叠加求和作为哈希地址。这种方法主要用在关键字的位数特别多且每一个关键字的位数分布大体相当的情况。

例如，给定一个关键字 23478245983，可以按照 3 位将该关键字分割为几个部分，其折叠计算方法如下：

$$
\begin{aligned}
234 \\
782 \\
459 \\
83 \\
\hline
h(key)=1558
\end{aligned}
$$

然后去掉进位，将 558 作为关键字 key 的哈希地址。

4．除留余数法

除留余数法主要是通过对关键字取余，将得到的余数作为哈希地址。其主要方法为：设哈希表长为 m，p 为小于等于 m 的数，则哈希函数为 h(key)=key%p。除留余数法是一种常用的求哈希函数方法。

例如，给定一组关键字{75，150，123，183，230，56，37，91}，设哈希表长 m 为 14，取 p=13，则这组关键字的哈希地址存储情况为：

	0	1	2	3	4	5	6	7	8	9	10	11	12	13
hash 地址		183			56		123	150		230	75	37		91

在求解关键字的哈希地址时，p 的取值十分关键，一般情况下，p 为质数或者除去小于 20 的质因数的合数。

11.5.3　处理冲突的方法

在构造哈希函数的过程中，不可避免地会出现冲突的情况。所谓处理冲突，就是在有冲突发生时，为产生冲突的关键字找到另一个地址来存放该关键字。在解决冲突的过程中，可能会得到一系列哈希地址 h_i(i=1,2,...,n)，也就是发生第一冲突时，经过处理后得到第一个地址，记作 h_1，如果 h_1 仍然会冲突，则处理后得到第二个地址 h_2，...，依次类推，直到 h_n 不产生冲突，将 h_n 作为关键字的存储地址。

处理冲突的方法比较常用的主要有开放定址法、再哈希法和链地址法。

1．开放定址法

开放定址法是解决冲突比较常用的方法。开放定址法就是利用哈希表中的空地址存储产生冲突的关键字。

当冲突发生时，按照下列公式来处理冲突：

$$h_i = (h(key)+d_i)\%m,\ i=1,2,...,m-1$$

其中，h(key)为哈希函数，m 为哈希表长，d_i 为地址增量。地址增量 d_i 可通过以下 3 种方法获得。

(1) 线性探测再散列：在冲突发生时，地址增量 d_i 依次取 1,2,...,m-1 自然数列，即 d_i=1,2,...,m-1。

(2) 二次探测再散列：在冲突发生时，地址增量 d_i 依次取自然数的平方，即 d_i=1^2, -1^2, 2^2, -2^2, ..., k^2, $-k^2$。

(3) 伪随机数再散列：在冲突发生时，地址增量 d_i 依次取随机数序列。

例如，在长度为 14 的哈希表中，在将关键字 183，123，230，91 存放在哈希表中的情况如图 11.32 所示。

	0	1	2	3	4	5	6	7	8	9	10	11	12	13
hash 地址		183					123			230				91

图 11.32　哈希表冲突发生前

当要插入关键字 149 时，由哈希函数 h(149)=149%13=6，而单元 6 已经存在关键字，产生冲突，利用线性探测再散列法解决冲突，即 h_1=(6+1)%14=7，将 149 存储在单元 7 中，如图 11.33 所示。

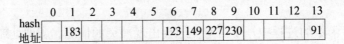

	0	1	2	3	4	5	6	7	8	9	10	11	12	13
hash 地址		183					123	149		230				91

图 11.33　插入关键字 149 后

当要插入关键字 227 时，由哈希函数 $h(227)=227\%13=6$，而单元 6 已经存在关键字，产生冲突，利用线性探测再散列法解决冲突，即 $h_1=(6+1)\%14=7$，仍然冲突。

利用线性探测法，即 $h_2=(6+2)\%14=8$，单元 8 空闲，因此将 227 存储在单元 8 中，如图 11.34 所示。

	0	1	2	3	4	5	6	7	8	9	10	11	12	13
hash 地址		183					123	149	227	230				91

图 11.34　插入关键字 227 后

当然，在冲突发生时，也可以利用二次探测再散列解决冲突。

在图 11.33 中，如果要插入关键字 227，因为产生冲突，利用二次探测再散列法解决冲突，即 $h_1=(6+1)\%14=7$，再次产生冲突时，有 $h_2=(6-1)\%14=5$，将 227 存储在单元 5 中，如图 11.35 所示。

	0	1	2	3	4	5	6	7	8	9	10	11	12	13
hash 地址		183				227	123	149		230				91

图 11.35　利用二次探测再散列法解决冲突

2．再哈希法

再哈希法就是在冲突发生时，利用另外一个哈希函数再次求哈希函数的地址，直到冲突不再发生为止，即：

$$h_i = \text{rehash}(key)，\quad i=1,2,...,n$$

其中，rehash 表示不同的哈希函数。

这种再哈希法一般不容易再次发生冲突，但是需要事先构造多个哈希函数，这是一件不太容易也不现实的事情。

3．链地址法

链地址法就是将具有相同散列地址的关键字用一个线性链表存储起来。每个线性链表设置一个头指针指向该链表。链地址法的存储表示类似于图的邻接表表示。在每一个链表中，所有的元素都是按照关键字有序排列。链地址法的主要优点是在哈希表中增加元素和删除元素方便。

例如，一组关键字序列{23，35，12，56，123，39，342，90，78，110}，按照哈希函数 $h(key)=key\%13$ 和链地址法处理冲突，其哈希表如图 11.36 所示。

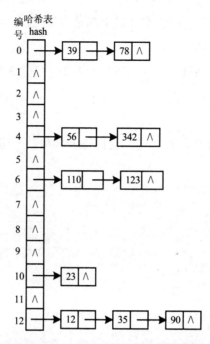

图 11.36　链地址法处理冲突的哈希表

11.5.4　哈希表应用举例

例 11-3　给定一组元素的关键字 hash[]={23,35,12,56,123,39,342,90}，利用除留余数法和线性探测再散列法将元素存储在哈希表中，并查找给定的关键字，求解平均查找长度。

分析：主要考察哈希函数的构造方法、冲突解决的办法。

算法实现主要包括几个部分：构建哈希表、在哈希表中查找给定的关键字、输出哈希表及求平均查找长度。关键字的个数是 8 个，假设哈希表的长度 m 为 11，p 为 11，利用除留余数法求哈希函数，即 h(key)=key%p，利用线性探测再散列解决冲突，即 h_i=(h(key)+d_i)，哈希表如图 11.37 所示。

	0	1	2	3	4	5	6	7	8	9	10
hash地址		23	35	12	56	123	39	342	90		
冲突次数		1	1	3	4	4	1	7	7		

图 11.37　哈希表

哈希表的查找过程就是利用哈希函数和处理冲突创建哈希表的过程。

例如，要查找 key=12，由哈希函数 h(12)=12%11=1，此时与第 1 号单元中的关键字 23 比较，因为 23 ≠ 12，又 h_1=(1+1)%11=2，所以将第 2 号单元的关键字 35 与 12 比较，因为 35 ≠ 12，又 h_2=(1+2)%11=3，所以将第 3 号单元中关键字 12 与 key 比较，因为 key=12，所以查找成功，返回序号 2。

尽管通过哈希函数可以利用关键字直接找到对应的元素，但是不可避免地仍然会有冲突产生，在查找的过程中，比较仍会是不可避免，因此，仍然以平均查找长度衡量哈希表查找的效率高低。假设每个关键字的查找概率都是相等的，则在图 11.37 中的哈希表中，查找某个元素成功时的平均查找长度：

$$ASL_{成功} = \frac{1}{8} \times (1 \times 3 + 3 + 4 \times 2 + 7 \times 2) = 3.5$$

程序实现可分为两个部分：哈希表的操作和测试代码部分。

(1) 哈希表的操作

这部分主要包括包括哈希表的创建、查找与求哈希表平均查找长度。其实现代码如下所示：

```c
void CreateHashTable(HashTable *H, int m, int p, int hash[], int n)
  /*构造一个空的哈希表，并处理冲突*/
{
   int i, sum, addr, di, k=1;
   (*H).data = (DataType*)malloc(m*sizeof(DataType));
    /*为哈希表分配存储空间*/
   if(!(*H).data)
      exit(-1);
   for(i=0; i<m; i++)              /*初始化哈希表*/
   {
      (*H).data[i].key = -1;
      (*H).data[i].hi = 0;
   }
   for(i=0; i<n; i++)             /*求哈希函数地址并处理冲突*/
   {
      sum = 0;                     /*冲突的次数*/
      addr = hash[i]%p;           /*利用除留余数法求哈希函数地址*/
      di = addr;
      if((*H).data[addr].key == -1)    /*如果不冲突则将元素存储在表中*/
      {
         (*H).data[addr].key = hash[i];
         (*H).data[addr].hi = 1;
      }
      else                        /*用线性探测再散列法处理冲突*/
      {
         do
         {
            di = (di+k)%m;
            sum += 1;
         } while((*H).data[di].key != -1);
         (*H).data[di].key = hash[i];
         (*H).data[di].hi = sum+1;
      }
   }
   (*H).curSize = n;              /*哈希表中关键字个数为 n */
   (*H).tableSize = m;           /*哈希表的长度*/
}
int SearchHash(HashTable H, KeyType k)
  /*在哈希表 H 中查找关键字为 k 的元素*/
{
   int d, d1, m;
```

```
    m = H.tableSize;
    d = d1 = k%m;                    /*求 k 的哈希地址*/
    while(H.data[d].key != -1)
    {
        if(H.data[d].key == k)       /*如果是要查找的关键字 k，则返回 k 的位置*/
            return d;
        else                         /*继续往后查找*/
            d = (d+1)%m;
        if(d == d1)                  /*如果查找了哈希表中的所有位置，没有找到返回 0 */
            return 0;
    }
    return 0;                        /*该位置不存在关键字 k */
}
void HashASL(HashTable H, int m)
  /*求哈希表的平均查找长度*/
{
    float average = 0;
    int i;
    for(i=0; i<m; i++)
        average = average + H.data[i].hi;
    average = average / H.curSize;
    printf("平均查找长度 ASL=%.2f", average);
    printf("\n");
}
```

(2) 测试部分

这部分主要有要包括的头文件、函数声明、类型定义、主函数与哈希表的输出。实现代码如下所示：

```
/*包含头文件*/
#include <stdlib.h>
#include <stdio.h>
#include <malloc.h>
typedef int KeyType;
typedef struct          /*元素类型定义*/
{
    KeyType key;/*关键字*/
    int hi;         /*冲突次数*/
} DataType;
typedef struct          /*哈希表类型定义*/
{
    DataType *data;
    int tableSize;  /*哈希表的长度*/
    int curSize;        /*表中关键字个数*/
} HashTable;
void CreateHashTable(HashTable *H, int m, int p, int hash[], int n);
int SearchHash(HashTable H, KeyType k);
void DisplayHash(HashTable H, int m);
void HashASL(HashTable H, int m);
void DisplayHash(HashTable H, int m)   /*输出哈希表*/
{
```

```
    int i;
    printf("哈希表地址：");
    for(i=0; i<m; i++)
        printf("%-5d", i);
    printf("\n");
    printf("关键字 key：");
    for(i=0; i<m; i++)
        printf("%-5d", H.data[i].key);
    printf("\n");
    printf("冲突次数：   ");
    for(i=0; i<m; i++)
        printf("%-5d", H.data[i].hi);
    printf("\n");
}
void main()
{
    int hash[] = {23,35,12,56,123,39,342,90};
    int m=11, p=11, n=8, pos;
    KeyType k;
    HashTable H;
    CreateHashTable(&H, m, p, hash, n);
    DisplayHash(H, m);
    k = 123;
    pos = SearchHash(H, k);
    printf("关键字%d 在哈希表中的位置为：%d\n", k, pos);
    HashASL(H, m);
}
```

程序运行结果如图 11.38 所示。

图 11.38　哈希表的创建与查找的程序运行结果

11.6　小　　结

本章主要介绍了数据结构中经常使用的技术——查找。

在计算机的非数值处理中，查找是一种非常重要的操作。查找就是在数据元素集合中查看是否存在与指定的关键字相等的元素。查找分为两种：静态查找与动态查找。

静态查找是指在数据元素集合中查找与给定的关键字相等的元素。

动态查找是指在查找过程中，如果数据元素集合中不存在与给定的关键字相等的元素，则将该元素插入到数据元素集合中。

　　静态查找主要包括：顺序表、有序顺序表和索引顺序表的查找。其中，顺序表的查找是指从表的第一个元素与给定关键字比较，直到表的最后。有序顺序表的查找，在查找的过程中如果给定的关键字大于表的元素，就可以停止查找，说明表中不存在该元素(假设表中的元素按照关键字从小到大排列，并且查找从第一个元素开始比较)。索引顺序表的查找是为主表建立一个索引，根据索引确定元素所在的范围，这样可以有效地提高查找的效率。

　　动态查找主要包括二叉排序树、平衡二叉树、B-树和 B+树。这些都是利用二叉树和树的特点对数据元素集合进行排序，通过将元素插入到二叉树或树中建立二叉树或树，然后通过对二叉树或树的遍历，按照从小到大，输出元素的序列。

　　哈希表是利用哈希函数的映射关系直接确定要查找元素的位置，大大减少了与元素的关键字的比较次数。建立哈希表的方法主要有：直接定址法、平方取中法、折叠法和除留余数法等。其中最为常用的是除留余数法。除留余数法通过对关键字取余，将得到的余数作为哈希地址，即假设关键字为 key，则利用映射关系 h(key)=key%p 得到映射地址，作为哈希地址，其中 p 是小于等于哈希表长 m 的数。

　　虽然哈希表的出发点是希望不与给定的关键字比较，来确定元素的存放位置，但是不可避免地会出现关键字不同(即 key1 ≠ key2)而映射关系相同的情形，即 h(key1)=h(key2)，这种情况被称为冲突。解决冲突最为常用的方法主要有两个：开放定址法和链地址法。

11.7　习　　题

(1)　给定一个递增有序的元素序列，求以折半查找法查找值为 x 的元素的递归算法。

　　提示：　主要考察折半查找算法的思想。每次查找元素时，都是将元素 x 与表中的最中间元素进行比较，如果相等，则返回元素所在位置，这也是递归的出口。如果中间元素大于元素 x，则在子区间[low, mid-1]中继续查找；如果中间元素小于元素 x，则在子区间[mid+1, high]中继续查找。

(2)　以图 11.39 所示的索引顺序表为例，编写一个查找关键字 52 的算法。

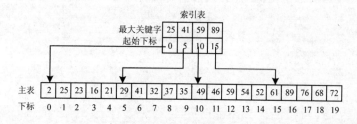

图 11.39　索引顺序表

　　提示：　主要考察索引顺序表的特点与查找算法。通过将要查找的元素关键字 52 与索引表中的关键字比较，确定要查找的关键字 52 在主表中的单元。然后从所在单元中的第一个位置的关键字开始与关键字 52 比较，直到查找到关键字或查找失败为止。

(3) 利用以下哈希函数 h(key)=3*k%11，采用链地址法处理冲突，对关键字集合{22，43，53，45，30，12，2，56}构造一个哈希表，并求出在查找每一个元素相等概率的情况下的平均查找长度。

提示： 主要考察链地址法处理冲突的方法与平均查找长度的概念。通过链表构造哈希表，因为哈希表是由若干个单链表构成，所以在输出单链表的同时，依次计数求和，除以元素个数，就得到平均查找长度。

(4) 一个长度为 L(L≥1)的升序序列 S，处在[L/2]位置的数称为 S 的中位数。例如，若序列 S1=(11，13，15，17，19)，则 S1 的中位数是 15，两个序列的中位数是它们所有的升序序列的中位数。例如，若 S2=(2，4，6，8，20)，则 S1 和 S2 的中位数是 11。现在有两个等长的升序序列 A 和 B，试设计一个在时间上和空间上都尽可能高效的算法，找出两个序列 A 和 B 的中位数，要求：

- 给出算法的基本设计思想。
- 根据设计思想，采用 C 语言描述算法。
- 说明所设计的算法的时间复杂度和空间复杂度。

提示： 主要考察折半查找算法思想。分别求两个升序序列 A 和 B 的中位数，设为 a 和 b。如果 a=b，则 a 或 b 即为所求的中位数；否则，舍弃 a 和 b 中较小者所在序列中的较小的一半，同时舍弃较大者所在序列中较大的一半，在保留的两个升序序列中重复求中位数，直到两个序列中只有一个元素为止，较小者即为所求的中位数。

第 12 章　排序

　　排序是数据结构中一种非常重要且最为常用的一种技术，它在计算机的其他领域中应用也非常广泛，在对数据进行处理的过程中，对数据进行排序是不可避免的。在元素的查找过程中就涉及到了对数据的排序，例如，排列有序的折半查找要比顺序查找的效率高许多。排序按照内存和外存的使用情况，可分为内排序和外排序。

　　本章主要学习内排序，主要包括：插入排序、选择排序、交换排序、归并排序和基数排序。

　　通过阅读本章，您可以：

- ● 了解排序的相关概念。
- ● 掌握直接插入排序、折半插入排序和希尔插入排序算法。
- ● 掌握简单选择排序和堆排序算法。
- ● 掌握冒泡排序和快速排序算法。
- ● 掌握归并排序算法。
- ● 掌握基数排序算法。
- ● 了解各种排序算法的性能。

12.1 排序的基本概念

在介绍有关排序的算法之前，先来了解一下与排序相关的基本概念。

(1) 排序：把一个无序的元素序列按照元素的关键字递增或递减排列为有序的序列。设有包含 n 个元素的序列$(E_1,E_2,...,E_n)$，其对应的关键字为$(k_1,k_2,...,k_n)$，为了将元素按照非递减(或非递增)排列，需要对下标 1,2,...,n 构成一种能够让元素按照非递减(或非递增)的排列，即 $p_1,p_2,...,p_n$，使关键字呈非递减(或非递增)排列，即 $k_{p1}\leq k_{p2}\leq...\leq k_{pn}$，从而使元素构成一个非递减(或非递增)的序列，即$(E_{p1},E_{p2},...,E_{pn})$。这样的一种操作称为排序。

(2) 稳定排序和不稳定排序：在排序过程中，如果存在两个关键字相等，即 $k_i=k_j(1\leq i\leq n, 1\leq j\leq n, i\neq j)$，在排序前对应的元素 E_i 在 E_j 之前，在排序之后，如果元素 E_i 仍然在 E_j 之前，则称这种排序采用的方法是稳定的。如果经过排序之后，元素 E_i 位于 E_j 之后，则称这种排序方法是不稳定的。

无论是稳定的排序方法还是不稳定的排序方法，都能正确地完成排序。一个排序算法的好坏可以主要通过时间复杂度、空间复杂度和稳定性来衡量。

(3) 内排序和外排序：根据排序过程中所利用的内存储器和外存储器的情况，将排序分为两类——内部排序和外部排序。内部排序也称为内排序，外部排序也称为外排序。所谓内排序，是指需要排序的元素数量不是特别大，在排序的过程中完全在内存中进行的方法。所谓外排序，是指需要排序的数据量非常大，在内存中不能一次完成排序，需要不断地在内存和外存中交替才能完成的排序。

内排序的方法有许多，按照排序过程中采用的策略将排序分为几个大类：插入排序、选择排序、交换排序和归并排序。这些排序方法各有优点和不足，在使用时，可根据具体情况选择比较合适的方法。

在排序过程中，主要需要以下两种基本操作：

● 比较两个元素相应关键字的大小。
● 将元素从一个位置移动到另一个位置。

其中，第二种操作即移动元素通过采用链表存储方式可以避免，而比较关键字的大小，不管采用何种存储结构都是不可避免的。

待排序的元素的存储方式有三种：

● 顺序存储。将待排序的元素存储在一组连续的存储单元中，这类似于线性表的顺序存储，元素 E_i 和 E_j 逻辑上相邻，其物理位置也相邻。在排序过程中，需要移动元素。
● 链式存储。将待排序元素存储在一组不连续的存储单元中，这类似于线性表的链式存储，元素 E_i 和 E_j 逻辑上相邻，其物理位置不一定相邻。在进行排序时，不需要移动元素，只需要修改相应的指针即可。
● 静态链表。元素之间的关系可以通过元素对应的游标指示，游标类似于链表中的指针。

为了方便，本章的排序算法主要采用顺序存储。相应的元素类型描述如下：

```
#define MAXSIZE 50
typedef int KeyType;
typedef struct /*数据元素类型定义*/
{
    KeyType key; /*关键字*/
} DataType;
typedef struct /*顺序表类型定义*/
{
    DataType data[MAXSIZE];
    int length;
} SqList;
```

12.2　插　入　排　序

插入排序的基本操作就是不断地将新元素插入到已经排好序的元素序列中，得到一个新的有序序列，当所有元素都插入到合适位置时，则完成排序。本节主要介绍直接插入排序、折半插入排序和希尔排序。

12.2.1　直接插入排序

直接插入排序的基本思想是：假设前 i-1 个元素已经有序，将第 i 个元素的关键字与前 i-1 个元素的关键字进行比较，找到合适的位置，将第 i 个元素插入。按照类似的方法，将剩下的元素依次插入到已经有序的序列中，完成插入排序。

具体算法实现：假设待排序的元素有 n 个，对应的关键字分别是 $a_1, a_2, ..., a_n$，因为第 1 个元素是有序的，所以从第 2 个元素开始，将 a_2 与 a_1 进行比较。如果 $a_2 < a_1$，则将 a_2 插入到 a_1 之前；否则，说明已经有序，不需要移动 a_2。

这样，有序的元素个数变为 2，然后将 a_3 与 a_2、a_1 进行比较，确定 a_3 的位置。首先将 a_3 与 a_2 比较，如果 $a_3 \geq a_2$，则说明 a_1、a_2、a_3 已经是有序排列。如果 $a_3 < a_2$，则继续将 a_3 与 a_1 比较，如果 $a_3 < a_1$，则将 a_3 插入到 a_1 之前，否则，将 a_3 插入到 a_1 与 a_2 之间，即完成了 a_1、a_2、a_3 的排列。依次类推，直到最后一个关键字 a_n 插入到前 n-1 个有序排列。

例如，给定一个含有 8 个元素，对应的关键字序列(45,23,56,12,97,76,29,68)，将这些元素按照关键字从小到大进行直接插入排序的过程如图 12.1 所示。

序号	1	2	3	4	5	6	7	8
初始状态	[45]	23	56	12	97	76	29	68
i=2	[23	45]	56	12	97	76	29	68
i=3	[23	45	56]	12	97	76	29	68
i=4	[12	23	45	56]	97	76	29	68
i=5	[12	23	45	56	97]	76	29	68
i=6	[12	23	45	56	76	97]	29	68
i=7	[12	23	29	45	56	76	97]	68
i=8	[12	23	29	45	56	68	76	97]

图 12.1　直接插入排序过程

相应地，直接插入排序算法用 C 语言描述如下：

```
void InsertSort(SqList *L)  /*直接插入排序*/
{
    int i, j;
    DataType t;
    for(i=1; i<L->length; i++)
      /*前 i 个元素已经有序，从第 i+1 个元素开始与前 i 个有序的关键字比较*/
    {
        t = L->data[i+1];                      /*取出第 i+1 个元素，即待排序的元素*/
        j = i;
        while(j>-1 && t.key<L->data[j].key)  /*寻找当前元素的合适位置*/
        {
            L->data[j+1] = L->data[j];
            j--;
        }
        L->data[j+1] = t;                      /*将当前元素插入合适的位置*/
    }
}
```

从上面的算法可以看出，直接插入排序算法简单且容易实现。直接插入排序算法的时间复杂度在最好的情况下，是所有的元素的关键字都已经有序，此时外层的 for 循环的循环次数是 n-1，而内层的 while 循环的语句执行次数为 0，因此，直接插入排序算法在最好的情况下的时间复杂度为 O(n)。在最坏的情况下，即所有元素的关键字都是按照逆序排列，则内层 while 循环的比较次数均为 i+1，则整个比较次数为 $\sum_{i=1}^{n-1}(i+1) = \frac{(n+2)(n-1)}{2}$，移动次数为 $\sum_{i=1}^{n-1}(i+2) = \frac{(n+4)(n-1)}{2}$，即在最坏情况下时间复杂度为 O(n²)。如果元素的关键字是随机排列，其比较次数和移动次数约为 n²/4，此时直接插入排序的时间复杂度为 O(n²)。

直接插入排序算法只利用了一个临时变量，因此其空间复杂度为 O(1)。

12.2.2　折半插入排序

由于插入排序算法的基本思想是将待排序元素插入到已经有序的元素序列的正确位置，因此，在查找插入位置时，可以采用折半查找的算法思想寻找插入位置。我们将这种插入排序称为折半插入排序。

把直接插入排序算法简单修改，就得到以下折半插入排序算法：

```
void BinInsertSort(SqList *L)  /*折半插入排序*/
{
    int i, j, mid, low, high;
    DataType t;
    for(i=1; i<L->length; i++)
      /*前 i 个元素已经有序，从第 i+1 个元素开始与前 i 个的有序的关键字比较*/
    {
        t = L->data[i+1];                    /*取出第 i+1 个元素，即待排序的元素*/
```

```
    low=1, high=i;
    while(low <= high)              /*利用折半查找思想寻找当前元素的合适位置*/
    {
        mid = (low+high)/2;
        if(L->data[mid].key > t.key)
            high = mid-1;
        else
            low = mid+1;
    }
    for(j=i; j>=low; j--)            /*移动元素，空出要插入的位置*/
        L->data[j+1] = L->data[j];
    L->data[low] = t;               /*将当前元素插入合适的位置*/
    }
}
```

折半插入排序算法与直接插入排序算法的区别在于查找插入的位置，折半插入排序减少了关键字间的比较次数，每次插入一个元素，需要比较的次数为判定树的深度，其平均比较时间复杂度为 $O(n\log_2 n)$。但是折半插入排序并没有减少移动元素的次数，因此，折半插入排序算法的整体平均时间复杂度为 $O(n^2)$。

12.2.3　希尔排序

希尔排序也称为缩小增量排序，它的基本思想是：通过将待排序的元素分为若干个子序列，利用直接插入排序思想对子序列进行排序。然后将该子序列缩小，接着对子序列进行直接插入排序。按照这种思想，直到所有元素都按照关键字有序排列。

具体算法实现：假设待排序的元素有 n 个，对应的关键字分别是 $a_1,a_2,...,a_n$，设距离(增量)为 $c_1=4$ 的元素为同一个子序列，则元素的关键字 $a_1,a_5,...,a_i,a_{i+5},...,a_{n-5}$ 为一个子序列，同理，关键字 $a_2,a_6,...,a_{i+1},a_{i+6},...,a_{n-4}$ 为一个子序列……。然后分别对同一个子序列的关键字利用直接插入排序进行排序。之后，缩小增量令 $c_2=2$，分别对同一个子序列的关键字进行插入排序。依次类推，最后令增量为 1，这时只有一个子序列，对整个元素进行排序。

例如利用希尔排序的算法思想，对元素的关键字序列(56,22,67,32,59,12,89,26,48,37)进行排序，其排序过程如图 12.2 所示。

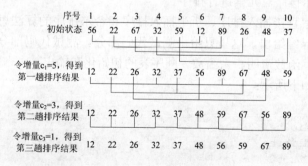

图 12.2　希尔排序过程

相应地，希尔排序的算法可描述如下：

```
void ShellInsert(SqList *L, int c)      /*对顺序表 L 进行一次希尔排序，c 是增量*/
{
    int i, j;
    DataType t;
    for(i=c+1; i<=L->length; i++)    /*将距离为 c 的元素作为一个子序列进行排序*/
    {
        if(L->data[i].key < L->data[i-c].key)/*若后者小于前者，则需移动元素*/
        {
            t = L->data[i];
            for(j=i-c; j>0&&t.key<L->data[j].key; j=j-c)
                L->data[j+c] = L->data[j];
            L->data[j+c] = t;           /*依次将元素插入到正确的位置*/
        }
    }
}
void ShellInsertSort(SqList *L, int delta[], int m)
 /*希尔排序，每次调用算法 ShellInsert，delta 是存放增量的数组*/
{
    int i;
    for(i=0; i<m; i++)               /*进行 m 次希尔插入排序*/
    {
        ShellInsert(L, delta[i]);
    }
}
```

希尔排序的分析是一个非常复杂的事情，问题主要在于希尔排序选择的增量，但是经过大量的研究，当增量的序列为 $2^{m-k+1}-1$ 时，其中 m 为排序的次数，$1 \leqslant k \leqslant t$，其时间复杂度为 $O(n^{3/2})$。希尔排序的空间复杂度为 $O(1)$。因为希尔排序按照增量对每个子序列进行排序，有可能两个相等的关键字分别处于不同的序列中，造成排序过程中两者顺序颠倒，所以希尔排序算法是一种不稳定的排序算法。

12.2.4 插入排序应用举例

例 12-1 给定一组元素的关键字序列(56,22,67,32,59,12,89,26,48,37)，利用直接插入排序、折半插入排序和希尔排序对元素进行排序。

分析：主要考察直接插入排序、折半插入排序和希尔排序的算法思想。这三种算法的程序实现在前面都已经给出，这里只给出测试代码部分。测试代码部分包括所用到的头文件、一些类型定义、函数声明、主函数、顺序表的初始化和输出。

程序实现代码如下所示：

```
/*包含头文件*/
#include <stdio.h>
#include <stdlib.h>
#define MAXSIZE 50
typedef int KeyType;
typedef struct   /*数据元素类型定义*/
{
```

```
    KeyType key; /*关键字*/
} DataType;
typedef struct   /*顺序表类型定义*/
{
    DataType data[MAXSIZE];
    int length;
} SqList;
void InitSeqList(SqList *L, DataType a[], int n);
void InsertSort(SqList *L);
void ShellInsert(SqList *L, int c);
void ShellInsertSort(SqList *L, int delta[], int m);
void BinInsertSort(SqList *L);
void DispList(SqList L, int n);
void main()
{
    DataType a[] = {56,22,67,32,59,12,89,26,48,37};
    int delta[] = {5,3,1};
    int i, n=10, m=3;
    SqList L;
    /*直接插入排序*/
    InitSeqList(&L, a, n);
    printf("排序前: ");
    DispList(L, n);
    InsertSort(&L);
    printf("直接插入排序结果: ");
    DispList(L, n);
    /*折半插入排序*/
    InitSeqList(&L, a, n);
    printf("排序前: ");
    DispList(L, n);
    BinInsertSort(&L);
    printf("折半插入排序结果: ");
    DispList(L, n);
    /*希尔排序*/
    InitSeqList(&L, a, n);
    printf("排序前: ");
    DispList(L, n);
    ShellInsertSort(&L, delta, m);
    printf("希尔排序结果: ");
    DispList(L, n);
}
void InitSeqList(SqList *L, DataType a[], int n)
 /*顺序表的初始化*/
{
    int i;
    for(i=1; i<=n; i++)
    {
        L->data[i] = a[i-1];
    }
    L->length = n;
}
```

```
void DispList(SqList L, int n)
  /*输出表中的元素*/
{
   int i;
   for(i=1; i<=n; i++)
      printf("%4d", L.data[i].key);
   printf("\n");
}
```

程序运行结果如图 12.3 所示。

图 12.3　各种插入排序的程序运行结果

12.3　选　择　排　序

选择排序就是从待排序的元素序列中选择关键字最小或最大的元素，将其放在已排序元素序列的最前面或最后面，其余的元素构成新的待排序元素序列，并从待排序元素序列中选择关键字最小的元素，将其放在已排序元素序列的最前面或最后面。依次类推，直到待排序元素序列中没有待排序的元素。本节主要介绍两种常用的选择排序：简单选择排序和堆排序。

12.3.1　简单选择排序

简单选择排序的基本思想是：假设待排序的元素序列有 n 个，第一趟排序经过 n-1 次比较，从 n 个元素序列中选择关键字最小的元素，并将其放在元素序列的最前面，即第一个位置。第二趟排序从剩余的 n-1 个元素中，经过 n-2 次比较，选择关键字最小的元素，将其放在第二个位置。依次类推，直到没有待比较的元素，简单选择排序算法结束。

简单选择排序的算法描述如下：

```
void SelectSort(SqList *L, int n)   /*简单选择排序*/
{
   int i, j, k;
   DataType t;
    /*将第 i 个元素的关键字与后面[i+1...n]个元素的关键字比较，
      将关键字最小的的元素放在第 i 个位置*/
   for(i=1; i<=n-1; i++)
   {
      j = i;
      for(k=i+1; k<=n; k++)    /*关键字最小的元素的序号为 j */
```

```
        if(L->data[k].key < L->data[j].key)
            j = k;
    if(j != i)  /*如果序号i不等于j，则需要将序号i和序号j的元素交换*/
    {
        t = L->data[i];
        L->data[i] = L->data[j];
        L->data[j] = t;
    }
    }
}
```

给定一组元素序列，其元素的关键字为(56,22,67,32,59,12,89,26)，简单选择排序的过程如图 12.4 所示。

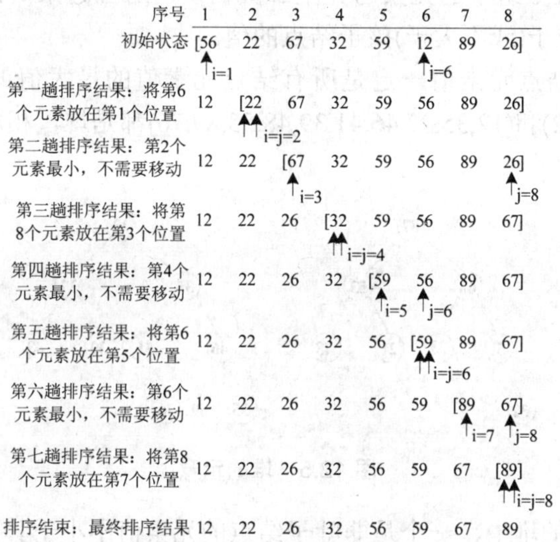

图 12.4　简单选择排序的过程

容易看出，简单选择排序的空间复杂度为 O(1)。简单选择排序在最好的情况下，其元素序列已经是非递减有序序列，则不需要移动元素。在最坏的情况下，其元素序列是按照递减排列，则在每一趟排序的过程中都需要移动元素，因此，需要移动元素的次数为 3(n-1)。而简单选择排序的比较次数与元素的关键字排列无关，在任何情况下，都需要进行 n(n-1)/2 次。因此，综合以上考虑，简单选择排序的时间复杂度为 O(n²)。

12.3.2　堆排序

堆排序主要是利用了二叉树的性质进行排序。下面主要介绍堆的定义、如何创建堆和堆排序。

1. 堆的定义

堆排序是利用了二叉树的树形结构进行排序。堆排序主要是利用了二叉树的树形结构，按照完全二叉树的编号次序，将元素序列的关键字依次存放在相应的结点。然后从叶子结点开始，从互为兄弟的两个结点中(没有兄弟结点除外)，选择一个较大(或较小)者与其双亲结点比较，如果该结点大于(或小于)双亲结点，则将两者进行交换，使较大(或较小)者成为双亲结点。将所有的结点都做类似操作，直到根结点为止。这时，根结点的元素值的关键字最大(或最小)。

这样就构成了堆，堆中的每一个结点都大于(或小于)其孩子结点。堆的数学形式定义为：假设存在 n 个元素，其关键字序列为$(k_1,k_2,...,k_i,...,k_n)$，如果有：

$$\begin{cases} k_i \leq k_{2i} \\ k_i \leq k_{2i+1} \end{cases} \quad \text{或} \quad \begin{cases} k_i \geq k_{2i} \\ k_i \geq k_{2i+1} \end{cases}$$

其中，$i=1,2...,\left\lfloor \dfrac{n}{2} \right\rfloor$。则称此元素序列构成了一个堆。如果将这些元素的关键字存放在一维数组中，将此一维数组中的元素与完全二叉树一一对应起来，则完全二叉树中的每个非叶子结点的值都不小于(或不大于)孩子结点的值。

在堆中，堆的根结点元素值一定是所有结点元素值的最大值或最小值。例如，序列(87,64,53,51,23,21,48,32)和(12,35,27,46,41,39,48,55,89,76)都是堆，相应的完全二叉树表示如图 12.5 所示。

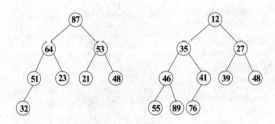

图 12.5 堆的示意

在如图 12.5 所示的堆中，一个是非叶子结点的元素值不小于其孩子结点的值，这样的堆称为大顶堆。另一个是非叶子结点的元素值不大于其孩子结点的元素值，这样的堆称为小顶堆。

如果将堆中的根结点(堆顶)输出之后，再将剩余的n-1个结点的元素值重新建立一个堆，则新堆的堆顶元素值是次大(或次小)值，将该堆顶元素输出。然后将剩余的 n-2 个结点的元素值重新建立一个堆，反复执行以上操作，直到堆中没有结点，就构成了一个有序序列，这样的重复建堆并输出堆顶元素的过程称为堆排序。

2．建堆

堆排序的过程就是建立堆和不断调整，使剩余结点构成新堆的过程。假设将待排序的元素的关键字存放在数组 a 中，第 1 个元素的关键字 a[1]表示二叉树的根结点，剩下的元素的关键字 a[2...n]分别与二叉树中的结点按照层次从左到右一一对应。例如，a[1]的左孩子结点存放在 a[2]中，右孩子结点存放在 a[3]中，a[i]的左孩子结点存放在 a[2*i]中，右孩子结点存放在 a[2*i+1]中。

如果是大顶堆，则有 a[i].key≥a[2*i].key 且 a[i].key≥a[2*i+1].key$(i=1,2,...,\left\lfloor \dfrac{n}{2} \right\rfloor)$。如果是小顶堆，则有 a[i].key≤a[2*i].key 且 a[i].key≤a[2*i+1].key$(i=1,2,...,\left\lfloor \dfrac{n}{2} \right\rfloor)$。

建立一个大顶堆就是将一个无序的关键字序列构建为一个满足条件 $a[i] \geqslant a[2*i]$ 且 $a[i] \geqslant a[2*i+1](i=1,2,...,\left\lfloor \dfrac{n}{2} \right\rfloor)$ 的序列。

建立大顶堆的算法思想是：从位于元素序列中的最后一个非叶子结点，即第 $\left\lfloor \dfrac{n}{2} \right\rfloor$ 个元素开始，逐层比较，直到根结点为止。假设当前结点的序号为 i，则当前元素为 a[i]，其左、右孩子结点元素分别为 a[2*i] 和 a[2*i+1]。将 a[2*i].key 和 a[2*i+1].key 较大者与 a[i] 比较，如果孩子结点元素值大于当前结点值，则交换两者；否则，不进行交换。逐层向上执行此操作，直到根结点，这样就建立了一个大顶堆。建立小顶堆的算法与此类似。

例如，给定一组元素，其关键字序列为(21,47,39,51,39,57,48,56)，建立大顶堆的过程如图 12.6 所示。结点的旁边为对应的序号。

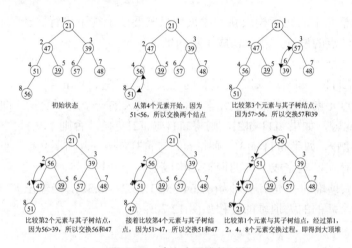

图 12.6　建立大顶堆的过程

从图 12.6 容易看出，建立后的大顶堆，其非叶子结点的元素值均不小于左、右子树结点的元素值。相应地，建立大顶堆的算法描述如下所示：

```
void CreateHeap(SqList *H, int n)   /*建立大顶堆*/
{
    int i;
    for(i=n/2; i>=1; i--)    /*从序号n/2开始建立大顶堆*/
        AdjustHeap(H, i, n);
}
void AdjustHeap(SqList *H, int s, int m)
  /*调整 H.data[s...m]的关键字，使其成为一个大顶堆*/
{
    DataType t;
    int j;
    t = (*H).data[s];                      /*将根结点暂时保存在 t 中*/
    for(j=2*s; j<=m; j*=2)
    {
        if(j<m&&(*H).data[j].key < (*H).data[j+1].key)
          /*沿关键字较大的孩子结点向下筛选*/
            j++;        /* j 为关键字较大的结点的下标*/
```

```
    if(t.key > (*H).data[j].key)/*如果孩子结点的值小于根结点的值,则不进行交换*/
        break;
    (*H).data[s] = (*H).data[j];
    s = j;
    }
    (*H).data[s] = t;                              /*将根结点插入到正确位置*/
}
```

3. 调整堆

建立好一个大顶堆后,当输出堆顶元素后,如何调整剩下的元素,使其构成一个新的大顶堆呢?其实,这也是一个建堆的过程,由于除了堆顶元素外,剩下的元素本身就具有 $a[i].key \geq a[2*i].key$ 且 $a[i].key \geq a[2*i+1].key (i=1,2,\ldots,\left\lfloor\dfrac{n}{2}\right\rfloor)$ 的性质,关键字按照由大到小逐层排列,因此,调整剩下的元素构成新的大顶堆只需要从上往下进行比较,找出最大的关键字并将其放在根结点的位置,就又构成了新的堆。

具体实现:当堆顶元素输出后,可以将堆顶元素放在堆的最后,即将第 1 个元素与最后一个元素交换(a[1]<->a[n]),则需要调整的元素序列就是 a[1...n-1]。从根结点开始,如果其左、右子树结点元素值大于根结点元素值,选择较大的一个进行交换。即如果 a[2]>a[3],则将 a[1]与 a[2]比较,如果 a[1]>a[2],则将 a[1]与 a[2]交换,否则不交换。如果 a[2]<a[3],则将 a[1]与 a[3]比较,如果 a[1]>a[3],则将 a[1]与 a[3]交换,否则不交换。重复执行此操作,直到叶子结点不存在,就完成了堆的调整,构成了一个新堆。

例如,一个大顶堆的关键字序列为(87,64,53,51,23,21,48,32),当输出 87 后,调整剩余的关键字序列为一个新的的大顶堆的过程如图 12.7 所示。

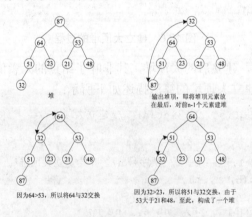

图 12.7 输出堆顶元素后,调整堆的过程

如果重复地输出堆顶元素,即将堆顶元素与堆的最后一个元素交换,然后重新调整剩余的元素序列,使其构成一个新的大顶堆,直到没有需要输出的元素为止,就会把元素序列构成一个有序的序列,即完成一个排序的过程。代码如下:

```
void HeapSort(SqList *H)   /*对顺序表 H 进行堆排序*/
{
    DataType t;
    int i;
```

```
CreateHeap(H, H->length);    /*创建堆*/
for(i=(*H).length; i>1; i--)     /*将堆顶元素与最后一个元素交换，重新调整堆*/
{
    t = (*H).data[1];
    (*H).data[1] = (*H).data[i];
    (*H).data[i] = t;
    AdjustHeap(H, 1, i-1);          /*将(*H).data[1...i-1]调整为大顶堆*/
}
}
```

例如，一个大顶堆的元素的关键字序列为(87,64,49,51,49,21,48,32)，其相应的完整的堆排序过程如图 12.8 所示。

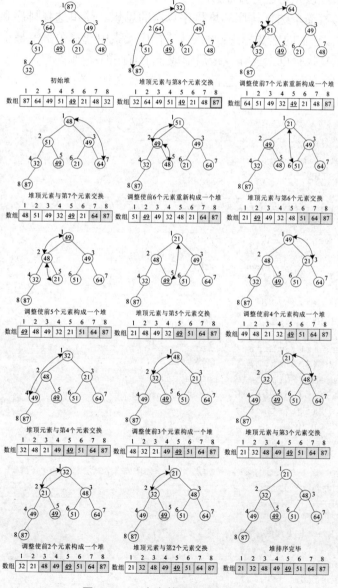

图 12.8　一个完整的堆排序过程

容易看出，堆排序是一种不稳定的排序。堆排序的时间耗费主要是在建立堆和不断调整堆的过程。一个深度为 h，元素个数为 n 的堆，其调整算法的比较次数最多为 2(h-1)次，而建立一个堆，其比较次数最多为 4n。一个完整的堆排序过程总共的比较次数为 $2(\lfloor \log_2(n-1) \rfloor + \lfloor \log_2(n-2) \rfloor + ... + \lfloor \log_2 2) \rfloor) < 2n\log_2 n$，因此，堆排序在最坏的情况下时间复杂度为 $O(n\log_2 n)$。堆排序适合应用于待排序的数据量较大的情况。

12.3.3 选择排序应用举例

例 12-2 给定一组元素，其关键字序列为(56,22,67,32,59,12,89,26,48,37)，利用简单排序算法和堆排序算法对该元素进行排序。

分析：主要考察简单选择排序和堆排序算法的思想。简单选择排序和堆排序都是一种不稳定的排序方法。它们的主要思想：每次从待排序元素中选择关键字最小(或最大)的元素，经过不断交换，重复执行以上操作，最后形成一个有序的序列。

下面只给出相应的测试代码，包括程序需要的头文件、类型定义、函数声明和主函数。其程序代码如下所示：

```c
/*包含头文件*/
#include <stdio.h>
#include <stdlib.h>
#define MAXSIZE 50
typedef int KeyType;
typedef struct /*数据元素类型定义*/
{
    KeyType key; /*关键字*/
} DataType;
typedef struct /*顺序表类型定义*/
{
    DataType data[MAXSIZE];
    int length;
} SqList;
void InitSeqList(SqList *L, DataType a[], int n);
void DispList(SqList L, int n);
void AdjustHeap(SqList *H, int s, int m);
void CreateHeap(SqList *H, int n);
void HeapSort(SqList *H);
void SelectSort(SqList *L, int n);
void main()
{
    DataType a[] = {56,22,67,32,59,12,89,26,48,37};
    int i, n=10;
    SqList L;
    /*简单选择排序*/
    InitSeqList(&L, a, n);
    printf("排序前: ");
    DispList(L, n);
    SelectSort(&L, n);
    printf("简单选择排序结果: ");
```

```
    DispList(L, n);
    /*堆排序*/
    InitSeqList(&L, a, n);
    printf("排序前: ");
    DispList(L, n);
    HeapSort(&L, n);
    printf("堆排序结果: ");
    DispList(L, n);
}
void InitSeqList(SqList *L, DataType a[], int n)  /*顺序表的初始化*/
{
    int i;
    for(i=1; i<=n; i++)
    {
        L->data[i] = a[i-1];
    }
    L->length = n;
}
void DispList(SqList L, int n)  /*输出表中的元素*/
{
    int i;
    for(i=1; i<=n; i++)
        printf("%4d", L.data[i].key);
    printf("\n");
}
```

程序运行结果如图 12.9 所示。

图 12.9 选择排序的程序运行结果

12.4 交 换 排 序

交换排序就是通过依次交换逆序的元素使其有序完成排序过程。本节主要介绍两种交换排序：冒泡排序和快速排序。

12.4.1 冒泡排序

冒泡排序的基本思想是：从第一个元素开始，依次比较两个相邻的元素，如果两个元素逆序，则进行交换，即如果 L.data[i].key>L.data[i+1].key，则交换 L.data[i] 与 L.data[i+1]。假设元素序列中有 n 个待比较的元素，在第一趟排序结束，就会将元素序列中关键字最大的元素移到序列的末尾，即第 n 个位置。在第二趟排序结束，就会将关键字次大的元素移动到第 n-1 个位置。依次类推，经过 n-1 趟排序后，元素序列构成一个有序的序列。这样的排序类似于气泡慢慢向上浮动，因此称为冒泡排序。

例如，一组元素序列的关键字为(56,22,67,32,59,12,89,26,48,37)，对该关键字序列进行冒泡排序，第一趟排序过程如图 12.10 所示。

序号	1	2	3	4	5	6	7	8
初始状态	[56	22	67	32	59	12	89	26]
第1趟排序：将第1个元素与第2个元素交换	[22	56	67	32	59	12	89	26]
第1趟排序：a[2].key <a[3].key，不需要交换	[22	56	67	32	59	12	89	26]
第1趟排序：将第3个元素与第4个元素交换	[22	56	32	67	59	12	89	26]
第1趟排序：第4个元素与第5个元素交换	[22	56	32	59	67	12	89	26]
第1趟排序：将第5个元素与第6个元素交换	[22	56	32	59	12	67	89	26]
第1趟排序：a[6].key <a[7].key，不需要交换	[22	56	32	59	12	67	89	26]
第1趟排序：将第7个元素与第8个元素交换	[22	56	32	59	12	67	26	89]
第一趟排序结果	22	56	32	59	12	67	26	[89]

图 12.10　第一趟排序过程

从图 12.10 容易看出，第一趟排序结束后，关键字最大的元素被移动到序列的末尾。按照这种方法，冒泡排序的全过程如图 12.11 所示。

序号	1	2	3	4	5	6	7	8
初始状态	[56	22	67	32	59	12	89	26]
第1趟排序结果：	22	56	32	59	12	67	26	[89]
第2趟排序结果：	22	32	56	12	59	26	[67	89]
第3趟排序结果：	22	32	12	56	26	[59	67	89]
第4趟排序结果：	22	12	32	26	[56	59	67	89]
第5趟排序结果：	12	22	26	[32	56	59	67	89]
第6趟排序结果：	12	22	[26	32	56	59	67	89]
第7趟排序结果：	12	[22	26	32	56	59	67	89]
最后排序结果：	12	22	26	32	56	59	67	89

图 12.11　冒泡排序的全过程

从图 12.11 不难看出，在第 5 趟排序结束后，其实该元素已经有序，第 6 趟和第 7 趟排序就不需要进行比较了。因此，在设计算法时，可以设置一个标志为 flag，如果在某一趟循环中，所有元素应经有序，则令 flag=0，表示该序列已经有序，不需要再进行后面的比较了。

冒泡排序的算法实现如下所示：

```
void BubbleSort(SqList *L, int n)   /*冒泡排序*/
{
    int i, j, flag;
    DataType t;
```

```
    for(i=1; i<=n-1&&flag; i++)        /*需要进行 n-1 趟排序*/
    {
        flag = 0;
        for(j=1; j<=n-i; j++)          /*每一趟排序需要比较 n-i 次*/
            if(L->data[j].key > L->data[j+1].key)
            {
                t = L->data[j];
                L->data[j] = L->data[j+1];
                L->data[j+1] = t;
                flag = 1;
            }
    }
}
```

容易看出，冒泡排序的空间复杂度为 O(1)。在进行冒泡排序过程中，假设待排序的元素序列为 n 个，则需要进行 n-1 趟排序，每一趟需要进行 n-i 次比较，其中 i=1,2,...,n-1。因此整个冒泡排序需要比较次数为 $\sum_{i=1}^{n-1} i = \frac{n(n-1)}{2}$，移动次数为 $3 \times \frac{n(n-1)}{2}$，冒泡排序的时间复杂度为 O(n²)。冒泡排序是一种稳定的排序算法。

12.4.2　快速排序

快速排序算法是冒泡排序的一种改进算法，与冒泡排序类似，只是快速排序是将元素序列中的关键字与指定的元素进行比较，将逆序的两个元素进行交换。快速排序的基本算法思想是：设待排序的元素序列的个数为 n，分别存放在数组 data[1...n]中，令第一元素作为枢轴元素，即把 a[1]作为参考元素，令 pivot=a[1]。初始时，令 i=1，j=n，然后按照以下方法操作。

(1) 从序列的 j 位置往前，依次将元素的关键字与枢轴元素比较。如果当前元素的关键字大于等于枢轴元素的关键字，则将前一个元素的关键字与枢轴元素的关键字比较；否则，将当前元素移动到位置 i。即比较 a[j].key 与 pivot.key，如果 a[j].key≥pivot.key，则连续执行 j--操作，直到找到一个元素使 a[j].key<pivot.key，则将 a[j]移动到 a[i]中，并执行一次 i++操作。

(2) 从序列的 i 位置开始，依次将该元素的关键字与枢轴元素比较。如果当前元素的关键字小于枢轴元素的关键字，则将后一个元素的关键字与枢轴元素的关键字比较；否则，将当前元素移动到位置 j。即比较 a[i].key 与 pivot.key，如果 a[i].key<pivot.key，则连续执行 i++，直到遇到一个元素使 a[i].key≥pivot.key，则将 a[i]移动到 a[j]中，并执行一次 j--操作。

(3) 循环执行步骤 1 和 2，直到出现 i≥j，则将元素 pivot 移动到 a[i]中。此时整个元素序列在位置 i 被划分成两个部分，前一部分的元素关键字都小于 a[1].key，后一部分元素的关键字都大于等于 a[1].key，即完成了一趟快速排序。

如果按照以上方法，在每一个部分继续进行以上划分操作，直到每一个部分只剩下一个元素不能继续划分为止，这样整个元素序列就构成了以关键字非递增的排列。

例如，一组元素序列的关键字为(37,19,43,22,22,89,26,92)，根据快速排序算法思想，第一次划分的过程如图 12.12 所示。

	序号	1	2	3	4	5	6	7	8
第1个元素作为枢轴元 素pivotkey=a[1].key	初始 状态	[37 ↑i=1	19	43	22	22	89	26	92] ↑j=8
因为pivotkey>a[7].key, 所 以将a[7]保存到a[1]		[26 ↑i=1	19	43	22	22	89	□ ↑j=7	92]
因为a[3].key>pivotkey, 所以将a[3]保存到a[7]		[26	19	□ ↑i=3	22	22	89	43 ↑j=7	92]
因为pivotkey>a[5].key, 所 以将a[5]保存在a[3]		[26	19	22 ↑i=3	22	□ ↑j=5	89	43	92]
因为low=high, 将pivotkey保 存到a[low]即a[5]中		[26	19	22	22	37 i=5↑ ↑j=5	89	43	92]
第1趟排序结果: 以37为 枢轴将序列分为两段		[26	19	22	22	37	[89	43	92]

图 12.12   第一趟快速排序的过程

从图 12.12 不难看出,当一趟快速排序完成之后,整个元素序列被枢轴的关键字 37 划分为两个部分,前一个部分的关键字都小于 37,后一部分元素的关键字都大于等于 37。其实,快速排序的过程就是以枢轴为中心将元素序列划分的过程,直到所有的序列被划分为单独的元素,快速排序完毕。快速排序的过程如图 12.13 所示。

	序号	1	2	3	4	5	6	7	8
第1个元素作为枢轴元 素pivotkey=a[1].key	初始 状态	[37 ↑i=1	19	43	22	22	89	26	92] ↑j=8
第一趟排序结果:		[26	19	22	22]	37	[89	43	92]
第二趟排序结果:		[22	19	22]	26	37	[43]	89	[92]
第三趟排序结果:		[19]	22	[22]	26	37	43	89	92
最终排序结果:		19	22	22	26	37	43	89	92

图 12.13   快速排序过程

进行一趟快速排序,即将元素序列进行一次划分的算法描述如下所示:

```
int Partition(SqList *L, int low, int high)
  /*对顺序表 L.r[low...high]的元素进行一趟排序,使枢轴前面的元素关键字小于
  枢轴元素的关键字,枢轴后面的元素关键字大于等于枢轴元素的关键字,并返回枢轴位置*/
{
    DataType t;
    KeyType pivotkey;
    pivotkey = (*L).data[low].key;        /*将表的第一个元素作为枢轴元素*/
    t = (*L).data[low];
    while(low < high)                     /*从表的两端交替地向中间扫描*/
    {
        while(low<high && (*L).data[high].key>=pivotkey)
          /*从表的末端向前扫描*/
            high--;
        if(low < high)                    /*将当前 high 指向的元素保存在 low 位置*/
        {
            (*L).data[low] = (*L).data[high];
            low++;
```

```
            }
            while(low<high && (*L).data[low].key<=pivotkey)
               /*从表的始端向后扫描*/
                 low++;
            if(low < high)              /*将当前 low 指向的元素保存在 high 位置*/
            {
                (*L).data[high] = (*L).data[low];
                high--;
            }
            (*L).data[low] = t;         /*将枢轴元素保存在 low=high 的位置*/
        }
        return low;                     /*返回枢轴所在位置*/
}
```

快速排序算法通过多次递归调用一次划分算法即一趟排序算法，可实现快速排序，其算法描述如下所示：

```
void QuickSort(SqList *L, int low, int high)   /*对顺序表 L 进行快速排序*/
{
    int pivot;
    if(low < high)                  /*如果元素序列的长度大于 1 */
    {
        pivot = Partition(L, low, high);
          /*将待排序序列 L.r[low...high]划分为两部分*/
        QuickSort(L, low, pivot-1);
           /*对左边的子表进行递归排序，pivot 是枢轴位置*/
        QuickSort(L, pivot+1, high);      /*对右边的子表进行递归排序*/
    }
}
```

不难看出，快速排序是一种不稳定的排序算法，其空间复杂度为 $O(\log_2 n)$。

在最好的情况下，每趟排序均将元素序列正好划分为相等的两个子序列，这样快速排序的划分的过程就将元素序列构成一个完全二叉树的结构，分解的次数等于树的深度，即 $\log_2 n$，因此快速排序总的比较次数为：

$T(n) \leqslant n+2T(n/2) \leqslant n+2*(n/2+2*T(n/4))=2n+4T(n/4) \leqslant 3n+8T(n/8) \leqslant \ldots \leqslant n\log_2 n+nT(1)$

因此，在最好的情况下，时间复杂度为 $O(n^2)$。

在最坏的情况下，待排序的元素序列已经是有序序列，则第一趟需要比较 n-1 次，第二趟需要比较 n-2 次，依次类推，共需要比较 n(n-1)/2 次，因此时间复杂度为 $O(n^2)$。

在平均情况下，快速排序的时间复杂度为 $O(n\log_2 n)$。

12.4.3 交换排序应用举例

例 12-3 一组元素序列，其关键字为(37,22,43,32,19,12,89,26,48,92)，使用冒泡排序和快速排序对该元素进行排序，并输出冒泡排序和快速排序的每趟排序结果。

分析：主要考察两种交换排序，即冒泡排序和快速排序的算法思想。这两种算法都是对存在逆序的元素进行交换，从而实现排序。主要区别在于：冒泡排序通过比较两个相邻的元素，如果存在逆序，则进行交换；而快速排序则是选定一个枢轴元素作为参考点，通过依次将元素序列中的关键字与枢轴元素的关键字进行比较，如果存在逆序，则进行交换，从而实现排序。

为了输出冒泡排序和快速排序的每一趟排序结果，将冒泡排序和快速排序进行了简单修改。整个算法的实现代码分为两个部分：交换排序算法实现代码和测试代码。

(1) 交换排序算法实现

这部分主要包括冒泡排序、快速排序算法的实现，其实现代码如下所示：

```c
/*冒泡排序算法部分*/
void BubbleSort(SqList *L, int n)    /*冒泡排序*/
{
    int i, j, flag;
    DataType t;
    static int count=1;
    for(i=1; i<=n-1&&flag; i++)          /*需要进行n-1趟排序*/
    {
        flag = 0;
        for(j=1; j<=n-i; j++)            /*每一趟排序需要比较n-i次*/
            if(L->data[j].key>L->data[j+1].key)
            {
                t = L->data[j];
                L->data[j] = L->data[j+1];
                L->data[j+1] = t;
                flag = 1;
            }
        DispList3(*L, count);
        count++;
    }
}


/*快速排序算法部分*/
void QSort(SqList *L, int low, int high)   /*对顺序表L进行快速排序*/
{
    int pivot;
    static count = 1;
    if(low < high)                       /*如果元素序列的长度大于1 */
    {
        pivot = Partition(L, low, high);
          /*将待排序序列L.r[low...high]划分为两部分*/
        DispList2(*L, pivot, count);     /*输出每次划分的结果*/
        count++;
        QSort(L, low, pivot-1); /*对左边的子表进行递归排序，pivot是枢轴位置*/
        QSort(L, pivot+1, high);          /*对右边的子表进行递归排序*/
    }
}

void QuickSort(SqList *L)   /*对顺序表L做快速排序*/
{
    QSort(L, 1, (*L).length);
```

```
}
int Partition(SqList *L, int low, int high)
  /*对顺序表 L.r[low...high]的元素进行一趟排序，使枢轴前面的元素关键字小于
    枢轴元素的关键字，枢轴后面的元素关键字大于等于枢轴元素的关键字，并返回枢轴位置*/
{
    DataType t;
    KeyType pivotkey;
    pivotkey = (*L).data[low].key;  /*将表的第一个元素作为枢轴元素*/
    t = (*L).data[low];
    while(low < high)                    /*从表的两端交替地向中间扫描*/
    {
        while(low<high && (*L).data[high].key>=pivotkey)/*从表的末端向前扫描*/
            high--;
        if(low < high)                   /*将当前 high 指向的元素保存在 low 位置*/
        {
            (*L).data[low] = (*L).data[high];
            low++;
        }
        while(low<high && (*L).data[low].key<=pivotkey)
          /*从表的始端向后扫描*/
            low++;
        if(low < high)                   /*将当前 low 指向的元素保存在 high 位置*/
        {
            (*L).data[high] = (*L).data[low];
            high--;
        }
        (*L).data[low] = t;              /*将枢轴元素保存在 low=high 的位置*/
    }
    return low;                          /*返回枢轴所在位置*/
}
```

(2) 测试代码

这部分主要包括需要的头文件、类型定义、函数声明、主函数、表的初始化和输出。其程序代码如下所示：

```
/*包含头文件*/
#include <stdio.h>
#include <stdlib.h>
#define MAXSIZE 50
typedef int KeyType;
typedef struct /*数据元素类型定义*/
{
    KeyType key;/*关键字*/
} DataType;
typedef struct /*顺序表类型定义*/
{
    DataType data[MAXSIZE];
    int length;
} SqList;
void InitSeqList(SqList *L, DataType a[], int n);
```

```
void DispList(SqList L);
void DispList2(SqList L, int pivot, int count);
void DispList3(SqList L, int count);
void HeapSort(SqList *H);
void BubbleSort(SqList *L, int n);

void DispList2(SqList L, int pivot, int count)
{
    int i;
    printf("第%d 趟排序结果:[", count);
    for(i=1; i<pivot; i++)
        printf("%-4d", L.data[i].key);
    printf("]");
    printf("%3d ", L.data[pivot].key);
    printf("[");
    for(i=pivot+1; i<=L.length; i++)
        printf("%-4d", L.data[i].key);
    printf("]");
    printf("\n");
}

void DispList3(SqList L, int count)   /*输出表中的元素*/
{
    int i;
    printf("第%d 趟排序结果:", count);
    for(i=1; i<=L.length; i++)
        printf("%4d", L.data[i].key);
    printf("\n");
}

void main()
{
    DataType a[] = {37,22,43,32,19,12,89,26,48,92};
    int i, n=10;
    SqList L;
    /*冒泡排序*/
    InitSeqList(&L, a, n);
    printf("冒泡排序前: ");
    DispList(L);
    BubbleSort(&L, n);
    printf("冒泡排序结果: ");
    DispList(L, n);
    /*快速排序*/
    InitSeqList(&L, a, n);
    printf("快速排序前: ");
    DispList(L, n);
    QuickSort(&L, n);
    printf("快速排序结果: ");
    DispList(L);
}
```

```
void InitSeqList(SqList *L, DataType a[], int n)   /*顺序表的初始化*/
{
    int i;
    for(i=1; i<=n; i++)
    {
        L->data[i] = a[i-1];
    }
    L->length = n;
}

void DispList(SqList L)   /*输出表中的元素*/
{
    int i;
    for(i=1; i<=L.length; i++)
        printf("%4d", L.data[i].key);
    printf("\n");
}
```

程序运行结果如图 12.14 所示。

图 12.14　交换排序的程序运行结果

12.5　归并排序

归并排序的基本思想是：将两个或两个以上的元素有序序列组合，使其成为一个有序序列。其中最为常用的是 2 路归并排序。

12.5.1　归并排序算法

2 路归并排序的主要思想是：假设元素的个数是 n，将每个元素作为一个有序的子序列，然后将相邻的两个子序列两两合并，得到 $\left\lceil \dfrac{n}{2} \right\rceil$ 个长度为 2 的有序子序列。继续将相邻的两个有序子序列两两合并，得到 $\left\lceil \dfrac{n}{4} \right\rceil$ 个长度为 4 的有序子序列。依次类推，重复执行以上操作，直到有序序列合并为 1 个为止。这样就得到了一个有序序列。

一组元素序列的关键字序列为(37,19,43,22,57,89,26,92)，2 路归并排序的过程如图 12.15 所示。

序号	1	2	3	4	5	6	7	8
每个元素作为 初始 一个子序列 状态	[37]	[19]	[43]	[22]	[57]	[89]	[26]	[92]
第一趟归并结果:	[19	37]	[22	43]	[57	89]	[26	92]
第二趟归并结果:	[19	22	37	43]	[26	57	89	92]
第三趟归并结果:	[19	22	26	37	43	57	89	92]
最终排序结果:	19	22	26	37	43	57	89	92

图 12.15　2 路归并排序过程

容易看出，2 路归并排序的过程其实就是不断地将两个相邻的子序列合并为一个子序列的过程。其合并算法如下所示：

```
void Merge(DataType s[], DataType t[], int low, int mid, int high)
 /*将有序的s[low...mid]和s[mid+1...high]归并为有序的t[low...high] */
{
    int i, j, k;
    i=low, j=mid+1, k=low;
    while(i<=mid && j<=high)      /*将s中元素由小到大地合并到t */
    {
        if(s[i].key <= t[j].key)
        {
            t[k] = s[i++];
        }
        else
        {
            t[k] = s[j++];
        }
        k++;
    }
    while(i <= mid)             /*将剩余的s[i...mid]复制到t */
        t[k++] = s[i++];
    while(j <= high)            /*将剩余的s[j...high]复制到t */
        t[k++] = s[j++];
}
```

以上是合并两个子表的算法，可通过递归调用以上算法合并所有子表，从而实现 2 路归并排序。其 2 路归并算法描述如下所示：

```
void MergeSort(DataType s[], DataType t[], int low, int high)
 /*2 路归并排序，将s[low...high]归并排序并存储到t[low...high]中*/
{
    int mid;
    DataType t2[MAXSIZE];
    if(low == high)
```

```
        t[low] = s[low];
    else
    {
        mid = (low+high)/2;
          /*将s[low...high]分为s[low...mid]和s[mid+1...high]*/
        MergeSort(s, t2, low, mid);
          /*将s[low...mid]归并为有序的t2[low...mid] */
        MergeSort(s, t2, mid+1, high);
          /*将s[mid+1...high]归并为有序的t2[mid+1...high] */
        Merge(t2, t, low, mid, high);
          /*将t2[low...mid]和t2[mid+1...high]归并到t[low...high] */
    }
}
```

不难看出，归并排序需要与元素个数相等的空间作为辅助空间，因此归并排序的空间复杂度为 $O(n)$。由于 2 路归并排序过程中所使用的空间过大，因此，它主要被用在外部排序中。2 路归并排序算法需要多次递归调用自己，其递归调用的过程可以构成一个二叉树的结构，它的时间复杂度为 $T(n) \leqslant n+2T(n/2) \leqslant n+2*(n/2+2*T(n/4))=2n+4T(n/4) \leqslant 3n+8T(n/8) \leqslant \dots \leqslant nlog_2n+nT(1)$，即 $O(nlog_2n)$。2 路归并排序是一种稳定的排序算法。

12.5.2　归并排序应用举例

例 12-4　一组元素序列的关键字为(37,22,43,32,19,12,89,26,48,92)，请使用 2 路归并排序对该元素序列进行排序，并输出排序后的结果。

分析：主要考察 2 路归并排序的算法思想。2 路归并排序将单个元素看作是一个有序的序列，不断地将两个有序序列合并，最后合并为一个有序序列。

这里只给出了测试代码部分，归并算法的实现见 12.5.1 节。测试代码包括需要的头文件、类型定义、函数声明、主函数、顺序表的初始化和输出，其实现代码如下所示：

```c
/*包含头文件*/
#include <stdio.h>
#include <stdlib.h>
#define MAXSIZE 50
typedef int KeyType;
typedef struct /*数据元素类型定义*/
{
    KeyType key; /*关键字*/
} DataType;
typedef struct /*顺序表类型定义*/
{
    DataType data[MAXSIZE];
    int length;
} SqList;
void InitSeqList(SqList *L, DataType a[], int start, int n);
void DispList(SqList L);
void Merge(DataType s[], DataType t[], int low, int mid, int high);
void Merge(DataType s[], DataType t[], int low, int mid, int high);
```

```
void main()
{
    DataType a[] = {37,22,43,32,19,12,89,26,48,92};
    DataType b[MAXSIZE];
    int i, n=10;
    SqList L;
    /*归并排序*/
    InitSeqList(&L, a, 0, n);    /*将数组a[0...n-1]初始化为顺序表L */
    printf("归并排序前: ");
    DispList(L);
    MergeSort(L.data, b, 1, n);
    InitSeqList(&L, b, 1, n);    /*将数组b[1...n]初始化为顺序表L */
    printf("归并排序结果: ");
    DispList(L);
}
void InitSeqList(SqList *L, DataType a[], int start, int n)
 /*顺序表的初始化*/
{
    int i, k;
    for(k=1,i=start; i<start+n; i++,k++)
    {
        L->data[k] = a[i];
    }
    L->length = n;
}
void DispList(SqList L)
 /*输出表中的元素*/
{
    int i;
    for(i=1; i<=L.length; i++)
        printf("%4d", L.data[i].key);
    printf("\n");
}
```

程序运行结果如图 12.16 所示。

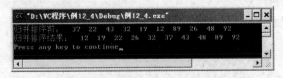

图 12.16 归并排序程序的运行结果

12.6 基 数 排 序

基数排序与前面各种排序算法完全不同,前面的排序方法是通过对元素的关键字进行比较,然后移动元素实现的。而基数排序则是不需要对关键字进行比较的一种排序方法,本节就来认识什么是基数排序算法。

12.6.1　基数排序算法

基数排序主要是利用多个关键字进行排序，在日常生活中，扑克牌就是一种多关键字的排序问题。扑克牌有 4 种花色，即红桃、方块、梅花和黑桃，每种花色从 A 到 K 共 13 张牌。这 4 种花色就相当于 4 个关键字，而每种花色的 A 到 K 张牌就相当于对不同的关键字进行排序。

基数排序正是借助这种思想，对不同类的元素进行分类，然后对同一类中的元素进行排序，通过这样的一种过程，完成对元素序列的排序。在基数排序中，通常将对不同元素的分类称为分配，排序的过程称为收集。

具体算法思想：假设第 i 个元素 a_i 的关键字 key_i，key_i 是由 d 位十进制组成，即 $key_i = k_i^d k_i^{d-1} ... k_i^1$，其中 k_i^1 为最低位，k_i^d 为最高位。关键字的每一位数字都可作为一个子关键字。首先将元素序列按照最低的关键字进行排序，然后从低位到高位直到最高位依次进行排序，这样就完成了排序过程。

例如，一组元素序列的关键字为(334,45,21,467,821,562,342,45)。这组关键字位数最多的是 3 位，在排序之前，首先将所有的关键字都看作是一个 3 位数字组成的数，即(324,285,021,467,821,562,342,045)。对这组关键字进行基数排序需要进行 3 趟分配和收集。首先需要对该关键字序列的最低位进行分配和搜集，然后对十位数字进行分配和收集，最后是对最高位的数字进行分配和收集。一般情况下，采用链表实现基数排序。对最低位进行分配和收集的过程如图 12.17 所示。其中，数组 f[i]保存第 i 个链表的头指针，数组 r[i]保存第 i 个链表的尾指针。

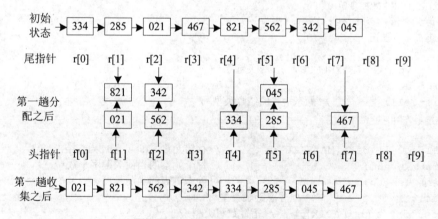

图 12.17　第一趟分配和收集过程

对十位数字分配和收集的过程如图 12.18 所示。

对百位数字分配和收集的过程如图 12.19 所示。

容易看出，经过第一趟排序，即对个位数作为关键字进行分配后，关键字被分为 9 类，个位数字相同的数字被划分为一类，然后对分配后的关键字进行收集，得到以个位数字非递减排序的序列。同理，经过第二趟分配和收集后，得到以十位数字非递减排序的序列。经过第三趟分配和收集后，得到最终的排序结果。

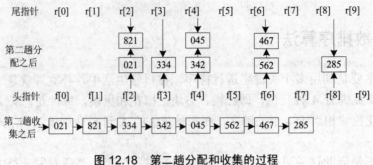

图 12.18　第二趟分配和收集的过程

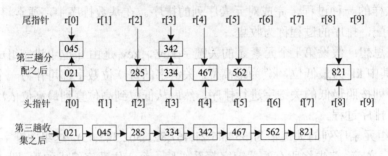

图 12.19　第三趟分配和收集的过程

　　基数排序的算法主要包括分配和收集。通过静态链作为存储方式。静态链表类型定义描述如下：

```
#define MAXNUMKEY 6    /*关键字项数的最大值*/
#define RADIX 10        /*关键字基数，此时是十进制整数的基数*/
#define MAXSIZE 1000
typedef int KeyType;
typedef struct
{
    KeyType key[MAXNUMKEY];  /*关键字*/
    int next;
} SListCell;          /*静态链表的结点类型*/
typedef struct
{
    SListCell data[MAXSIZE];          /*存储元素，data[0]为头结点*/
    int keynum;                        /*每个元素的当前关键字个数*/
    int length;                        /*静态链表的当前长度*/
} SList;              /*静态链表类型*/
typedef int addr[RADIX];    /*指针数组类型*/
```

基数排序的分配算法实现如下所示：

```
void Distribute(SListCell data[], int i, addr f, addr r)
    /*为data中的第i个关键字key[i]建立RADIX个子表，使同一子表中元素的key[i]相同*/
    /* f[0...RADIX-1]和r[0...RADIX-1]分别指向各个子表中第一个和最后一个元素*/
{
    int j, p;
    for(j=0; j<RADIX; j++)              /*将各个子表初始化为空表*/
        f[j] = 0;
```

```
    for(p=data[0].next; p; p=data[p].next)
    {
        j = trans(data[p].key[i]);    /*将对应的关键字字符转化为整数类型*/
        if(!f[j])                     /* f[j]是空表，则 f[j]指示第一个元素*/
            f[j] = p;
        else
            data[r[j]].next = p;
        r[j] = p;                     /*将 p 所指的结点插入第 j 个子表中*/
    }
}
```

其中，数组 **f[j]** 和数组 **r[j]** 分别存放第 j 个子表的第一个元素的位置和最后一个元素的位置。基数排序的收集算法实现如下所示：

```
void Collect(SListCell data[], addr f, addr r)
 /*按 key[i]将 f[0...RADIX-1]所指各子表依次链接成一个静态链表*/
{
    int j, t;
    for(j=0; !f[j]; j++);    /*找第一个非空子表，succ 为求后继函数*/
    data[0].next = f[j];
    t = r[j];                      /* r[0].next 指向第一个非空子表中的第一个结点*/
    while(j < RADIX-1)
    {
        for(j=j+1; j<RADIX-1&&!f[j]; j++);  /*找下一个非空子表*/
        if(f[j])                            /*将非空链表连接在一起*/
        {
            data[t].next = f[j];
            t = r[j];
        }
    }
    data[t].next = 0;         /* t 指向最后一个非空子表中的最后一个结点*/
}
```

基数排序通过多次调用分配算法和收集算法，从而实现排序，其算法实现如下所示：

```
void RadixSort(SList *L)
 /*对 L 进行基数排序，使得 L 成为按关键字非递减的静态链表，L.r[0]为头结点*/
{
    int i;
    addr f,r;
    for(i=0; i<(*L).keynum; i++)     /*由低位到高位依次对各关键字进行分配和收集*/
    {
        Distribute((*L).data, i, f, r);    /*第 i 趟分配*/
        Collect((*L).data, f, r);          /*第 i 趟收集*/
    }
}
```

容易看出，基数排序需要 2*RADIX 个队列指针，分别指向每个队列的队头和队尾。假设待排序的元素为 n 个，每个元素的关键字为 d 个，则基数排序的时间复杂度为 O(d*(n+RADIX))。

12.6.2 基数排序应用举例

例 12-5 一组元素序列的关键字为(268,126,63,730,587,184)，使用基数排序对该元素序列排序，并输出每一趟基数排序的结果。

分析：主要考察基数排序的算法思想。基数排序就是利用多个关键字先进行分配，然后再对每趟排序结果进行收集，通过多趟分配和收集后，得到最终的排序结果。十进制数有 0~9 共十个数字，利用 10 个链表分别存放每个关键字各个位为 0~9 的元素，然后通过收集，将每个链表连接在一起，构成一个链表，通过 3 次(因为最大关键字是 3 位数)分配和收集，就完成了排序。

基数排序采用静态链表实现，算法的完整实现包括 3 个部分：基数排序的分配和收集算法、静态链表的初始化、测试代码部分。

(1) 分配和收集算法

这部分主要包括基数排序的分配、收集。因为关键字中最大的是 3 位数，因此需要进行 3 趟分配和收集。其相关的实现代码如下所示：

```
void Distribute(SListCell data[], int i, addr f, addr r)
 /*为 data 中的第 i 个关键字 key[i]建立 Radix 个子表，使同一子表中元素的 key[i]相同*/
 /* f[0...RADIX-1]和 r[0...RADIX-1]分别指向各个子表中第一个和最后一个元素*/
{
    int j, p;
    for(j=0; j<RADIX; j++)                    /*将各个子表初始化为空表*/
        f[j] = 0;
    for(p=data[0].next; p; p=data[p].next)
    {
        j = trans(data[p].key[i]);           /*将对应的关键字字符转化为整数类型*/
        if(!f[j])                            /* f[j]是空表，则 f[j]指示第一个元素*/
            f[j] = p;
        else
            data[r[j]].next = p;
        r[j] = p;                            /*将 p 所指的结点插入第 j 个子表中*/
    }
}
void Collect(SListCell data[], addr f, addr r)
 /*按 key[i]将 f[0...RADIX-1]所指各个子表依次链接成一个静态链表*/
{
    int j, t;
    for(j=0; !f[j]; j++);           /*找第一个非空子表，succ 为求后继函数*/
    data[0].next = f[j];
    t = r[j];                       /* r[0].next 指向第一个非空子表中的第一个结点 */
    while(j < RADIX-1)
    {
        for(j=j+1; j<RADIX-1&&!f[j]; j++);         /*找下一个非空子表*/
        if(f[j])                                   /*将非空链表连接在一起*/
        {
            data[t].next = f[j];
            t = r[j];
```

```
            }
        }
        data[t].next = 0;          /* t 指向最后一个非空子表中的最后一个结点*/
}
void RadixSort(SList *L)
    /*对 L 进行基数排序, 使得 L 成为按关键字非递减的静态链表, L.r[0]为头结点*/
{
    int i;
    addr f, r;
    for(i=0; i<(*L).keynum; i++)      /*由低位到高位依次对各关键字进行分配和收集*/
    {
        Distribute((*L).data, i, f, r);     /*第 i 趟分配*/
        Collect((*L).data, f, r);           /*第 i 趟收集*/
        printf("第%d 趟收集后:", i+1);
        PrintList2(*L);
    }
}
```

(2) 静态链表的初始化

这部分主要包括静态链表的初始化, 主要包括以下功能: ①求出关键字最大的元素, 并通过该元素值得到子关键字的个数, 通过对数函数实现; ②将每个元素的关键字转换为字符类型, 不足的位数用字符'0'补齐, 子关键字即元素的关键字的每个位的值存放在 key 域中; ③将每个结点通过链域链接起来, 构成一个链表。

静态链表的实现代码如下所示:

```
void InitList(SList *L, DataType a[], int n)   /*初始化静态链表 L */
{
    char ch[MAXNUMKEY], ch2[MAXNUMKEY];
    int i, j, max=a[0].key;
    for(i=1; i<n; i++)                        /*将最大的关键字存入 max */
        if(max<a[i].key) max=a[i].key;
    (*L).keynum = (int)(log10(max))+1;  /*求子关键字的个数*/
    (*L).length = n;                          /*待排序个数*/
    for(i=1; i<=n; i++)
    {
        itoa(a[i-1].key, ch, 10);          /*将整型转化为字符, 并存入 ch */
        for(j=strlen(ch); j<(*L).keynum; j++)
            /*如果 ch 的长度小于 max 的位数, 则在 ch 前补'0' */
            {
                strcpy(ch2, "0");
                strcat(ch2, ch);
                strcpy(ch, ch2);
            }
        for(j=0; j<(*L).keynum; j++)       /*将每个关键字的各个位数存入 key */
            (*L).data[i].key[j] = ch[(*L).keynum-1-j];
    }
    for(i=0; i<(*L).length; ++i)              /*初始化静态链表*/
        (*L).data[i].next = i+1;
    (*L).data[(*L).length].next = 0;
}
```

(3) 测试代码

这部分主要包括需要包含的头文件、函数声明、静态链表的输出和主函数。其相应的
实现代码如下所示：

```c
#include <stdio.h>
#include <malloc.h>
#include <math.h>
#define MAXNUMKEY 6        /*关键字项数的最大值*/
#define RADIX 10           /*关键字基数，此时是十进制整数的基数*/
#define MAXSIZE 1000
#define N 6
typedef int KeyType;               /*定义关键字类型为字符型*/
typedef struct
{
    KeyType key[MAXNUMKEY];        /*关键字*/
    int next;
} SListCell;                       /*静态链表的结点类型*/
typedef struct
{
    SListCell data[MAXSIZE];       /*存储元素，data[0]为头结点*/
    int keynum;                    /*每个元素的当前关键字个数*/
    int length;                    /*静态链表的当前长度*/
} SList;               /*静态链表类型*/
typedef int addr[RADIX]; /*数组类型*/
typedef struct
{
    KeyType key;            /*关键字*/
} DataType;
void PrintList(SList L);
void PrintList2(SList L);
void InitList(SList *L, DataType d[], int n);
int trans(char c);
void Distribute(SListCell data[], int i, addr f, addr r);
void Collect(SListCell data[], addr f, addr r);
void RadixSort(SList *L);
int trans(char c)   /*将字符c转化为对应的整数*/
{
    return c-'0';
}
void main()
{
    DataType d[N] = {268,126,63,730,587,184};
    SList L;
    int *adr;
    InitList(&L, d, N);
    printf("待排序元素个数是%d个，关键字个数为%d个\n", L.length, L.keynum);
    printf("排序前的元素:\n");
    PrintList2(L);
    printf("排序前的元素的存放位置:\n");
    PrintList(L);
    RadixSort(&L);
    printf("排序后元素的存放位置:\n");
```

```
    PrintList(L);
}
void PrintList(SList L)    /*按数组序号形式输出静态链表*/
{
    int i, j;
    printf("序号 关键字 地址\n");
    for(i=1; i<=L.length; i++)
    {
        printf("%2d    ", i);
        for(j=L.keynum-1; j>=0; j--)
            printf("%c", L.data[i].key[j]);
        printf("    %d\n", L.data[i].next);
    }
}
void PrintList2(SList L)    /*按链表形式输出静态链表*/
{
    int i=L.data[0].next, j;
    while(i)
    {
        for(j=L.keynum-1; j>=0; j--)
            printf("%c", L.data[i].key[j]);
        printf(" ");
        i = L.data[i].next;
    }
    printf("\n");
}
```

程序运行结果如图 12.20 所示。

图 12.20　基数排序的程序运行结果

12.7　各种排序算法的比较

比较各种排序算法的性能主要是考察各种排序算法的时间复杂度、空间复杂度和稳定性。通过本章的学习，各种排序算法的综合性能比较如表 12.1 所示。

表 12.1　各种排序算法的性能比较

排序方法	平均时间复杂度	最坏时间复杂度	辅助空间	稳定性
直接插入排序	$O(n^2)$	$O(n^2)$	$O(1)$	稳定
希尔排序	$O(n^{1.25})$	——	$O(1)$	不稳定
冒泡排序	$O(n)$	$O(n^2)$	$O(1)$	稳定
快速排序	$O(n\log_2 n)$	$O(n^2)$	$O(\log_2 n)$	不稳定
简单选择排序	$O(n^2)$	$O(n^2)$	$O(1)$	不稳定
堆排序	$O(n\log_2 n)$	$O(n\log_2 n)$	$O(1)$	不稳定
归并排序	$O(n\log_2 n)$	$O(n\log_2 n)$	$O(n)$	稳定
基数排序	$O(d(n+rd))$	$O(d(n+rd))$	$O(rd)$	稳定

从时间耗费上来看，快速排序、堆排序和归并排序最佳，但是快速排序在最坏情况下的时间耗费不如堆排序和归并排序。归并排序需要使用大量的存储空间，比较适合于外部排序。堆排序适合于数据量较大的情况，直接插入排序和简单选择排序适合于数据量较小的情况。基数排序适合于数据量较大，而关键字的位数较小的情况。

从稳定性上来看，直接插入排序、冒泡排序、归并排序和基数排序是稳定的，希尔排序、快速排序、简单选择排序、堆排序都是不稳定的。稳定性主要取决于排序的具体算法，通常情况下，对两个关键字相邻进行比较的排序方法都是稳定的，反之则是不稳定的。

12.8　排序算法应用举例

例 12-6 利用链表对给定元素的关键字序列(45,67,21,98,12,39,81,53)进行选择排序。

分析：主要考察选择排序的算法思想和链表的操作。对链表进行排序的实现思想是设置两个指针 p 和 q，分别指向链表的已经排序部分和未排序部分，p 始终指向该部分的最后一个结点。初始时，p 指向头结点，已排序链表为空；q 指向的未排序链表是整个链表。依次从 q 指向的链表中找到一个元素值最小的结点，将其取出并插入到 p 指向的链表中。重复执行以上操作，直到 q 的链表为空为止，这时整个链表就构成了一个有序的链表。

程序实现代码如下所示：

```
/*包含头文件*/
#include <stdio.h>
#include <malloc.h>
#include <stdlib.h>

typedef int DataType;     /*元素类型定义为整型*/
typedef struct Node       /*单链表类型定义*/
{
    DataType data;
    struct Node *next;
} ListNode, *LinkList;
#include "LinkList.h"
void SelectSort(LinkList L);
```

```
void CreateList(LinkList L, DataType a[], int n);
void CreateList(LinkList L, DataType a[], int n)   /*创建单链表*/
{
    int i;
    for(i=1; i<=n; i++)
        InsertList(L, i, a[i-1]);
}
void main()
{
    LinkList L, p;
    int n = 8;
    DataType a[] = {45,67,21,98,12,39,81,53};
    InitList(&L);
    CreateList(L, a, n);
    printf("排序前: \n");
    for(p=L->next; p!=NULL; p=p->next)
        printf("%d ", p->data);
    printf("\n");
    SelectSort(L);
    printf("排序后: \n");
    for(p=L->next; p!=NULL; p=p->next)
        printf("%d ", p->data);
    printf("\n");
}
void SelectSort(LinkList L)
 /*用链表实现选择排序。将链表分为两段,
   p指向已经排序的链表部分,q指向未排序的链表部分*/
{
    ListNode *p, *q, *t, *s;
    p = L;
    while(p->next->next != NULL)
    {
        for(s=p,q=p->next; q->next!=NULL; q=q->next) /*用q指针遍历链表*/
            if(q->next->data < s->next->data)
            /*如果q指针指向的元素值小于s指向的元素值,则s=q */
                s = q;
        if(s != q)
          /*如果*s不是最后一个结点,则将s指向的结点链接到p指向的链表后面*/
          {
            t = s->next;           /*将结点*t从q指向的链表中取出*/
            s->next = t->next;
            t->next = p->next; /*将结点*t插入到p指向的链表中*/
            p->next = t;
          }
        p = p->next;
    }
}
```

利用链表结构进行选择排序的过程如图 12.21 所示。

假设已经排好序的元素有 12 和 21,要查找下一个元素,在 q 指向的链表中,元素值

跟我学数据结构

39 最小，因此 s 指向元素值为 39 结点的前驱，t 指向元素值为 39 的结点，先取出元素值为 39 的结点，即执行语句 t=s->next 和 s->next=t->next；然后将元素值为 39 的结点插入到结点 *p 的后面，即执行语句 t->next=p->next 和 p->next=t。

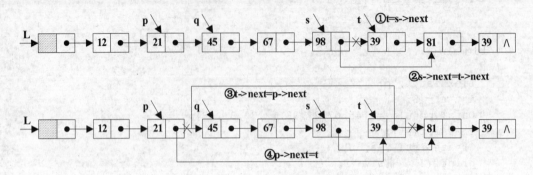

图 12.21 插入元素值为 39 的结点的过程

程序运行结果如图 12.22 所示。

图 12.22 采用链表结构的选择排序程序的运行结果

例 12-7 利用链表对给定元素的关键字序列(87,34,22,93,102,56,39,21)进行插入排序。

分析：主要考察插入排序的算法思想和链表的操作。

算法思想：对链表进行插入排序的实现思想仍然是将待排序链表看作两个部分——已经排序部分和未排序部分。初始时，令 L->next=NULL，即已经排序链表为空。指针 p 指向待排序的链表，如果已排序链为空，则将 p 指向的结点插入到空链表中。然后将已排序链表即 L 指向的链表的每一个结点与 p 指向的结点比较，并将结点*p 插入到 L 指向的链表的正确位置。重复执行以上操作，直到待排序链表中所有结点都插入到 L 指向的链表。这时，L 就是一个已经排好序的链表。

插入排序的完整程序如下所示：

```
/*包含头文件*/
#include <stdio.h>
#include <malloc.h>
#include <stdlib.h>
typedef int DataType;      /*元素类型定义为整型*/
typedef struct Node        /*单链表类型定义*/
{
    DataType data;
    struct Node *next;
} ListNode, *LinkList;
#include "LinkList.h"
```

```
void InsertSort(LinkList L);
void CreateList(LinkList L, DataType a[], int n);
void CreateList(LinkList L, DataType a[], int n)  /*创建单链表*/
{
    int i;
    for(i=1; i<=n; i++)
        InsertList(L, i, a[i-1]);
}
void main()
{
    LinkList L, p;
    int n = 8;
    DataType a[] = {87,34,22,93,102,56,39,21};
    InitList(&L);
    CreateList(L, a, n);
    printf("排序前: \n");
    for(p=L->next; p!=NULL; p=p->next)
        printf("%d ", p->data);
    printf("\n");
    InsertSort(L);
    printf("排序后: \n");
    for(p=L->next; p!=NULL; p=p->next)
        printf("%d ", p->data);
    printf("\n");
}
void InsertSort(LinkList L)  /*链表的插入排序*/
{
    ListNode *p=L->next, *pre, *q;
    L->next = NULL;             /*初始时，已排序链表为空*/
    while(p != NULL)            /* p是指向待排序的结点*/
    {
        if(L->next == NULL)
        /*如果*p是第一个结点，则插入到L，并令已排序的最后一个结点的指针域为空*/
        {
            L->next = p;
            p = p->next;
            L->next->next = NULL;
        }
        else      /* p指向待排序的结点，在L指向的已经排好序的链表中查找插入位置*/
        {
            pre = L;
            q = L->next;
            while(q!=NULL && q->data<p->data) /*在q指向的有序表中寻找插入位置*/
            {
                pre = q;
                q = q->next;
            }
            q = p->next;            /* q指向p的下一个结点，保存待排序的指针位置*/
            p->next = pre->next; /*将结点*p插入到结点*pre的后面*/
            pre->next = p;
            p = q;                  /* p指向下一个待排序的结点*/
```

```
        }
    }
}
```

程序运行结果如图 12.23 所示。

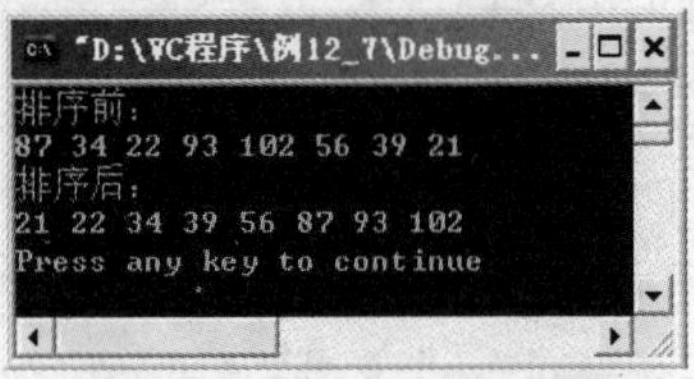

图 12.23 采用链表结构的插入排序程序运行结果

12.9 小　结

本章主要介绍了数据结构中最为常用的技术——内排序。

在计算机的非数值处理中，排序是一种非常重要且最为常用的操作。衡量排序算法的主要性能是时间复杂度、空间复杂度和稳定性。

根据排序所采用的方法，内排序可分为插入排序、选择排序、交换排序、归并排序和基数排序。其中，插入排序又可以分为直接插入排序、折半插入排序和希尔排序。直接插入排序的算法最为简单，其算法的时间复杂度在最好、最坏和平均情况下都是 $O(n^2)$，空间复杂度为 $O(1)$，是一种稳定的排序算法。希尔排序的平均时间复杂度是 $O(n^{1.25})$，空间复杂度为 $O(1)$，是一种不稳定的排序算法。

选择排序可分为简单选择排序、堆排序。简单选择排序算法的时间复杂度在最好、最坏和平均情况下都是 $O(n^2)$，而堆排序的时间复杂度在最好、最坏和平均情况下都是 $O(n\log_2 n)$。两者的空间复杂度都是 $O(1)$，都是不稳定的排序算法。

交换排序可分为冒泡排序和快速排序。冒泡排序在最好的情况下，即在已经有序的情况下，时间复杂度是 $O(n)$。其他情况下时间复杂度为 $O(n^2)$，空间复杂度为 $O(1)$，它是一种稳定的排序算法。快速排序在最好和平均情况下，时间复杂度为 $O(n\log_2 n)$，在最坏情况下时间复杂度为 $O(n^2)$。其空间复杂度为 $O(\log_2 n)$，它是一种不稳定的排序算法。

2 路归并排序在最好、最坏和平均情况下，时间复杂度均为 $O(n\log_2 n)$，其空间复杂度为 $O(n)$，它是一种稳定的排序算法。

基数排序则是不需要对关键字进行比较的一种排序方法。基数排序在任何情况下，时间复杂度均为 $O(d(n+rd))$，空间复杂度为 $O(rd)$，也是一种稳定的排序算法。

从时间的平均性能上看，快速排序、堆排序和归并排序的时间耗费是 $O(n\log_2 n)$，代价最小。但是快速排序在已经有序的情况下，需要的时间是 $O(n^2)$。归并排序和堆排序在最坏的情况下，时间复杂度也是 $O(n\log_2 n)$。但是，归并排序空间复杂度较大，其空间复杂度的大小约为待排序元素的长度。因此，归并排序常用于外部排序。综合考虑时间复杂度和空间复杂度，在待排序数据量较大时，使用堆排序较好。

在时间性能没有要求的情况下，直接插入排序、简单选择排序和冒泡排序是比较简单且较为常用的算法。其中，直接插入排序算法最为简单。

　　从上面可以看出，每种排序方法各有自己的适用范围。在排序过程中，可以根据具体的情况来选择合适的算法。

12.10　习　　题

　　(1)　给定两个有序表 A=(4,8,34,56,89,103)和 B=(23,45,78,90)，编写一个算法，将其合并为一个有序表 C。

　　提示：　主要考察有序顺序表的概念与直接插入排序算法思想。通过依次比较表 A 和表 B 中的元素大小，将较小的元素插入到表 C 中。当其中一个表中的元素比较完毕时，将另一个表中的元素依次插入到 C 中即可。

　　(2)　采用链表作为存储结构，试编写冒泡排序算法，对元素的关键字序列(25,67,21,53,60,103,12,76)进行排序。

　　提示：　主要考察链表操作与冒泡排序算法思想。设置两个指针 p 和 q，分别指向相邻的两个结点，从第一个结点开始，依次比较它们的大小，如果前者大于后者，则交换两个结点的位置，这样，每一轮排序结束，最大的结点总是位于链表的最后。下一轮排序仍然从第一结点开始，依次比较相邻结点元素的大小，依次类推，直到所有结点都已经有序。

　　(3)　采用非递归算法实现快速排序算法，对元素的关键字序列{34,92,23,12,60,103,2,56}进行排序。

　　提示：　主要考察递归与栈的转换和快速排序算法思想。快速排序就是不断地将待排序元素区间划分为一个个较小的区间，直到每一个区间只有一个元素，这样就完成了快速排序。区间划分的过程需要不断地保存每一层递归区间的分界点，为了将递归转换为非递归，可以利用一个栈 s[top][2]，将每一个分界点保存起来，其中 s[top][0]用来存放子区间的下界 low，s[top][1]用来存放子区间的上界 high。在需要继续划分区间时，再将这个分界点取出来，这样就将递归算法转换为非递归算法了。

参 考 文 献

1. 严蔚敏. 数据结构. 北京: 清华大学出版社, 2001
2. 耿国华. 数据结构. 北京: 高等教育出版社, 2005
3. 陈明. 实用数据结构(第 2 版). 北京: 清华大学出版社, 2010
4. Robert Sedgewick. 霍红卫译. 算法: C 语言实现(第 1~4 部分). 北京: 机械工业出版社, 2009
5. 吴仁群. 数据结构简明教程. 北京: 机械工业出版社, 2011
6. 朱站立. 数据结构. 西安: 西安电子科技大学出版社, 2003
7. 徐塞红. 数据结构考研辅导. 北京: 邮电大学出版社, 2002
8. 陈锐. 零基础学数据结构. 北京: 机械工业出版社, 2010
9. 陈锐. C 语言从入门到精通. 北京: 电子工业出版社, 2010
10. 冼镜光. C 语言名题百则. 北京: 机械工业出版社, 2005
11. 夏宽理. C 程序设计实例详解. 上海: 复旦大学出版社, 1996
12. 李春葆, 曾慧, 张植民. 数据结构程序设计题典. 北京: 清华大学出版社, 2002
13. 杨明, 杨萍. 研究生入学考试要点、真题解析与模拟考卷. 北京: 电子工业出版社, 2003
14. 唐发根. 数据结构(第 2 版). 北京: 科学出版社, 2004
15. 杨峰. 妙趣横生的算法. 北京: 清华大学出版社, 2010
16. Ellis Horowitz, Sartaj Sahni, Susan Anderson-Freed. 李建中, 张岩, 李治军译. 数据结构(C 语言版). 北京: 机械工业出版社, 2006
17. 陈锐. C 程序设计. 合肥: 合肥工业大学出版社, 2012
18. 陈锐. C/C++常用函数与算法速查手册. 北京: 中国铁道出版社, 2011
19. 陈守礼, 胡潇琨, 李玲. 算法与数据结构考研试题精析. 北京: 机械工业出版社, 2007
20. 李春葆, 尹为民, 蒋晶珏. 数据结构联考辅导教程. 北京: 清华大学出版社, 2011
21. Cormen T. H. 潘金贵译. 算法导论(原书第 2 版). 北京: 机械工业出版社, 2006
22. Robert Sedgewich. 霍红卫译. 算法: C 语言实现(第 1~4 部分)基础知识、数据结构、排序及搜索. 北京: 机械工业出版社, 2009
23. Donald E.Knuth. 计算机程序设计艺术 卷 1: 基本算法(英文版 第 3 版). 北京: 人民邮电出版社, 2010
24. 周伟, 刘泱, 王征勇. 2013 年计算机专业基础综合历年统考真题及思路分析. 北京: 机械工业出版社, 2012